普通高等学校土木工程专业新编系列教材
湖南省研究生教学平台项目
中南大学桥梁工程专业系列教材

结构稳定理论

盛兴旺　文　颖　曾庆元　编著

中国铁道出版社有限公司

2021年·北 京

内 容 简 介

本书从结构稳定问题及概念入手,以基于线弹性和小变形前提的分枝点失稳为重点,介绍压弯杆件、刚架、桁架、薄壁杆件、梁、拱、薄板的经典解析理论和方法;简要介绍经典的极值点失稳算法;为方便开展复杂结构的稳定分析,介绍了线弹性稳定和稳定极限承载力分析的有限元法;作为结构稳定理论成果的应用,各章中穿插介绍了桥梁结构设计中重要的稳定设计理念和简化计算方法。全书内容共设 11 章,包括稳定问题概论、分枝点失稳临界荷载的计算方法、中心受压杆件的屈曲、压弯杆件的屈曲、刚架和桁架的屈曲、薄壁杆件理论与弯扭屈曲、梁的侧向屈曲、拱的平面和侧向屈曲、薄板的屈曲、结构稳定线弹性分析的有限元法、结构稳定极限承载力分析的有限元法等内容。

本书既可作为高等院校土木工程专业研究生教材,也可供桥梁和结构工程技术人员参考。

图书在版编目(CIP)数据

结构稳定理论/盛兴旺,文颖,曾庆元编著 . —北京:中国铁道出版社有限公司,2021.12
普通高等学校土木工程专业新编系列教材 湖南省研究生教学平台项目 中南大学桥梁工程专业系列教材
ISBN 978-7-113-28344-5

Ⅰ.①结… Ⅱ.①盛… ②文… ③曾… Ⅲ.①结构稳定性-理论-高等学校-教材 Ⅳ.①TU311.2

中国版本图书馆 CIP 数据核字(2021)第 176511 号

书　　名:**结构稳定理论**
作　　者:盛兴旺　文　颖　曾庆元

责任编辑:李露露　　　　　编辑部电话:(010)51873240　　　　电子信箱:790970739@qq.com
封面设计:王镜夷　高博越
责任校对:苗　丹
责任印制:高春晓

出版发行:中国铁道出版社有限公司(100054,北京市西城区右安门西街 8 号)
网　　址:http://www.tdpress.com
印　　刷:三河市兴达印务有限公司
版　　次:2021 年 12 月第 1 版　2021 年 12 月第 1 次印刷
开　　本:787 mm×1 092 mm 1/16　印张:21　字数:522 千
书　　号:ISBN 978-7-113-28344-5
定　　价:56.00 元

编写委员会

（中南大学桥梁工程专业系列教材）

主　任　何旭辉

副主任　杨孟刚　　戴公连　　盛兴旺　　周智辉

委　员　（以姓氏笔画为序）

于向东　　文　颖　　文雨松　　方淑君　　史　俊　　乔建东

刘文硕　　严　磊　　李　欢　　李　超　　李玲瑶　　李德建

杨　剑　　杨孟刚　　吴　腾　　何旭辉　　邹云峰　　宋旭明

欧阳震宇　周　浩　　周智辉　　胡　狄　　郭文华　　郭向荣

唐　冕　　黄天立　　盛兴旺　　敬海泉　　蔡陈之　　戴公连

魏　标　　魏晓军

前　言

结构稳定理论,作为结构力学分支和结构分析设计的主要内容之一,关注的是结构平衡状态的稳定性问题、构建结构或构件稳定性的分析理论和方法以及提高结构稳定性的措施。结构丧失平衡的稳定性即失稳,将导致结构局部失效甚至整体瞬间倒塌,造成巨大的经济损失和人员伤亡,形成灾难性事故。因此,结构工程师非常重视结构的稳定性问题。

随着科学计算和分析手段的进步,基于有限元等数值法分析复杂结构的稳定性问题非常方便,也使数值分析成为当下结构稳定分析的主流分析手段,但是,基于解析法的简化分析法仍是构件稳定分析与检算的主要方法,现行的结构设计规范和方法中隐含了大量传统稳定理论解析法的研究成果,为强化对不同结构构件的不同失稳状态及其计算方法的理性认识、夯实结构工程学科学生的专业和力学基础,提升分析工程问题和创新能力,结构工程学科一般将《结构稳定理论》作为研究生力学基础课和必修课程。

自国家恢复研究生招生后,曾庆元院士针对当时桥梁专业研究生培养的需要,于1980—1981年编写了"结构稳定理论"讲义,内容主要包括稳定的概念、能量原理、力素平衡法,柱、刚架、桁架、薄壁构件、梁和拱等基本构件的稳定性分析方法及其在桥梁工程中的应用。重点针对第一类稳定问题介绍各类结构的解析计算方法,兼顾数值计算发展和读者编程计算的需要,讲义中编入了曾庆元院士学术成果——形成系统矩阵的"对号入座"法则。笔者自2008年开始讲授本课程,对原讲义内容进行了扩充和修订,增加了薄壁结构扭转理论、结构稳定的有限元数值分析方法、板的稳定分析等内容。至今,该讲义在中南大学已使用了40年。

为方便学生研修,并结合湖南省研究生教学平台和中南大学桥梁工程系列教材建设需要,在重新修编前述讲义内容的基础上,新增了结构稳定极限承载力分析。全书共 11 章,第 1 章介绍稳定的概念,第 2 章介绍分枝点失稳临界荷载的计算方法,第 3~9 章以各类构件为对象介绍传统稳定解析分析方法及其应用;第 10 和 11 章以有限元为基础介绍线弹性稳定和稳定极限承载力数值分析方法。各章所附习题有助于对基础理论的理解;涉及数值分析相关章节习题则要求学生选择分析软件动手开展自我训练,以提升电算分析复杂结构稳定性的能力。

此书的付梓出版,得到了湖南省研究生教学平台项目和中南大学土木工程学院资助,深表谢意,并以此纪念恩师曾庆元院士。

本书中的不当之处,敬请读者批评指正。

盛兴旺

2021 年 2 月

目　　录

主要符号说明

A	截面面积	$[K_G], K_\sigma$	初应力或几何刚度矩阵
$[B], \boldsymbol{B}$	应变矩阵	$\boldsymbol{K}_l$	大位移刚度矩阵
B_ω	约束受扭双力矩	$\boldsymbol{K}_T$	切线刚度矩阵
C	扭心标识	L	杆件长度
C_{ijk}	弹性张量	M	弯矩
C_i	广义坐标参数	M_0	梁端反力弯矩
C_x, C_y	扭心的 x、y 坐标	M_i	内力抵抗矩
D	板的刚度	M_e	外力矩
$\boldsymbol{D}$	弹性矩阵	M_k	自由扭矩
$\boldsymbol{D}_{ep}$	弹塑性本构关系矩阵	M_x, M_y	梁、拱结构绕 x、y 轴弯
E	弹性模量		矩;板的弯矩
E_{ij}	Green-Lagrange 应变张量	M_{xy}, M_{yx}	板的扭矩
E_r	折线模量	M_z	构件扭矩,梁绕 z 轴的
E_t	切线模量		扭矩
G	剪切模量	M_ω	翘曲扭转力矩
I	截面惯性矩	M_ξ, M_η, M_ζ	绕 ξ、η 轴弯矩和 ζ 轴的
I_n	梁单元截面惯性矩		扭矩
I_x, I_y	对 x 轴和 y 轴的惯性矩	N	杆件的轴力(内力)
I_ω	截面扇性惯性矩	N_x, N_y	板结构中沿 x、y 轴力
$I_{\omega x}, I_{\omega y}$	对 x 轴和 y 轴的扇性惯	N_{xy}, N_{yx}	板结构中沿中面的剪切
	性矩		荷载
I_ρ	截面极惯性矩	$[N]$	形函数矩阵
J	泛函,雅克比行列式	N_1, N_2, N_3, N_4	形函数
J_k	截面自由扭转惯性矩	N_{cr}	临界轴压力
K	安全系数,硬化参数	P	构件的轴压力
K_A, K_B	杆件 A、B 端转动约束	$\{P\}, \boldsymbol{P}$	节点力向量
	刚度	P_E	欧拉临界力
K_F	杆端水平弹性约束刚度	P_{cr}	压溃荷载;极限荷载
$[K], \boldsymbol{K}$	刚度矩阵	P_x	绕 x 轴失稳的欧拉临
$[K_E]$	弹性刚度矩阵		界力

P_y	绕 y 轴失稳的欧拉临界力		定系数;板的屈曲系数,弹簧刚度
P_ω	扭转临界力	k_1,k_2,k_3	拱的稳定系数;杆件的线刚度
Q	剪力		
Q_x,Q_y	沿 x 轴和 y 轴的剪力	k_i	杆件线刚度
R	半径	k_{ij}	刚度矩阵中的元素
S	拱的弧长,薄壁构件周长	k_x	拱的面内变形曲率变化量
S_{ij}	第二类 Piola—Kirchhoff 应力张量	k_y,k_z	拱的侧向挠曲率、扭曲率
		l	构件的几何长度
S_0	拱的自由长度	l_0	构件的计算长度,梁的计算跨度
S_x,S_y	对 x 轴和 y 轴的面积矩		
S_ω	开口截面扇性静面矩	l_x,l_y	对 x 轴和 y 轴的计算长度
$S_{\widetilde\omega}$	闭口截面扇性静矩		
T	拱的轴力	m	质量
U	板、梁等结构的应变能	$m(z)$	构件的分布力矩
U_e	结构外荷载势能	n_1,n_2,n_3	杆件的线刚度比,方向余弦
U_f	弯曲应变能		
U_i	结构应变能	p_x,p_y	板在 x 轴和 y 轴方向的中面荷载
U_k	自由扭转应变能		
U_n	单元应变能	q	梁、板、拱均布荷载;拱的径向均布荷载
U_φ	扭转应变能		
U_ω	扭转翘曲应变能	q_{cr}	梁、板、拱均布临界荷载;拱的径向均布临界荷载
$\{U\}$	节点位移向量		
V_n	单元外荷载势能	q_x,q_y	x 轴和 y 轴方向的虚拟横向力或横向力
W	板中外力所做的功		
a	板的长度	q_f	虚拟横向力
a_x,a_y	截面扭心的 x、y 坐标	r_1,r_2,r_3,r_4	计算系数
b	板的宽度	s	薄壁构件中线长;弧线坐标
e_{ij}	Almansi(阿尔曼西)应变张量		
e_{ijk}	Ricci 置换符号,置换张量	t	薄壁结构壁厚或板的厚度
e_x,e_y	x 和 y 坐标方向偏心距	$\boldsymbol{u}$	位移向量
f,f_i	剪力流、屈服函数	u	板的水平位移;薄壁结构扭转引起的轴向位移
f_y	材料极限强度		
k	参数,$k=\sqrt{\dfrac{P}{EI}}$;拱的稳	u_i,u_j	梁单元 i、j 节点的水平位移

v	构件的挠曲位移,拱结构的径向位移;板的水平位移	τ	剪应力;杆端挠曲角
		τ_{ij}	第一类 Piola—Kirchhoff 应力张量
v_i,v_j	梁单元 i、j 节点的竖向位移	τ_k	自由扭转剪应力
		τ_{max}	最大剪应力
w	拱的径向位移,板的挠曲位移	$\tau_{xy},\tau_{yz},\tau_{zx}$	剪应力
		τ_ω	截面上的翘曲剪应力
x,y,z	直角坐标系 x、y 和 z 轴	θ	构件的转角位移;拱的扭转角;杆件转角
x_c,y_c	形心 c 的 x 和 y 坐标系		
$^0x_i,{}^tx_i$	时刻 0 和时刻 t 的质点坐标	θ_i,θ_j	梁单元 i、j 节点的转角位移
α	考虑剪应力沿压杆横截面分布不均匀的系数;计算参数	ε	应变,构件的轴向应变
		$\boldsymbol{\varepsilon}$	应变矢量
		$\varepsilon_x,\varepsilon_y,\varepsilon_z$	x、y、z 方向的应变
$\beta(z)$	翘曲函数	ε_{ij}	应变张量,应变分量
β	拱的变形角;拱度影响系数	δ	变分符号;位移
		$\{\delta\}$	节点位移向量
γ	剪切变形角	δ_{ij}	Kronecker 符号
$\gamma_{xy},\gamma_{yz},\gamma_{zx}$	板面坐标剪应变	λ	构件的长细比;结构的稳定特征值;拱的矢跨比
μ	泊松比,翘曲系数		
ρ	曲率半径,材料密度	λ_i	荷载步因子
ρ_o	以形心 o 为极点的极半径	λ_{cr}	结构的稳定安全系数
		φ	扭转角;稳定系数;椭圆积分幅角;圆心角;梁的曲率;节点转角
ρ_B	以 B 为极点的极半径		
σ	正应力		
$\boldsymbol{\sigma}$	应力矢量	φ_c	梁段中心点的曲率
σ_M	截面上 M 点的正应力	φ_w	钢梁侧倾稳定系数
σ_r	残余应力	ω	扇性坐标;频率
σ_{ij}	Cauchy 应力张量,应力分量	$\widetilde{\omega}$	广义扇性坐标
		ω_o	以形心 o 为极点的扇性坐标
σ_ω	截面上的翘曲正应力		
σ_{cr}	屈曲应力	ω_B	以 B 为极点的扇性坐标
σ_s	比例极限	ω_C	以扭心 C 为极点的扇性坐标
$\sigma_x,\sigma_y,\sigma_z$	x、y、z 方向的应力		
$[\sigma_w]$	钢梁侧倾稳定容许弯曲压应力	ω_n	主扇性坐标
		ξ,η,ζ	移动坐标系 ξ、η、ζ 轴

Π	弹性总势能	$\Delta \boldsymbol{R}^i$	第 i 荷载步节点不平衡
Π_A	位置 A 的弹性总势能		力向量
Δ	增量；行列式	$\Delta \boldsymbol{\sigma}$	应力增量
Δ_b	杆件长度变形量	$\Delta \varepsilon$	应变增量
$\Delta \boldsymbol{u}^i$	第 i 荷载步位移向量增量	$\{\Delta\}$	节点位移向量
$\Delta \boldsymbol{P}^i$	第 i 荷载步荷载向量增量	Ω	闭口截面中线所围面积

1 结构稳定问题概论

1.1 引 言

在正常荷载作用下,桥梁、房屋等结构工程的构件或结构的内力和外力必须处于平衡状态,而平衡状态有稳定和不稳定之分。工程力学中的大量内容是基于"平衡是稳定的"这一基本前提进行论述的,结构平衡究竟是否稳定或具有足够的稳定安全储备? 则需通过进一步的分析确认,为此,在工程力学的结构稳定章节中介绍了稳定的基本概念、简单受压构件最基本的稳定分析方法,并给出了中心受压杆欧拉计算公式等,这奠定了梁柱构件稳定问题分析的基础。"结构稳定理论"作为工程力学的一个分支,以关注结构平衡的稳定性及其分析方法、确保结构稳定安全为主要内容,涵盖了压、弯、扭等受力特点的各类构件和结构及其不同的失稳形态,一般作为结构工程和桥梁工程学科研究生课程。

1.1.1 平衡状态稳定性的物理概念

物体在任何时间都处于平衡状态,包括静力平衡与动力平衡,本书仅讨论静力平衡状态。平衡状态有稳定平衡状态、不稳定平衡状态、随遇平衡状态三种。下面先介绍稳定平衡状态和不稳定平衡状态的基本概念。

首先,观察长方木块位于水中的平衡状态,长方木块平放于水中的平衡状态,如图 1.1(a)所示,为稳定平衡状态,任凭风浪起,木块总是围绕静力平衡位置摆动。

图 1.1(b)中的木块直立于水中,是一种理论上可能的平衡状态,但很不稳定,稍有干扰,立即倾倒。很明显,图 1.1(b)的平衡状态是不稳定平衡状态。

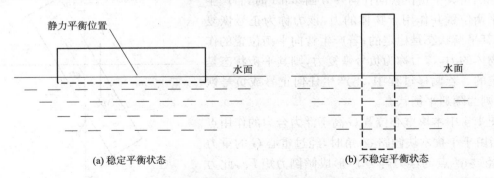

(a) 稳定平衡状态　　　　　　　　　　　　(b) 不稳定平衡状态

图 1.1　漂浮于水中的木块平衡状态

空心球体可以任意位置浮在水上,随遇而安,是随遇平衡状态的一个例子。

物体平衡状态的稳定由其受干扰后的表现来决定。设物体某平衡状态 A 受到微小干扰,变为 $A+\delta A$ 状态。若微小偏移 δA 随时间逐渐减小,如图 1.2(a)所示,直至 $\delta A=0$,物体恢复到原来的平衡状态 A,则 A 为稳定平衡状态。若微小偏移 δA 随时间不断增大,如图 1.2(b)

所示,则平衡状态 A 不稳定。

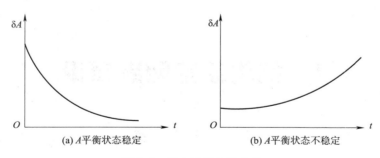

图 1.2　静力平衡的稳定性

由达朗贝尔原理可知,运动中的物体处于动力平衡状态。同理,动力平衡状态 A 也有稳定与不稳定之分,图 1.3(a) 和图 1.3(b) 分别表示动力平衡的两种稳定状态。图 1.3(a) 所示的振动随时间增长是收敛的,故结构的平衡为稳定平衡;而图 1.3(b) 所示的振动随时间增长是发散的,故该结构的平衡是不稳定平衡。

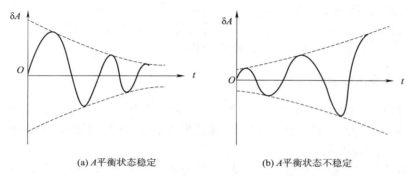

图 1.3　动力平衡的稳定性

物体平衡状态的稳定性有其力学意义。当物体因任何原因自其平衡位置向任何一方偏移 δA 时,若产生指向平衡位置并作用于物体的力,该力称为正号恢复力,则其平衡状态是稳定的;若产生背向平衡位置的作用于物体的力,该力称为负号恢复力,则其平衡状态是不稳定的。若偏移过程中,不产生任何正号或负号恢复力,则为随遇平衡状态。

图 1.4 中木块重心位置 G 高于浮力合力的作用点 M。当由于干扰木块倾斜 $\delta\theta$ 角时,经过重心 G 的重力 W 与经过 M 点的浮力合力 F 形成倾倒力矩 Fe,此力矩方向背向木块的竖向平衡位置。故图 1.1(b) 木块处于不稳定平衡状态。

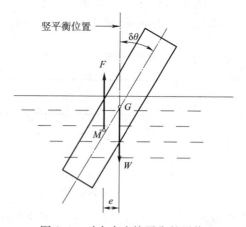

图 1.4　对水中木块平衡的干扰

图 1.5(a) 滚筒受干扰而滚至虚线圆位置时,滚筒重力 W 产生沿支承凹面切线方向的分力 P,指向滚筒原来的平衡位置,干扰移去后滚筒复归原位,故图 1.5(a) 滚筒的状态为稳定平衡状态。图中 R 为支承法向反力。

图 1.5(b)所示滚筒因干扰向下滚动,其重力 W 沿支承凸面切线方向的分力 P 背向其原来平衡位置,使滚筒愈易滚下,这相当于结构失稳后变形愈来愈大的情况,故图 1.5(b)滚筒的平衡状态是不稳定的。

若处于平衡状态 A 的物体受干扰后,仅停留在与状态 A 无限邻近的地方,则原来的平衡状态 A 是随遇的,参见图 1.5(c),图中所示滚筒因干扰滚至邻近位置,支承反力 R 与其重力 W 始终平衡,随遇而安,故为随遇平衡状态。

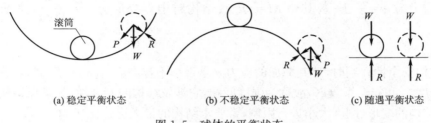

(a) 稳定平衡状态　　　　　(b) 不稳定平衡状态　　　　　(c) 随遇平衡状态

图 1.5　球体的平衡状态

1.1.2　工程结构稳定性问题案例

对于工程结构,结构由稳定平衡工作状态转入不稳定平衡状态,称为结构丧失稳定或结构屈曲,简称失稳。任何结构体系在荷载作用下都应处于稳定平衡状态,否则,结构一旦进入不稳定平衡状态,稍有干扰如微风、邻近建筑物传来的微小振动波、温度变化、荷载微小增长等,结构将丧失稳定,即产生急剧增长的变形而迅速破坏。实践中因丧失稳定而破坏的结构不少,如:1875 年,俄罗斯的克夫达敞开式桥,因上弦压杆失稳而引起全桥破坏;1907 年,加拿大的 *Quebec* 桥,施工中格构式受压弦杆失稳导致整桥垮塌;1925 年,苏联的莫兹尔桥,在试车时,有关压杆失稳而发生事故;1970 年,澳大利亚墨尔本附近的 *West Gate* 桥,在施工中因钢箱梁上翼板在跨中央失稳,导致整体垮塌;1978 年,美国的 *Hartford* 城的一座体育馆的钢网架在大雪之夜,因压杆失稳而瞬间坠毁落地;1990 年,我国辽宁省某重型机械厂计量楼轻型钢屋架因设计问题,发生压杆失稳屋盖迅速塌落事故;2010 年,昆明新机场 38 m 钢桥因桥下钢结构支撑体系失稳而垮塌。随着大跨度桥梁及高层建筑中日益广泛地采用高强材料和薄壁结构,稳定问题更加突出,往往成为控制结构承载力的主要因素,备受设计人员重视。

1.1.3　强度问题与变形问题

结构稳定问题实质上是在考虑结构变形的基础上分析受压结构平衡的极限状态,或者说,分析该极限状态下结构抵抗荷载(包括干扰)作用的能力。按工程习惯,将结构所具有的这种能力称为抗力,也就是结构所能储存应变能的能力;而将荷载和干扰作用统称为作用力。若结构的抗力大于结构所承受的作用力,或者说结构储存应变能的能力大于作用力所做的功,则结构是稳定的;反之,若结构的抗力小于结构所承受的作用力,或者说结构储存应变能的能力小于作用力所做的功,则结构将失稳;两者之间的分界点,为失稳的临界状态,即前述的极限平衡状态,此时作用于结构的荷载称为临界荷载。结构稳定理论的目标内容就是阐述结构临界状态及临界荷载的计算理论与方法。

以上所述抗力,是针对整个结构而言,并非针对特指截面。研究截面的抗力与作用力的关系属于强度问题范畴,而研究整个结构的抗力与作用力属于稳定或极限承载力范畴。为了保证结构的安全性,除了进行强度计算外,还需计算其稳定性。稳定问题与强度问题有本质区别。

1. 强度问题

强度问题是要找出结构在稳定平衡状态前提下的最大应力,使其不超过材料的极限强度并赋予一定的安全储备,也称应力问题,是结构强度设计计算的内容。极限强度取决于材料的特性,对于混凝土等脆性材料,可取其极限强度;对于钢材则常用其屈服点强度。

基于变形前分析图 1.6 所示压弯梁的受力状态,轴力 P 和横向力 Q 作用效应可以直接叠加,故截面应力为 $\sigma = \dfrac{N}{A} \pm \dfrac{M}{W}$,其中 $M = Ql/4$;结构跨中点变形为 $v = \dfrac{Ql^3}{48EI}$,梁端压缩量为 $\Delta = \dfrac{Pl}{EA}$。

进行结构安全性评判时,评判截面的应力 σ 是否小于容许应力 $[\sigma] = f_y/K$,容许应力取决于材料的强度 f_y 和安全系数 K,故称为强度问题,它涉及结构的安全性;为确保结构的正常使用,也需对结构的变形、刚度大小进行限制,常要求结构的最大挠跨比 $f/l \leqslant [f/L]$。

2. 变形问题

若保持图 1.6 结构中的荷载 P、Q,材料弹性模量 E,截面特性 A、I 不变,加大结构跨度 l,结构将变"柔",基于变形后分析,此时的截面内弯矩为 $M = Ql/4 + Pv$,形成了压—弯耦合,叠加原理不再适用于截面内力计算;对应的截面应力为 $\sigma = \dfrac{N}{A} \pm \dfrac{Ql/4 + Pv}{W}$,视变形挠曲量 v 的大小不同,σ 有可能远大于前述计算的 $\dfrac{N}{A} \pm \dfrac{Ql/4}{W}$,超出容许应力 $[\sigma]$ 甚至是材料极限强度 f_y 而导致结构破坏,这种破坏的关键因素是梁的变形 v 过大,P—v 效应不能忽略,分析计算时必须基于变形后分析。

后文将介绍,当轴压力 P 足够大,至 $P = P_E$,即使横向力 Q 非常小时,结构也会产生非常大的挠曲 v,导致结构产生失稳破坏,这时,可视横向力 Q 为一种微小的"干扰",称 P_E 为临界荷载;当 $Q = 0$ 时,图 1.6 的压弯梁转化为图 1.7 的中心压杆,当作用的压力 $P = P_E$ 时,只要有微小的干扰或压力微小的增加,将导致挠曲位移急剧增大,构件的挠跨比远大于正常使用值,最终导致结构被压溃,而对应的 $\sigma = P_E/A$ 可能小于 $[\sigma]$,显然其破坏属性不是强度破坏。

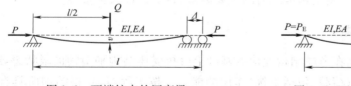

图 1.6　两端铰支的压弯梁　　　　　　　图 1.7　两端铰支的中心压杆

分析结构平衡的稳定性,是要找出外界荷载与结构内部抵抗力之间的不稳定平衡状态,即在干扰下结构变形开始急剧增长的平衡状态,故稳定问题属于变形问题。

结构稳定分析的目的是防止不稳定平衡状态的产生。例如,类似于图 1.7 的轴压细长柱,轴压作用下构件失稳,将产生较大的侧向挠度、导致柱身产生很大的弯矩,此时,荷载 P 可以远小于按轴压强度计算的承载力,显然,轴压强度不是柱子破坏的主要原因。相反,若柱长 l 不大,受压过程中不会出现不稳定平衡状态即失稳问题,其承载力由其强度控制,这便属于强度问题。

对大部分结构,常以未变形的结构作为计算图形,并基于材料线弹性进行分析,所得结果已足够准确,一般称为线弹性分析,此时,所得的变形与荷载呈线性关系,结构效应满足叠加原理,这种不考虑变形影响的分析方法称为几何线性分析,也称一阶分析。

而对于有些结构,如悬索结构、受压结构等,则必须以变形后的结构作为计算依据进行内力分析,否则,计算结果与实际状态误差较大。这时,所得的变形与荷载间呈非线性关系,这种分析方法称为几何非线性分析,也称二阶分析。

必要时,也可进一步考虑材料的非线性影响,称为双重非线性分析。

由于稳定问题必须以变形后的结构体系作为计算依据,其变形与外荷载呈非线性关系,所以,它必然是二阶分析,叠加原理在稳定计算中不能应用。

1.1.4　结构稳定性的类型

有压缩作用的结构都有可能屈曲或失稳,为便于稳定分析计算、探讨不同的结构所表现出的失稳特征,结构稳定问题常采用如下的分类方式。

(1)按结构类型分:压杆屈曲、梁的侧倾、板的屈曲、壳体屈曲、刚架屈曲、拱的屈曲等,本书内容基本上按结构类型进行章节编排。

(2)按结构材料的应力应变状态分:线弹性稳定问题和非弹性稳定问题,前者指失稳前的平衡状态结构材料本构状态处于线弹性状态,如细长柱的稳定问题;后者则相反,材料已经处于非弹性状态,如粗短柱的稳定问题。

(3)按结构失稳的变形态分:①弯曲失稳、扭转失稳、弯扭失稳等;②平面屈曲及空间屈曲;③面内失稳与面外失稳。

(4)按结构荷载—变形曲线特征分:分枝点失稳和极值点失稳,也分别称为第一类稳定问题和第二类稳定问题,这是传统稳定理论中最重要的分类方式,第1.2节将予以详细介绍。

(5)按结构分析中考虑非线性的方式分:线弹性稳定问题、考虑几何非线性的稳定问题以及双重分析问题。线弹性稳定问题基于稳定的临界状态和材料的线弹性开展分析,分析过程中不考虑加载历程的影响。考虑几何非线性的稳定问题,则需考虑加载历程对几何非线性的影响,而材料仍保持线弹性。双重非线性问题,又称稳定极限承载力分析,它是考虑加载历程和材料、几何双重非线性影响的分析。传统稳定理论大量的内容集中在线弹性稳定问题中,后两类问题目前主要采用基于计算机的数值分析方法。

部分工程结构的几何非线性影响很小,可仅考虑材料非线性而不考虑几何非线性,开展承载力分析,这类问题不属于结构稳定范畴。

(6)按结构或构件失稳位置分:整体失稳、局部失稳及其相关屈曲。传统的稳定分析理论一般将整体和局部失稳分开讨论,本书主要讨论整体失稳;局部失稳一般系指薄板结构的局部板件受压失稳,常借助薄板稳定理论分析成果开展计算,通过设置加劲构件确保薄板的局部稳定性,读者可参考相关文献。将整体和局部一并进行分析计算而考虑其相关屈曲性,一般基于数值分析方法进行。

1.2　结构在静力作用下的两类失稳问题

在静力作用下,结构失稳有两种截然不同的形态:分枝点失稳与极值点失稳。

1.2.1　基于变形后的压弯杆件分析

图1.8表示一根理想的等截面弹性杆件,两端简支,压力 P 准确作用于形心,跨中受干扰

力 Q 作用,坐标布置见图,杆件绕 x 轴弯曲的刚度为 EI。

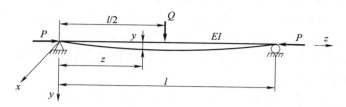

图 1.8　受横向集中力作用的简支压杆

基于变形后的形态分析该杆的行为,探讨其压—弯效应如下。

在 z 截面,Q 产生的弯矩为 $Qz/2$,压力 P 产生的弯矩为 Py,二者之和称为外力矩。由材料力学知,z 截面的抵抗矩 $M(z)=\dfrac{1}{\rho}EI$,称为内力矩,ρ 为曲率半径。按照图 1.8 的坐标布置及杆件弯曲方向可知,$\dfrac{1}{\rho}=\dfrac{-y''}{[1+(y')^2]^{3/2}}\approx -y''$,此处,忽略了 y',因为考虑小变形,y' 非常小;这里负号表示曲率随坐标 z 的增加而减小。于是根据 z 截面内外力矩平衡的条件,得

$$-EIy''=Py+\frac{Q}{2}z$$

即

$$y''+\frac{P}{EI}y=-\frac{Q}{2EI}z \tag{1.1}$$

令 $\dfrac{P}{EI}=k^2$,则

$$y''+k^2y=-\frac{Q}{2EI}z \tag{1.2}$$

应用常微分方程的一般解法,设式(1.2)的补解为 $y_c=Ge^{Sz}$,此时 G 和 S 为未定复常数,代入式(1.2)的齐次方程,得出特征方程

$$S^2+k^2=0$$

解得特征根

$$S_{1,2}=\pm ik \qquad i=\sqrt{-1}$$

则

$$y_c=G_1e^{ikz}+G_2e^{-ikz}$$

将欧拉方程代入上式,得

$$
\begin{aligned}
y_c &=G_1(\cos kz+i\sin kz)+G_2(\cos kz-i\sin kz)\\
&=(G_1+G_2)\cos kz+i(G_1-G_2)\sin kz\\
&=A\cos kz+B\sin kz
\end{aligned}
$$

式中,$A=G_1+G_2$,$B=i(G_1-G_2)$,二者均为实常数,由杆件的边界条件确定,见下文所述。

式(1.2)的特解 y_p 显然为 $y_p=\dfrac{-Qz}{2k^2EI}$,于是,式(1.2)的通解为

$$y=y_c+y_p=A\cos kz+B\sin kz-\frac{Qz}{2k^2EI} \tag{1.3}$$

由杆件的边界条件 $z=0$,$y=0$ 及 $z=l/2$,$y'=0$（图 1.8）,解得积分常数 $A=0$,$B=\dfrac{Q}{2kP}\dfrac{1}{\cos\dfrac{kl}{2}}$,代入式(1.3),得

$$y = \frac{Q}{2Pk}\left[\frac{\sin kz}{\cos\dfrac{kl}{2}} - kz\right] \tag{1.4}$$

于是压杆中点挠度
$$\delta_{\max} = y_{z=\frac{l}{2}} = \frac{Q}{2Pk}\left[\frac{\sin\dfrac{kl}{2}}{\cos\dfrac{kl}{2}} - \frac{kl}{2}\right]$$

令 $\beta = \dfrac{kl}{2}$，以 $\dfrac{l^3}{24EI}$ 乘上式右边，再以 $\dfrac{l^3}{24EI}$ 除上式右边，则得

$$\delta_{\max} = \frac{Q}{2Pk}(\tan\beta - \beta) = \frac{l^3}{24EI}\frac{Q}{2Pk}\frac{24EI}{l^3}(\tan\beta - \beta)$$

$$= \frac{Ql^3}{48EI}\frac{3}{\left(\dfrac{kl}{2}\right)^3}(\tan\beta - \beta) = \frac{Ql^3}{48EI}\frac{3(\tan\beta - \beta)}{\beta^3}$$

$$= \frac{Ql^3}{48EI}F(\beta) \tag{1.5}$$

式中，$F(\beta) = \dfrac{3(\tan\beta - \beta)}{\beta^3}$。

将 $\tan\beta$ 展开成幂级数

$$\tan\beta = \beta + \frac{\beta^3}{3} + \frac{2}{15}\beta^5 + \frac{17}{315}\beta^7 + \cdots$$

则
$$F(\beta) = 1 + \frac{2}{5}\beta^2 + \frac{17}{105}\beta^4 + \frac{62}{945}\beta^6 + \cdots \tag{1.6}$$

　　由式(1.6)知，当压力 P 很小时，β 很小，$F(\beta) = 1$，$\delta_{\max} \approx \dfrac{Ql^3}{48EI}$。当 P 增大，β 增大，则 $F(\beta)$ 及 $\delta_{\max}$ 迅速增大，及至 $\beta \to \pi/2$ 时，$\tan\beta \to \infty$，只要有 Q 作用，$\delta_{\max} \to \infty$。另外，由 $\beta = \pi/2$，得出

$$\frac{kl}{2} = \frac{\pi}{2} \qquad l\sqrt{\frac{P}{EI}} = \pi \qquad P = \frac{\pi^2 EI}{l^2}(\text{欧拉临界力})$$

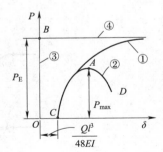

这样，得出压力 P 与杆件中点变位 $\delta_{\max}$ 的关系如图 1.9 中的曲线①。根据上述分析，曲线①的物理意义为：中点变位 $\delta_{\max}$ 与压力 P 关系曲线以线④为渐近线呈非线性增加，当轴心压力 $P = P_E = \dfrac{\pi^2 EI}{l^2}$ 时，任何微小的干扰力 Q 都足以引起压杆非常大的挠度。这种物理现象说明 P 等于欧拉临界力 P_E 时，轴心压杆进入不稳定平衡状态，或开始屈曲。图中的 C 点表述压杆在 $P = 0$ 时，横向力 Q 引起的跨中位移。

图 1.9　压杆的 P—δ 曲线
①—材料为无限弹性时的压弯杆件 P—$\delta_{\max}$ 曲线；②—材料为弹塑性时的压弯杆件 P—$\delta_{\max}$ 曲线

　　上述过程揭示出压弯杆件基于变形后分析与基于变形前分析的本质区别：(1)内力叠加原理不再适用；(2)考虑压弯效应后，当压力 P 足够大时，即使横向力 Q 很小，其变形将非常大；(3)该杆件所能承担的压力 P 的上限值为 P_E，上限值 P_E 并非由材料的强度确定。

　　利用式(1.5)，由 $\beta = kl/2 = \pi/2$ 求轴心压杆临界力的方法常用于求理想压杆及理想薄板的临界力。而介绍上述内容的目的主要在于说明 $\beta = \pi/2$ 时结构经不起干扰，结构进入不稳定平衡状态。

1.2.2　第一类稳定问题——分枝点失稳

下面再回到"材料力学"求轴心压杆临界力的方法,以加深对结构稳定性概念的理解。

当 $Q=0$ 时,图 1.8 结构变为理想轴心压杆,式(1.2)变为

$$y''+k^2y=0 \qquad k=\sqrt{\frac{P}{EI}} \tag{1.7}$$

此式对任意 $P<P_E$ 值,都存在一个 $y=0$ 的平凡解(证明见后),这时压杆保持正直状态,如图 1.9 中的直线③。

同时,还存在非平凡解：$\qquad y=A\cos kz+B\sin kz$

由杆件边界条件 $z=0$,$y=0$ 及 $z=l$,$y=0$,解得

$$A=0 \qquad B\sin kl=0$$

当 $\sin kl\neq0$ 时,则 $B=0$,$y=0$,压杆不变位,压杆保持直线平衡状态。因为只有当 $\pi>kl>0$,$\sin kl$ 才不等于零,此直线平衡状态只存在于 $P_E>P>0$ 的范围内,与之对应的 P 与 $\delta_{\max}$ 的关系如图 1.9 中的竖直线③。

当 $B\neq0$ 时,则 $\sin kl=0$,有 $kl=n\pi$,则

$$P=\frac{n^2\pi^2EI}{l^2} \qquad (n=1,2,3,\cdots)$$

图 1.10 表示该杆件 $n=1$,2,3 所对应的屈曲变形模式。$n=1$ 时,P 最小,故 $P=P_E=\frac{\pi^2EI}{l^2}$、$k=\pi/l$,压杆变位曲线 $y=B\sin kz=B\sin\frac{\pi z}{l}$,$B=\delta_{\max}$,与之对应的 P 与 $\delta_{\max}$ 的关系如图 1.9 中的水平线④。位移函数 y 中的 B 值不能确定,这是由于采用近似曲率 $-y''$ 计算的结果,后面大挠度理论的计算结果将证明 P 与 $\delta_{\max}$ 的关系是确定的。

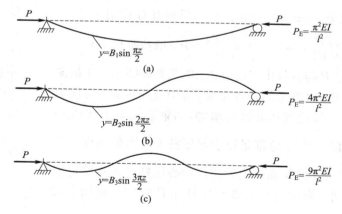

图 1.10　两端铰支压杆最低的三阶屈曲模式

这样,图 1.9 中直线④与③分别表示压杆基于 $1/\rho\approx-y''$ 得出的不稳定的微弯平衡状态与稳定的直线平衡状态,是压杆 P—$\delta_{\max}$ 曲线的两个分枝,二者相交于 $P=P_E$ 的点 B。压力达到 P_E 时,压杆开始失稳,这两种平衡状态同时发生,因此称为"分枝性失稳"或"分枝点失稳",P_E 称为分枝点临界力,常用 P_{cr} 表示。分枝点 B 表示压杆从稳定平衡状态进入不稳定平衡状态。从 B 点起,压杆变位,而压力保持常值 P_E,具有前述随遇平衡状态的特征;故 $P=P_E$ 时,压杆出现随遇平衡状态,稳定理论中就按随遇平衡状态计算分枝点临界力,称为"中性平衡法"。应

该指出,这种说法是按式(1.7)的计算结果,它忽略了 y',即认为屈曲变形时构件的转角非常小,$y'=0$,近似取 $1/\rho \approx -y''$,基于该前提的计算理论称为线性小挠度理论。

1.3 节按非线性大挠度理论的计算结果将证明:压杆不存在随遇平衡状态。但由于线性小挠度理论计算简单,所得临界力 P_{cr} 与按大挠度理论计算者同,故常用之。

1.2.3　第二类稳定问题——极值点失稳

图 1.9 中曲线①是假定材料为无限弹性算出的。实际材料为弹塑性,杆件在 Q 干扰下的 P—δ_{max} 实际曲线如图 1.7 中的曲线②,在此曲线的 CA 段,压力 P 增大,杆件截面有相应的抵抗力增长与之平衡,这表示在 CA 段杆件处于稳定平衡状态。至 A 点,压力达最大值 P_{max},杆件开始失稳,称为极值点失稳。在 A 点以后的 AD 段中,压力 P 减少,变位 δ_{max} 增加,杆件才能维持平衡,这表示杆件在 AD 段处于不稳定平衡状态。这两种状态中杆件始终受压受弯,只有平衡稳定性的变化,这与分枝点失稳中既有平衡稳定性的变化又有工作状态的变化,是根本不同的。

分枝点和极值点都是临界点。临界点以前的平衡状态称为前屈曲平衡状态,临界点之后的平衡状态称为后屈曲平衡状态。分枝点欧拉荷载 P_E 有时称为临界荷载 P_{cr},有时称为屈曲(或压屈)荷载。有人建议不要将这两个术语交换使用:主张非理想柱子的失稳荷载称为屈曲荷载,理想柱子的失稳荷载称为临界荷载。从物理概念来说,屈曲荷载可通过实际柱子的加载试验测出,而临界荷载是对理论柱子的理论分析结果。压弯杆件极值点失稳的最大压力 P_{max} 一般称为压溃荷载 P_u,有的称为第二类失稳临界力。

应强调指出,只有荷载准确作用于形心、结构无初始缺陷的理想结构才产生分枝点失稳。实际结构都有不同程度的初始缺陷,压杆有初弯曲、残余应力、压力 P 不是准确作用于形心等统称为初始缺陷,都是极值点失稳。由图 1.9 中的曲线②知,极值点失稳具有强烈的非线性,计算很复杂。分枝点失稳按线性小挠度理论求解,计算较简单。从 1744 年欧拉提出压杆临界力以来,稳定理论的大量研究工作集中在分枝点失稳。电子计算机应用以后,极值点失稳的研究才大量展开。

初始缺陷降低临界力,对一些结构降低很多,例如轴压薄柱壳的实测临界应力只有分枝点失稳临界应力的 1/5～1/2。1969—1971 年期间,奥地利、澳大利亚、英国、德国曾有四座钢箱梁桥在施工中因薄板丧失局部稳定而倒塌。这些桥梁的受压薄板都是按分枝点失稳临界力设计的,未考虑初始缺陷影响。可见考虑初始缺陷、按极值点失稳分析结构的稳定性,是符合实际且十分必要。这是结构稳定理论的主要发展方向。但是分枝点失稳的研究仍有其价值,这是由于:

(1) 有些结构极值点失稳的临界力(例如框架柱的压溃荷载)解析值无法算出,需采用相关方程设计。应用相关方程设计时,需标出框架柱的自由长度 l_0,而 l_0 是由框架柱分枝点失稳临界力的算式确定。

(2) 分枝点失稳临界力与极值点失稳临界力的差别,可以说明结构初始缺陷的影响。若提高极值点失稳临界力,则必须减少初始缺陷、提高结构制造与施工的质量。因此,分枝点失稳的研究可促进结构质量的提高。

1.3　细长压杆弹性屈曲的非线性大挠度理论

上节介绍了小挠度理论的一些局限性,为了说明理想及无限弹性压杆不存在随遇平衡状态,其分枝点失稳临界力与线性小挠度理论计算结果相同,本节主要介绍非线性大挠度理论的计算过程与结果。

由材料力学及图 1.11 知,压杆屈曲后,其弹性挠曲线的曲率为 $\dfrac{1}{\rho}=\dfrac{\mathrm{d}\theta}{\mathrm{d}s}$,曲率与弯矩 $M_x=Py$ 的关系为

$$\frac{\mathrm{d}\theta}{\mathrm{d}s}=-\frac{Py}{EI}$$

即

$$\frac{\mathrm{d}\theta}{\mathrm{d}s}+k^2y=0 \tag{1.8}$$

式中,$k^2=\dfrac{P}{EI}$。

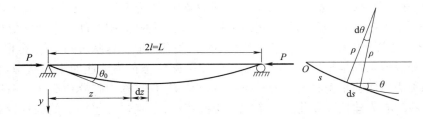

图 1.11　大挠曲的细长简支压杆

式(1.8)对 s 微分并考虑 $\dfrac{\mathrm{d}y}{\mathrm{d}s}=\sin\theta$,得

$$\frac{\mathrm{d}^2\theta}{\mathrm{d}s^2}+k^2\sin\theta=0 \tag{1.9}$$

式(1.9)为压杆弹性曲线的大挠度方程。下面求解该微分方程,以找出荷载与变位的关系。

将式(1.9)乘以 $2\dfrac{\mathrm{d}\theta}{\mathrm{d}s}$,然后对 s 积分,得

$$\left(\frac{\mathrm{d}\theta}{\mathrm{d}s}\right)^2-2k^2\cos\theta=C \tag{1.10}$$

式中,积分常数 C 可利用压杆的下述边界条件求出。

在 $\theta=\theta_0$ 时,$M=0$,而 $\dfrac{M}{EI}=-\dfrac{\mathrm{d}\theta}{\mathrm{d}s}=0$,即 $\left(\dfrac{\mathrm{d}\theta}{\mathrm{d}s}\right)_{\theta=\theta_0}=0$,代入式(1.10)求得 $C=-2k^2\cos\theta_0$,回代式(1.10),得

$$\left(\frac{\mathrm{d}\theta}{\mathrm{d}s}\right)^2=2k^2(\cos\theta-\cos\theta_0)$$

$$\frac{\mathrm{d}\theta}{\mathrm{d}s}=\pm\sqrt{2}\,k\,\sqrt{\cos\theta-\cos\theta_0}$$

由于 $\dfrac{\mathrm{d}\theta}{\mathrm{d}s}$ 为负,只能取上式中的负号,故得

$$\mathrm{d}s=-\frac{\mathrm{d}\theta}{\sqrt{2}\,k\,\sqrt{\cos\theta-\cos\theta_0}} \tag{1.11}$$

式(1.11)积分,得杆长 $2l$。由于变位对称于跨中,只需求出半杆长 l,则

$$l=\int_0^l\mathrm{d}s=-\frac{1}{\sqrt{2}}\,\frac{1}{k}\int_{\theta_0}^0\frac{\mathrm{d}\theta}{\sqrt{\cos\theta-\cos\theta_0}}=\frac{1}{\sqrt{2}}\,\frac{1}{k}\int_0^{\theta_0}\frac{\mathrm{d}\theta}{\sqrt{\cos\theta-\cos\theta_0}} \tag{1.12}$$

式(1.12)中的积分为椭圆积分,换成正则形式如下:

引入新变数 φ,令 $\sin\varphi=\dfrac{\sin\theta/2}{\sin\theta_0/2}$,$\alpha=\sin\dfrac{\theta_0}{2}$ 称为椭圆积分的模量,则 $\sin\dfrac{\theta}{2}=\alpha\sin\varphi$。对上式中的变量 φ 进行微分得

$$\frac{1}{2}\cos\frac{\theta}{2}\frac{\mathrm{d}\theta}{\mathrm{d}\varphi}=\alpha\cos\varphi$$

由于

$$\cos\frac{\theta}{2}=\sqrt{1-\sin^2\frac{\theta}{2}}=\sqrt{1-\alpha^2\sin^2\varphi}$$

则

$$\mathrm{d}\theta=\frac{2\alpha\cos\varphi}{\sqrt{1-\alpha^2\sin^2\varphi}}\mathrm{d}\varphi \tag{1.13}$$

另外

$$\cos\theta=1-2\sin^2\frac{\theta}{2}$$

$$\begin{aligned}\cos\theta-\cos\theta_0&=1-2\sin^2\frac{\theta}{2}-\left(1-2\sin^2\frac{\theta_0}{2}\right)\\&=2\left(\sin^2\frac{\theta_0}{2}-\sin^2\frac{\theta}{2}\right)=2\alpha^2(1-\sin^2\varphi)\\&=2\alpha^2\cos^2\varphi\end{aligned} \tag{1.14}$$

将式(1.13)和式(1.14)代入式(1.12),得

$$l=\frac{1}{\sqrt{2}}\frac{1}{k}\int_0^{\theta_0}\frac{2\alpha\cos\varphi\mathrm{d}\varphi}{\sqrt{1-\alpha^2\sin^2\varphi}}\frac{l}{\sqrt{2\alpha^2\cos^2\varphi}}=\frac{1}{k}\int_0^{\theta_0}\frac{\mathrm{d}\varphi}{\sqrt{1-\alpha^2\sin^2\varphi}}$$

因为,在 $\theta=\theta_0$ 处,$\sin\varphi=\dfrac{\sin\dfrac{\theta}{2}}{\sin\dfrac{\theta_0}{2}}=1$,$\varphi=\dfrac{\pi}{2}$;在 $\theta=0$ 处,$\sin\varphi=0$,$\varphi=0$。

故

$$kl=\int_0^{\theta_0}\frac{\mathrm{d}\varphi}{\sqrt{1-\alpha^2\sin^2\varphi}}=\int_0^{\frac{\pi}{2}}\frac{\mathrm{d}\varphi}{\sqrt{1-\alpha^2\sin^2\varphi}}=G\left(\alpha,\frac{\pi}{2}\right) \tag{1.15}$$

因此,引出第一类椭圆积分及第一类全椭圆积分:

$$G(\alpha,\varphi)=\int_0^{\varphi}\frac{\mathrm{d}\varphi}{\sqrt{1-\alpha^2\sin^2\varphi}} \quad \text{(第一类椭圆积分)}$$

$$G\left(\alpha,\frac{\pi}{2}\right)=\int_0^{\frac{\pi}{2}}\frac{\mathrm{d}\varphi}{\sqrt{1-\alpha^2\sin^2\varphi}} \quad \text{(第一类全椭圆积分)}$$

其中,φ 称为椭圆积分的幅角。

下面求压力 P 与杆中点挠度 δ 的关系:

因为 $\dfrac{\mathrm{d}y}{\mathrm{d}s}=\sin\theta=2\sin\dfrac{\theta}{2}\cos\dfrac{\theta}{2}=2\sin\dfrac{\theta}{2}\sqrt{1-\sin^2\left(\dfrac{\theta}{2}\right)}=2\alpha\sin\varphi\sqrt{1-\alpha^2\sin^2\varphi}$

$$\mathrm{d}y=\sin\theta\mathrm{d}s=2\alpha\sin\varphi\sqrt{1-\alpha^2\sin^2\varphi}\left(-\frac{\mathrm{d}\theta}{\sqrt{2}k\sqrt{\cos\theta-\cos\theta_0}}\right)$$

$$=-2\alpha\sin\varphi\sqrt{1-\alpha^2\sin^2\varphi}\left(\frac{1}{\sqrt{2}k}\frac{2\alpha\cos\varphi\mathrm{d}\varphi}{\sqrt{2}\alpha\cos\varphi\sqrt{1-\alpha^2\sin^2\varphi}}\right)=-\frac{1}{k}2\alpha\sin\varphi\mathrm{d}\varphi \tag{1.16}$$

则

$$\delta=\int_{\frac{\pi}{2}}^0\mathrm{d}y=-\frac{2\alpha}{k}\int_{\frac{\pi}{2}}^0\sin\varphi\mathrm{d}\varphi=\frac{2\alpha}{k}\int_0^{\frac{\pi}{2}}\sin\varphi\mathrm{d}\varphi=\frac{2\alpha}{k} \tag{1.17}$$

再求屈曲后杆件两端点之间的距离 d:

由图 1.11 知，　　　　　　　　　　$\dfrac{\mathrm{d}z}{\mathrm{d}s}=\cos\theta$

$$\mathrm{d}z=\cos\theta\,\mathrm{d}s=\cos\theta\left(-\frac{1}{k}\frac{\mathrm{d}\varphi}{\sqrt{1-\alpha^2\sin^2\varphi}}\right)=\left(1-2\sin^2\frac{\theta}{2}\right)\left(-\frac{1}{k}\frac{\mathrm{d}\varphi}{\sqrt{1-\alpha^2\sin^2\varphi}}\right)$$

由于对称，可只求 $\dfrac{d}{2}$，即

$$\frac{d}{2}=\int_0^{\frac{\pi}{2}}\mathrm{d}z=-\frac{1}{k}\int_{\frac{\pi}{2}}^0\left(1-2\sin^2\frac{\theta}{2}\right)\frac{\mathrm{d}\varphi}{\sqrt{1-\alpha^2\sin^2\varphi}}=-\frac{1}{k}\int_{\frac{\pi}{2}}^0\frac{(1-2\alpha^2\sin^2\varphi)}{\sqrt{1-\alpha^2\sin^2\varphi}}\mathrm{d}\varphi$$

又　　　　　　$$\frac{1-2\alpha^2\sin^2\varphi}{\sqrt{1-\alpha^2\sin^2\varphi}}=2\sqrt{1-\alpha^2\sin^2\varphi}-\frac{1}{\sqrt{1-\alpha^2\sin^2\varphi}}$$

故　　$$\frac{d}{2}=\frac{1}{k}\left[\int_0^{\frac{\pi}{2}}2\sqrt{1-\alpha^2\sin^2\varphi}\,\mathrm{d}\varphi-\int_0^{\frac{\pi}{2}}\frac{\mathrm{d}\varphi}{\sqrt{1-\alpha^2\sin^2\varphi}}\right]=\frac{1}{k}\left[2E\left(\alpha,\frac{\pi}{2}\right)-G\left(\alpha,\frac{\pi}{2}\right)\right]$$

$$\text{(1.18)}$$

式中　$E\left(\alpha,\dfrac{\pi}{2}\right)=\displaystyle\int_0^{\frac{\pi}{2}}\sqrt{1-\alpha^2\sin^2\varphi}\,\mathrm{d}\varphi$　　（第二类全椭圆积分）

　　　$E(\alpha,\varphi)=\displaystyle\int_0^{\varphi}\sqrt{1-\alpha^2\sin^2\varphi}\,\mathrm{d}\varphi$　　（第二类椭圆积分）

$G\left(\alpha,\dfrac{\pi}{2}\right)$ 及 $E\left(\alpha,\dfrac{\pi}{2}\right)$ 的展开式为

$$G\left(\alpha,\frac{\pi}{2}\right)=\frac{\pi}{2}\left[1+\left(\frac{1}{2}\right)^2\alpha^2+\left(\frac{1\times3}{2\times4}\right)^2\alpha^4+\left(\frac{1\times3\times5}{2\times4\times6}\right)^2\alpha^6+\cdots\right]$$

$$E\left(\alpha,\frac{\pi}{2}\right)=\frac{\pi}{2}\left[1-\left(\frac{1}{2}\right)^2\alpha^2-\left(\frac{1\times3}{2\times4}\right)^2\frac{2^4}{3}-\left(\frac{1\times3\times5}{2\times4\times6}\right)^2\frac{\alpha^6}{5}-\cdots\right]$$

上述各计算公式总结如下：

(1) 压力 P 由计算式(1.15)得 $k=\dfrac{G\left(\alpha,\frac{\pi}{2}\right)}{l}$，及 $k=\sqrt{\dfrac{P}{EI}}$，可知 $\sqrt{\dfrac{P}{EI}}\,l=G\left(\alpha,\dfrac{\pi}{2}\right)$，进而可得压力 $P=\dfrac{G^2EI}{l^2}$，而 $P_\mathrm{E}=\dfrac{\pi^2EI}{(2l)^2}$，故

$$\frac{P}{P_\mathrm{E}}=\left(\frac{2G}{\pi}\right)^2 \tag{1.19}$$

(2) 挠度 δ 由计算式(1.17)可知

$$\delta=\frac{2\alpha}{k}=2\alpha\frac{l}{G}\text{ 或 }\frac{\delta}{l}=\frac{2\alpha}{G} \tag{1.20}$$

(3) 压杆两端点间的距离由计算式(1.18)知 $d=2\cdot\dfrac{d}{2}=\dfrac{2}{k}\left[2E(\alpha)-G(\alpha)\right]=\dfrac{2l}{G}\left[2E(\alpha)-G(\alpha)\right]$，可得

$$d=L\left(2\frac{E}{G}-1\right) \tag{1.21}$$

式(1.19)、式(1.20)和式(1.21)均为 $\alpha=\sin\dfrac{\theta_0}{2}$ 的函数，计算时，需先假定 θ_0，再由椭圆积分表查出 $G(\alpha)$、$E(\alpha)$，进而计算压力 P、挠度 δ 及两端点间的距离 d。

[例]设 $\theta_0 = 60°$，则 $\alpha = \sin\dfrac{\theta_0}{2} = \dfrac{1}{2}$，查椭圆积分表，得 $G(\alpha) = 1.685\,8$，$E(\alpha) = 1.467\,5$，进而可知

$$\frac{P}{P_E} = \left(\frac{2 \times 1.685\,8}{\pi}\right)^2 = 1.152$$

$$\delta = \frac{2\alpha l}{k} = \frac{2 \times \frac{1}{2} l}{1.685\,8} = 0.593\,2l$$

$$d = \left(2\frac{E}{k} - 1\right)L = \left(\frac{2 \times 1.467\,5}{1.685\,8} - 1\right)L = 0.741L$$

假设不同的 θ_0 角度，算出 P/P_E 及 δ/l 的值，就能点绘出图 1.12 的载荷—位移曲线。

比较图 1.9 和图 1.12，可知两种理论的荷载—位移曲线存在明显的差异。

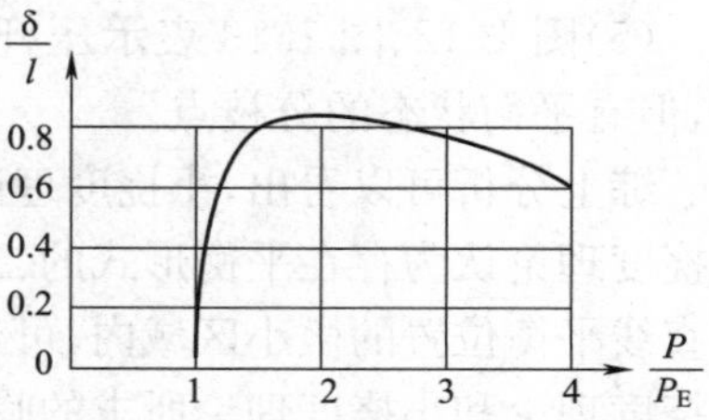

下面讨论几个概念，也即是大挠度理论给出的结论：

(1)当 $\alpha = 0$ 时，因为 $k = \sqrt{\dfrac{P}{EI}} \neq 0$，则 $\delta = \dfrac{2\alpha}{k} = 0$

图 1.12 细长弹性压杆荷载—位移曲线

考虑到 $G\left(0, \dfrac{\pi}{2}\right) = \dfrac{\pi}{2}$，$E\left(0, \dfrac{\pi}{2}\right) = \dfrac{\pi}{2}$

所以有 $\dfrac{P}{P_E} = \left(\dfrac{2G}{\pi}\right)^2 = \left(\dfrac{2 \times \frac{\pi}{2}}{\pi}\right)^2 = 1$，即 $P = P_E = \dfrac{\pi^2 EI}{L^2}$，则

$$d = \left(2\frac{E}{G} - 1\right)L = \left(2\frac{\pi/2}{\pi/2} - 1\right)L = L$$

故 $P = P_E$ 时，压杆处于直线平衡状态。由大挠度理论知，$P = P_E$ 时，只能保持直线平衡状态，不能保持弯曲平衡状态。

(2)当 $P > P_E$ 时，挠度急剧增长

例如，如图 1.12 所示，$P = 1.001P_E$ 时，可算得 $\delta = 0.051\,7l = 0.025\,85L$，这种极微小压力增长可以看作是压杆受到外界干扰。极微小的干扰引起这样大的挠度，说明 $P = P_E$ 时，压杆丧失稳定。另外，$P = 1.001P_E$ 时，产生较大的挠度，压杆早已发生破坏，因此，压杆失稳即为濒临破坏。图 1.12 中 $P/P_E = 1$ 以后的载荷位移曲线称为压杆后屈曲平衡位移。

(3)若只取 $G(\alpha)$ 及 $E(\alpha)$ 的前两项，即

$$G(\alpha) \approx \frac{\pi}{2}\left[1 + \left(\frac{1}{2}\right)^2 \alpha^2\right] \qquad E(\alpha) \approx \frac{\pi}{2}\left[1 - \left(\frac{1}{2}\right)^2 \alpha^2\right]$$

则可得出压杆平衡位形的近似解为

由于 $\begin{cases} \dfrac{\delta}{l} = \dfrac{2\alpha}{G} \\ \dfrac{P}{P_E} = \left(\dfrac{2G}{\pi}\right)^2 \end{cases}$，得 $\begin{cases} \alpha = \dfrac{\delta G}{2l} \\ G = \dfrac{\pi}{2}\sqrt{\dfrac{P}{P_E}} \end{cases}$

则

$$\alpha = \frac{\delta}{2l}\frac{\pi}{2}\sqrt{\frac{P}{P_E}} = \frac{\delta\pi}{2L}\sqrt{\frac{P}{P_E}}$$

$$\frac{P}{P_E}=\frac{4G^2}{\pi^2}=\frac{4}{\pi^2}\left[\frac{\pi}{2}\left(1+\frac{1}{4}\alpha^2\right)\right]^2=\left(1+\frac{\alpha^2}{4}\right)^2\approx1+\frac{1}{2}\alpha^2=1+\frac{\delta^2\pi^2}{8L^2}\frac{P}{P_E}$$

进而可得压杆后屈曲平衡位移的近似计算式

$$\frac{\delta}{L}=\sqrt{\frac{8}{\pi^2}\left(1-\frac{P_E}{P}\right)} \tag{1.22}$$

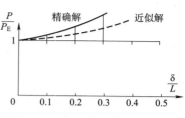

图 1.13　大挠度的荷载—变形曲线

近似解与精确解的比较如图 1.13 所示。

（4）由式（1.22）知，当 $P<P_E$ 时 δ/L 为虚值，这表示压杆处于直线稳定平衡状态。故压杆前屈曲平衡位形为图 1.12 和图 1.13 中的 01 线段。

（5）图 1.12、图 1.13 表示压杆失稳后，压力与位移有一一对应关系，不存在随遇平衡状态，但有平衡状态的分枝点。

综上分析可以看出，小挠度理论不能得出屈曲后的荷载与变形之间的关系；当 $P=P_E$ 时，小挠度理论认为存在平衡形式的二重性，即发生随遇平衡，而大挠度理论认为是稳定平衡，只在直线平衡位置的微小区域内，可近似认为存在压弯平衡，这些是两者的主要差别。实际上，大挠度理论和小挠度理论所求的临界荷载是相等的。大挠度理论认为屈曲后杆件处于压弯平衡状态，由于压杆在与直线平衡状态无限接近的弯曲平衡状态下，可认为压力 P 与欧拉临界力 P_E 无差别，从平衡的角度考虑，荷载 P 似乎还可以加大，但是由于变形的迅速增加，杆件将产生塑性变形而丧失承载力，荷载 P 的增加很小，故对于分枝点失稳问题，可假设压杆自临界状态发生微弯，按线性小挠度理论计算其临界荷载，且小挠度理论近似较为简单，便于工程应用。

1.4　变分法简介

考虑以后各章节中将广泛使用变分法这一数学方法，本节简要介绍变分法的概念和运算，有关变分法更多的内容请参阅《变分法》有关著作。

设某函数 J 是以函数 $y(x)$ 定义的一个函数，且如果对于任意函数 $y(x)$ 恒有某个确定的实数 $J[y]$ 与之对应，则称 $J[y]$ 是定义在 $y(x)$ 上的一个泛函，其中，函数 $y(x)$ 称为自变函数。

自变函数的微小变化量称为自变函数的变分，习惯上，使用符号 δ 表示变分，$\delta y(x)$ 表示自变函数的变分，一般简写为 δy。分析泛函与自变函数变分 δy 的关系及其应用是变分法的主要内容，δJ 称为泛函变分。

变分 δ 的性质在许多方面与微积分中的微分符号 d 相似，但概念是不同的。变分是以函数 $y(x)$ 为自变量，而不以自变量 x 为变量。讨论自变量 x 和相关函数微小变化量的问题是微分问题，如 $\mathrm{d}y(x)=y'(x)\mathrm{d}x$；$\mathrm{d}J[y(x)]=J_y'y'(x)\mathrm{d}x$，后者为复合函数的微分。简单来说，微分是针对自变量的，而变分是针对自变函数的。

1.4.1　变分的求导运算

设图 1.14 中 $G(x=a,y=e)$ 及 $H(x=b,y=g)$ 是已知的两点，在 G、H 之间可连接一条曲线族。假设已取其中一条曲线 GACH，它的方程是 $y=y(x)$。

又设想在曲线 GACH 的附近另取一条曲线 GBDH，这条曲线的纵坐标为 $y(x)+\delta y(x)$，

为函数 $y(x)$ 与增量函数 $\delta y(x)$ 之和，$\delta y(x)$（下文简写为 δy）是一个无穷小量。

图 1.14 中自变量不变，即 x 不变，而仅仅有曲线函数 $y(x)$ 的无穷小变化，其变化量计为 δy，称为自变函数的变分。

另外，曲线不变，始终是图 1.14 中的曲线 $GACH$，由于自变量 x 的变化 dx 所引起的函数 y 的增加，称为函数 y 的微分，记为 dy。

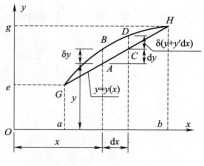

图 1.14 函数与变分

这样图 1.14 中 A、B、C 三点的纵坐标顺次为

$$A:y$$
$$B:y+\delta y$$
$$C:y+dy=y+y'dx$$

而 D 点的纵坐标，若从 C 点算过去，是

$$y+y'dx+\delta(y+y'dx)=y+\delta y+(y'+\delta y')dx$$

若从 B 点算过去，则为

$$y+\delta y+\frac{d}{dx}(y+\delta y)dx=y+\delta y+[y'+(\delta y)']dx$$

这两个纵坐标应该相等，由此导出

$$(\delta y)'=\delta y' \tag{1.23}$$

这个公式表明，一个函数的微分运算与变分运算的顺序是可以交换的，也即是函数变分的导数等于函数导数的变分。做变分法运算时，常用此式。

1.4.2 泛函的变分

对于泛函 $J=\int_a^b F(x,y,y')dx$，对应于图 1.14 中曲线 $GACH$，可以求得泛函 J 的值为

$$J=\int_a^b F(x,y,y')dx$$

对应曲线 $GBDH$ 有 $\qquad J+\Delta J=\int_a^b F[x,y+\delta y,y'+(\delta y)']dx$

这里为便于说明问题，假定积分号下的函数 F 为 x,y、y' 的函数，ΔJ 代表泛函的增量。

利用式(1.23)，$J+\Delta J$ 的算式可写为

$$J+\Delta J=\int_a^b F(x,y+\delta y,y'+\delta y')dx$$

于是有 $\qquad \Delta J=\int_a^b[F(x,y+\delta y,y'+\delta y')-F(x,y,y')]dx \tag{1.24}$

用泰勒级数展开，得

$$F(x,y+\delta y,y'+\delta y')=F(x,y,y')+\left(\frac{\partial F}{\partial y}\delta y+\frac{\partial F}{\partial y'}\delta y'\right)+$$

$$\frac{1}{2!}\left(\delta y\frac{\partial}{\partial y}+\delta y'\frac{\partial}{\partial y'}\right)^2 F+\frac{1}{3!}\left(\delta y\frac{\partial}{\partial y}+\delta y'\frac{\partial}{\partial y'}\right)^3 F+\cdots$$

将其回代式(1.24)得

$$\Delta J = \int_a^b \left[\left(\frac{\partial F}{\partial y}\delta y + \frac{\partial F}{\partial y'}\delta y' \right) + \frac{1}{2!} \left(\delta y \frac{\partial}{\delta y} + \delta y' \frac{\partial}{\delta y'} \right)^2 F + \frac{1}{3!} \left(\delta y \frac{\partial}{\delta y} + \delta y' \frac{\partial}{\delta y'} \right)^3 F + \cdots \right] \mathrm{d}x \tag{1.25}$$

简写为
$$\Delta J = \delta J + \frac{1}{2!}\delta^2 J + \frac{1}{3!}\delta^3 J + \cdots \tag{1.26}$$

式(1.26)中，

$$\delta J = \int_a^b \left(\frac{\partial F}{\partial y}\delta y + \frac{\partial F}{\partial y'}\delta y' \right) \mathrm{d}x \tag{1.27}$$

$$\delta^2 J = \int_a^b \left(\delta y \frac{\partial}{\delta y} + \delta y' \frac{\partial}{\delta y'} \right)^2 F \mathrm{d}x \tag{1.28}$$

$$\delta^3 J = \int_a^b \left(\delta y \frac{\partial}{\delta y} + \delta y' \frac{\partial}{\delta y'} \right)^3 F \mathrm{d}x \tag{1.29}$$

δJ、$\delta^2 J$、$\delta^3 J$ 分别称为泛函 J 的一阶、二阶、三阶变分。式(1.25)中省略号($\cdots$)包含 δy 及 $\delta y'$ 的四阶以上的项。

对于工程中经常遇到的泛函，被积函数 $F(x,y,y')$ 是 x,y,y' 的连续可导函数，因此，当 δy、$\delta y'$ 是无穷小量时，ΔJ 也是无穷小量，变分的运算服从无穷小量的运算规则。常可略去式(1.26)中二阶及其以上项。

另外，式(1.27)~式(1.29)说明，求泛函的变分与求复合函数的全微分相似，但变分仅对自变函数及其导数进行，不能对自变量求变分。

1.4.3 泛函的极值

变分法的主要问题之一，是要确定满足边界条件的一条曲线，使某个已知泛函(积分函数)取得极大值或极小值。问题是使泛函 $J[y]=\Pi$ 达到极值的条件是什么？

这里所说的极值是相对极值，是指泛函 $J[y]$ 之值不小于(或不大于)其他泛函 $J[y^*]$ 之值，变分法中给出了相关定理如下：

如果泛函 $J[y]$ 在 $y_0(x)$ 上实现相对极值，则泛函在 $y_0(x)$ 上的变分等于零，即
$$\delta J = 0 \tag{1.30}$$
最终泛函求极值问题化为通过方程 $\delta J = 0$，得出关于 $y_0(x)$ 的微分方程，解微分方程得出 $y_0(x)$ 的解。

在工程应用中，泛函极值问题是有条件求极值，即得出的解需要满足系列边界条件。

类似于函数极值是极大值还是极小值需要用到高阶导数进行判别一样，泛函极值性质的判别也需要用到高阶变分。

1.5 分枝点失稳的判别准则

第1.1节从物理概念描述了结构平衡稳定性的定义，须把该定义放在准确的判别基础上，再对本节内容进行讲述。

失稳判别准则就是确定失稳的标准。1965年苏联沃里密尔将失稳判别准则分为两类：平衡的小稳定性准则与平衡的大稳定性准则。前者就是传统的小挠度理论，后者则是研究壳体结构超屈曲(即后屈曲)性能的非线性大挠度理论。

计算分枝点失稳用线性小挠度理论;研究分枝点后的屈曲性能,例如理想薄板的超屈曲性能,则须用非线性大挠度理论;计算极值点失稳的临界力必须用非线性大挠度理论。因此,沃里密尔对失稳判别准则的分类方法不太明确。而且,极值点临界力须在荷载—挠度曲线上找出,不能用准则算出。故失稳判别准则是对分枝点失稳而言的。

从分枝点失稳分析的方法来看,一般应用三个等价的判别准则:静力准则、动力准则和能量准则。

1.5.1 静力准则

静力准则就是在分枝点处结构失稳,同时存在微小偏移与无偏移两种平衡状态。根据结构微小偏移的平衡状态,建立平衡线性微分方程进行求解,例如式(1.7),由它解出结构的分枝点失稳临界荷载,其临界荷载可以归结为求特征值(亦称本征值)问题。

1.5.2 动力准则

动力准则即辽普诺夫准则。辽普诺夫大约在 160 年前提出了系统的运动稳定性理论,而用此理论评定弹性结构的稳定性和确定其临界荷载,则是近 80 年的事情,但应用不广,这里仅介绍稳定准则的概念。

处于平衡状态的结构体系,如果施加微小干扰使其发生振动,此时结构的变形、振动加速度和振动频率都与作用在结构上的荷载有关。当荷载小于稳定的极限值时,加速度和变形的方向相反,干扰撤除后,运动趋于静止,结构的平衡状态是稳定的;当荷载大于稳定的极限值时,加速度和变形的方向相同,即使干扰撤除后,运动仍是发散的,因此结构的平衡状态是不稳定的。因此,临界状态的荷载即为结构的屈曲荷载。

随着荷载的增加,结构振动频率减小,当荷载达到某一临界值时,结构振动频率将趋于零,结构处于随遇平衡状态,这种情况下,稳定准则即为结构振动频率为零的状态,由此可解得临界荷载(其应用见 2.5 节)。

1.5.3 能量准则

能量准则基于以下三个定理:

(1)拉格朗日—狄利克雷定理:如果在平衡位置上,保守系统的势能有孤立的极小值,则在这个位置上的平衡是稳定的;

(2)设守恒系统的平衡位置由坐标零值确定,如果系统的势能在此位置上不达到极小值,……,那么此平衡位置是不稳定的;

(3)如果保守系统的势能在平衡位置上有极大值,……,那么该平衡状态是不稳定的。

其中,定理(2)和(3)为辽普诺夫的两个逆定理。定理(1)中"孤立的极小值"的意义说明见《振动理论》(上册)(巴巴科夫著,薛中擎译),这里只需要"保守系统的势能有极小值",故不加说明。定理(2)及(3)中的省略号(……)表示定理中与这里分析无关的字句,见《振动理论》(下册)(巴巴科夫著,蔡承文译)。

下面根据上述三定理,建立结构平衡稳定性准则的能量判别式。

设结构由于干扰,从平衡位置 A 偏移到无限接近的相邻平衡位置 $A+\delta A$。A 位置由 n 个坐标 $q_i(i=1,2,\cdots,n)$ 确定。$A+\delta A$ 位置由 $q_i+\delta q_i$ 确定。

结构在平衡位置 A 的势能 $\Pi_A = \Pi(q_1, q_2, \cdots, q_n)$，其在 $A + \delta A$ 平衡位置的势能为 $\Pi_{A+\delta A} = \Pi(q_1 + \delta q_1, q_2 + \delta q_2, \cdots, q_n + \delta q_n)$，按泰勒级数展开，得

$$\Pi_{A+\delta A} = \Pi(q_1, q_2, q_n) + \left(\delta q_1 \frac{\partial}{\partial q_1} + \delta q_2 \frac{\partial}{\partial q_2} + \cdots + \delta q_n \frac{\partial}{\partial q_n} \right)\Pi +$$

$$\frac{1}{2!} \left(\delta q_1 \frac{\partial}{\partial q_1} + \delta q_2 \frac{\partial}{\partial q_2} + \cdots + \delta q_n \frac{\partial}{\partial q_n} \right)^2 \Pi +$$

$$\frac{1}{3!} \left(\delta q_1 \frac{\partial}{\partial q_1} + \delta q_2 \frac{\partial}{\partial q_2} + \cdots + \delta q_n \frac{\partial}{\partial q_n} \right)^3 \Pi + \cdots$$

$$= \Pi_A + \delta \Pi_A + \frac{1}{2!} \delta^2 \Pi_A + \frac{1}{3!} \delta^3 \Pi_A + \cdots$$

$$= \Pi_A + \Delta \Pi_A \tag{1.31}$$

式中，$\Delta \Pi_A = \delta \Pi_A + \frac{1}{2!} \delta^2 \Pi_A + \frac{1}{3!} \delta^3 \Pi_A + \cdots$ 为由 A 位置至 $A + \delta A$ 位置时的结构势能变化量，其中

$$\delta \Pi_A = \left(\delta q_1 \frac{\partial}{\partial q_1} + \delta q_2 \frac{\partial}{\partial q_2} + \cdots + \delta q_n \frac{\partial}{\partial q_n} \right)\Pi$$

$$\delta^2 \Pi_A = \left(\delta q_1 \frac{\partial}{\partial q_1} + \delta q_2 \frac{\partial}{\partial q_2} + \cdots + \delta q_n \frac{\partial}{\partial q_n} \right)^2 \Pi$$

$$\delta^3 \Pi_A = \left(\delta q_1 \frac{\partial}{\partial q_1} + \delta q_2 \frac{\partial}{\partial q_2} + \cdots + \delta q_n \frac{\partial}{\partial q_n} \right)^3 \Pi$$

上述公式分别称为结构在平衡位置 A 的总势能 Π_A 的一阶、二阶、三阶变分。

下面根据上述能量准则的三定理讨论三种情况：

(1)若 A 位置的平衡状态是稳定的，则 Π_A 应为极小值，所以 $\Pi_{A+\delta A} > \Pi_A$。因为 A 位置至 $A + \delta A$ 位置无限接近，其势能变化量 $\Delta \Pi_A$ 很小，故可略去 Π_A 三阶以上的变分。对于平衡的结构，无论其平衡稳定性如何，其势能有驻值，故称势能驻值原理，对于稳定平衡结构，势能取最小值，即转换为最小势能原理，因此，结构在 A 位置处于平衡状态，应有 $\delta \Pi_A = 0$，由式(1.31)知，必有 $\delta^2 \Pi_A > 0$，因此，结构在位置 A 为稳定平衡状态的能量判别式为

$$\delta^2 \Pi_A > 0 \tag{1.32}$$

(2)若结构在 A 位置的平衡状态是不稳定的，则 Π_A 或为极大值，或达不到极小值。$\Pi_{A+\delta A}$ 必小于 Π_A（Π_A 达不到极小值时，结构受干扰后必定释放能量）。忽略 Π_A 的三阶以上变分，由式(1.31)得 $\delta^2 \Pi_A < 0$。所以结构在位置 A 为不稳定平衡状态的能量判别式为

$$\delta^2 \Pi_A < 0 \tag{1.33}$$

(3)当结构由 A 位置偏移到 $A + \delta A$ 位置时，若无能量变化，则 $\delta^2 \Pi_A = 0$，结构在 A 位置为随遇平衡状态，此时结构在 A 位置的能量判别式为

$$\delta^2 \Pi_A = 0 \tag{1.34}$$

若势能 $\delta^2 \Pi_A = 0$ 但无法判别平衡的性质时，则需进一步用高阶变分进行判别。前面已经介绍，实际结构不存在随遇平衡状态，那么结构由稳定平衡状态转变为不稳定平衡状态的转变点为临界状态，其能量判别式为式(1.34)。

由理论力学可知，物体势能只能计算其相对于参考面的相对势能，并且取物体参考面的势能为零；物体的绝对势能无法算出。计算分枝点失稳时，一般取结构无偏移正常工作位置的势能为零。结构分枝点失稳时会产生偏移，结构坐标 q_i 需从其正常工作位置起算。例如，计算理想压杆的临界力时，取压杆直线位形的势能为零(图1.15)，其微弯变形 y 自直线形式的平衡

状态起算,微变位形为上述的 A 位置,$A+\delta A$ 为自 A 无限小偏移后的位置。

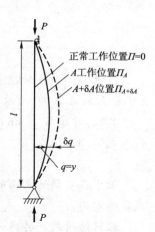

图 1.15 压杆的虚位移

分枝失稳计算中,广泛采用静力准则及能量准则。对于复杂结构,多采用能量准则。静力准则的关键是建立结构由正常工作位置转入微偏移(对于压杆为微弯)平衡状态的平衡方程。能量判别式(1.34)是结构处于稳定平衡与不稳定平衡分界点(即分枝点)的条件,它源于结构偏离正常工作位置产生位移坐标 $q_i(i=1,2,\cdots,n)$ 时的势能 Π_A,所以按能量法计算之初,亦是令结构自其正常工作平衡状态发生微小偏移,成为上述 A 的平衡状态,然后计算 Π_A、$\delta\Pi_A$、$\delta^2\Pi_A$,分析结构的稳定性。这与静力准则的计算图式相同。

另外,由弹性力学可知,能量方程 $\delta\Pi_A=0$ 与平衡方程是等价的,故可根据结构微小偏移的平衡状态,这里运用平衡二重性,由 $\delta\Pi_A=0$ 解出其分枝点失稳临界力,比由式(1.34)求临界力简便,故常用之。

从原理上说,$\delta^2\Pi_A=0$(此时 A 为极值点失稳的临界状态)亦能用于极值点失稳的临界力计算,但实践上不可能。这是因为结构前屈曲平衡状态的强烈非线性(物理非线性及几何非线性都有),致使 Π_A 无法求出,只能由结构的平衡方程或势能的一阶变分方程,逐步算出荷载 P 与变位 δ 的对应关系,绘出 P—δ 关系曲线,并从图上定出极值点和临界荷载。

[**例 1.1**] 单自由度系统的稳定。研究如图 1.16 所示无重刚性杆的稳定性。杆的铰支端用刚度为 k 的扭转弹簧固定,杆件承受如图所示的一个纵向力 P 作用。由于假定杆是刚性的,此系统的总势能为

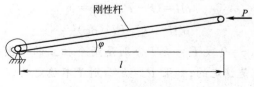

图 1.16 单自由度系统

$$\Pi=\frac{1}{2}k\varphi^2-Pl(1-\cos\varphi) \tag{1.35}$$

根据平衡条件,总势能的一阶变分为零,则

$$\delta\Pi=(k\varphi-Pl\sin\varphi)\delta\varphi=0 \tag{1.36}$$

满足式(1.36)的杆的位置是 $\varphi=0$ 或 $\varphi/\sin\varphi=P/(k/l)$,为了确定这些平衡形式是否稳定,还需进一步考察 Π 的二阶变分。

$$\delta^2\Pi=(k-Pl\cos\varphi)(\delta\varphi)^2 \tag{1.37}$$

首先,讨论与 $\varphi=0$ 对应的变形形式相关联的平衡类型,将 $\varphi=0$ 代入式(1.37),得

$$\delta^2\Pi=(k-Pl)(\delta\varphi)^2 \tag{1.38}$$

可见,若 $P<k/l$,此时 $\delta^2\Pi>0$,则平衡位置 $\varphi=0$ 是稳定的;若 $P>k/l$,此时 $\delta^2\Pi<0$,则该平衡位置是不稳定的;若 $P=k/l$,此时 $\delta^2\Pi=0$,为了确定此种情况下下平衡的类型,则需进一步考察高阶变分项,即

$$\delta^3 \Pi = Pl \sin \varphi (\delta\varphi)^3$$
$$\delta^4 \Pi = Pl \cos \varphi (\delta\varphi)^3 \tag{1.39}$$
...

注意，当 $\varphi = 0$ 时，$\delta^3\Pi = 0$，而 $\delta^4\Pi > 0$，因此 $\Delta\Pi > 0$，平衡是稳定的，换言之，若轴向力 $P \leqslant k/l$，给此杆在 $\varphi = 0$ 时以无穷小的转角，则它将回到扰动前的位置。

其次，考虑与 $\varphi/\sin\varphi = P(k/l)$ 对应的变形形式相关联的平衡类型。将 $\varphi/\sin\varphi = P/(k/l)$ 代入式(1.37)得

$$\delta^2\Pi = k(1 - \varphi\cot\varphi)(\delta\varphi)^2 \tag{1.40}$$

由于在 0 到 π 之间的所有 φ 值均是 $\delta^2\Pi > 0$，所以，此平衡形式是稳定的。

此杆的荷载—转角关系如图 1.17 中的直曲线 $0AB$ 所示，此直曲线上每一点都为稳定平衡状态。

上面得出的结果对任意转角都是有效的。在研究较复杂的系统时，很少能得到这样的一般性。为简化分析，常常引用小变形前提，下面基于小变形假定分析并讨论其影响。

将 $\cos\varphi$ 进行级数展开：

$$\cos\varphi = 1 - \frac{\varphi^2}{2!} + \frac{\varphi^4}{4!} - \cdots$$

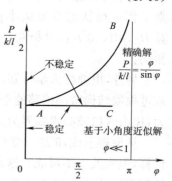

图 1.17　单自由度系统的荷载—转角曲线

基于小角度的近似关系，$\cos\varphi \approx 1 - \varphi^2/2$，总势能可写成

$$\Pi = \frac{1}{2}(k - Pl)\varphi^2 \tag{1.41}$$

Π 的一阶和二阶变分分别为

$$\delta\Pi = (k - Pl)\varphi\delta\varphi = 0 \tag{1.42}$$
$$\delta^2\Pi = (k - Pl)(\delta\varphi)^2 \tag{1.43}$$

由式(1.42)可以看出，$\varphi = 0$ 或 $P = k/l$ 分别是两个独立的平衡条件。式(1.43)表明，如果 $P < k/l$，平衡位置 $\varphi = 0$ 是稳定的；如果 $P > k/l$，则是不稳定的。

根据前述定义可知，相应于 $P = k/l$ 的平衡形式是中性(随遇)的，因为此情况下，$\delta^2\Pi$ 和三阶以上变分恒为零，若此系统承受一虚转角 $\delta\varphi$，然后放松，杆将不能恢复到原先的位置而停留在虚位移的位置上，故当 $P = k/l$ 时，φ 有任意值。

因此，由小位移理论得出，临界荷载 P_E 为

$$P_E = k/l \tag{1.44}$$

此分析结果由如图 1.17 中的折线 $0AC$ 表示；沿直线 $0A$ 的点表示稳定平衡的情况，直线 AC 上的点对应于随遇平衡的形式，并寓意 $\varphi > 0$ 时，此杆是不稳定的，而精确理论(直曲线 $0AB$)表明对每一小于 π 的 φ 值都有稳定的平衡，但是 $P > k/l$ 后 φ 发展非常快，失去了工程意义，因此近似解给出了临界力的正确结果。另外，精确解排除了当 $P = k/l$ 时，φ 变为不确定值和无穷大值的可能性。

本例得到的概念和结论，与本章前述讨论细长压杆的分析结论一致。

[例 1.2] 两端铰支中心压杆的稳定性。研究图 1.8 中 $Q = 0$ 的构件，利用第 2 章的方法，可求得结构屈曲变形态的总势能为

$$\Pi = \frac{EI}{2}\int_0^l (v'')^2 \mathrm{d}z - P\int_0^l \frac{1}{2}(v')^2 \mathrm{d}z \qquad (1.45)$$

前述中已经得出构件屈曲形式为 $y = B\sin\frac{\pi z}{l}$，代入式(1.45)后得

$$\Pi = \frac{\pi^2}{4l}\left(\frac{\pi^2 EI}{l^2} - P\right)B^2 \qquad (1.46)$$

根据平衡条件，对应的一阶变分为

$$\delta\Pi = \frac{\pi^2}{2l}\left(\frac{\pi^2 EI}{l^2} - P\right)B\delta B = 0 \qquad (1.47)$$

二阶变分为
$$\delta^2\Pi = \frac{\pi^2}{2l}\left(\frac{\pi^2 EI}{l^2} - P\right)(\delta B)^2 \qquad (1.48)$$

满足平衡条件式(1.47)的条件有两种情况：第一种是 $B=0$，也就是说柱的原始直线形式是一种平衡形式；第二种条件是 $B\neq0$，而 $P=\frac{\pi^2 EI}{l^2}$，它与前述计算的结构是一致的，表示离开了原来的直线平衡而进入了屈曲状态。

再分析式(1.48)可知，当 $P<\frac{\pi^2 EI}{l^2}$，式(1.47)得到满足的前提是构件保持直线位置，即 $B=0$，显然，$\delta^2\Pi>0$，也就是说此时的直线平衡是稳定的。当 $P>\frac{\pi^2 EI}{l^2}$，则 $\delta^2\Pi<0$，此时的直线平衡是不稳定的；如果 $P=\frac{\pi^2 EI}{l^2}$，$\delta^2\Pi=0$，则为 $B\neq0$ 的随遇平衡(又称中性平衡)状态，屈曲位移曲线的 B 值是不确定的。

习　题

1-1 为什么实际工程结构不存在随遇平衡，而按随遇平衡的方法又能用于工程分析计算？

1-2 证明最小势能原理是结构稳定平衡的充分必要条件。

1-3 介绍图 1.9 中各曲线和各符号的意义，并论证一般工程结构的稳定问题是属于极值点失稳还是分枝点失稳。

1-4 计算支承和受载如图 1.18 中的刚性杆的临界荷载，并分析其平衡稳定性。假定此杆的转角是微小的。

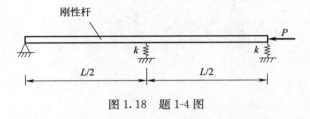

图 1.18　题 1-4 图

1-5 三刚性杆铰接连接和支承如图 1.19 所示，计算此系统的临界荷载，并研究相应的屈曲模式。假定此杆的转角是微小的。

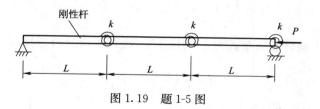

图 1.19   题 1-5 图

部分习题答案：

1-4 $P_{cr} = \dfrac{5}{4}kL$

1-5 $P_{cr} = \min(1.451, 3.215)\dfrac{k}{L} = 1.451\dfrac{k}{L}$

2　分枝点失稳临界荷载的计算方法

2.1 引　言

第 1 章多次指出：分枝点失稳临界荷载是计算结构自其正常工作位置微偏移后的平衡得出的。因此所有分析结构平衡的方法，都能用于分枝点失稳临界荷载的计算；只是结构力学中的分析方法一般不考虑结构变位对力作用的影响（称为一阶理论）；在稳定计算中须考虑变位对力作用的影响。[注]

分析分枝点失稳临界荷载的计算方法有很多，可将其分为解析法和数值法两大类：

1. 解析法

解析法可方便地建立力学概念，对于简单构件或结构，可利用解析法求解，本章介绍最为常用的一些解析方法。而对于复杂结构，用解析法求解则比较困难。

结构平衡分析的解析方法有多种，如力素（力、力矩等统称为力素）平衡法、能量法和动力法等，结构稳定的计算方法主要采用前两类。

力素平衡法是由结构屈曲后的平衡条件，建立屈曲平衡微分方程或方程组，求解结构的临界荷载，它是求解临界荷载的基本方法。但对于某些结构，建立屈曲平衡微分方程或方程组很困难，或求解这些方程很困难，此时使用力素平衡法就很难求出临界荷载。

能量法主要是能量守恒原理及虚位移原理，前者仅适用于保守体系，后者对保守及非保守体系都适用。如果一个力在它作用体系的任意可能位移上所做的功只依赖于该体系的初始位形和终止位形，则这种力称为保守力。如果作用于体系的所有力（荷载和反力）都是保守的，则称为保守体系。

由虚位移原理可导出势能不变值原理及能量守恒原理。对力学问题来说，变分法求泛函极值实际是导出势能不变值原理，故用势能不变值原理及变分法分析力学问题都可以看成是虚位移原理的基本概念。

因此求临界荷载的能量方法主要有三种：

（1）能量守恒原理（*Conservation of energy principle*）；

（2）势能不变值原理（*Principle of stationary potential energy*）；

（3）变分法，主要是变分问题的近似解法：瑞利—里兹法（*Ritz's method*）及伽辽金法（*Galerkin's method*）。

2. 数值法

包括有限差分法、有限积分法、有限单元法等，其中最为常用的是有限单元法，随着科技的

[注]　按古典理论建立起来的计算方法，不考虑变位对于力的作用的影响，称为一阶理论；考虑变位对力作用的影响，但采用曲率的近似式 $1/\rho = -v''(z)$，称为二阶理论；不但考虑变位对力作用的影响，而且采用精确曲率 $\dfrac{1}{\rho} = \dfrac{-v''(z)}{[1+v'^2]^{3/2}}$，称为三阶理论。

发展和计算机技术的普遍应用,该方法成为目前结构和桥梁工程等领域工程应用中常用的方法,有限单元法的列式可通过能量变分建立,在本书第 10 章和第 11 章中介绍。

很多著作将数值法和基于能量法的瑞利—里兹法、伽辽金法等统称为近似法;与之对应的是精确法,该方法是指基于平衡微分方程和边界条件求解的解析方法。

2.2　力素平衡法

此法主要用于结构稳定性的分析,第 1 章已用该方法对理想轴心压杆的临界力进行了分析,这里对理想轴心压杆端部支承条件对临界力的影响进行补充分析。

理想轴心压杆在用小挠度理论进行弹性分析时引入了以下假定:

(1)杆件无初始缺陷和初应力,屈曲时荷载作用方向保持不变。

(2)屈曲时杆件只发生平面弯曲变形,且弯曲变形是微小的,可引用物理关系 $-EIv''=M$,忽略剪切变形和轴向变形的影响。

中心压杆为典型的受压结构,力素平衡法分析中忽略轴向变形的影响,实质上是指分析中忽略了轴向变形增量。该方法所讨论的平衡状态稳定性是以临界状态为基础,研究从临界状态进入与之临界的微弯状态下随遇平衡状态的存在性。轴压效应发生临界状态及之前,且无限临界的随遇平衡状态与临界状态相比,其轴向变形和轴力增量均可忽略。

(3)材料是无限线弹性变形。

实际工程结构并不是无限线弹性,按无限线弹性分析的结果一般是偏大和不安全的,而在工程应用中,实际构件根据受力结果确定其容许承载力时,往往需要预留较大的安全系数。

考虑结构弹塑性以及剪切、轴压影响的稳定分析见第 4 章、第 11 章。

分析中,考虑到压杆为无限次自由度体系,其挠度曲线用挠曲线方程表示。用有限自由度描述结构变形的近似分析方法见本章 2.7 节、2.8 节和第 10 章。

(4)力素的正负号规则。

本书梁柱构件内力正负号规则与材料力学相同,与曲率的关系如图 2.1 所示。图 2.1(a)和(b)的梁段位移 v 均为正,图 2.1(a)中,M、Q 为正,而曲率 $k_\rho=\dfrac{\mathrm{d}\theta}{\mathrm{d}s}=\dfrac{\mathrm{d}\theta_2-\mathrm{d}\theta_1}{\mathrm{d}s}<0$,图 2.1(b)中,$M$、$Q$ 为负,而曲率 $k_\rho=\dfrac{\mathrm{d}\theta}{\mathrm{d}s}=\dfrac{-\mathrm{d}\theta_2-(-\mathrm{d}\theta_1)}{\mathrm{d}s}>0$,故 $M=-EIv''$ 中,始终有"—"号。

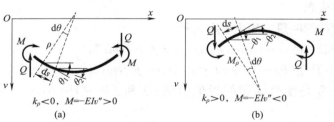

图 2.1　内力与曲率正负号规则

2.2.1　用二阶微分方程求解压杆临界力

1. 两端固定细长理想轴心压杆的屈曲[图 2.2(a)]

取隔离体如图 2.2(b)所示,由内弯矩=外弯矩的平衡条件得

$$-EIv''=Pv-M_0 \text{ 或 } v''+k^2v=\frac{M_0}{EI} \tag{2.1}$$

式中 $k^2=\dfrac{P}{EI}$。

式(2.1)的通解为

$$v=A\sin kz+B\cos kz+\frac{M_0}{P} \tag{2.2}$$

式(2.2)中两个积分常数 A、B 及未知力矩 M_0 须满足下列几何边界条件:

$$z=0,v(0)=0 \tag{2.3a}$$
$$v'(0)=0 \tag{2.3b}$$
$$z=l,v(l)=0 \tag{2.3c}$$

因为图 2.2(a)压杆两端支承条件对称,只有一个未知力矩 M_0,故无需用 $z=l$ 处的几何边界条件 $v'(l)=0$。

由条件式(2.3a)、式(2.3b)得 $A=0$,$B=\dfrac{-M_0}{P}$,回代式(2.2),有

$$v(z)=\frac{M_0}{P}(1-\cos kz)$$

由条件式(2.3c)得到超越方程 $\cos kl=1$,其最小根为 $kl=2\pi$,由 $P=k^2EI$,得

临界力
$$P_{cr}=\frac{4\pi^2EI}{l^2} \tag{2.4}$$

特征函数
$$v(z)=\frac{M_0}{P}\left(1-\cos\frac{2\pi z}{l}\right) \tag{2.5}$$

2. 一端固定另一端自由细长理想轴心压杆的屈曲[图 2.3(a)]

由图 2.3(b)隔离体内弯矩=外弯矩的平衡条件得

$$-EIv''=Pv-P\delta \text{ 或 } v''+k^2v=k^2\delta \tag{2.6}$$

式中 $k^2=\dfrac{P}{EI}$。

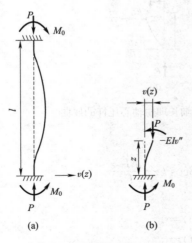

图 2.2 两端固定细
长理想轴心压杆的屈曲

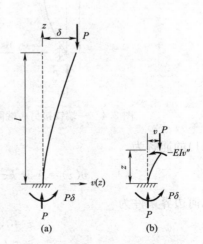

图 2.3 一端固定另一端
自由细长理想轴心压杆的屈曲

式(2.6)的通解为

$$v(z)=A\sin kz+B\cos kz+\delta \tag{2.7}$$

压杆几何边界条件为

$$z=0, v(0)=0 \tag{2.8a}$$

$$v'(0)=0 \tag{2.8b}$$

$$z=l, v(l)=\delta \tag{2.8c}$$

由条件式(2.8a)、式(2.8c),得 $A=0, B=-\delta$,有

$$v(z)=\delta(1-\cos kz)$$

由条件(2.8c)得:$\cos kl=0$,其最小根为 $kl=\pi/2$,则

临界力

$$P_{cr}=\frac{\pi^2 EI}{4l^2} \tag{2.9}$$

特征函数

$$v(z)=\delta\left(1-\cos\frac{\pi z}{2l}\right) \tag{2.10}$$

3. 一端铰接另一端固定细长理想轴心压杆的屈曲[图 2.4(a)]

由图 2.4(b)隔离体内弯矩=外弯矩的平衡条件得

$$-EIv''=Pv-\frac{M_0 z}{l}, \text{或 } v''+k^2 v=\frac{M_0}{EI}\frac{z}{l} \tag{2.11}$$

式中 $k^2=\dfrac{P}{EI}$。

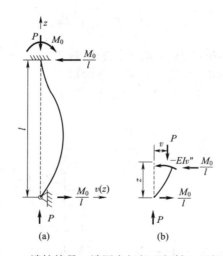

图 2.4 一端铰接另一端固定细长理想轴心压杆的屈曲

式(2.11)的通解为

$$v(z)=A\sin kz+B\cos kz+\frac{M_0}{P}\frac{z}{l} \tag{2.12}$$

压杆几何边界条件为

$$z=0, v(0)=0 \tag{2.13a}$$

$$z=l, v(l)=0 \tag{2.13b}$$

$$v'(l)=0 \tag{2.13c}$$

由条件式(2.13a)、式(2.13b),得 $B=0,A=-\dfrac{M_0}{P}\dfrac{1}{kl\cos kl}$,有

$$v(z)=\frac{M_0}{P}\left(\frac{z}{l}-\frac{\sin kz}{kl\cos kl}\right)$$

再由条件式(2.13c)引出超越方程: $\tan kl=kl$

此方程的最小根为 $kl=4.49$,则

临界力 $$P_{cr}=\frac{20.2EI}{l^2} \tag{2.14}$$

压杆特征函数 $$v(z)=\frac{M_0}{P}\left[\frac{z}{l}+1.02\sin\left(4.49\frac{z}{l}\right)\right] \tag{2.15}$$

4. 一端铰接另一端弹性支承理想细长轴心压杆的屈曲

图 2.5(a)半刚架立柱的屈曲属此种情况,求解如下:

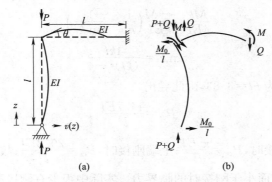

图 2.5 一端铰接另一端弹性支承理想细长轴心压杆的屈曲

屈曲之前,立柱在压力 P 作用下发生轴向压缩,立柱顶端发生下沉,而横梁右边固定端不动,故顶端下沉会在横梁中引起弯矩,在立柱中亦产生弯矩,使立柱变成非轴心受压。但因立柱压缩极其微小,因此顶端下沉引起的弯矩极其微小,可忽略不计。故假定:立柱屈曲前横梁没有弯曲。然而,立柱屈曲后引起的横梁弯曲则不能忽略,这是因为结构随遇平衡条件 $\delta^2\Pi=0$ 中的势能包括了横梁的弹性势能。若忽略立柱屈曲引起的横梁弯曲势能,则 $\delta^2\Pi\neq0$。

由于横梁弯曲产生横梁剪力 Q,此剪力在立柱中又引起轴力增量 Q,使立柱在微弯随遇平衡位置的压力不同于立柱在临界随遇平衡状态的压力 P,如图 2.5(b)所示。考虑屈曲变形极其微小,因而 Q 极小,与 P 比较可忽略不计。故假定立柱屈曲时轴力 P 保持为常数。

由立柱隔离体内弯矩=外弯矩的平衡条件得

$$-EIv''=Pv-\frac{Mz}{l} \quad 或 \quad v''+k^2y=\frac{M}{EI}\frac{z}{l} \tag{2.16}$$

式中 $k^2=\dfrac{P}{EI}$。

式(2.16)的通解为 $$v(z)=A\sin kz+B\cos kz+\frac{M}{P}\frac{z}{l} \tag{2.17}$$

立柱几何边界条件为

$$z=0,v(0)=0 \tag{2.18a}$$
$$z=l,v(l)=0 \tag{2.18b}$$

$$-\theta_{立柱}=\theta_{梁} \tag{2.18c}$$

由条件式(2.18a)得 $\qquad B=0$

由条件式(2.18b)得 $\qquad A=-\dfrac{M}{P}\dfrac{1}{\sin kl}$

又 $\qquad v(z)=\dfrac{M}{P}\left(\dfrac{z}{l}-\dfrac{\sin kz}{\sin kl}\right)$

故 $\qquad \theta_{立柱}=\left(\dfrac{\mathrm{d}v}{\mathrm{d}z}\right)_{z=l}=\dfrac{M}{P}\left(\dfrac{1}{l}-\dfrac{k\cos kl}{\sin kl}\right)$ 或 $\theta_{立柱}=\dfrac{M}{kEI}\left(\dfrac{1}{kl}-\dfrac{1}{\tan kl}\right)$ $\tag{2.19}$

由结构力学的转角位移方程得横梁弯矩 $M=\dfrac{4EI}{l}\theta_{梁}$，即

$$\theta_{梁}=\dfrac{Ml}{4EI} \tag{2.20}$$

将式(2.19)和式(2.20)代入边界条件(2.18)，得

$$\dfrac{Ml}{4EI}=\dfrac{-M}{kEI}\left(\dfrac{1}{kl}-\dfrac{1}{\tan kl}\right)$$

简化为 $\qquad \tan kl=\dfrac{4kl}{(kl)^2+4}$ $\tag{2.21}$

式(2.21)的最小根为 $kl=3.83$，由此导出

临界力 $\qquad P_{cr}=\dfrac{14.7EI}{l^2}$

图 2.5 立柱上端铰接时，$P_{cr}=\dfrac{\pi^2EI}{l^2}$；上端刚接时，$P_{cr}=\dfrac{20.2EI}{l^2}$；故柱端弹性支承时的临界力大于铰接时的临界力，而小于刚接时的临界力。实际中很少有刚接和铰接支承，一般都是弹性支承。前文给出了临界力的上下限，以便对实际压杆的临界力进行估算。

2.2.2　用四阶微分方程计算压杆临界力

前述四种情况是建立稍微不同的二阶微分方程，并应用压杆端部的几何边界条件，求解临界力。微分方程式中有的包括压杆屈曲时产生的未知力素(弯矩或剪力)，有的不包括；似乎没有统一型式的微分方程。其实，各种压杆屈曲微分方程都可变为一个四阶齐次微分方程，即将式(1.7)、式(2.1)、式(2.6)、式(2.11)、式(2.16)都微分两次，得到统一的压杆屈曲微分方程。

$$EIv^{\mathrm{IV}}+Pv''=0$$

写成 $\qquad v^{\mathrm{IV}}+k^2v''=0$ $\tag{2.22}$

式中 $\quad k^2=\dfrac{P}{EI}$。

式(2.22)的通解为 $\qquad v(z)=C_1\sin kz+C_2\cos kz+C_3z+C_4$ $\tag{2.23}$

积分常数 C_1、C_2、C_3、C_4 由压杆端部的几何边界条件(位移及转角)和自然边界条件(或称力学边界条件：弯矩及剪力)确定，叙述如下：

1. 两端铰支压杆(图 1.8)

几何边界条件： $\qquad z=0,v(0)=0$； $\quad z=l,v(l)=0$

自然边界条件： $\qquad z=0,v''(0)=0$； $\quad z=l,v''(l)=0$

将这些条件代入 $v(z)$ 式，得到

$$C_2=C_4=0$$

$$C_1 \sin kl + C_3 l = 0$$
$$-C_1 k^2 \sin kl = 0$$

由上面公式可知，若 $C_1 = 0$，则 C_3 一定等于零，此时压杆不屈曲，这并不是所要求的。若 $C_3 = 0$，则 $C_1 \sin kl = 0$，因为 C_1 不能等于零，所以 $\sin kl = 0$，得 $kl = n\pi$，取 $n = 1$，则 $P = P_{\mathrm{cr}} = \dfrac{\pi^2 EI}{l^2}$。

2. 一端固定另一端自由的压杆（图 2.3）

几何边界条件：　　　　　　$z = 0, v(0) = 0; z = l, v'(0) = 0$　　　　　　　（2.24a）

自然边界条件：　　　　　　$z = l, v''(l) = 0$（弯矩为零）　　　　　　　（2.24b）

剪力：　　　　　　　　　　$Q = P\, v'(l)$

由材料力学，根据图 2.3 坐标，有 $\dfrac{\mathrm{d}^2 v}{\mathrm{d}z^2} = \dfrac{M}{EI}, \dfrac{\mathrm{d}M}{\mathrm{d}z} = -Q$，则

$$\frac{\mathrm{d}^3 v}{\mathrm{d}z^3} = -\frac{Q}{EI}$$

由上式可得 $Q = -EI v'''$，代入上述自然边界条件，得

$$v'''(l) + k^2 v'(l) = 0 \tag{2.24c}$$

将式（2.23）顺次代入式（2.24a）、式（2.24b）、式（2.24c）得

$$C_2 + C_4 = 0, kC_1 + C_3 = 0$$
$$C_1 \sin kl + C_2 \cos kl = 0, C_3 = 0$$

联解上述方程组，得 $C_1 = C_3 = 0, C_2 = -C_4, C_2 \cos kl = 0$。

很显然，$C_2 \neq 0$，否则压杆不屈曲，则必定是 $\cos kl = 0$，由此可得

$$kl = \frac{(2n-1)}{2}\pi \quad (n = 1, 2, 3, \cdots)$$

取 $n = 1$，即得到式（2.9）和式（2.10）。

2.3　能量法概述

2.3.1　虚功原理

若处于平衡中的结构，在承受虚变形时仍保持平衡，则结构上外力做的外虚功 δW ＋ 内力做的内虚功 δA 等于零，这一原理称为虚功原理，也称虚位移原理。内虚功 $\delta A = -$ 结构发生虚位移所积蓄的虚应变能 δU。

2.3.2　势能不变值原理

研究受一组荷载 $P_i (i = 1, 2, 3, \cdots)$ 作用并处于静力平衡状态的结构。设 P_i 保持常值，结构发生与其支承条件相协调的虚位移 δ_ξ，P_i 作用点的虚位移在 P_i 方向的投影为 $\delta_{\xi i}$。于是外荷载做的虚功 $\delta W = \displaystyle\sum_{i=1}^{i} P_i \delta_{\xi i}$，结构由此虚位移而积蓄的虚应变能为 δU_i。则由虚功原理得

$$\delta U_i = \sum_{i=1}^{i} P_i \delta_{\xi i}$$

即　　　　　　　　　　　　$\delta U_i - \displaystyle\sum_{i=1}^{i} P_i \delta_{\xi i} = 0$　　　　　　　　　（2.25）

根据理论力学关于势能的概念,对于守恒力(与结构变形无关),式(2.25)中 $-\sum_{i=1}^{i} P_i\delta_{\xi i}$ 为结构从平衡状态到虚位移状态的过程中外荷载势能 δU_e 的变化,它等于外力作功的负值,即

$$\delta U_e = -\sum_{i=1}^{i} P_i\delta_{\xi i} = -\delta W$$

δU_i 则为结构从一个平衡状态转到另一个邻近的平衡状态时所引起的应变能的变化。所以式(2.25)可以写成:

$$\delta U_i + \delta U_e = \delta(U_i + U_e) = \delta \Pi = 0 \tag{2.26}$$

其中,$\Pi = U_i + U_e$ 为结构在该平衡位置时的总势能。

式(2.26)表示:当外力作用的结构体系,其位移有微小变化,而总势能 $\Pi = U_i + U_e$ 的一阶变化量为 0,则该结构体系处于平衡状态,这称为势能驻值原理,式(2.26)称为总势能驻值条件。

这里所指的 $\delta \Pi$ 为一阶变化量,其意义为在平衡位置,在外力不变的前提下结构发生虚位移时,总势能相对于虚位移的一阶变化率。若设 $\Delta \Pi$ 为总势能变化量,数字上 $\Delta \Pi \neq \delta \Pi$,且概念也不相同。

1. 总势能驻值条件的数学描述和运算方法问题

目前几乎所有的力学著作均将式(2.26)描述为"结构总势能的一阶变分为 0",笔者认为这样表述不是很准确,因为式(2.26)来源于虚功原理,并非直接由变分法推出,而应描述为"结构从一个平衡位置进入另一个无限接近的相邻位置时,总势能的一阶变化量为 0",它可能是数学中的变分问题,也可能是数学中的微分问题,需要依据结构的性质而定。

对于单自由度或有限个自由度问题,式(2.26)为微分问题,即在平衡位置总势能的全微分为 0。

例如,弹簧刚度为 k 的弹簧下面悬挂一重力为 W 的结构,处于平衡状态,设平衡状态下,弹簧的伸长量为 x,则结构的总势能为

$$\Pi = \frac{1}{2}kx^2 - Wx$$

显然,此时的势能 Π 为 x 的函数,求势能 Π 在平衡位置的增量是一个典型的微分问题,则式(2.26)的运算按微分进行。

若结构是一个具有无穷多个自由度的连续体,采用位移函数 $v(z)$ 来描述结构的位移,则此时结构总势能 Π 为位移函数 $v(z)$ 的函数,即 Π 为自变量函数 $v(z)$ 的泛函,参见 1.4 节,从变分的角度考虑,虚位移 δ 可视为位移函数 $v(z)$ 的变分,$\delta \Pi = \delta(U_i + U_e)$ 为结构总势能 Π 泛函的一阶变分,符合变分的概念,这时,势能驻值原理还可以表示为:当外力作用的结构体系,对每一个和约束相容的虚位移,其总势能的一阶变分为零,则该体系处于平衡状态。此时式(2.26)属于变分问题。

对于连续体结构,式(2.26)也是用变分法分析平衡结构的式子,但在对势能泛函进行变分时,只能对位移进行变分,因为该泛函中的自变量函数为位移,物理含义即发生虚位移。

2. 满足势能驻值原理的物理和数学条件

正如前所述,势能驻值原理来源于虚功原理,它是结构处于平衡的充分必要条件。这里所指的平衡包括动平衡和静平衡。

有些学者认为,结构总势能 Π 满足式(2.26),总势能 Π 为不变值,并将势能驻值原理称为势能不变值原理。

有些学者认为，加上"结构保持稳定平衡"的前提条件，认为结构的总势能此时处于最小值状态，因此由势能驻值原理引出最小势能原理：当外力作用的结构体系，若结构处于稳定平衡状态，则结构的总势能 Π 为最小。

显然，以上两类说法直接存在一定的冲突，使读者理解困难，满足式(2.26)的数学条件究竟如何理解？

从数学上看，无论是微分问题还是变分问题，由数学的基本原则可知，满足式(2.26)的数学条件，包括如下两类 3 种情况：一类是总势能 $\Pi=$ 常数 C，势能为不变值；另一类则为总势能 Π 为极值，包括极大值和极小值两种情况。

上述数学中的 3 种情况，在结构中也有稳定平衡、随遇平衡和不稳定平衡 3 种结构平衡状态与之对应。

由图 1.5 的 3 种平衡状态可以直观的得出如下结论：结构处于稳定平衡状态时，总势能为极小值；结构位于随遇平衡状态时，总势能为不变值；结构处于不稳定平衡状态时，总势能处于极大值。

但是，单纯地利用式(2.26)即势能驻值条件，并不能完整的判别结构平衡的性质，需要进一步补充其他条件。

3. 结构平衡性质状态的判别

设结构在 v 位置处于平衡状态，当外力不变，结构产生一定的虚位移 δv，虚位移状态下的结构势能为 $\Pi(v+\delta v)$。判别结构在该位置平衡稳定性质可以通过物理概念进行判别，由图 1.5 可知：

(1)若结构势能 Π 为极小值，任意发生虚位移，则势能增量 $\Delta\Pi=\Pi(v+\delta v)-\Pi(v)>0$，结构处于稳定平衡状态。也就是说结构偏离到虚位移位置时，结构抗力和作用力的合力指向平衡位置，使结构变形恢复到平衡位置。

(2)若结构势能 Π 为不变值，任意发生虚位移，则势能增量 $\Delta\Pi=\Pi(v+\delta v)-\Pi(v)=0$，结构处于随遇平衡状态。也就是说结构偏离到虚位移位置时，结构抗力和作用力的合力仍然平衡。

(3)若结构势能 Π 为极大值，任意发生虚位移，则势能增量 $\Delta\Pi=\Pi(v+\delta v)-\Pi(v)<0$，结构处于不稳定平衡状态。也就是说结构偏离到虚位移位置时，结构抗力和作用力的合力背向平衡位置，使结构变形发散。

正因为结构总势能 Π 为结构位移的函数(或泛函)，数学上可将其在平衡位置展开为泰勒级数。现以泛函为例，展开后为

$$\Delta\Pi=\delta\Pi+\frac{1}{2!}\delta^2\Pi+\frac{1}{3!}\delta^3\Pi+\cdots$$

忽略三阶以上的变分，并考虑式(2.26)，有 $\Delta\Pi=\dfrac{1}{2!}\delta^2\Pi$，则

(1)Π 为常数，则 $\Delta\Pi=0$，此时 Π 的二阶变分 $\delta^2\Pi$ 及其高阶均为 0，即结构势能处于不变值，它对应于随遇平衡状态，参见图 1.5(c)，此时势能驻值原理转化为势能不变值原理。

(2)Π 为极小值，考虑二阶变分，$\delta^2\Pi>0$，此时平衡状态是稳定的，势能驻值原理即转化为最小势能原理：对于稳定平衡状态，$\delta\Pi=0$ 代表泛函 Π 在平衡位置是极小值，对应图 1.5(a)所述状态。

(3)Π 为极大值，Π 的二阶变分 $\delta^2\Pi<0$，$\Delta\Pi=0$ 代表泛函 Π 在平衡位置是极大值，对应图 1.5(b)所述状态，结构的平衡状态是不稳定平衡状态。其物理意义为在虚位移位置，结构抗

力和作用力的合力背向平衡位置。

上述为结构稳定平衡状态的能量判别准则。需要指出的是,若泰勒展开式中,二阶变分为0,则需要用更高阶变分进行判别。

2.3.3 *Timoshenko* 能量法

在稳定分析中的 *Timoshenko* 能量法,部分文献称其为能量守恒原理,即当外力作用的结构偏离其原来的平衡位置而存在微小变形时,如果应变能增量 ΔU_i >外力功增量 ΔW,说明结构具有恢复结构原有平衡位置的能量,此时结构处于稳定平衡状态;如果 $\Delta U_i < \Delta W$,则结构处于不稳定平衡状态而导致失稳。$\Delta U_i = \Delta W$,为平衡形式由稳定变为不稳定的临界状态,即随遇平衡状态。

Timoshenko 能量法,也不难由总势能不变值原理推出:

结构若为保守体系,且结构为随遇平衡状态,根据以上分析,则式(2.26)表示结构的势能 Π 为不变值常数,即

$$\Pi = U_i + U_e = 常数 \tag{2.27}$$

显然,Π 任意增量也为 0,取平衡位置的总势能为 0,则

$$\Pi = U_i + U_e = 0$$

或

$$U_i = -U_e$$

即

$$U_i = W \tag{2.28}$$

式(2.28)中 U_i 为结构自参考位置发生变形时积贮的应变能,W 为外荷载做的功(荷载作用点的位移自参考位置算起)。于是式(2.28)表示的能量守恒原理为:若积贮的应变能等于外荷载的功,则保守系统平衡。

但需要注意的是该原理是基于随遇平衡得到的。

这样,由虚功原理引出了势能不变值原理及能量守恒原理;引出了虚功原理与变分法在分析力学问题时的共同本质,著名的伽辽金法就是由此共同本质得出来的。

2.4 *Timoshenko* 能量原理的应用

根据前文所述可知,只要保守系统平衡,能量守恒就适用。前已阐明,结构临界荷载的计算原理就是计算结构自正常工作位置发生微小偏移时的平衡。假定结构屈曲时的应力(临界应力)在比例极限以下,而结构荷载通常为有势力,结构支承又是平稳约束。因此,可用能量守恒原理求弹性结构的临界荷载。下面以求两端铰接细长理想轴心压杆(图 2.6)的临界力为例进行说明:

压杆屈曲(微弯状态)如图 2.6 所示。取压杆直线工作位置为计算压杆势能 Π 的参考位置(令此位置的 $\Pi = 0$),并忽略压杆到达分枝点时的轴向压缩变形,则由图 2.6 可知,压杆屈曲时的应变能为

$$U_i = \frac{EI}{2} \int_0^L \left(\frac{\mathrm{d}^2 v}{\mathrm{d}z^2} \right)^2 \mathrm{d}z \tag{2.29}$$

外荷载 P 做的功为

$$W = P\Delta_b$$

下面计算 Δ_b:

微元弧长 $\quad\quad ds=(dz^2+dv^2)^{\frac{1}{2}}=\left[1+\left(\dfrac{dv}{dz}\right)^2\right]^{\frac{1}{2}}dz$

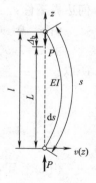

图 2.6　压杆
微弯与变形

由二项定理：$(a+b)^n=a^n+na^{n-1}b+\dfrac{n(n-1)}{2!}a^{n-2}b^2+\cdots$　$|b|<|a|$

忽略高于 $\left(\dfrac{dv}{dz}\right)^2$ 的高次项，得

$$ds=\left[1+\frac{1}{2}\left(\frac{dv}{dz}\right)^2\right]dz$$

$$s=\int_0^L ds=\int_0^L\left[1+\frac{1}{2}\left(\frac{dv}{dz}\right)^2\right]dz$$

$$\Delta_b=s-L=\int_0^L\frac{1}{2}\left(\frac{dv}{dz}\right)^2 dz$$

由能量守恒原理 $U_i=W$，得计算临界力的方程式：

$$P\int_0^l\frac{1}{2}\left(\frac{dv}{dz}\right)^2 dz=\frac{EI}{2}\int_0^l\left(\frac{d^2v}{dz^2}\right)^2 dz \tag{2.30}$$

前已求出此压杆的屈曲曲线（即特征函数）为

$$v(z)=B\sin\frac{\pi z}{l}$$

代入式（2.30），并考虑因为屈曲变形极小，$L\approx l$，则

$$\int_0^l\sin^2\frac{\pi z}{l}dz=\frac{l}{2}\quad\quad\int_0^l\cos^2\frac{\pi z}{l}dz=\frac{l}{2}$$

得

$$\frac{B^2 EI\pi^4}{4l^3}=\frac{B^2 P\pi^2}{4l}$$

$$P_{cr}=\frac{\pi^2 EI}{l^2}$$

这里代入了正确的屈曲曲线，进而得到临界力的精确值。而在多数情况下（例如变截面压杆等）正确的屈曲曲线是未知的，则假定为近似屈曲曲线，求临界力的近似值见后叙各节。从变分法的计算过程看出（见后），近似屈曲曲线起码要满足压杆屈曲的几何边界条件，最好是同时满足压杆屈曲的几何和自然边界条件，计算证明，计算结果更接近精确值。

近似屈曲曲线的形状要尽可能地接近压杆屈曲的实际形状，否则会得出错误的临界力。图 2.6 压杆若假定：

$$v(z)=B\sin\frac{2\pi z}{l}$$

则有

$$P_{cr}=\frac{4\pi^2 EI}{l^2}$$

计算结果比精确值大三倍。

近似曲线一般采用三角函数或多项式，这是因为它们易于积分。图 2.6 压杆的设近似屈曲曲线

$$v(z)=a+bz+cz^2$$

它的一、二阶导数为 $\quad\quad v'(z)=b+2cz\quad\quad v''(z)=2c$

故该近似曲线的曲率为常数，不符合压杆自然边界条件，只能调整常数 a、b 以满足压杆几

何边界条件：

由 $z=0,v(0)=0$，得 $\qquad\qquad a=0$

由 $z=l,v(l)=0$，得 $\qquad\qquad b=-cl$

所以 $\qquad\qquad\qquad\qquad v(z)=c(z^2-zl)$ (2.31)

$$U_i=\frac{EI}{2}\int_0^l\left(\frac{\mathrm{d}^2v}{\mathrm{d}z^2}\right)^2\mathrm{d}z=2EIc^2l$$

$$W=P\Delta_b=P\int_0^l\frac{1}{2}\left(\frac{\mathrm{d}v}{\mathrm{d}z}\right)^2\mathrm{d}z=\frac{Pc^2l^3}{6}$$

由 $U_i=W$，得 $P_{cr}=\dfrac{12EI}{l^2}$，误差约为 2.1%。

下面将压杆屈曲应变能 U_i 的计算式改为

$$U_i=\int_0^l\frac{M^2}{2EI}\mathrm{d}z=\int_0^l\frac{(Pv)^2}{2EI}\mathrm{d}z$$ (2.32)

将式(2.31)代入式(2.32)，得 $\qquad U_i=\dfrac{P^2l^5c^2}{60EI}$

则由 $\dfrac{P^2l^5c^2}{60EI}=\dfrac{Pc^2l^3}{6}$，得 $P_{cr}=\dfrac{10EI}{l^2}$，误差仅为 1.3%。

为什么用应变能 U_i 的不同计算式得到精确度相差较多的结果？因为近似函数经微分以后，误差倍增，故 v'' 的误差比 v 的误差大得多，因此式(2.32)较式(2.29)给出较准确的 U_i 值。此结论由 *Timoshenko* 及 *Gere* 得出。

2.5 动 力 法

动力准则指出，杆件或结构体系在荷载作用下处于平衡状态，对其施加微小扰动，使之绕平衡位置做自由振动，若运动是有界的，则平衡位置状态是稳定的；否则是不稳定的。根据动力准则分析结构体系稳定问题的方法称为动力法(或称振动法)。需要解决的问题是：在荷载取什么值时，无缺陷的结构体系在其平衡位置临近的最一般的自由振动不再有界。

下面，以图 1.8 两端铰接的理想轴心压杆($Q=0$)为例说明。设其单位杆长的质量为 m，动位移为 $v(z,t)$，t 为时间，则作用杆件上的惯性力为 $-m\ddot{v}(z,t)$，是沿杆长分布力集度，于是，结构的动平衡方程为

$$EIv^{\mathrm{IV}}(z,t)+Pv''(z,t)+m\ddot{v}(z,t)=0$$ (2.33)

杆端条件为 $\qquad v(0,t)=v(l,t)=0 \qquad v''(0,t)=v''(l,t)=0$

式中，v' 为对坐标 z 求导，$\ddot{v}$ 为对时间 t 求导。

偏微分方程式(2.33)可用分离变量法求解，为此，设

$$v(z,t)=X(z)T(t)$$ (2.34a)

代入式(2.33)，并整理后有

$$\frac{EIX^{\mathrm{IV}}(z)}{mX(z)}+\frac{PX''(z)}{mX(z)}=-\frac{\ddot{T}(t)}{T(t)}=\omega^2$$

上式左边与时间 t 无关，中间 x 项与坐标 z 无关，令其等于常数 ω^2，则得到两个方程：

$$\ddot{T}(t)+\omega^2T(t)=0$$ (2.34b)

$$X^{\mathrm{IV}}(z)+\frac{P}{EI}X''(z)-\omega^2\frac{m}{EI}X(z)=0$$ (2.34c)

式(2.34b)的通解为简谐函数

$$T(t) = c_1 \cos \omega t + c_2 \sin \omega t \tag{2.34d}$$

式(2.34c)的通解 $X(z)$ 是在荷载 $\omega^2 m X(z)$ 作用下的静力弹性曲线，称为固有函数、主振型。在杆端条件下，求解式(2.34c)可得一个特征方程，从而求解得无数多个频率 $\omega_m (m=1,2,3,\cdots)$。对于每个频率 ω_m，在杆端铰支的杆件中，主振型可用正弦函数表示，即

$$X(z) = \sin \frac{m\pi z}{l} \tag{2.34e}$$

同时，式(2.34d)为

$$T_m(t) = A_m \cos \omega_m t + B_m \sin \omega_m t \tag{2.34f}$$

将式(2.34e)、式(2.34f)代入式(2.34a)，得到第 m 个固有振动：

$$v_m(z,t) = \sin \frac{m\pi z}{l} (A_m \cos \omega_m t + B_m \sin \omega_m t) \quad (m=1,2,3,\cdots) \tag{2.34g}$$

将式(2.34g)代入式(2.33)，得

$$m\omega_m^2 = \frac{m^2 \pi^2}{l^2} \left(EI \frac{m^2 \pi^2}{l^2} - P \right) \quad (m=1,2,3,\cdots) \tag{2.34h}$$

式(2.34)有三类结果：

(1) $EI \frac{m^2 \pi^2}{l^2} - P > 0$，即 $P < EI \frac{m^2 \pi^2}{l^2} (m=1,2,3,\cdots)$，这时 ω_m 为实数，$v_m(z,t)$ 是有初始条件确定的简谐振动，这种振动是有界的，初始平衡是稳定的。

(2) $EI \frac{m^2 \pi^2}{l^2} - P < 0$，即 $P > EI \frac{m^2 \pi^2}{l^2}$，这时 ω_m 为虚数，考虑到 $\cos ixt = \cosh xt$，$\sin ixt = i\sin xt$，$i = \sqrt{-1}$，$\cosh xt$ 和 $\sin xt$ 是随时间 t 的延长而无限大的函数，因而，第 m 个固有振动 $v_m(z,t)$ 是无界的，初始位置是不稳定的。

(3) $EI \frac{m^2 \pi^2}{l^2} - P = 0$，则

$$P_m = \frac{m^2 \pi^2 EI}{l^2} \tag{2.35}$$

当 $m=1$ 时，P_m 的最小值为 P_1，此时 $\omega_m = 0$，可以证明相应的固有振型 $v_m(z,t)$ 是无界的。最小值即临界荷载，临界状态是不稳定的平衡状态。

由此例可知，动力法是以动平衡方程代替静平衡方程。静力法是解决荷载 P 取什么值时，结构体系将出现随遇平衡位形；而动平衡是解决荷载取什么值时，体系的自由振动不再有界。方法上动平衡更为复杂，用得也不多，后续章节中不再介绍。

2.6　求压杆临界力的变分法

有些结构(例如球壳等)的屈曲微分方程较难得出，用变分法推导则较简单。下面简单介绍变分法概念及其在分枝点失稳问题中的应用。

在工程应用中，泛函极值问题是有条件求极值，即得出的解需要满足系列边界条件，这些条件如何得到满足。下面通过具体例题，对泛函求极值的条件和边界条件等问题进行推演，求图 2.6 所示简支压杆的临界力。

前文已得出压杆屈曲时的

应变能 $$U_i = \int_0^l \frac{EI}{2}(v'')^2 \mathrm{d}z$$

外荷载势能 $$U_e = -W = -\int_0^l \frac{P}{2}(v')^2 \mathrm{d}z$$

故压杆屈曲总势能

$$\Pi = U_i + U_e = \int_0^l \left[\frac{EI}{2}(v'')^2 - \frac{P}{2}(v')^2 \right] \mathrm{d}z \tag{2.36}$$

Π 是关于函数 $v(z)$ 及 $v''(z)$ 的泛函,以 $J[v]$ 表示。

依据势能不变值原理,压杆总势能 Π 的一阶变分

$$\delta\Pi = 0$$

表示式(2.36)的积分取得极值,即压杆总势能取极小值。此时的 $v(z)$ 就是通过压杆两端点的实际屈曲曲线。

按变分法求压杆临界力,就是求压杆总势能 Π 的积分式(2.36)的极值(即由 $\delta\Pi = 0$),得出压杆屈曲微分方程。现以图 2.6 所示简支压杆为例说明如下:

压杆的实际屈曲曲线是连续的并满足压杆的几何和自然边界条件,即

$$v(0) = v(l) = 0 \tag{2.37}$$

$$M(0) = M(l) = 0 \quad 即 \quad v''(0) = v''(l) = 0 \tag{2.38}$$

按照虚位移的概念,虚位移也满足上述的几何和自然边界条件。

下面采用变分法和微分法两种方法推演其极值条件。

2.6.1 变分法推演极值条件

直接对式(2.36)变分,有

$$\delta\Pi = \int_0^l (EIv''\delta v'' - Pv'\delta v')\mathrm{d}z \tag{2.39}$$

分部积分公式为 $$\int_0^l u\mathrm{d}v = [uv]_0^l - \int_0^l v\mathrm{d}u \tag{2.40}$$

考虑到 $\delta v' = (\delta v)'$,$\delta v'' = (\delta v)''$,对式(2.39)进行分部积分,并考虑几何边界条件,有

$$\delta\Pi = \int_0^l EIv''(\delta v)''\mathrm{d}z - \int_0^l Pv'(\delta v)'\mathrm{d}z$$

$$= EIv''(\delta v')|_0^l - \int_0^l EIv'''(\delta v)'\mathrm{d}z - Pv'(\delta v)|_0^l + \int_0^l Pv''(\delta v)\mathrm{d}z$$

$$= -\int_0^l EIv'''(\delta v)'\mathrm{d}z + \int_0^l Pv''(\delta v)\mathrm{d}z$$

对上式再次分部积分有

$$\delta\Pi = -\int_0^l EIv'''(\delta v)'\mathrm{d}z + \int_0^l Pv''(\delta v)\mathrm{d}z$$

$$= -EIv'''(\delta v)|_0^l + \int_0^l EIv^{\text{IV}}(\delta v)\mathrm{d}z + \int_0^l Pv''(\delta v)\mathrm{d}z$$

$$= \int_0^l (EIv^{\text{IV}} + Pv'')\delta v\mathrm{d}z = 0 \tag{2.41}$$

考虑变分的任意性,式(2.41)成立的条件是

$$EIv^{\text{IV}} + Pv'' = 0 \tag{2.42}$$

2.6.2　微分法推演极值条件

　　下面先用复合函数的方法推演通过 $z=0$ 及 $z=l$ 两点的曲线 $v(z)$ 使泛
函 $J[v]=\Pi$ 达到极值的条件具体表达式。如前所述，这里所说的极值是相对
极值，是指泛函 $J[v]$ 值不小于（或不大于）其他泛函 $J[v^*]$ 值；$v^*(z)$ 是通过
$z=0$ 及 $z=l$ 两点并与 $v(z)$ 相邻的任意曲线，如图 2.7 所示。

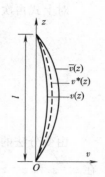

　　要判别 $J[v]$ 不小于或不大于 $J[v^*]$，必须将函数 $v(z)$ 与函数 $v^*(z)$ 联
系起来。为此，将 $v^*(z)$ 写成

$$v^*(z)=v(z)+\alpha\eta(z) \tag{2.43}$$

图 2.7　压杆微弯
及函数描述

　　式 (2.43) 中 $v(z)$ 为使泛函 $J[v]=\Pi$ 取得极值的函数，α 是小参数，$\eta(z)$
是任意的但固定的函数，它满足下列条件：

$$\text{在 } z=0 \text{ 点}, \eta(0)=0; \quad \text{在 } z=l \text{ 点}, \eta(l)=0 \tag{2.44}$$

　　式 (2.44) 保证 $v^*(z)$ 必定通过 $z=0$ 及 $z=l$ 两点。又由于 α 为小参数，
$v^*(z)$ 是与 $v(z)$ 相邻近的曲线。

　　由式 (2.43) 知，当 $\alpha=0$，$v^*(z)=v(z)$；当 $\alpha=1$，$v^*(z)=\bar{v}(z)=v(z)+\eta(z)$。所以，$\eta(z)$
$=\bar{v}(z)-v(z)$ 称为函数 $v(z)$ 的变分，在 2.8 节中用 δv 表示它。

　　由图 2.7 知，$v^*(z)$ 表示含一个参数 α 的曲线族，不同的 α，得到不同的曲线 $v^*(z)$，以
式 (2.43) 代式 (2.36) 中的 $v(z)$，则泛函 $J[v]$ 变为泛函 $J[v^*]$：

$$J[v^*]=\int_0^l\left[\frac{EI}{2}(v''+\alpha\eta'')^2-\frac{P}{2}(v'+\alpha\eta')^2\right]\mathrm{d}z$$

　　使泛函 $J[v]=\Pi$ 达到极值的压杆屈曲曲线 $v(z)$ 是一定的，故 $v(z)$ 是固定的；而 $\eta(z)$ 已指
定是固定的。故 $J[v^*]$ 是依赖于曲线 $v^*(z)$ 并在 $v(z)$ 和增加函数 $\bar{v}(z)$ 之间随 α 变化而变化
的泛函，是参数 α 的函数。所以 $J[v^*]$ 可写成：

$$J[v^*]=\int_0^l\left[\frac{EI}{2}(v''+\alpha\eta'')^2-\frac{P}{2}(v'+\alpha\eta')^2\right]\mathrm{d}z=\varphi(\alpha) \tag{2.45}$$

　　这样，泛函 $J[v]=\Pi$ 的极值问题就化为一个求普通函数 $\varphi(\alpha)$ 的极值问题。

　　当 $\dfrac{\mathrm{d}\varphi(\alpha)}{\mathrm{d}\alpha}\Big|_{\alpha=0}=0$ 时，$J[v^*]$ 取极值。因 $\alpha=0$ 时，$v^*(z)=v(z)$，$J[v^*]=J[v]$，故泛函
$J[v]=\Pi$ 达到极值的必要条件是

$$\frac{\mathrm{d}\varphi(\alpha)}{\mathrm{d}\alpha}\Big|_{\alpha=0}=0 \tag{2.46}$$

而

$$\frac{\mathrm{d}\varphi(\alpha)}{\mathrm{d}\alpha}=\int_0^l[EI(v''+\alpha\eta'')\eta''-P(v'+\alpha\eta')\eta']\mathrm{d}z \tag{2.47}$$

　　将式 (2.47) 代入式 (2.46)，得到压杆屈曲时势能 Π 达到极值的必要条件为

$$\int_0^l(EIv''\eta''-Pv'\eta')\mathrm{d}z=0 \tag{2.48}$$

　　利用分部积分，考虑边界条件式 (2.44) 和式 (2.38)，将式 (2.48) 化简化为

$$\int_0^l(EIv''\eta''-Pv'\eta')\mathrm{d}z=\int_0^l EIv''\eta''\mathrm{d}z-\int_0^l Pv'\eta'\mathrm{d}z$$

$$=EIv''\eta'\Big|_0^l-\int_0^l EIv'''\eta'\mathrm{d}z-Pv'\eta\Big|_0^l+\int_0^l Pv''\eta\mathrm{d}z$$

$$= -\int_0^l EIv'''\eta'\mathrm{d}z + \int_0^l Pv''\eta\mathrm{d}z$$

对上式再次分部积分,并考虑边界条件式(2.44),有

$$\int_0^l (EIv''\eta'' - Pv'\eta')\mathrm{d}z = -\int_0^l EIv'''\eta'\mathrm{d}z + \int_0^l Pv''\eta\mathrm{d}z$$

$$= -EIv'''\eta\,\big|_0^l + \int_0^l EIv^{\mathrm{N}}\eta\mathrm{d}z + \int_0^l Pv''\eta\mathrm{d}z$$

$$= \int_0^l (EIv^{\mathrm{N}} + Pv'')\eta\mathrm{d}z = 0 \tag{2.49}$$

由变分法的基本原理,设 $\varphi(z)$ 是 z 的连续函数,若关系式 $\int_{z_0}^{z_1}\varphi(z)\eta(z)\mathrm{d}z = 0$,对于所有在 $z=z_0$ 和 $z=z_1$ 两点为零的函数 $\eta(z)$ 都成立,则 $\varphi(z)\equiv 0$,进而得式(2.42),这与用平衡法求得的压杆屈曲的微分方程式同。

由式(2.41)和式(2.49)知,在变分过程中直接得到压杆屈曲的自然边界条件式(2.28),这也是运用变分法的好处之一。在上述推导过程中,依据结构的概念,直接引用自然边界条件的结果,得出式(2.42),对于可动边界问题,可利用自然边界条件形成联立的微分方程组求解,参见变分学相关专著。

而压杆屈曲的几何边界条件式(2.37)是不能通过变分得到的,故须在变分计算前指定。

因此,当按变分计算而又不是得出屈曲微分方程时,同瑞利—里兹法类似,近似屈曲曲线(或称近似特征函数)的选择只需使它满足几何边界条件,而自然边界条件能通过变分自动得到满足。当然,用瑞利—里兹法计算时,近似特征函数能满足几何及自然边界条件更好。

下面再引证 $\delta J = 0$ 是泛函(对于压杆,即其总势能 Π)达到极值的条件。

前已指出 $\dfrac{\mathrm{d}\varphi(\alpha)}{\mathrm{d}\alpha}\Big|_{\alpha=0} = 0$ 是泛函 $J[v] = \Pi$ 达到极值(极小)的必要条件,式(2.45)的被积函数 $\left[\dfrac{EI}{2}(v''+\alpha\eta'')^2 - \dfrac{P}{2}(v'+\alpha\eta')^2\right]$ 可写为 $F(z,v'+\alpha\eta',v''+\alpha\eta'')$,则

$$J[v^*] = \int_0^l F(z,v'+\alpha\eta',v''+\alpha\eta'')\mathrm{d}x = \varphi(\alpha)$$

再考虑式(2.43)及上式仅为 α 的普通函数,则上式对 α 求导数为求复合函数的导数。于是

$$\frac{\mathrm{d}\varphi(\alpha)}{\mathrm{d}\alpha}\Big|_{\alpha=0} = \int_0^l \left(\frac{\partial F}{\partial v'^*}\eta' + \frac{\partial F}{\partial v''^*}\eta''\right)\mathrm{d}z\,\Big|_{\alpha=0}$$

由于 $\eta=\delta v$,因此有 $\eta'=(\delta v)'$,$\eta''=(\delta v)''$,考虑式(1.23),有

$$\frac{\mathrm{d}\varphi(\alpha)}{\mathrm{d}\alpha}\Big|_{\alpha=0} = \int_0^l \left[\frac{\partial F}{\partial v'}(\delta v)' + \frac{\partial F}{\partial v''}(\delta v)''\right]\mathrm{d}z = \int_0^l \left(\frac{\partial F}{\partial v'}\delta v' + \frac{\partial F}{\partial v''}\delta v''\right)\mathrm{d}z$$

由式(1.27)有

$$\frac{\mathrm{d}\varphi(\alpha)}{\mathrm{d}\alpha}\Big|_{\alpha=0} = \int_0^l \left(\frac{\partial F}{\partial v'}\delta v' + \frac{\partial F}{\partial v''}\delta v''\right)\mathrm{d}z = \delta J \tag{2.50}$$

代入式(2.46),得泛函 $J[v]$ 达到极值的条件

$$\delta J[v] = \delta\int_0^l \left[\frac{EI}{2}(v'')^2 - \frac{P}{2}(v')^2\right]\mathrm{d}z = 0 \tag{2.51}$$

这与由势能不变值原理得出者一致。

2.7 瑞利—里兹法

变分法是求解数学物理问题的重要方法之一,但完全用变分法原理求解问题则较少。原因在于:

(1)变分法的计算结果是得出微分方程,而这些微分方程只在少数情况下,能够积分成为解析形式;

(2)变分法计算较烦琐。

在难以求得或无法求得精确解时,变分法也能用来求近似解,本节的瑞利—里兹法和2.8节的伽辽金法是最为常用的近似求解法。它放弃通过求泛函极值和解微分方程的思路,改为人为假定泛函所依赖的函数。

瑞利—里兹法中,结构的位移场被近似地用包含有限个独立系数的函数描述,假定的位移要满足几何边界条件,但不需满足力学边界条件。

例如将压杆屈曲势能 Π 中的特征函数 $v(z)$ 取为有限级数

$$v(z) = a_1\varphi_1 + a_2\varphi_2 + \cdots + a_n\varphi_n \tag{2.52}$$

式中 $\varphi_1, \varphi_2, \cdots, \varphi_n$ 为任意选择的坐标 z 的函数,它们线性无关,并与 $v(z)$ 一样要满足结构和几何边界条件,称为坐标函数。系数 a_n 是相应的还未确定的参变数。

将式(2.52)代入压杆屈曲势能 Π 的计算式,将 $\Pi = U_i + U_e$ 变为几个参变数 $a_i (i=1, 2, \cdots, n)$ 的函数。求泛函 Π 的极值就变为求多元函数的极值。由数学分析知,多元函数 $\Pi(a_1, a_2, \cdots, a_n)$ 取极值的条件为

$$\frac{\partial\Pi(a_1, a_2, \cdots, a_n)}{\partial a_i} = 0 \quad (i=1, 2, 3, \cdots, n) \tag{2.53}$$

由此得到 n 个齐次线性方程式的方程组,方程组的未知数为 $a_1, a_2, \cdots, a_n$。此方程组有非零解($a_i \neq 0$ 相应于结构屈曲)的条件是:各方程未知数 a_i 的系数所组成的行列式 Δ 等于零。因此

$$\Delta = 0 \tag{2.54}$$

就是确定临界荷载的方程式,称为稳定条件或称为屈曲方程式,它是未知力 P 的 n 次方程式,由此可确定 P。式(2.54)的最小根就是临界荷载 P_{cr}。

上面是将求泛函极值变为求函数极值而得到方程式(2.54),由此求出临界荷载 P_{cr}。亦可由势能不变值原理得出方程式(2.54),计算如下:

因为临界荷载是根据结构在微小偏移平衡状态的平衡条件确定的。按势能不变值原理,此平衡条件是结构在微小偏移(偏移是自临界随遇平衡状态算起的)平衡状态时的势能 Π 的一阶变分等于零,即为式(2.26)。

当 Π 为泛函时,$\delta\Pi$ 为 Π 的一阶变分。当 Π 为 n 个自变量 $a_i (i=1, 2, \cdots, n)$ 的函数时,$\delta\Pi$ 变为函数 Π 的全微分,则

$$\delta\Pi = \frac{\partial\Pi}{\partial a_1}\delta a_1 + \frac{\partial\Pi}{\partial a_2}\delta a_2 + \cdots + \frac{\partial\Pi}{\partial a_n}\delta a_n$$

代入式(2.26),得

$$\frac{\partial\Pi}{\partial a_1}\delta a_1 + \frac{\partial\Pi}{\partial a_2}\delta a_2 + \cdots + \frac{\partial\Pi}{\partial a_n}\delta a_n = 0 \tag{2.55}$$

因为 $\delta a_1, \delta a_2, \cdots, \delta a_n$ 都是任意的,要满足式(2.55)必须有

$$\frac{\partial \Pi}{\partial a_1}=0 \qquad \frac{\partial \Pi}{\partial a_2}=0 \qquad \cdots \qquad \frac{\partial \Pi}{\partial a_n}=0$$

与方程组(2.53)同。

因为式(2.26)是由虚功原理推导出来的。按虚功原理,结构产生虚位移时,认为荷载是不变的。因此计算外荷载势能时,荷载 P 是常量。因为虚位移要与结构支承条件相协调,故选用的近似屈曲曲线要满足结构的几何边界条件。这就是瑞利—里兹法分析结构稳定的基本思路。

下面用瑞利—里兹法求图 2.8 理想轴心弹性压杆的临界力。

设压杆近似特征函数为 $\quad v(z)=a+bz+cz^2$

由几何边界条件:$z=0,v(0)=0,v'(0)=0$,得 $a=0,b=0$。

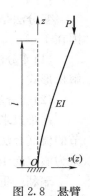

图 2.8 悬臂构件的屈曲

$$v(z)=cz^2$$

$$U_{\rm i} = \frac{EI}{2}\int_0^l (v'')^2 {\rm d}z = \frac{EI}{2}\int_0^l 4c^2 {\rm d}z = 2EIc^2 l$$

$$U_{\rm e} = -P\Delta_{\rm b} = -P\int_0^l \frac{1}{2}(v')^2 {\rm d}z = -\frac{P}{2}\int_0^l 4c^2 z^2 {\rm d}z = -\frac{2}{3}Pc^2 l^3$$

$$\Pi = U_{\rm i}+U_{\rm e} = 2EIc^2 l - \frac{2}{3}Pc^2 l^3 \tag{2.56a}$$

由 $\delta\Pi=0$,得 $\qquad\qquad\qquad \dfrac{{\rm d}\Pi}{{\rm d}c}=0$

将式(2.56a)代入上式,得 $\qquad c\left(P-\dfrac{3EI}{l^2}\right)=0$

c 不能等于零,否则压杆不屈曲。所以,临界力 $P_{\rm cr}=\dfrac{3EI}{l^2}$,与精确值 $\dfrac{\pi^2 EI}{4l^2}$ 比较,误差约为 21.6%。

若近似特征函数 $v(z)$ 包含更多的项数,则能得到较精确的结果。

再取 $v(z)=a+bz+cz^2+dz^3$ 计算如下:

在满足压杆几何边界条件后,得

$$v(z)=cz^2+dz^3$$
$$v'(z)=2cz+3dz^2$$
$$v''(z)=2c+6dz$$

压杆屈曲应变能

$$U_{\rm i}=\frac{EI}{2}\int_0^l (v'')^2 {\rm d}z = \frac{EI}{2}\int_0^l (4c^2+24cdz+36d^2z^2){\rm d}z = EIl(c^2+3cdl+3d^2l^2)$$

外荷载势能

$$U_{\rm e}=-P\Delta_{\rm b}=-\frac{P}{2}\int_0^l (v')^2{\rm d}z = -\frac{P}{2}\int_0^l(4c^2z^2+12cdz^3+9d^2z^4){\rm d}z$$

$$=-\frac{Pl^3}{30}(20c^2+45cdl+27d^2l^2)$$

$$\Pi=U_{\rm i}+U_{\rm e}=2EIl(d^2+3cdl+3d^2l^2)-\frac{Pl^3}{30}(20c^2+45cdl+27d^2l^2)$$

因此,势能 Π 是 c、d 的函数。由势能不变值原理,得

$$\delta\Pi = \frac{\partial\Pi}{\partial c}\delta c + \frac{\partial\Pi}{\partial d}\delta d = 0$$

因为 δc 及 δd 是任意的,故

$$\frac{\partial\Pi}{\partial c} = 0 \qquad \frac{\partial\Pi}{\partial d} = 0$$

$$\frac{\partial\Pi}{\partial c} = 2EIl(2c+3dl) - \frac{Pl^3}{30}(40c+45dl) = 0$$

$$\frac{\partial\Pi}{\partial d} = 2EIl(3cl+6dl^2) - \frac{Pl^3}{30}(45cl+54dl^2) = 0$$

按未知数 c、d 归类并引入符号 $\alpha = \frac{Pl^2}{EI}$,得

$$\left.\begin{array}{c}(24-8\alpha)c + l(36-9\alpha)d = 0 \\ (20-5\alpha)c + l(40-6\alpha)d = 0\end{array}\right\} \tag{2.56b}$$

式(2.56b)各系数组成的行列式 $\Delta = 0$,即

$$\begin{vmatrix} 24-8\alpha & l(36-9\alpha) \\ 20-5\alpha & l(40-6\alpha) \end{vmatrix} = 0$$

展开此行列式,得压杆屈曲方程式

$$3\alpha^2 - 104\alpha + 240 = 0 \tag{2.56c}$$

式(2.56c)的最小根是 $\alpha = 2.49$,代入 $\alpha = \frac{Pl^2}{EI}$,得临界力 $P_{cr} = \frac{2.49EI}{l^2}$,与精确值 $\frac{2.467EI}{l^2}$ 约大 1%。

以上所述是说明瑞利—里兹法的应用。对于简单压杆,瑞利—里兹法当然不如平衡法简便。但当屈曲微分方程的精确解复杂和冗长时,瑞利—里兹法是特别有用的,以求图 2.9 变截面理想轴心弹性压杆的临界力为例说明如下:

压杆两端铰支,故假定其近似屈曲曲线 $v(z) = a\sin\frac{\pi z}{l}$,它满足压杆的几何及自然边界条件。

考虑压杆截面对中点对称,压杆自临界平衡状态($P = P_{cr}$ 时的直线平衡状态)微弯后的应变能

$$U_i = 2\left[\frac{EI_0}{8}\int_0^{\frac{l}{4}}(v'')^2\mathrm{d}z + \frac{EI_0}{2}\int_{\frac{l}{4}}^{\frac{l}{2}}(v'')^2\mathrm{d}z\right] \tag{2.56d}$$

积分

$$\int_0^{\frac{l}{4}}(v'')^2\mathrm{d}z = \frac{a^2\pi^4}{l^4}\int_0^{\frac{l}{4}}\sin^2\frac{\pi z}{l}\mathrm{d}z = \frac{0.045a^2\pi^4}{l^3}$$

$$\int_{\frac{l}{4}}^{\frac{l}{2}}(v'')^2\mathrm{d}z = \frac{a^2\pi^4}{l^4}\int_{\frac{l}{4}}^{\frac{l}{2}}\sin^2\frac{\pi z}{l}\mathrm{d}z = \frac{0.205a^2\pi^4}{l^3}$$

代入式(2.56d),得 $U_i = 0.216\frac{EI_0a^2\pi^4}{l^3}$

外荷载势能

$$U_e = -P\Delta_b = -\frac{P}{2}\int_0^l(v')^2\mathrm{d}z = -\frac{Pa^2\pi^2}{2l^2}\int_0^l\cos^2\frac{\pi z}{l}\mathrm{d}z = -\frac{Pa^2\pi^2}{4l}$$

故压杆屈曲总势能

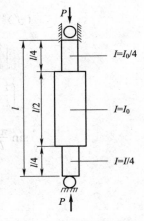

图 2.9 变截面压杆

$$\varPi = U_i + U_e = 0.216\frac{EI_0 a^2 \pi^4}{l^3} - \frac{Pa^2 \pi^2}{4l}$$

由势能不变值原理 $\delta\varPi = 0$，得（$\varPi$ 只是 a 的函数）

$$\frac{\mathrm{d}\varPi}{\mathrm{d}a} = 0.432\frac{EI_0 a\pi^4}{l^3} - \frac{Pa\pi^2}{2l} = 0$$

因 a 不能等于零，故

$$0.432\frac{EI_0\pi^4}{l^3} - \frac{P\pi^2}{2l} = 0$$

则

$$P_{cr} = \frac{0.864\pi^2 EI_0}{l^2}$$

与精确值 $\dfrac{0.65\pi^2 EI_0}{l^2}$ 比较，误差约为 33%。

若近似特征函数多取几项，则误差可以降低。例如近似特征函数取为（因屈曲变形对称于压杆中点，故反对称三角函数不能要）

$$v(z) = a\sin\frac{\pi z}{l} + b\sin\frac{3\pi z}{l}$$

总势能

$$\varPi = U_i + U_e = 2\left[\frac{EI_0}{8}\int_0^{\frac{l}{4}}(v'')^2\mathrm{d}z + \frac{EI_0}{2}\int_{\frac{l}{4}}^{\frac{l}{2}}(v'')^2\mathrm{d}z\right] - \frac{P}{2}\int_0^l (v')^2\mathrm{d}z$$

而

$$v'(z) = \frac{a\pi}{l}\cos\frac{\pi z}{l} + \frac{3b\pi}{l}\cos\frac{3\pi z}{l}$$

$$(v')^2 = \frac{a^2\pi^2}{l^2}\cos^2\frac{\pi z}{l} + \frac{6ab}{l^2}\cos\frac{\pi z}{l}\cos\frac{3\pi z}{l} + \frac{9b^2\pi^2}{l^2}\cos^2\frac{3\pi z}{l}$$

$$v'' = -\frac{a^2\pi^2}{l^2}\sin\frac{\pi z}{l} - \frac{9b\pi^2}{l^2}\sin\frac{3\pi z}{l}$$

$$(v'')^2 = \frac{a^2\pi^4}{l^4}\sin^2\frac{\pi z}{l} + \frac{18ab\pi^4}{l^4}\sin\frac{\pi z}{l}\sin\frac{3\pi z}{l} + \frac{81b^2\pi^4}{l^4}\sin^2\frac{3\pi z}{l}$$

$$\int_0^{\frac{l}{4}}\sin^2\frac{\pi z}{l}\mathrm{d}z = 0.045l \qquad \int_{\frac{l}{4}}^{\frac{l}{2}}\sin^2\frac{\pi z}{l}\mathrm{d}z = 0.205l$$

$$\int_0^{\frac{l}{4}}\sin^2\frac{3\pi z}{l}\mathrm{d}z = 0.152l \qquad \int_{\frac{l}{4}}^{\frac{l}{2}}\sin^2\frac{3\pi z}{l}\mathrm{d}z = 0.098l$$

$$\int_0^{\frac{l}{4}}\sin\frac{\pi z}{l}\sin\frac{3\pi z}{l}\mathrm{d}z = 0.080l \qquad \int_{\frac{l}{4}}^{\frac{l}{2}}\sin\frac{\pi z}{l}\sin\frac{3\pi z}{l}\mathrm{d}z = 0.080l$$

$$\int_0^l \cos^2\frac{\pi z}{l}\mathrm{d}z = \frac{l}{2} \qquad \int_0^l \cos^2\frac{3\pi z}{l}\mathrm{d}z = \frac{l}{2}$$

$$\int_0^l \cos\frac{\pi z}{l}\cos\frac{3\pi z}{l}\mathrm{d}z = 0$$

则势能

$$\varPi = U_i + U_e = \frac{EI_0\pi^4}{l^3}(0.216a^2 - 1.080ab + 11.016b^2) - \frac{P\pi^2}{4l}(a^2 + 9b^2)$$

由势能不变值原理 $\delta\varPi = 0$，得

$$\frac{\partial\varPi}{\partial a} = \frac{EI_0\pi^4}{l^3}(0.432a - 1.080b) - \frac{P\pi^2 a}{2l} = 0$$

$$\frac{\partial \Pi}{\partial b}=\frac{EI_0 \pi^4}{l^3}(-1.080a+22.032b)-\frac{9P\pi^2 b}{2l}=0$$

引入符号 $P_0=\dfrac{\pi^2 EI_0}{l^2}$，上述两方程式可写成：

$$\left.\begin{array}{l}\left(0.432-0.50\dfrac{P}{P_0}\right)a-1.080b=0\\[2mm]-1.080a+\left(22.032-4.50\dfrac{P}{P_0}\right)b=0\end{array}\right\} \tag{2.56e}$$

方程组(2.56e)各系数组成的行列式 Δ 等于零，即

$$\begin{vmatrix}0.432-0.50\dfrac{P}{P_0} & -1.080\\[2mm]-1.080 & 22.032-4.50\dfrac{P}{P_0}\end{vmatrix}=0$$

展开后，得到屈曲方程式：

$$2.25\left(\frac{P}{P_0}\right)^2-12.96\frac{P}{P_0}+8.35=0$$

其最小根是 $\dfrac{P}{P_0}=0.735$。

于是，$P_{cr}=\dfrac{0.735\pi^2 EI_0}{l^2}$，与前述精确值比较，误差为 13%。

　　决定对某一特定问题选取什么样的函数，应基于对结构实际变形像什么的想像。从分析的观点来说，三角函数或多项式函数是使用起来最方便的函数。

　　如前所述，选定的特征函数必须满足全部几何边界条件，但不需要满足力学边界条件。当结构的总势能为驻值时，这个力学边界条件将会近似得到满足。虽然希望能尽可能地满足所有边界条件，但在通常情况下，只需要不多的几项，就能达到要求的计算精度。增加独立函数的个数可以提高精度，但计算也相应地变得烦琐。

　　瑞利—里兹法的基本思想是把连续结构近似地化为有限个自由度的系统。减小结构的自由度，相当于引入附加的几何约束。由于这些假想的约束，导致理想化后的结构刚度大于实际结构的。

2.8　伽辽金法

　　伽辽金法广泛用于结构分析，它是在变分法的基础上提出来的。在式(2.49)的推导过程中有

$$\int_0^l (EIv^{Ⅳ}+Pv'')\eta\,\mathrm{d}z+[EIv''\eta']_0^l=0 \tag{2.57}$$

　　若 $v(z)$ 不是压杆屈曲的实际特征函数，而只是满足几何边界条件的近似特征函数，则用式(2.57)计算时，式中与压杆边界条件有关的第二项不等于零，必须在计算中考虑，计算就复杂了。为去掉这个矛盾，伽辽金对近似特征函数 $v(z)$ 提出更高的要求：不但要满足压杆几何边界条件(变分法要求使泛函达到极值的函数 $v(z)$ 满足压杆几何边界条件)，而且满足压杆的力学边界条件，这样式(2.57)中的第二项为零。同时考虑 η 为特征函数 $v(z)$ 的变分 $\delta v(z)$，则式(2.49)变为式(2.41)。

式(2.41)中的 $v(z)$ 可用式(2.52)的坐标函数族表出,即

$$v(z) = \sum_{i=1}^{n} a_i \varphi_i(z) \tag{2.58}$$

式(2.58)不但要满足式(2.52)的条件,即各坐标函数 φ_i 线性无关,并满足压杆几何边界条件,而且要满足压杆的力学边界条件。

由式(2.58)得 $v(z)$ 的变分

$$\delta v(z) = \sum_{i=1}^{n} \varphi_i(z) \delta a_i \tag{2.59}$$

将式(2.58)和式(2.59)代入式(2.41),得

$$\int_0^l \left(EI \sum_{i=1}^{n} a_i \varphi_i^{\mathbb{N}} + P \sum_{i=1}^{n} a_i \varphi_i'' \right) \sum_{i=1}^{n} \varphi_i(z) \delta a_i \mathrm{d}z = 0 \tag{2.60}$$

令

$$L\left(\sum_{i=1}^{n} a_i \varphi_i \right) = EI \sum_{i=1}^{n} a_i \varphi_i^{\mathbb{N}} + P \sum_{i=1}^{n} a_i \varphi_i'' \tag{2.61}$$

则式(2.60)变为

$$\int_0^l L\left(\sum_{i=1}^{n} a_i \varphi_i \right) \sum_{i=1}^{n} \varphi_i(z) \delta a_i \mathrm{d}z = 0$$

将上式展开,得

$$\int_0^l L\left(\sum_{i=1}^{n} a_i \varphi_i \right) \left[\varphi_1(z) \delta a_1 + \varphi_2(z) \delta a_2 + \cdots + \varphi_n(z) \delta a_n \right] \mathrm{d}z$$

$$= \delta a_1 \int_0^l L\left(\sum_{i=1}^{n} a_i \varphi_i \right) \varphi_1(z) \mathrm{d}z + \delta a_2 \int_0^l L\left(\sum_{i=1}^{n} a_i \varphi_i \right) \varphi_2(z) \mathrm{d}z + \cdots +$$

$$\delta a_n \int_0^l L\left(\sum_{i=1}^{n} a_i \varphi_i \right) \varphi_n(z) \mathrm{d}z = 0 \tag{2.62}$$

因为各参变量 $a_i(i=1,2,\cdots,n)$ 的变分 $\delta a_i(i=1,2,\cdots,n)$ 是任意的,所以只有式(2.62)中的积分为零,式(2.62)才能恒等于零。因此得到

$$\left. \begin{array}{c} \int_0^l L\left(\sum_{i=1}^{n} a_i \varphi_i \right) \varphi_1(z) \mathrm{d}z = 0 \\[2mm] \int_0^l L\left(\sum_{i=1}^{n} a_i \varphi_i \right) \varphi_2(z) \mathrm{d}z = 0 \\[2mm] \vdots \\[2mm] \int_0^l L\left(\sum_{i=1}^{n} a_i \varphi_i \right) \varphi_n(z) \mathrm{d}z = 0 \end{array} \right\} \tag{2.63}$$

式(2.63)称为伽辽金方程式。它是与式(2.58)坐标函数对应的,有多少个坐标函数就有多少个伽辽金方程。式(2.63)中的参变数 a_i 为常数但未知,对于 a_i 来说,式(2.63)为线性齐次方程组。由 a_i 的系数组成的行列式 $\Delta = 0$,即得出压杆屈曲方程式,解出其最低解,即得出临界力。

下面用虚功原理来理解伽辽金法。

若将正确的压杆特征函数 $v(z)$ 代入式(2.41),则得出压杆屈曲平衡微分方程: $EIv^{\mathbb{N}} + Pv'' = 0$。

所以 $EIv^{\mathbb{N}} + Pv''$ 表示内、外力之和。用近似特征函数代入式(2.41),不能使其为零,即内、外力不平衡。为此,令压杆内、外力对虚位移 $\delta v(z)$ 所做虚功的总和等于零,即

$$\int_0^l (EIv^{IV} + Pv'')\delta v \mathrm{d}z = 0$$

这就是式(2.41)。如果知道压杆的平衡微分方程,但求解困难,就可利用此微分方程按伽辽金法求解。

上述内容也适用于一般结构。下面举两例说明伽辽金法的应用。

[**例 2.1**] 求图 2.10 一端固定另一端铰支的理想轴心弹性压杆的临界力,坐标布置见图。取一端固定另一端铰支,受均布横向荷载作用的梁变位曲线。

$$v(z) = a(zl^3 - 3lz^3 + 2z^4) = a_1\varphi_1 \tag{2.64}$$

为近似特征函数,它满足压杆几何及力学边界条件,微分方程为式(2.42)。

将式(2.64)代入式(2.61),得

$$L(a_1, \varphi_1) = a_1[48EI + P(-18lz + 24z^2)] \tag{2.65}$$

将式(2.64)、(2.65)代入式(2.63),得

$$\int_0^l a_1[48EI(zl^3 - 3lz^3 + 2z^4) + P(24z^3l^3 - 72z^5l + 48z^6 - 18l^4z^2 + 54l^2z^4 - 36z^5)]\mathrm{d}z = 0$$

积分后,得屈曲方程式

$$a_1\left(\frac{36EIl^5}{5} - \frac{12Pl^7}{35}\right) = 0$$

a_1 不能等于零,故

$$\frac{36EIl^5}{5} - \frac{12Pl^7}{35} = 0$$

得,$P = \dfrac{21EI}{l^2}$,与精确值 $\dfrac{20.2EI}{l^2}$ 很接近。

[**例 2.2**] 计算图 2.11 一端固定另一端自由自重作用下的理想等截面轴心弹性压杆的临界力。压杆单位长度自重为 P,坐标布置见图。

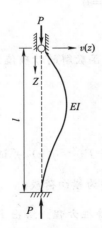

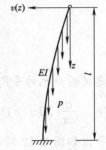

图 2.10　一端固定一端竖向自由杆件的屈曲　　图 2.11　受均布竖向荷载的悬臂杆屈曲

由 z 截面处的剪力平衡条件得出压杆屈曲平衡微分方程

$$EIv''' + pzv' = 0 \text{ 或 } v''' + k^2zv' = 0 \quad \left(k^2 = \frac{P}{EI}\right) \tag{2.66}$$

取近似特征函数为

$$v(z) = a_1\sin\frac{\pi z}{2l} + a_2\sin\frac{3\pi z}{2l} \tag{2.67}$$

它满足压杆几何和力学的边界条件:

$$v(0)=v'(l)=v''(0)=v'''(l)=0$$

将式(2.67)代入式(2.66),再代入式(2.63),并注意到 $\varphi_1=\sin\dfrac{\pi z}{2l}$,$\varphi_2=\sin\dfrac{3\pi z}{2l}$,得出下面两个伽辽金方程:

$$-a_1\frac{\pi^3}{8l^3}\int_0^l\sin\frac{\pi z}{2l}\cos\frac{\pi z}{l}\mathrm{d}z-a_2\frac{27\pi^3}{8l^3}\int_0^l\sin\frac{\pi z}{2l}\cos\frac{3\pi z}{2l}\mathrm{d}z+$$

$$k^2a_1\frac{\pi}{2l}\int_0^l z\sin\frac{\pi z}{2l}\cos\frac{\pi z}{2l}\mathrm{d}z+k^2a_2\frac{3\pi}{2l}\int_0^l z\sin\frac{\pi z}{2l}\cos\frac{3\pi z}{2l}\mathrm{d}z=0 \qquad (2.68)$$

$$-a_1\frac{\pi^3}{8l^3}\int_0^l\sin\frac{3\pi z}{2l}\cos\frac{\pi z}{l}\mathrm{d}z-a_2\frac{27\pi^3}{8l^3}\int_0^l\cos\frac{3\pi z}{l}\sin\frac{3\pi z}{2l}\mathrm{d}z+$$

$$k^2a_1\frac{\pi}{2l}\int_0^l z\cos\frac{\pi z}{2l}\sin\frac{3\pi z}{2l}\mathrm{d}z+k^2a_2\frac{3\pi}{2l}\int_0^l z\sin\frac{3\pi z}{2l}\cos\frac{3\pi z}{2l}\mathrm{d}z=0 \qquad (2.69)$$

而

$$\int_0^l\sin\frac{\pi z}{2l}\cos\frac{\pi z}{2l}\mathrm{d}z=\frac{l}{\pi} \qquad\qquad \int_0^l z\sin\frac{\pi z}{2l}\cos\frac{\pi z}{2l}\mathrm{d}z=\frac{l^2}{2\pi}$$

$$\int_0^l\sin\frac{\pi z}{2l}\cos\frac{3\pi z}{2l}\mathrm{d}z=-\frac{l}{\pi} \qquad\qquad \int_0^l z\cos\frac{\pi z}{2l}\sin\frac{3\pi z}{2l}\mathrm{d}z=\frac{l^2}{4\pi}$$

$$\int_0^l\sin\frac{3\pi z}{2l}\cos\frac{\pi z}{2l}\mathrm{d}z=-\frac{l}{\pi} \qquad\qquad \int_0^l z\sin\frac{\pi z}{2l}\cos\frac{3\pi z}{2l}\mathrm{d}z=-\frac{3l^2}{4\pi}$$

$$\int_0^l\cos\frac{3\pi z}{2l}\sin\frac{3\pi z}{2l}\mathrm{d}z=\frac{l}{\pi} \qquad\qquad \int_0^l z\sin\frac{3\pi z}{2l}\cos\frac{3\pi z}{2l}\mathrm{d}z=\frac{l^2}{6\pi}$$

于是由式(2.68)和式(2.69)可得未知数 a_1、a_2 的系数组成的行列式:

$$\begin{vmatrix} -\dfrac{\pi^2}{8l^2}+\dfrac{k^2l}{4} & -k^2\dfrac{9}{8}l+\dfrac{27}{8}\dfrac{\pi^2}{l^2} \\[2mm] -\dfrac{\pi^2}{8l^2}+\dfrac{k^2l}{8} & -\dfrac{9}{8}\dfrac{\pi^2}{l^2}+\dfrac{k^2l}{4} \end{vmatrix}=0$$

并考虑式(2.66),得临界荷载: $P_{cr}=7.87\dfrac{EI}{l^2}$,很接近用贝塞尔函数解的精确值 $7.84\dfrac{EI}{l^2}$。

习　　题

2-1 考虑梁的微元的平衡,导出梁柱的微分方程如 $EIv^{\text{IV}}+Pv''=q(z)$,并证明任意横截面的剪力为 $Q=-\dfrac{\mathrm{d}}{\mathrm{d}z}(EIv''+Pv)$,其中 P 为轴向压力荷载,$q(z)$ 为横向荷载。

2-2 推导出如图 2.12 所示结构的欧拉临界力 P_E 计算的特征方程。给出 P_E,直接给出按切线模量理论计算的临界力 P_t。

2-3 试证明图 2.13 所示变截面悬臂轴压构件的屈曲方程为 $\tan k_1l_1\tan k_2l_2=k_1/k_2$,式中 $k_1^2=P/EI_1$,$k_2^2=P/EI_2$,当 $l_1/l_2=2$,$I_1/I_2=2$ 时,试算出 P_{cr} 和计算长度系数 μ,并用瑞利—里兹法求屈服荷载的近似值。

2-4 用势能最小值原理导出受水平压力 P 的弹性地基梁的平衡微分方程和自然边界条件,地基的刚度为 k(即地基梁作用力为 $kv(z)$),并计算如图 2.14 所示梁端铰接弹性基底梁的临界荷载。

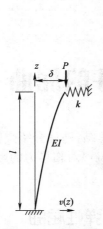

图 2.12 题 2-2 图

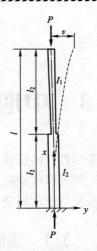

图 2.13 题 2-3 图

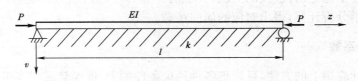

图 2.14 题 2-4 图

2-5 如图 2.15 所示构件,承受温度 $T=T_0\sin\dfrac{\pi z}{l}$,$T_0$ 为多少时,构件将失去稳定?

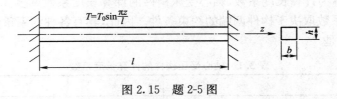

图 2.15 题 2-5 图

部分习题答案:

2-2 $\tan kl=kl-\dfrac{(kl)^3}{kl^3}\dfrac{EI}{}$

2-3 $P_{cr}=2.067\dfrac{EI_2}{l^2}$,$\mu=2.185$

2-4 $P_{cr}=\dfrac{\pi^2EI}{l^2}\left(n^2+\dfrac{kl^4}{n^2\pi^4EI}\right)$,$n=1,2,3,\cdots$

3 中心受压杆件的屈曲

本章首先对中心受压杆件的弹性屈曲进行归纳和总结,随后介绍弹塑性屈曲的几个基本理论;然后对剪切变形、钢压杆残余应力(Residual stresses)对临界力的影响进行讨论;最后介绍格构式和框格式中心受压杆的屈曲计算方法。

3.1 轴心受压构件的弹性屈曲

前两章中阐述了稳定的概念和分枝点失稳的计算方法,对轴心受压构件在不同边界约束条件的屈曲进行了分析计算,得出对应的屈曲荷载。

3.1.1 计算长度系数

为了结构设计应用上的方便,可以把各种约束条件的 P_{cr} 值换算成相当于两端铰接的轴心受压构件屈曲荷载的形式,其方法是把端部有约束的构件用等效长度为 l_0 的构件来代替,这样欧拉临界荷载 $P_{cr} = \pi^2 EI / l_0^2$。

等效长度通常称为计算长度,而计算长度 l_0 与构件的实际的几何长度之间的关系是 $l_0 = \mu l$,这里的系数 μ 称为计算长度系数,轴心受压构件的计算长度系数见表 3.1。对于均匀受压的等截面直杆,此系数取决于构件两端的约束条件。因此,具有各种约束条件的轴心受压构件的屈曲荷载的通式是

表 3.1　轴心受压构件的计算长度系数

项次	1	2	3	4	5	6
支承条件	两端铰接	两端固定	上端铰接 下端固定	上端平移但不转动, 下端固定	上端自由 下端固定	上端平移但不转动, 下端铰接
变形曲线 $l_0 = \mu l$						
应用实例						
理论 μ 值	1.0	0.5	0.7	1.0	2.0	2.0
设计 μ 值	1.0	0.65	0.8	1.2	2.1	2.0

$$P_{cr} = \frac{\pi^2 EI}{(\mu l)^2} \tag{3.1}$$

现在来确定如图 3.1(a)所示悬伸轴心受压构件的计算长度系数。AB 段的长度为 l，BC 段的长度为 a，而 $a = \alpha l$；其计算简图如图 3.1(b)所示，构件弯曲后顶端的挠度为 v。当 $0 < x < l$ 时，平衡方程为

$$EIy'' + Py + Pvx/l = 0$$

令 $k^2 = \dfrac{P}{EI}$，则

$$y'' + k^2 y + k^2 vx/l = 0$$

其通解为

$$y_1 = A_1 \sin kx + B_1 \cos kx - \frac{v}{l}x$$

根据边界条件 $y(0) = 0$ 和 $M(l) = -EIy''(l) = Pv$，可以得到 $A_1 = v/\sin kl$，$B_1 = 0$，这样支座处 B 点的转角为

$$y_1'(l) = (kl/\tan kl - 1)v/l$$

当 $x > l$ 时，平衡方程为

$$EIy'' + Py + Pv = 0 \qquad y'' + k^2 y + k^2 v = 0$$

通解为

$$y_2 = A_2 \sin kx + B_2 \cos kx - v$$

根据边界条件 $y(l) = 0$ 和 $y(l+a) = -v$，可得到

$$A_2 = -\frac{\cos k(l+a)}{\sin ka}v \qquad B_2 = \frac{\sin k(l+a)}{\sin ka}v$$

B 点的转角为

$$y_2'(l) = kv/\tan ka$$

由 B 点的变形协调条件 $y_1'(l) = y_2'(l)$ 得到悬伸构件的屈曲方程为

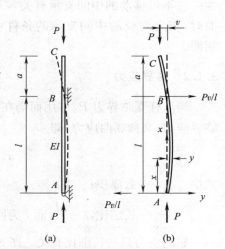

图 3.1　悬伸轴心受压构件

$$kl(\tan ka + \tan kl) - \tan ka \tan kl = 0$$

上式还可以用构件的计算长度系数表示：

$$kl = l\sqrt{\frac{P}{EI}} = l\sqrt{\frac{\pi^2 EI/(\mu l)^2}{EI}} = \frac{\pi}{\mu}$$

而 $ka = k\alpha l = \alpha\pi/\mu$，这样屈曲方程为

$$\frac{\pi}{\mu}\left(\tan\frac{\alpha\pi}{\mu} + \tan\frac{\pi}{\mu}\right) - \tan\frac{\alpha\pi}{\mu}\tan\frac{\pi}{\mu} = 0$$

以不同的 α 值代入上式后，即可得到相应的计算长度系数，见表 3.2。

表 3.2　悬臂轴心受压构件的计算长度系数

$\alpha = a/l$	0	0.1	0.2	0.3	0.4	0.5	0.6	0.7	0.8	0.9	1.0
μ	1.0	1.11	1.24	1.40	1.56	1.74	1.93	2.16	2.31	2.50	2.70

构件的计算长度 $l_0 = \mu l$，屈曲荷载 $P_{cr} = \dfrac{\pi^2 EI}{(\mu l)^2}$。由表 3.2 可知，当 $\alpha = 0.1$ 时，与两端铰接的轴心受压构件比较，悬伸构件的屈曲荷载将降低 19%；当 $\alpha = 0.2$ 时，将降低 35%。所以如果不加区分，而直接用支点 A 和 B 之间的距离作为构件的计算长度将是不安全的。如果把上段 BC 作为独立的悬臂构件，错误地取 $l_0 = 2a$，也是不安全的。因为上段的下端 B 并非固定端，而是具有一定的抗弯能力的弹性约束端，弹簧常数为

$$\frac{Pv}{y_2'(l)} = \frac{P\tan kal}{k} = kEI\tan kal$$

上述求解轴心受压构件弹性屈曲荷载的方法为力素平衡法,但是有许多轴心受压构件用平衡法无法直接求解,如沿构件的轴线压力有变化和沿轴线截面尺寸有变化等,将遇到很难求解的变系数微分方程,这时可采用第2章中介绍的能量法或其他近似方法求解,进而得出构件的计算长度系数。

构件的计算长度不仅与构件两端的约束条件有关,还与在构件的长度范围内是否设置弹性的或不可移动的中间支承有关,习题3-3有助于对此的进一步理解。绕截面的两个主轴弯曲时,与之对应的中间支承的条件可能有所不同,因此两个弯曲方向的计算长度可能并不相同。

3.1.2 临界应力

当压杆受临界力 P_{cr} 作用而仍在直线状态下维持不稳定平衡时,构件截面上的压应力称为临界应力,又称屈曲应力,即

$$\sigma_{cr} = \frac{P_{cr}}{A} = \frac{\pi^2 E}{(\mu l/i)^2} = \frac{\pi^2 E}{(\lambda)^2} \tag{3.2}$$

式中　A——截面积;

　　　λ——长细比,$\lambda = \dfrac{\mu l}{i}$,而 i 为回转半径,$i = \sqrt{\dfrac{I}{A}}$。

屈曲应力只与长细比有关。图 3.2 画出了钢材为理想弹塑性体的轴心受压构件的 σ_{cr}—λ 曲线,即欧拉曲线。屈曲应力超过屈服强度的在图中用虚线表示,$f_y = 235$ N/mm^2。计算长度系数的理论值可写作

$$\mu = \sqrt{\frac{P_E}{P_{cr}}} = \sqrt{\frac{\pi^2 EI}{l^2 P_{cr}}}$$

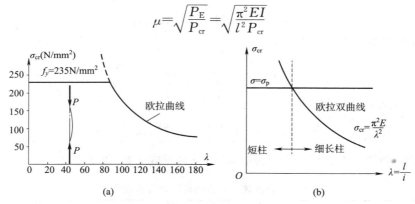

图 3.2　轴心受压构件的屈曲应力

在以上计算分枝点失稳的临界荷载过程中,均采用线弹性理论,设材料的弹性界限(如钢材的比例极限)为 σ_p,因此只有当 $\sigma_{cr} \leqslant \sigma_p$ 时,才可用欧拉公式计算压杆的临界力。习惯上称临界应力 $\sigma_{cr} \leqslant \sigma_p$ 的理想正直轴心压杆为细长柱和临界应力 $\sigma_{cr} > \sigma_p$ 的理想正直轴心压杆为粗短柱[图 3.2(b)]。

当材料一定,则欧拉公式适用条件由长细比 λ 确定:

$$\lambda \geqslant \lambda_p = \pi \sqrt{\frac{E}{\sigma_p}} \tag{3.3}$$

例如 Q235 钢，弹性界限 $\sigma_p = 186 \text{ N/mm}^2$，弹性模量 $E = 206 \times 10^3 \text{ N/mm}^2$，则 $\lambda_p = 104$（适用中近似地取 $\lambda_p = 100$），$\lambda \geqslant \lambda_p$ 则为弹性屈曲的范围。

3.2　压杆非弹性屈曲概述

前面所述主要是计算压杆的弹性屈曲，只能适用于细长柱。但是，在工程中所采用的压杆绝大多数都不是细长柱，而是粗短柱，对于粗短柱而言，构件达到屈曲前，其截面应力已超过弹性极限，当 $\sigma_{cr} > \sigma_p$ 时，压杆的有效模量是变化的，需要按变化的有效模量来计算临界力。

对上述问题的认识，曾有一个比较长的过程。1744 年欧拉提出欧拉公式，那时错误地认为它适用于短柱及细长柱。19 世纪有关学者用试验证明欧拉公式不适用于短柱时，欧拉公式便不再适用。

1889 年恩格塞（$Engesser\ F$）提出了切线模量理论，建议用变化的切线模量 E_t 代替欧拉公式中的弹性模量 E，从而获得弹塑性屈曲荷载。

1891 年康西德尔（$Considere\ A.$）在巴黎国际会议提出：在弹塑性屈曲情况下，柱子强度可利用广义欧拉公式 $\pi^2 \overline{E} I / l^2$ 计算，式中变化模量 $\overline{E}$ 介于杨氏弹性模量（$Young's\ modulus$）E 与切线模量 E_t 之间。虽然康西德尔未曾提出确定 $\overline{E}$ 实际数值的理论，但认为：中心压杆在超过比例极限 σ_p 的应力作用下开始屈曲时，压杆凹侧应力按照受压的应力应变曲线规律增加，而凸侧应力则与应变成比例的减小。后来恩格塞尔同意了康西德尔的论点，于 1895 年提出了压杆弹塑性屈曲问题的改进解答，即双模量理论。

1910 年卡门（$K'arm'an$）独立提出了双模量理论，1912 年苏斯威尔（$Southwell$）在论文"撑杆强度"中独立提出了双模量理论。此后公认双模量理论是压杆弹塑性工作的正确理论。但后来试验表明：实际临界力在按照切线模量理论求出的数值和按双模量理论计算值之间，通常是比较接近于按切线模量理论求出的临界力。

1947 年香利在其一篇论文中研究了压杆的弹塑性工作并得出结论：切线模量是正确的有效模量。

切线模量理论已被多数人采纳为正确的压杆弹塑性屈曲理论，但每种理论价值的讨论仍在继续。

这就产生了压杆弹塑性屈曲的双模量理论（$Double\ modulus\ theory$），切线模量理论（$Tangent\ modulus\ theory$）及香利理论（$Shaley's\ theory$）。

3.3　压杆弹塑性屈曲的双模量理论

临界应力超过弹性极限的屈曲，称为弹塑性屈曲，亦称为非弹性屈曲。理想正直轴心压杆弹塑性屈曲的计算原理与其弹性屈曲的计算原理相同，也是令压杆自直线平衡位置转到微弯平衡位置，然后由微弯杆件的平衡条件计算其屈曲临界力。压杆自直线平衡状态转到微弯平衡状态的过程中，若假定轴心压力 P 保持不变，则得到双模量理论；若认为 P 有微量增加，即若直线状态的压力为 P，微弯状态的压力则为 $P + \Delta P$，就得出切线模量理论。下面阐述理想正直轴心压杆弹塑性屈曲的双模量理论。

计算中的基本假定是：

① 压杆为理想正直轴心受压的等截面杆件；

② 采用平截面假设,即屈曲前压杆的任一平截面,屈曲后仍保持为平面,梅依尔($Meyer$)的试验结果证明这一点成立;

③ 压杆横截面有一个对称轴,整个压杆有一个纵向对称面,并在此对称面内屈曲;

④ 屈曲位移极其微小,且不计压杆轴向变形。

压杆弹塑性屈曲的挠曲微分方程须根据微弯状态时压杆横截面上的应力分布及变形情况来决定。设两端铰支压杆微弯如图 3.3(a)所示,杆件横截面如图 3.3(c)所示,材料受压的应力应变曲线如图 3.3(b)所示,图中 σ_p 为比例极限,σ_{cr} 为压杆在弹塑性阶段屈曲的临界应力(即压杆在临界随遇平衡状态的压应力),K 点切线 T 与水平线夹角 β 的正切为切线模量 E_t。因为假定压杆自临界随遇平衡状态(直线状态)转到相邻随遇平衡状态(微弯状态)时,压力 P 保持不变,弯曲产生的应力的合力必须为零,即图 3.3(d)中的拉应力的合力 $S_1 =$ 压应力的合力 S_2,则压杆凸侧应力沿图 3.3(b) Ko' 斜线退降,Ko' 与弹性阶段的 oP 线平行。凸侧弯曲拉应力 S_1 与其相应的弯曲拉伸应变 ε_{1S}[图 3.3(e)]成正比,即 $S_1 = E\varepsilon_{1S}$,故图 3.3(d)凸侧弯曲拉伸应力呈直线分布。压杆凹侧应力则按图 3.3(b)应力应变曲线 KD 增加。凹侧弯曲压应力 S_2 应按 KD 线沿 h_2 宽度[图 3.3(c)]呈曲线分布。考虑压杆临界随遇平衡状态与相邻随遇平衡状态无限接近,压杆微弯引起的弯曲应力极其微小,则需按图 3.4 进行计算,凹侧弯曲压应力 $S_2 \approx \dfrac{d\sigma_K}{d\varepsilon} \cdot \Delta\varepsilon_2 = (E_t)_K \varepsilon_{2S}$,此地 $(E_t)_K$ 为图 3.3(b)应力—应变曲线 K 点的切线模量,ε_{2S} 为弯曲压缩应变,如图 3.3(e)所示,$\varepsilon_{2S} \neq \Delta\varepsilon_2$。因为弯曲应力极其微小,可以认为各点弯曲压应力 $S_2 = (E_t)_K \varepsilon_{2S}$,故压杆凹侧弯曲压应力按直线分布,如图 3.3(d)所示。

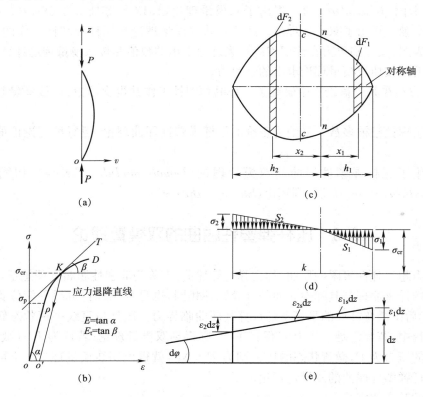

图 3.3　压杆双模量理论计算分析图

确定了弯曲应力的分布图形，就可由力学分析的一般原理即考虑平衡方程、几何关系、物理方程导出压杆弹塑性屈曲的微分方程，即

平衡方程：由图 3.3(c)及图 3.3(a)得

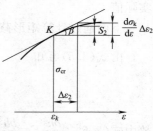
图 3.4 应力应变切线增量

$$\int_0^{h_1} S_1 \mathrm{d}F_1 - \int_0^{h_2} S_2 \mathrm{d}F_2 = 0 \tag{3.4a}$$

$$\int_0^{h_1} x_1 S_1 \mathrm{d}F_1 + \int_0^{h_2} x_2 S_2 \mathrm{d}F_2 = Pv \tag{3.4b}$$

（外力矩等于内力抵抗矩）。

几何关系：由图 3.3(e)及图 3.3(a)得

$$\varepsilon_1 \mathrm{d}z = h_1 \mathrm{d}\varphi \qquad \varepsilon_1 = h_1 \frac{\mathrm{d}\varphi}{\mathrm{d}z} = -h_1 v'' \tag{3.4c}$$

$$\varepsilon_2 \mathrm{d}z = h_2 \mathrm{d}\varphi \qquad \varepsilon_2 = h_2 \frac{\mathrm{d}\varphi}{\mathrm{d}z} = -h_2 v'' \tag{3.4d}$$

物理方程：由图 3.3(d)及图 3.3(e)，得

$$\sigma_1 = E\varepsilon_1 \qquad \sigma_1 = -Eh_1 v'' \tag{3.4e}$$

$$\sigma_2 = E_t\varepsilon_2 \qquad \sigma_2 = -E_t h_2 v'' \tag{3.4f}$$

而

$$S_1 = \frac{\sigma_1}{h_1} x_1 \qquad S_2 = \frac{\sigma_2}{h_2} x_2$$

故

$$S_1 = -Ex_1 v'' \qquad S_2 = -E_t x_2 v'' \tag{3.4g}$$

将式(3.4g)代入式(3.4a)，得 $v''\left(-E\int_0^{h_1} x_1 \mathrm{d}F_1 + E_t\int_0^{h_2} x_2 \mathrm{d}F_2\right) = 0$

令

$$\Omega_1 = \int_0^{h_1} x_1 \mathrm{d}F_1, \Omega_2 = \int_0^{h_2} x_2 \mathrm{d}F_2 \tag{3.5}$$

则得

$$E_t\Omega_2 - E\Omega_1 = 0 \tag{3.6}$$

与关系式 $h = h_1 + h_2$ 联解，得出图 3.3(c)中性轴 n—n 的位置，见后面算例。

再将式(3.4g)代入式(3.4b)，得 $v''\left(E\int_0^{h_1} x_1^2 \mathrm{d}F_1 + E_t\int_0^{h_2} x_2^2 \mathrm{d}F_2\right) + Pv = 0$

令 $I_1 = \int_0^{h_1} x_1^2 \mathrm{d}F, I_2 = \int_0^{h_2} x_2^2 \mathrm{d}F_2$ ，代入上式，得

$$v''(EI_1 + E_t I_2) + Pv = 0$$

令 $E_r I = EI_1 + E_t I_2$ 代入上式，得

$$E_r I v'' + Pv = 0 \quad \text{或} \quad v'' + \frac{P}{E_r I} v = 0 \tag{3.7}$$

其中

$$E_r = \frac{EI_1 + E_t I_2}{I} \tag{3.8}$$

E_r 为折算模量，亦称双模量，它包括 E 及 E_t 两个因素。

式(3.7)和式(3.8)中的 I 为压杆横截面对形心轴 C—C［图 3.3(c)］的惯性矩。

由式(3.7)可解得按双模量理论计算的两端铰支压杆弹塑性屈曲临界力为

$$P_{cr} = \frac{\pi^2 E_r I}{l^2} \tag{3.9}$$

假定压杆微弯过程中，压力 P 保持不变，导致压杆靠凸侧的一部分截面［图 3.3(c)中性轴 n—n 右边截面］按弹性模量 E 进行抗弯工作，这较实际提高了压杆的刚度，算出的临界力大于

实际值。

下面通过计算矩形截面($b \times h$)杆的 E_r 来说明折算模量 E_r 的计算原理。

由式(3.5)可知
$$\Omega_1 = \int_0^{h_1} x_1 \, dF = \int_0^{h_1} b x_1 \, dx_1 = \frac{bh_1^2}{2}$$

$$\Omega_2 = \int_0^{h_2} x_2 \, dF_2 = \int_0^{h_2} b x_2 \, dx_2 = \frac{bh_2^2}{2}$$

故由式(3.6)得 $\dfrac{bh_1^2}{2} E = \dfrac{bh_2^2}{2} E_t$，即

$$Eh_1^2 = E_t h_2^2$$

对上式两边开平方，得 $\qquad \sqrt{E} h_1 = \sqrt{E_t} h_2$

因 $\qquad h = h_1 + h_2 \qquad h_1 = h - h_2$

有
$$\sqrt{E}(h - h_2) = \sqrt{E_t} h_2$$

$$h_2 = \frac{\sqrt{E} h}{\sqrt{E_t} + \sqrt{E}} \qquad h_1 = h - h_2 = h - \frac{\sqrt{E} h}{\sqrt{E_t} + \sqrt{E}} = \frac{\sqrt{E_t} h}{\sqrt{E_t} + \sqrt{E}}$$

考虑 $\qquad I = \dfrac{1}{12} bh^3 \qquad I_1 = \dfrac{1}{3} bh_1^3 \qquad I_2 = \dfrac{1}{3} bh_2^3$

代入式(3.8)，得

$$E_r = \frac{EI_1 + E_t I_2}{I} = \frac{\frac{1}{3} b(Eh_1^3 + E_t h_2^3)}{\frac{1}{12} bh^3} = \frac{4 \left[E \left(\dfrac{\sqrt{E_t} h}{\sqrt{E_t} + \sqrt{E}} \right)^3 + E_t \left(\dfrac{\sqrt{E} h}{\sqrt{E_t} + \sqrt{E}} \right)^3 \right]}{h^3}$$

$$= 4 E E_t \left[\frac{\sqrt{E_t} + \sqrt{E}}{(\sqrt{E_t} + \sqrt{E})^3} \right] = \frac{4 E E_t}{(\sqrt{E_t} + \sqrt{E})^2} \tag{3.10}$$

由式(3.10)知，若压杆在弹性阶段屈曲，则 $E_t = E$，故 $E_r = E$。所以压杆弹性屈曲的弯曲应力是按直线规律分布，而按折算模量理论计算压杆弹塑性屈曲的弯曲应力则按图 3.3(d) 的折线分布。

3.4　压杆弹塑性屈曲的切线模量理论

1.3 节按曲率的精确计算式的计算结果——式(1.19)～式(1.21)揭示出：

(1)只要在极小范围内 P 超过 P_{cr}，压杆可在微弯状态下维持平衡；

(2)压杆从直线平衡状态到微弯平衡状态，压力 P 不能保持为常数 P_{cr}，必须增加微量 ΔP，故压杆在微弯平衡状态的总的轴心压力为 $P + \Delta P$。

前已指出，当 $P = P_{cr}$ 时，压杆对外界干扰已非常敏感，$P = P_{cr}$ 的压杆直线形式的平衡状态已开始失稳。故这里 ΔP 必须是无穷小量，以便在 $P + \Delta P$ 作用下，压杆能维持微弯的平衡状态。这些概念与前述中性平衡法的概念基本相同，不同的是：中性平衡法根据随遇平衡状态没有外力变化的概念，而假定压杆自临界随遇平衡状态(即直线状态)转到相邻随遇平衡状态(即微弯状态)的过程中，压力 P 保持为常数 P_{cr}。从数学观点看，这等于令 ΔP 趋近于零。因中性平衡法只应用于弹性阶段，故不影响正确临界力的计算。在弹塑性阶段，若亦令 $\Delta P = 0$，则必然导致双模量理论计算值偏大。这样，在正确求算压杆弹塑性屈曲的临界力时必须考虑 ΔP。

不过这里仍然存在这样的问题：考虑 ΔP 后，压杆微弯时，凸侧是否有应力退降？为了解决这个问题在香利理论发表以前，假定无应力退降。

于是切线模量理论认为：压杆自直线平衡状态转到微弯平衡状态时，压力 P 增加 ΔP，如图 3.5(a) 所示，并假定 ΔP 足够大，足以抵消压杆微弯时产生的凸侧最大弯曲拉应力，使在整个由直变弯过程中，压杆任何点都不产生应力退降。这样，压杆最大弯曲应力截面的应力分布如图 3.5(d) 所示，图中凸侧最大弯曲拉应力正好被增加的轴心压应力 $\Delta P/F$ 抵消，其余截面的应力分布如图 3.5(e) 所示。因为由 ΔP 及微弯引起的应力增量 $\Delta\sigma$ 极小，则图 3.5(b) 所示 $\Delta\sigma \approx \dfrac{\mathrm{d}\sigma_k}{\mathrm{d}\varepsilon} \cdot \Delta\varepsilon = (E_t)\Delta\varepsilon$，故图 3.5(d)、(e) 中的 $\Delta\sigma$ 均按直线规律变化，即 $\Delta\sigma$ 与 $\Delta\varepsilon$ 成正比。可以近似认为：在微弯平衡状态下，压杆任一截面的应力都按直线分布，任何点的应力与应变之比都等于切线模量 $(E_t)_k$，$(E_t)_k$ 的意义见图 3.5(b)，为简便计，将 $(E_t)_k$ 写成 E_t，再采用双模量理论中的四条假定，利用压杆微弯状态下的平衡方程、几何关系、物理方程，进行与 3.3 节相同的计算，即可得出按切线模量理论计算的两端铰支压杆弹塑性屈曲的微分方程

$$E_t I v'' + (P_{cr} + \Delta P)v = 0 \tag{3.11}$$

若式 (3.6) 中的 E 改为 E_t，则 $\Omega_1 = \Omega_2$，此时中性轴 n—n 与压杆截面形心轴重合，则压杆任一截面的弯曲应力分布均与弹性屈曲时的弯曲应力分布相同，只是此时要用 E_t 代替弹性屈曲中的 E。故按切线模量计算时，可按弹性屈曲计算法计算：截出压杆一段隔离体，如图 3.5(c) 所示，由其平衡条件，即可得出方程式 (3.11)。

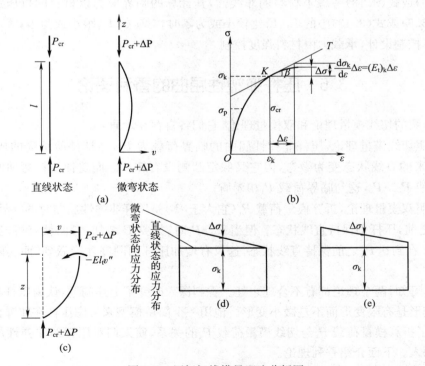

图 3.5 压杆切线模量理论分析图

因 ΔP 与 P_{cr} 比较可忽略不计，于是得

$$E_t I v'' + P_{cr} v = 0 \tag{3.12}$$

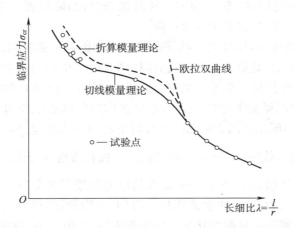

图 3.6　直径为 0.716 cm 铝合金实圆杆的压杆试验曲线

由此可得两端铰支压杆弹塑性屈曲的临界力

$$P_{cr} = \frac{\pi^2 E_t I}{l^2} \tag{3.13}$$

试验证明：按切线模量理论算出的临界应力略低于实测值；见图 3.6。香利理论亦证明是这样。

式(3.9)或式(3.13)考虑了材料的非线性，其计算的临界应力以材料的抗压强度为上限值。当式(3.9)或式(3.13)中的 E_t、E_r 比较小或为零时，对应的 P_{cr} 很小或为零，表示此时的结构稳定已不控制设计，承载力由材料强度控制。

3.5　压杆弹塑性屈曲的香利理论

前文介绍的切线模量理论和双模量理论，它们各自存在矛盾：

(1)按照切线模量理论，压杆非弹性屈曲的临界荷载为 P_t，当杆件所承受的压力达到 P_t 时，将由原来的直线状态变为微弯，但它又假定凸侧没有卸载。而要使压杆弯曲时不出现卸载，就必须使 $P > P_t$，这与临界荷载 P_t 相矛盾；

(2)按照双模量理论，折算模量荷载 P_r(它大于 P_t)是压杆非弹性屈曲时的临界荷载，在荷载达到 P_r 之前，压杆仍保持直线状态。但当 $P > P_t$ 时，只要 P 增加，弯曲就有可能，双模量理论却要求 P 在到达 P_r 之前保持直线状态，这只有增加压杆的刚度才能做到，而实际上这是不可能的。

由上述可知，两个理论都有不合理之处。香利深入研究了上述问题，认为压杆在超过临界荷载后的变形是有限变形而不是微小变形。他用一个简单模型来考虑压杆在非弹性屈曲时的工作，展示了折算模量荷载 P_r 与切线模量荷载 P_t 的关系，使人们对压杆的非弹性屈曲分析的理解更加深入。下面介绍香利理论。

对于图 3.7(a)所示在弹塑性阶段工作的两端铰支压杆，香利用图 3.7(b)所示的二肢杆模型(称为香利模型)来表示。屈曲时的压杆视为两个刚性肢杆和中间的一个可变形元件组成，而可变元件则被认为是由两个间距等于 h 的纵向构件组成，如图 3.7(c)所示。每个纵向构件的面积为 $A/2$，长为 h，它们都按图 3.7(d)所示的双线型应力应变图工作。这样，压杆的弹塑性性质都集中由可变形元件来体现,从而避免了实际压杆中存在的 E_t 沿截面和沿杆长复杂变化的情况。

设二肢杆模型在达到临界荷载之前仍处于直线平衡状态。然后,当轴向压力进一步增大时,模型将产生一侧向有限挠度 Δ,如图 3.7(b)所示。在杆件挠曲过程中,设凸边的纵向构件产生的轴向拉力为 P_1,轴向拉应变为 ε_1,凹边的纵向构件的轴向压力为 P_2,压应变为 ε_2,它们是由杆件在弯曲过程中轴向荷载发生变化而引起,不包括弯曲开始前的轴向压力和轴向应变。

下面利用模型的平衡条件、几何关系和物理关系来建立压力 P 与侧向挠度 Δ 之间的关系式。

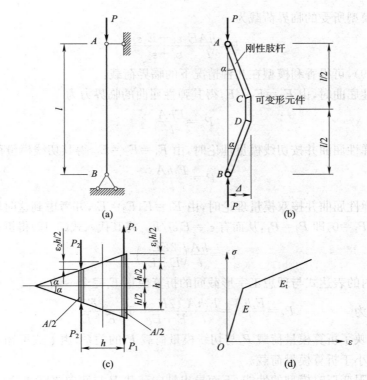

图 3.7 香利模型

几何关系:考虑到侧向挠度 Δ 仍相当微小,则 Δ 与肢杆斜率之间的关系为

$$\Delta = \frac{l}{2}\alpha \tag{3.14}$$

又由图 3.7(c)可知

$$\alpha = \frac{1}{h}\left(\frac{\varepsilon_1 h}{2} + \frac{\varepsilon_2 h}{2}\right) = \frac{\varepsilon_1 + \varepsilon_2}{2}$$

故有

$$\Delta = \frac{l}{4}(\varepsilon_1 + \varepsilon_2) \tag{3.15}$$

平衡条件:模型在挠曲状态下是平衡的,肢杆 AC 在 C 点的外力矩与内力矩应相等。

其中,外力矩

$$M_{外} = P\Delta = \frac{Pl}{4}(\varepsilon_1 + \varepsilon_2) \tag{3.16}$$

内力矩

$$M_{内} = \frac{P_1 h}{2} + \frac{P_2 h}{2} = \frac{1}{2}(P_1 + P_2)h \tag{3.17}$$

式中,P_1、P_2 分别为两纵向构件上相应于 $E_1\varepsilon_1$、$E_2\varepsilon_2$ 的轴向荷载,它们只代表压杆由直到弯时每个纵向构件的荷载增量。

物理关系:设凸侧和凹侧两构件的材料有效模量分别以 E_1、E_2 表示,则

$$P_1 = E_1 \varepsilon_1 \frac{A}{2}$$

$$P_2 = E_2 \varepsilon_2 \frac{A}{2}$$

(3.18)

将式(3.18)代入式(3.17),并根据平衡条件,有

$$\frac{Pl}{4}(\varepsilon_1 + \varepsilon_2) = \frac{hA}{4}(E_1 \varepsilon_1 + E_2 \varepsilon_2)$$

于是,可得模型所受的临界荷载为

$$P = \frac{hA}{l} \frac{E_1 \varepsilon_1 + E_2 \varepsilon_2}{\varepsilon_1 + \varepsilon_2}$$

(3.19)

根据式(3.19),可得香利模型在几种情况下的临界荷载:

(1)当为弹性屈曲时,由 $E_1 = E_2 = E$,得其弹性屈曲的临界力为

$$P_e = \frac{EhA}{l}$$

(3.20)

(2)当为非弹性屈曲并按切线模量理论时,由 $E_1 = E_2 = E_t$,得其切线模量荷载为

$$P_t = \frac{E_t hA}{l}$$

(3.21)

(3)当为非弹性屈曲并按双模量理论时,由 $E_1 = E$,$E_2 = E_t$,并考虑到这时轴向压力保持为常量,应有 $P_2 - P_1 = 0$,即 $P_2 = P_1$,从而有 $\varepsilon_1 = E_t \varepsilon_2 / E$。将其代入式(3.19)得折算模量荷载:

$$P_r = \frac{hA}{l} \left(\frac{2EE_t}{E + E_t} \right)$$

式中,右边括号内的表达式与理想工字形截面的折算模量 E_r 完全一致。

上式又可写为 $\quad P_r = \frac{E_r hA}{l} = \frac{E_t hA}{l} \frac{2E}{E + E_t} = P_t \frac{2E}{E + E_t}$ (3.22)

式(3.22)反映了折算模量荷载 P_r 与切线模量荷载 P_t 的关系,由上式可知,因 $E_t < E$,则切线模量荷载总是小于折算模量荷载。

为了研究有限变形时模型的性能,下面导出轴向荷载 P 与侧向挠度 Δ 之间的关系。设模型在达到切线模量荷载后产生侧向挠度,并且压力 P 仍可继续增加,则在凹边的有效模量必为 $E_2 = E_t$,而在凸边的模量则可能等于 E 或等于 E_t,这由柱子开始弯曲时凸边的纵向构件的应变是否发生变号而定(发生变号,等于 E;不发生变号,则等于 E_t)。令

$$k = E_1 / E_t$$

(3.23)

将其代入式(3.19),得 $\quad P = \frac{hAE_t}{l} \left(\frac{k\varepsilon_1 + \varepsilon_2}{\varepsilon_1 + \varepsilon_2} \right)$ (3.24)

由式(3.15),有 $\quad \varepsilon_1 + \varepsilon_2 = \frac{4\Delta}{l}$ 或 $\varepsilon_2 = \frac{4\Delta}{l} - \varepsilon_1$ (3.25)

代入式(3.24)并整理,得

$$P = \frac{hAE_t}{l} \left[1 + \frac{l}{4\Delta}(k-1)\varepsilon_1 \right] = P_t \left[1 + \frac{l}{4\Delta}(k-1)\varepsilon_1 \right]$$

(3.26)

式(3.26)中还含有应变 ε_1,下面将其消去,为此还需建立一个 P 的表达式。前已假定,当达到 P_t 后,压杆开始弯曲,荷载自 P_t 起继续增加。设荷载增量为 ΔP,则

$$\Delta P = P_2 - P_1 = \frac{A}{2}(E_2 \varepsilon_2 - E_1 \varepsilon_1) = \frac{E_t A}{2}(\varepsilon_2 - k\varepsilon_1) = \frac{E_t A}{2}\left[\frac{4\Delta}{l} - (1+k)\varepsilon_1\right] \qquad (3.27)$$

故得

$$P = P_t + \frac{E_t A}{2}\left[\frac{4\Delta}{l} - (1+k)\varepsilon_1\right] = P_t\left[1 + \frac{2\Delta}{h} - \frac{l}{2h}(1+k)\varepsilon_1\right] \qquad (3.28)$$

由式(3.26)和式(3.28)可知,有

$$\frac{l}{4\Delta}(k-1)\varepsilon_1 = \frac{2\Delta}{h} - \frac{l}{2h}(1+k)\varepsilon_1$$

从而解得

$$\varepsilon_1 = \frac{4\Delta}{l(k-1)}\frac{1}{\frac{h}{2\Delta} + \frac{k+1}{k-1}} \qquad (3.29)$$

将式(3.29)代回式(3.26),即得到所需的 P—Δ(荷载—挠度)的关系式:

$$P = P_t\left(1 + \frac{1}{\frac{h}{2\Delta} + \frac{k+1}{k-1}}\right) \qquad (3.30)$$

由式(3.30)可绘出香利模型的 P—Δ 曲线,如图 3.8 所示。利用式(3.28)可研究香利模型压杆的屈曲后性能,得出如下几点结论:

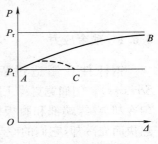

图 3.8 香利模型的 P—Δ 曲线

(1)当 $\Delta = 0$ 时,得 $P = P_t$,即在切线模量荷载时模型处于直线平衡状态。这也说明,模型保持为直线状态时,不可能达到折算模量荷载。

(2)当 $\Delta > 0$ 时,且 $k \neq 1$(即 $E_1 \neq E_t$)时,即 P 随 Δ 增长而加大。

当 Δ 趋于无穷大时,式(3.30)所示的 P 将接近于折算模量荷载 P_r。这可证明如下:折算模量理论认为弯曲是在轴向压力保持不变的情况下发生的,故有

$$P_1 = P_2 \qquad \varepsilon_1 E_1 = \varepsilon_2 E_2$$

因而得

$$\varepsilon_2 = \frac{E_1 \varepsilon_1}{E_2} = \frac{E_1 \varepsilon_1}{E_t} = k\varepsilon_1$$

又由式(3.25)得

$$\varepsilon_1 = \frac{4\Delta}{l} - \varepsilon_2$$

故

$$\varepsilon_1 = \frac{4\Delta}{l} - k\varepsilon_1 \quad 或 \quad \varepsilon_1 = \frac{1}{(1+k)}\frac{4\Delta}{l}$$

将其代入式(3.26)得折算模量荷载:

$$P_r = P_t\left(1 + \frac{k-1}{k+1}\right) = P_t\frac{2k}{k+1} \qquad (3.31)$$

而由式(3.30)可知,当 $\Delta \rightarrow \infty$ 时,即可得到与式(3.31)相同的结果,从而得证。

此外,注意到在此情况下,$k \neq 1$,这说明压杆在开始弯曲时凸边的纵向构件将发生应变变号,因而有 $E_1 = E_t$,即 $k = E/E_t$。将它代入式(3.31),得

$$P_r = P_t\frac{2k}{k+1} = P_t\frac{2E}{E+E_t}$$

它与式(3.22)所得出的折算模量荷载完全相同。

可见，非弹性压杆在轴向压力超过切线模量荷载之后，仍可继续加载。若假定切线模量为常数，则非弹性屈曲柱的最大荷载是折算模量荷载，如图3.8所示。

(3)若$k=1$，即$E_1=E_t$，这表明压杆弯曲时凸边不发生应变变号(即不发生卸载现象)。由式(3.26)可知，这时$P=P_t$，它不随Δ变化而保持为一常量。但由双模量理论，若轴向压力保持为常量，则柱子凸边必然有卸载作用。这说明，在有限变形情况下，$k=1$是不可能的，因而荷载也不可能保持为常量，其荷载—挠度关系应如图3.8中实曲线AB所示。

(4)香利模型假定切线模量E_t为常数[图3.7(d)]，而实际材料做成的压杆，随着应力的加大，E_t将不断减小。因此，实际压杆的P—Δ曲线与香利模型的曲线有所不同，如图3.8中虚曲线AC所示，其最大荷载介于P_t与P_r之间。它表明：在非弹性屈曲时，切线模量荷载是压杆临界荷载的下限，而折算模量荷载则为临界荷载的上限。

更精确的试验研究表明：实际压杆承受的最大荷载P_{max}与P_r和P_t相比，更接近于P_t值，即切线模量荷载最接近于非弹性柱所能承受的最大荷载。

3.6　残余应力对中心压杆临界力的影响

3.6.1　残余应力

钢杆件在制造过程中会产生残余应力（*Residual Stresses*）。例如宽翼缘工字钢（图3.9）在热轧后，由于不均匀冷却，翼缘端部和腹板中部（图3.9阴影线部分）因为散热快而先冷却，它们的冷却收缩几乎可自由进行，此时与之相邻的部分温度高处，几乎还处于塑性状态，翼缘与腹板相邻部分（图3.9中未画阴影部分）因散热慢而冷却较慢，它们的冷缩则不能自由进行，受到已具有强度的先冷却部分的抵抗，这就使后冷却部分的纵向纤维产生拉应力，使先冷却部分的纵向纤维产生压应力，如图3.11(a)所示（图中只

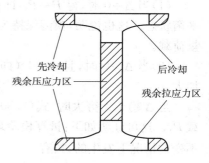

先冷却
残余压应力区

后冷却
残余拉应力区

图3.9　工字形型钢残余应力分区

示出翼缘的应力）。这些应力在杆件制造完成后，一直残留在杆件中，故称为残余应力，以σ_r表示。因为σ_r是在杆件无荷载作用的条件下产生的，故杆件任一横截面上的σ_r是自相平衡的。

3.6.2　残余应力σ_r的量测

因为σ_r自相平衡，故沿杆件纵向任意截出一小条来，则原来作用于该小条上的残余应力就不存在了。截出后的小条长度l_1与该小条在杆件中的长度l_2就不相等，则$(l_1-l_2)/l_2=\varepsilon_r$就是该小条因残余应力作用而产生的应变。弹性模量$E$乘以该应变，就得出该小条在压杆中的残余应力，这是量测残余应力的一个基本方法。当用锯截取小条时，就称锯解法。

另一种是短柱压缩试验法。低碳钢拉压小试件的应力应变图，如图3.10(a)所示，试件的比例极限σ_p和屈服极限σ_s几乎相等。有残余应力σ_r的短柱，残余压应力部分必然较早屈服，故做有残余应力的短柱压缩试验，画出平均压应力$\sigma_F=P/A$和应变ε曲线，如图3.10(b)所示；在P点开始出现塑性变形，相应于P点的短柱平均应力σ_p，称为短柱比例极限；到u点σ_F—ε曲线变成水平线，短柱整个截面的应力都达到屈服极限σ_s，整个截面屈服。利用

图 3.10(a)与(b)的对应关系就可求出残余应力 σ_r,求图 3.11(a)中工字钢的残余应力(为便于画以后各图,翼缘残余应力画成折线分布,腹板残余应力未画。)

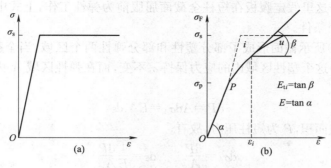

图 3.10　本构模型

① 求翼缘边缘残余压应力 σ_r

因为短柱开始塑性变形的应力是 σ_p,如图 3.11(b)所示,故 $\sigma_p+\sigma_r=\sigma_s$,即

$$\sigma_r=\sigma_s-\sigma_p$$

σ_s、σ_p 分别由图 3.10(a)、(b)得出。

② 求翼缘残余应力 σ_{ri}

σ_{ri} 所在点至腹板中心线的距离为 x_i。短柱平均应力 $\sigma_F=\sigma_p$ 后,塑性变形向内部扩展。当扩展到 σ_{ri} 所在点时,短柱实际压应力分布如图 3.11(c)所示,图 3.11(a) x_i 对应的短柱截面为弹性工作区,其余画有阴影线部分为塑性区。按照图 3.10(b)的本构关系,紧邻 x_i 点的材料由弹性工作状态向屈服状态发展。设相应于 x_i 开始屈服的短柱压缩应变为 ε_i,平均压缩应力为 σ_i,如图 3.10(b)所示,x_i 点的实际应力为 σ_s,它是该点残余压应力 σ_{ri} 与应变 ε_i 产生的应力 $E\varepsilon_i$ 之和,即 $\sigma_{ri}+E\varepsilon_i=\sigma_s$,故

$$\sigma_{ri}=\sigma_s-E\varepsilon_i \qquad (3.32)$$

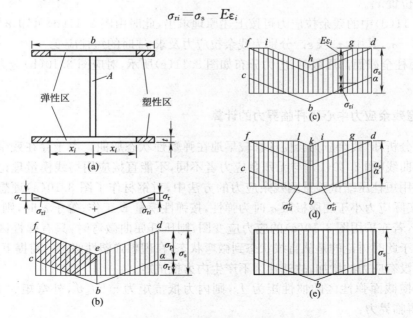

图 3.11　工字钢的残余应力分析图

下面介绍 ε_i 的计算方法，先求 x_i，E、E_{ti} 由图 3.10(b)查出。

x_i 为图 3.11(a)弹性面积 A_e 的函数，即 $A_e=4x_it+A_w$，A_w 为腹板截面积，t 为翼缘厚度，因腹板残余压应力小，这里假定腹板在短柱全截面屈服前为弹性工作，上式中有两个未知数 A_e 及 x_i，故还要找一个条件。

考虑图 3.11(c)所示截面形成了部分塑性和部分弹性两个区域，当全截面再增加一个压应变 $\mathrm{d}\varepsilon$，在 $(A-A_e)$ 这个塑性区域内的应力保持 σ_s 不变，而在弹性区域 A_e 内应力将增加 $E\mathrm{d}\varepsilon$，则轴力增量

$$\mathrm{d}P=A\mathrm{d}\sigma_A=EA_e\mathrm{d}\varepsilon$$

式中，A 为短柱全截面积，P 为短柱压力，故有

$$\mathrm{d}\sigma_A=\frac{\mathrm{d}P}{A} \qquad \mathrm{d}\varepsilon=\frac{1}{E}\frac{\mathrm{d}P}{A_e}$$

图 3.10(b)相应于 ε_i 的切线模量 $E_{ti}=\dfrac{\mathrm{d}\sigma_A}{\mathrm{d}\varepsilon}\Big|_{\varepsilon=\varepsilon_i}$，则

$$E_{ti}=\frac{\mathrm{d}P}{A}\frac{EA_e}{\mathrm{d}P}=\varepsilon\frac{A_e}{F}=E\tau \tag{3.33}$$

式(3.33)中，$\tau=\dfrac{A_e}{A}$，故有

$$A_e=A\tau=A\frac{E_{ti}}{E}$$

$$A_e=A\frac{E_{ti}}{E}=4x_it+A_w$$

$$x_i=\frac{1}{4t}\left(A\frac{E_{ti}}{E}-A_w\right) \tag{3.34}$$

于是设定一个 ε_i 值，自图 3.10(b)查出相应的 E_{ti}，然后由式(3.32)及式(3.35)分别算出 σ_{ri} 及其所在位置 x_i。

③图 3.11(d)中的残余拉应力可按上述原理求出，此时由图 3.11(d)可知，$\sigma_{ri}^++\sigma_s=E\varepsilon_{ri}^+$，故 $\sigma_{ri}^+=E\varepsilon_{ri}^+-\sigma_s$，其中，$\sigma_{ri}^+$ 及 ε_{ri}^+ 分别为残余拉应力及求 σ_{ri}^+ 时的短柱应变。

④ 当短柱全截面都屈服时，应力分布如图 3.11(e)所示，对应图 3.10(b)应力—应变曲线的水平部分。

3.6.3　考虑残余应力中心压杆临界力的计算

从上述分析知，残余应力会使压杆较早地在弹塑性状态屈曲。由于存在残余应力的压杆应力—应变曲线[图 3.10(b)]与无残余应力者不同，不能直接应用切线模量理论来确定其临界力。前述用短柱压缩试验量测残余应力的方法中，对钢材作了图 3.10(a)理想弹塑性的假定，即钢材实际应力小于屈服极限 σ_s 时为弹性，按弹性模量 E 工作；等于 σ_s 时，则 $E=0$。计算临界应力时，若亦采用图 3.10(a)的应力应变图，则压杆屈曲微弯时，只有弹性区能产生内力抵抗矩。由于此时讨论的是从直线状态到微弯状态，在理想弹塑性假定的前提下，进入塑性状态后的区域没有应力的增加，故塑性区不产生内力抵抗矩。

设压杆横截面弹性区的惯性矩为 J_e，则内力抵抗矩为 $-EJ_e\upsilon''$，外弯矩为 $P\upsilon$，由 $P\upsilon=-EJ_e\upsilon''$ 解得临界力：

$$P_{cr}^r=\frac{\pi^2EJ_e}{l^2} \tag{3.35}$$

式中，P_{cr}^r 为有残余应力压杆的临界力。设 I 为压杆全截面的惯性矩，则 P_{cr} 可改写成

$$P_{cr}^r=\frac{\pi^2 E J_e}{l^2}\cdot\frac{I}{I}=\frac{\pi^2 EI}{l^2}\cdot\frac{J_e}{I} \qquad (3.36)$$

则临界应力

$$\sigma_{cr}^r=\frac{P_{cr}^r}{A}=\frac{\pi^2 E}{\lambda^2}\cdot\frac{J_e}{I} \qquad (3.37)$$

式中，$\lambda=\dfrac{l}{r}$，r 为压杆横截面回转半径。

若忽略工字钢腹板的作用，如图 3.12 所示，则弹性区的惯性矩为

$$J_{ex}=2b_e t\left(\frac{h}{2}\right)^2 \qquad J_{ey}=\frac{2}{12}b_e^3 t \qquad (3.38)$$

全截面的惯性矩为 $\qquad I_x=2bt\left(\dfrac{h}{2}\right)^2 \quad I_y=\dfrac{2}{12}b^3 t$

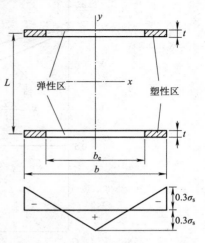

图 3.12 工字钢的翼板残余应力分布

则有 $\dfrac{J_{ex}}{I_x}=\dfrac{2b_e t}{2bt}=\dfrac{A_e}{A}=\tau$，$\dfrac{J_{ey}}{I_y}=\dfrac{b_e^3 t}{b^3 t}$，分子分母同时乘以 t^2，得

$$\frac{J_{ey}}{I_y}=\left(\frac{b_e t}{bt}\right)^3=\left(\frac{A_e}{A}\right)^3=\tau^3$$

对强轴（x 轴）临界应力 $\qquad\qquad \sigma_{cr}^r=\dfrac{\pi^2 E}{\lambda_x^2}\tau$

对弱轴（y 轴）临界应力 $\qquad\qquad \sigma_{cr}^r=\dfrac{\pi^2 E}{\lambda_y^2}\tau^3$

为简化计算，美国将残余应力分布图形简化成图 3.12 所示的折线，翼缘端部及中点残余应力的绝对值均取为 $0.3\sigma_s$。这样，翼缘残余应力自相平衡，正好与忽略腹板作用的假定符合。按图 3.12 作出的压杆对强、弱轴临界应力 σ_{cr}^r 与长细比 λ 的关系曲线如图 3.13 所示，图中采用无量纲的量表示，即竖向轴用相对值 $\dfrac{\sigma_{cr}^r}{\sigma_s}$ 代替绝对值 σ_{cr}^r，水平轴用相对值 $\dfrac{\lambda}{\lambda_s}$ 代替绝对值 λ，式中

$\lambda_s=\sqrt{\dfrac{\pi^2 E}{\sigma_s}}$。两条曲线与欧拉双曲线交点对应的 $\lambda=1.2\lambda_s$，这说明有残余应力时，压杆较早进入弹塑性工作阶段。因为 $\tau=\dfrac{A_e}{A}$ 总是小于 1.0，故残余应力降低压杆临界应力，特别是对弱轴的临界应力降低更多，影响更大。

为了进一步简化，美国压杆研究委员会（*American Column Research Council*）决定用一条二次抛物线来代替图 3.13 中的两条曲线。抛物线顶点在 $\lambda=0$、$\sigma_{cr}^r=\sigma_s$ 处，抛物线右端与欧拉双曲线的衔接点在 $\sigma_{cr}^r=0.5\sigma_s$ 处。这就是认为：当 $\sigma_{cr}^r\leqslant 0.5\sigma_s$ 时，σ_{cr}^r 按欧拉公式计算、压杆比例极限 $\sigma_p=0.5\sigma_s$，相应取翼缘端部的残余压应力为 $0.5\sigma_s$，与图 3.12 所示不一致。根据这些条件，得出与 $\sigma_p=0.5\sigma_s$ 相应的 $\lambda_P=\pi\sqrt{\dfrac{E}{0.5\sigma_s}}=\pi\sqrt{\dfrac{2E}{\sigma_s}}=\sqrt{2}\lambda_s$，故该抛物线在 $\dfrac{\lambda}{\lambda_s}=\sqrt{2}$ 处与欧拉双曲线会合。

此抛物线为 $\qquad\qquad\qquad\qquad \sigma_{cr}^r=a-b\lambda^2 \qquad (3.39)$

由 $\lambda=0$，$\sigma_{cr}^r=\sigma_s$，得 σ_s。

由 $\lambda=\sqrt{2}\lambda_s$，$\sigma_{cr}^r=0.5\sigma_s$，得 $b=\dfrac{0.5\sigma_s}{2\lambda_s^2}$，而 $\lambda_s=\pi\sqrt{\dfrac{E}{\sigma_s}}$，故 $b=\dfrac{\sigma_s^2}{4\pi^2 E}$。

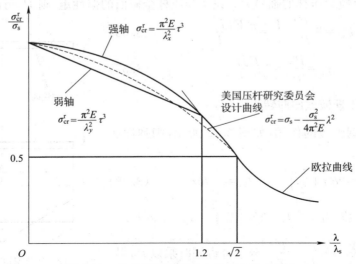

图 3.13　考虑残余应力影响的临界应力曲线

则

$$\sigma_{cr}^{r} = \sigma_s - \frac{\sigma_s^2}{4\pi^2 E}\lambda^2 \tag{3.40}$$

进而有

$$\frac{\sigma_{cr}^{r}}{\sigma_s} = 1 - 0.25\left(\frac{\lambda}{\lambda_s}\right)^2 \tag{3.41}$$

　　需要指出的是,各规范在制定稳定系数时,已经考虑了考虑残余应力的影响,因此,按现行规范开展实际工程应用时,不再需要另行考虑残余应力的影响。

3.7　剪切变形对压杆临界力的影响

　　前述各节临界力的计算中,都未考虑压杆屈曲剪切变形的影响。这对实腹压杆是合适的,对组合空腹压杆则不合适。空腹压杆临界力的计算,必须考虑屈曲剪切变形。它们的临界力一般从实腹压杆考虑剪切变形的临界力的算式导出比较简便,也有些文献按能量法计算。下面叙述考虑剪切变形实腹压杆临界力的计算,一方面借以说明剪切变形对实腹压杆临界力的影响是可以忽略的,另一方面用之计算组合空腹压杆的临界力。

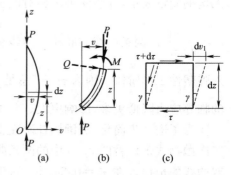

图 3.14　压杆剪切变形

　　设两端铰支压杆屈曲,如图 3.14(a)所示,取下方一段为隔离体,如图 3.14(b)所示,z 截面的剪力 Q 就是轴向压力 P 在垂直于屈曲后杆轴方向的分力。因为屈曲变形 v 微小,故 $Q = P\dfrac{\mathrm{d}v}{\mathrm{d}z}$。由于 Q 作用,使压杆产生位移 v_1,弯矩 $M = Pv$ 产生位移 v_2;故压杆总位移 $v = v_1 + v_2$。

　　从压杆截取微元示于图 3.14(c),剪切应变 $\gamma = \dfrac{\mathrm{d}v_1}{\mathrm{d}z}$,由剪切虎克定律 $\gamma = \dfrac{\tau}{G}$,且 $\tau = \dfrac{Q\alpha}{A}$,

有

$$\frac{\mathrm{d}v_1}{\mathrm{d}z} = \frac{Q\alpha}{AG} \tag{3.42}$$

式中,α 为考虑剪应力沿压杆横截面分布不均匀的系数:对于圆形截面,$\alpha = 1.11$;对于矩形截

面 $\alpha=1.12$，对于工字形截面 $\alpha=2$。A 为压杆横截面面积，G 为材料剪切弹性模量。

将 $Q=P\dfrac{\mathrm{d}v}{\mathrm{d}z}$ 代入式(3.42)得 $\qquad \dfrac{\mathrm{d}v_1}{\mathrm{d}z}=\dfrac{P\alpha}{GA}\dfrac{\mathrm{d}v}{\mathrm{d}z}$ $\hfill$ (3.43)

对式(3.43)微分得 $\qquad \dfrac{\mathrm{d}^2v_1}{\mathrm{d}z^2}=\dfrac{P\alpha}{GA}\dfrac{\mathrm{d}^2v}{\mathrm{d}z^2}$ $\hfill$ (3.44)

由材料力学知，弯矩 $M=Pv$ 产生的位移 v_2 应满足方程

$$\frac{\mathrm{d}^2v_2}{\mathrm{d}z^2}=-\frac{Pv}{EI}$$ (3.45)

因

$$\frac{\mathrm{d}^2v}{\mathrm{d}z^2}=\frac{\mathrm{d}^2v_1}{\mathrm{d}z^2}+\frac{\mathrm{d}^2v_2}{\mathrm{d}z^2}$$

故式(3.44)与式(3.45)相加，得压杆屈曲平衡微分方程

$$\frac{\mathrm{d}^2v}{\mathrm{d}z^2}=-\frac{Pv}{EI}+\frac{P\alpha}{GA}\frac{\mathrm{d}^2v}{\mathrm{d}z^2}$$

$$\frac{\mathrm{d}^2v}{\mathrm{d}z^2}\left(1-\frac{P\alpha}{GA}\right)+\frac{Pv}{EI}=0$$

令

$$k^2=\frac{P}{\left(1-\dfrac{\alpha P}{GA}\right)EI}$$ (3.46)

则

$$\frac{\mathrm{d}^2v}{\mathrm{d}z^2}+k^2v=0$$ (3.47)

此式的通解为 $\qquad v=C_1\sin kz+C_2\cos kz$

由压杆几何边界条件 $z=0,v=0；z=l,v=0$，得 $C_2=0,C_1\sin kl=0$；由于 C_1 不能等于零，故 $\sin kl=0$，即 $\qquad kl=n\pi \qquad (n=1,2,3,\cdots)$

取 $n=1$（得最小临界力）的 $k=\pi/l$ 代入式(3.46)，得考虑剪切变形影响的临界力：

$$P_{\mathrm{cr}}^{\tau}=\frac{\pi^2EI}{l^2}\frac{1}{1+\dfrac{\alpha}{GA}\dfrac{\pi^2EI}{l^2}}$$ (3.48)

式(3.48)中的 $\dfrac{\alpha}{GA}\dfrac{\pi^2EI}{l^2}$ 代表剪切变形影响。为便于比较，将式(3.48)写成

$$P_{\mathrm{cr}}^{\tau}=\frac{\pi^2EI}{(\beta l)^2}\qquad \beta=\sqrt{1+\frac{\pi^2E\alpha}{G\lambda^2}}$$ (3.49)

当 $\lambda<\lambda_{\mathrm{p}}$（临界应力等于比例极限时的长细比）时，上述各式中的 E 应改写为切线模量 E_{t}。

表 3.3 是 H 形截面杆件按(3.49)式计算的结果，表中 P_{cr} 表示不考虑剪切变形影响的临界力，计算中采用 $G=\dfrac{E}{2(1+\mu)}$ 及 $G=\dfrac{E_{\mathrm{t}}}{2(1+\mu)}$ （$\lambda<\lambda_{\mathrm{p}}$ 时），泊桑系数 $\mu=\dfrac{1}{3}$。

表 3.3　H 形截面杆件 β 与 $P_{\mathrm{cr}}^{\tau}/P_{\mathrm{cr}}$ 计算结果

λ	20	30	40	50	100	150
β	1.063	1.028	1.016	1.010	1.003	1.002
$P_{\mathrm{cr}}^{\tau}/P_{\mathrm{cr}}$	0.995	0.997	0.998	0.998	0.997	0.998

由表 3.3 知，剪切变形对实腹压杆临界力的影响很小，实际计算中可不予考虑。

3.8　格构式组合中心压杆的屈曲

为了节省钢材,大跨度钢桥中的重型压杆及厂房中的重型柱常做成图 3.15 所示的桁架形式,一般称为格构式组合压杆,或称缀条组合压杆。

设两端铰支的压杆绕 y 轴屈曲如图 3.15(c)所示,屈曲位移 v 由弯曲变形及剪切变形组成。在剪切力 Q 作用下,斜缀条伸长(或缩短),使压杆产生剪切变形,如图 3.15(d)所示。

斜缀条伸长

$$\Delta = \frac{Qd}{A_d E \cos\alpha}$$

剪切变形

$$\delta_1 = \frac{\Delta}{\cos\alpha} = \frac{Qd}{A_d E \cos^2\alpha}$$

剪切应变

$$\gamma_1 = \frac{\delta_1}{a} = \frac{Qd}{aA_d E \cos^2\alpha} = \frac{Q}{EA_d \cos^2\alpha\sin\alpha}$$

其中,$a = d\sin\alpha$。

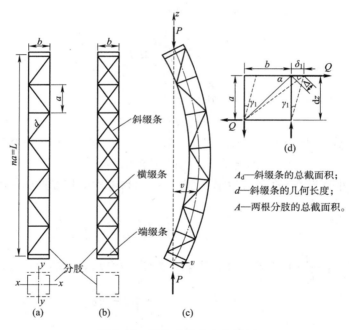

A_d—斜缀条的总截面积;
d—斜缀条的几何长度;
A—两根分肢的总截面积。

图 3.15　格构式组合中心压杆

由式(3.42),单位剪力 $Q=1$ 产生的剪应变即为剪切柔度:

$$\frac{\alpha}{GA} = \frac{\gamma_1}{Q} = \frac{1}{EA_d \cos^2\alpha\sin\alpha} \tag{3.50}$$

将式(3.50)代入式(3.48),即得缀条组合压杆临界力 P_{cr}^τ 的计算式

$$P_{cr}^\tau = \frac{\pi^2 EI_y}{l^2}\frac{1}{1 + \frac{\pi^2 EI_y}{l^2}\frac{1}{EA_d \cos^2\alpha\sin\alpha}} = \frac{\pi^2 EI_y}{(\beta l)^2} \tag{3.51}$$

自由长度修正系数

$$\beta = \sqrt{1 + \frac{\pi^2 EI_y}{l^2}\frac{1}{EA_d \cos^2\alpha\sin\alpha}} = \sqrt{1 + \frac{\pi^2}{\lambda_y^2}\frac{A}{A_d \cos^2\alpha\sin\alpha}} \tag{3.52}$$

故临界应力为

$$\sigma_{cr}=\frac{P_{cr}^{\tau}}{A}=\frac{\pi^2 E I_y}{A\,(\beta l)^2}=\frac{\pi^2 E}{\lambda_0^2} \tag{3.53}$$

$$\lambda_0=\beta\lambda_y=\sqrt{\lambda_y^2+\frac{\pi^2 F}{A_d\,\cos^2\alpha\sin\alpha}} \tag{3.54}$$

斜缀条与分肢轴线的夹角 α 常在 $30°$ 与 $60°$ 之间。

当 $\alpha=30°$ 时,式(3.54)中的 $\dfrac{\pi^2}{\cos^2\alpha\sin\alpha}=26.32$;

当 $\alpha=45°$ 时,式(3.54)中的 $\dfrac{\pi^2}{\cos^2\alpha\sin\alpha}=27.92$;

当 $\alpha=60°$ 时,式(3.54)中的 $\dfrac{\pi^2}{\cos^2\alpha\sin\alpha}=45.58$。

平均值为 $\dfrac{1}{3}(26.32+27.92+45.58)=33.3$,当简化计算,我国钢结构设计规范采用:

$$\lambda_0=\sqrt{\lambda_y^2+27\frac{A}{A_d}} \tag{3.55}$$

当为单缀条时[图 3.15(a)],式(3.55)中 A_d 为 2 根斜缀条的截面积;当双缀条时,A_d 为 4 根斜缀条的截面积。

若压杆缀条布置如图 3.16 所示,则除因斜缀条伸长产生的剪切变形 δ_1 外[图 3.15(d)],横缀条缩短产生剪切变形 δ_2,如图 3.16(b)所示。设横缀条总截面积为 A_b,则

$$\delta_2=\frac{Qb}{EA_b}$$

于是剪切应变

$$\gamma=\gamma_1+\gamma_2=\frac{\delta_1+\delta_2}{a}=\frac{Q}{EA_d\,\cos^2\alpha\sin\alpha}+\frac{Qb}{EA_b a}$$

剪切刚度 $\dfrac{\alpha}{GA}=\dfrac{\gamma}{Q}=\dfrac{1}{EA_d\,\cos^2\alpha\sin\alpha}+\dfrac{b}{EA_b a}$ $\tag{3.56}$

将式(3.56)代入式(3.48),得图 3.16(a)压杆的临界力:

$$P_{cr}^{\tau}=\frac{\pi^2 E I_y}{l^2}\cdot\frac{1}{1+\dfrac{\pi^2 E I_y}{l^2}\left(\dfrac{1}{EA_d\,\cos^2\alpha\sin\alpha}+\dfrac{b}{EA_b a}\right)} \tag{3.57}$$

因此,图 3.16(a)压杆的临界力低于图 3.15(a)压杆的临界力,不过式(3.57)括弧中第二项的影响比第一项的小得多。

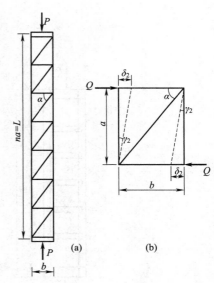

图 3.16　格构式组合中心压杆的剪切变形

3.9　框格式组合中心压杆的屈曲

当压杆自由长度较大而压力 P 较小时,常用缀板做成框格式组合压杆,如图 3.17(a)所示。

压杆绕 y—y 轴屈曲,如图 3.17(b)所示,分肢和缀板都弯曲。假定分肢及缀板的反弯点

分别在 $a/2$ 及 $b_0/2$ 处，这些点只有剪力和轴向力作用。自图 3.17(b)截取隔离体 $nnmm$ 示于图 3.17(c)。假定 nn 截面及 mm 截面的剪力相等，均匀 Q，则在该截面处每个分肢只承受 $Q/2$ 及轴向力［图 3.17(c)中未表示］作用。再截取缀板为隔离体示于图 3.17(d)，显然作用于缀板端部的弯矩 $M=\dfrac{Qa}{2}$。由结构力学中的转角位移方程，立即算出缀板端转角：

$$\theta=\frac{Mb_0}{6EI_b}=\frac{Qab_0}{12EI_b} \tag{3.58}$$

式中　A——压杆两个分肢的总截面积；

　　　b_0——分肢中心线间距；

　　　a——缀板中心线间距；

　　　I_b——缀板在其平面内弯曲的惯性矩；

　　　I_y——压杆两个分肢对 y 轴的惯性矩；

　　　I_1——每个分肢截面对其形心轴 1—1 的惯性矩。

转角 θ 产生的分肢位移：

$$\delta_1=\frac{a}{2}\theta=\frac{Qa^2b_0}{24EI_b} \tag{3.59}$$

分肢在 $Q/2$ 作用下的悬臂弯曲位移：

$$\delta_2=\frac{\dfrac{Q}{2}\left(\dfrac{a}{2}\right)^3}{3EI_1}=\frac{Qa^3}{48EI_1} \tag{3.60}$$

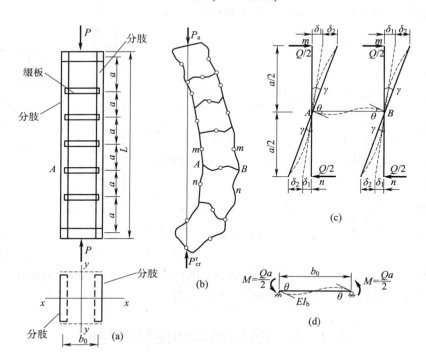

图 3.17　框格式组合中心压杆

故剪切应变：

$$\gamma=\gamma_1+\gamma_2=\frac{\delta_1+\delta_2}{a/2}=\frac{Qab_0}{12EI_b}+\frac{Qa^2}{24EI_1} \tag{3.61}$$

剪切柔度：

$$\frac{\alpha}{GA}=\frac{\gamma}{Q}=\frac{ab_0}{12EI_b}+\frac{a^2}{24EI_1} \tag{3.62}$$

将式(3.62)代入式(3.48)，得图3.17(a)压杆绕 y—y 轴屈曲的临界力：

$$P_{cr}^\tau=\frac{\pi^2EI_y}{l^2}\frac{1}{1+\frac{\pi^2EI_y}{l^2}\left(\frac{ab_0}{12EI_b}+\frac{a^2}{24EI_1}\right)}=\frac{\pi^2EJ_y}{(\beta l)^2} \tag{3.63}$$

式(3.63)中自由长度修正系数

$$\beta=\sqrt{1+\frac{\pi^2EI_y}{l^2}\left(\frac{ab_0}{12EI_b}+\frac{a^2}{24EI_1}\right)} \tag{3.64}$$

设每个分肢的截面积为 A_1，则 $A=2A_1$。式(3.64)中的分子及分母都乘以 A，简化，并考虑 $\gamma_1^2=\dfrac{I_1}{A_1}$，$\lambda_1=\dfrac{a}{\gamma_1}$，$\gamma_y^2=\dfrac{I_y}{A}$，$\lambda_y=\dfrac{l}{\gamma_y}$，得

$$\beta=\sqrt{1+\frac{\pi^2}{\lambda_y^2}\left(\frac{\lambda_1^2}{12}+\frac{\lambda_1^2}{6}\frac{I_1b_0}{I_ba}\right)} \tag{3.65}$$

式中　γ_1——一个分肢对自己形心轴 1—1 的回转半径；

　　　λ_1——分肢的长细比；

　　　γ_y——两个分肢横截面对 y—y 轴的回转半径；

　　　λ_y——构件的长细比。

从式(3.65)可以看出：λ_1 愈大，β 也愈大，则组合压杆的临界力比实腹杆的临界力低得愈多。根据实验结果，两者差别在 $\lambda_1=30$ 时达 10%，在 $\lambda_1=50$ 时达到 30%，设计中采用 $\lambda_1=30\sim40$。

一般情况下，$\dfrac{I_1}{a}$ 比 $\dfrac{I_b}{b_0}$ 小很多，式(3.65)括弧中的第二项可近似忽略。又同时用 1.0 代替式(3.65)中的 $\dfrac{\pi^2}{12}$，则得缀板组合压杆的自由长度修正系数：

$$\beta=\sqrt{1+\frac{\lambda_1^2}{\lambda_y^2}} \tag{3.66}$$

故临界应力

$$\sigma_{cr}=\frac{P'}{F}=\frac{\pi^2EI_y}{F}\frac{1}{(\beta l)^2}=\frac{\pi^2E}{\beta^2\lambda_y^2}=\frac{\pi^2E}{\lambda_y^2+\lambda_1^2}=\frac{\pi^2E}{\lambda_0^2} \tag{3.67}$$

式中 $\lambda_0=\sqrt{\lambda_y^2+\lambda_1^2}$ 称为缀板组合压杆换算长细比，它是目前我国钢结构设计规范中确定该类构件长细比的计算公式。

习　　题

3-1　绘制如图 3.18 所示构件的理想轴心受压构件的计算简图，建立它的二阶微分方程，并确定其屈服荷载和计算长度系数。

3-2　确定如图 3.19 所示截面绕 x 轴弯曲的两端铰接的理想轴心受压构件的切线模量和双模量屈曲应力，绘制出 σ_{crt}—λ 和 σ_{crr}—λ 曲线。材料为 Q235 钢材，$f_y=235$ N/mm²，$f_p=180$ N/mm²；$E=206\times10^3$ N/mm²；当 $\sigma>f_p$ 时，材料本构的切线模量 $E_t=\dfrac{(f_y-\sigma)E}{f_y-0.96\sigma}$。

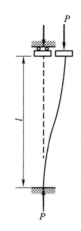

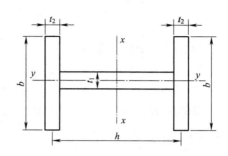

图 3.18　题 3-1 图　　　　　　　图 3.19　题 3-2 图

3-3 论证图 3.20 所示铰接刚架其失稳形态为图中虚线所示,并用中性平衡法和能量法计算其临界荷载。

3-4 图 3.21 为铰接刚架,其中横梁的刚度为无穷大,试绘制出左柱的计算简图,并计算左柱的屈曲荷载,需给出如下计算结果:

(1)屈曲特征方程,即 P_{cr} 与 α 之间的关系;

(2)当 $\alpha=0$ 和 ∞ 时,分别说明 P_{cr} 与哪种柱的屈曲荷载相当?

(3)当 $\alpha=1.0$ 时,给出 P_{cr} 的值;

(4)如右柱的下段铰接,对 P_{cr} 有何影响?

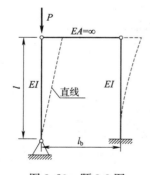

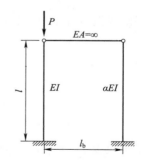

图 3.20　题 3-3 图　　　　　　　图 3.21　题 3-4 图

3-5 某工作平台的轴心受压柱,承受轴心压力标准值 $P=3\,000$ kN,其中永久荷载为 30%,可变荷载为 70%。计算长度 $l_{0x}=l_{0y}=l=7$ m,钢材为 Q235,焊条 E43 型,手工焊。采用由两个热轧普通工字钢组成的框格式组合柱(缀板柱),试设计此柱的截面、缀板的尺寸及其连接。

3-6 同习题 3-5,改用格构式组合柱(缀条柱)。斜缀条截面采用 $1\angle 50\times 5$,斜缀条与柱子轴线夹角为 $40°$,试设计此轴心受压柱的截面和验算所给缀条截面是否足够? 若斜缀条截面减小为 $1\angle 40\times 4$,对柱将有何影响?

部分习题答案：

3-1 $P_{cr} = \dfrac{\pi^2 EI}{l^2}$，$\mu = 1.0$

3-2 $E_r = \dfrac{2EE_t}{E + E_t}$

3-3 $P_{cr} = \dfrac{3EI}{l^2}$

3-4 (1) $\tan kl = kl - \dfrac{(kl)^2}{3\alpha}$；(2) $P_{cr} = \dfrac{\pi^2 EI}{(2l)^2}$，$P_{cr} = \dfrac{\pi^2 EI}{(0.7l)^2}$；

　　(3) $kl = 2.203$，$P_{cr} = \dfrac{\pi^2 EI}{(1.426l)^2} \approx 2\dfrac{\pi^2 EI}{(2l)^2}$

4 压弯杆件的屈曲

4.1 引　言

　　压力与弯矩共同作用的杆件，称为受压受弯杆，简称压弯杆件(图 1.8、图 4.1 和图 4.2)。工程结构中的压杆，例如桁架中的压杆，虽无明显弯矩作用，但它并不理想正直，有初弯曲，压力作用点有偏心，即不可能绝对对准压杆轴心线，故严格来说，亦是压弯杆件。许多国家钢结构及钢桥设计规范中的压杆稳定系数 φ 就是按压弯杆件制订。

　　第 1 章已指出，压弯杆件为极值点失稳，又称为丧失第二类稳定，我国近年来有较多人将其称为压溃，其压力～中点变位曲线有强烈的非线性，包括物理非线性和几何非线性。例如图 4.1 偏心受压杆，当压力 $P=P_B$ 时，杆件受压最大一侧边缘纤维开始屈服，之后随着压力 P 的增长，屈服区逐渐向杆件截面纵深发展，直到 $P=P_A$ 时，压杆达到极限承载力时，丧失稳定而压溃。失稳时压弯杆件屈服区的分布按杆件长短、偏心大小及截面形式可能有三种情况：①在凹侧一边[图 4.2(a)]，②在杆件两侧[图 4.2(b)]，③在受拉侧[图 4.2(c)]。

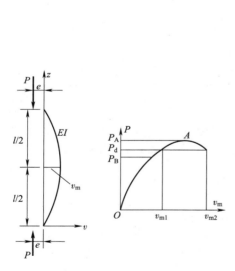

图 4.1　偏心压杆屈曲

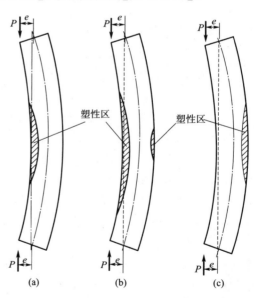

图 4.2　压弯杆件失稳时塑性区分布

　　一般情况下，İ，H，⊥ 截面(黑点表示压力 P 作用点)杆件，才会出现凹侧塑性区[图 4.2(a)]；当偏心距 e 较大时才会在两边出现塑性区[图 4.2(b)]；受拉边出现塑性区[图 4.2(c)]的情况仅在截面外缘太薄时才可能出现，如 T 形截面。

　　压弯杆件工作的另一个特点是其解无唯一性，例如，对一定的压力 P_d，有 v_{m1} 及 v_{m2} 与之对应,如图 4.1 所示,该特点决定了压弯杆件压溃荷载 P_A(图 4.1)的精确值只能一步一步地遵循其加载历程计算。这就是近年来使用电子计算机按数值法计算其压溃荷载 P_A 的根据。

由于塑性区沿杆长及沿压杆横截面变化,压溃荷载 P_A 的精确计算非常复杂,1910 年卡门(*Karman*)提出压溃荷载 P_A 的精确计算法。许瓦拉(*Chwalla*)从卡门的精确概念出发,在 1928—1937 年间发表了许多论文,仔细研究了偏心压杆的稳定性,观察了横截面形状、长细比和偏心距对偏心压杆稳定性的影响,给出了多种情况压溃荷载的精确解,但卡门和许瓦拉的工作并未考虑杆件残余应力的影响。

近代压弯杆件压溃荷载的较精确解是使用电子计算机按数值法得出,它能考虑初弯曲、偏心及残余应力的影响,后面将简要介绍其概念。

由于精确解的复杂性,工程结构设计中曾采用边缘应力法、耶拾克(*Jezek*)解法、弦线模量法等简化方法。下面依次介绍,以加深对压弯杆件工作的理解。

上面所述均是针对单向压弯杆件的。对于双向压弯杆件的压溃荷载亦是按数值法得出,更加复杂,主要计算方法有:增量刚度法、有限差分法、有限元法。这里不予介绍,有兴趣者可参阅吕烈武等著《钢结构构件稳定理论》。

4.2　初弯曲压杆的弹性工作

介绍这节的目的在于了解初弯曲 v_0(图 4.3)对压杆工作的影响。

设具有初弯曲 v_0 的两端铰支等截面杆件,在压力 P 作用下,弯曲如图 4.3 所示。分析时采用下列假定:

(1)材料服从虎克定律;

(2)变形微小;

(3)忽略压缩变形;

(4)采用平截面假设;

(5)压杆有一对称面,并在此对称面内弯曲;

(6)压力 P 准确对正压杆端部横截面形心。

为简化计算,设

$$v_0 = a\sin\frac{\pi z}{l} \tag{4.1}$$

取隔离体如图,内力抵抗矩 M_i 为

$$M_i = -EIv''$$

外力矩

$$M_e = P(v_0 + v)$$

由 $M_i = M_e$,得压杆挠曲平衡微分方程:

$$EIv'' + P(v_0 + v) = 0 \tag{4.2}$$

将式(4.1)代入式(4.2),并令 $k^2 = \dfrac{P}{EI}$,得

$$v'' + k^2 v = -k^2 a\sin\frac{\pi z}{l} \tag{4.3}$$

式(4.3)的齐次方程 $v'' + k^2 v = 0$ 的解为

$$v_c = A\sin kz + B\cos kz \tag{4.4}$$

设式(4.3)的特解为

$$v_p = C\sin\frac{\pi z}{l} + D\cos\frac{\pi z}{l} \tag{4.5}$$

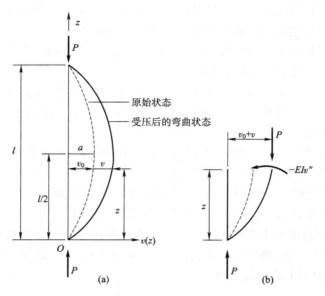

图 4.3　初弯曲压杆屈曲

将式(4.5)代入式(4.3)整理归项得

$$\left[C\left(k^2-\frac{\pi^2}{l^2}\right)+k^2a\right]\sin\frac{\pi z}{l}+\left[D\left(k^2-\frac{\pi^2}{l^2}\right)\right]\cos\frac{\pi z}{l}=0$$

上式对 z 在$[0,l]$区间的任何值都应满足,即只有式(4.6)和式(4.7)成立。

$$C\left(k^2-\frac{\pi^2}{l^2}\right)+k^2a=0 \tag{4.6}$$

$$D\left(k^2-\frac{\pi^2}{l^2}\right)=0 \tag{4.7}$$

由式(4.6)得

$$C=\frac{a}{\dfrac{\pi^2}{k^2l^2}-1}$$

式(4.7)成立只有两种可能:$D=0$ 或 $k^2-\dfrac{\pi^2}{l^2}=0$。

若 $k^2-\dfrac{\pi^2}{l^2}=0$,则 $C=\infty$,与上述假定微小变形的假设矛盾,故应是 $D=0$。

再令 $\alpha=\dfrac{P}{P_E}$,其中 $P_E=\dfrac{\pi^2EI}{l^2}$(欧拉临界力),则

$$C=\frac{a}{\dfrac{1}{\alpha}-1}=\frac{a\alpha}{1-\alpha}$$

$$v_p=\frac{a\alpha}{1-\alpha}\sin\frac{\pi z}{l} \tag{4.8}$$

式(4.3)的通解为

$$v=A\sin kz+B\cos kz+\frac{\alpha}{1-\alpha}a\sin\frac{\pi z}{l} \tag{4.9}$$

由压杆边界条件 $z=0,v=0$ 得　　　　$B=0$

由 $z=l,v=0$,得　　　　$A\sin kl=0 \tag{4.10}$

由式(4.10)可知，$A=0$，或 $\sin kl=0$。

若 $\sin kl=0$，则 $kl=n\pi$，取 $n=1$，得 $k=\pi/l$，故，$P=\dfrac{\pi^2 EI}{l^2}=P_E$，则由式(4.9)知 $v=\infty$，同样与微小变形假定矛盾，因此，$A=0$。

则
$$v=\frac{\alpha}{1-\alpha}a\sin\frac{\pi z}{l} \tag{4.11}$$

压杆总变位 v_T 为
$$v_T=v_0+v=\left(1+\frac{\alpha}{1-\alpha}\right)a\sin\frac{\pi z}{l}=\frac{a}{1-\alpha}\sin\frac{\pi z}{l} \tag{4.12}$$

压杆中点变位　　$\delta=\dfrac{a}{1-\alpha}=\dfrac{a}{1-\left(\dfrac{P}{P_E}\right)}$　　　(4.13)

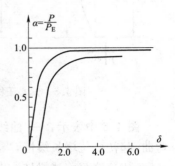

图 4.4 表示 δ 与 α 的关系曲线，由此图知：

(1)压杆有初弯曲时，受压之初就弯曲，开始弯曲变形增长很慢，当 P 接近 P_E 时，弯曲变位急剧增长，此时不论初弯曲大小，压杆弯曲变位无限增长，α—δ 曲线以 $\alpha=1$ 的水平线为渐近线。

(2)初弯曲越大，压杆弯曲变形也越大。变位越大，越容易破坏。故有初弯曲压杆的承载力总是比正直压杆的承载力小。

(3)初弯曲越小，P—δ 曲线愈贴近竖直轴，若无初弯曲，$P<P_E$ 时，压杆保持直线形式，与轴心受压的结论相同。

图 4.4　初弯曲压杆
的荷载—位移曲线

4.3　偏心压杆的弹性工作

设一等截面两端铰接弹性压杆在偏心压力 P 作用下弯曲如图 4.5 所示。这里仍旧采用 4.2 节中的第(1)~第(5)条假定。

截取隔离体如图 4.5(b)所示，由它的平衡条件，得偏心压杆弹性工作的弯曲平衡微分方程：
$$EI v''+P(e+v)=0 \tag{4.14}$$

令 $k^2=\dfrac{P}{EI}$，得
$$v''+k^2 v=-k^2 e \tag{4.15}$$

其通解为
$$v=A\sin kz+B\cos kz-e \tag{4.16}$$

由边界条件 $z=0$，$v=0$，得 $B=e$。

再由边界条件 $z=l$，$v=0$，得 $A=e\dfrac{1-\cos kl}{\sin kl}$。

代入式(4.16)，得
$$v=e\left(\cos kl+\frac{1-\cos kl}{\sin ke}\sin kz-1\right) \tag{4.17}$$

当 $z=l/2$，压杆中点变位
$$\delta=e\left(\cos\frac{kl}{2}+\frac{1-\cos kl}{\sin kl}\sin\frac{kl}{2}-1\right) \tag{4.18}$$

引入等式：　　$\cos kl=1-2\sin^2\dfrac{kl}{2}$　　　$\sin kl=2\sin\dfrac{kl}{2}\cos\dfrac{kl}{2}$

则
$$\delta=e\left(\sec\frac{kl}{2}-1\right)\ \text{或}\ \delta=e\left[\sec\left(\frac{\pi}{2}\sqrt{\frac{P}{P_E}}\right)-1\right] \tag{4.19}$$

式中，$P_E = \dfrac{\pi^2 EI}{l^2}$。

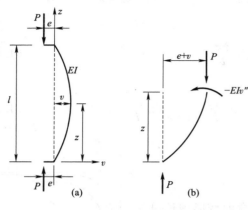

图 4.5　偏心压杆的屈曲

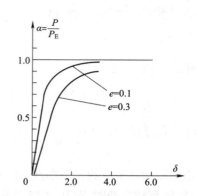

图 4.6　偏心压杆的荷载—位移曲线

图 4.6 中表示 δ—α 曲线，显然它与有初弯曲压杆的 δ—α 曲线很相似：开始加载，杆发生弯曲，起初变位增长缓慢，当 P 接近 P_E 时，变位迅速增长，当 $P = P_E$ 时，变位成为无穷大，见式(4.19)，这与前述梁柱法求临界力的结果一致。另外，由图 4.6 可知，偏心越大，变位越大，偏心很小的压杆直到压力 P 接近欧拉临界力 P_E 之前，基本不发生弯曲，之后会看到，大偏心将使压杆在远低于 P_E 的压力 P 作用下破坏，很小偏心的压杆能支承稍小于 P_E 的荷载 P。

4.4　压弯杆件弹性变位和弯矩的近似计算式

铁木辛柯(Timoshenko)提出了著名的压弯杆件弹性变位的近似计算，之后有学者提出弯矩的近似计算式，两者广泛用于结构分析。列举两例介绍如下：

1. 杆件在轴心压力及横向分布力共同作用下(图 4.7)的最大变位和最大弯矩

假定材料服从虎克定律，变形微小，杆件只能在竖向平面内弯曲，弯曲刚度为 EI。用势能驻值原理求杆件最大变位和最大弯矩如下：

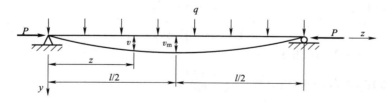

图 4.7　均布荷载作用下简支压弯杆件

杆件弯曲应变能为　　　　　　　　$U_i = \dfrac{EI}{2} \displaystyle\int_0^l (v'')^2 \mathrm{d}z$

外荷载势能为　　　　　$U_e = -q \displaystyle\int_0^l v \mathrm{d}z - \dfrac{P}{2} \displaystyle\int_0^l (v')^2 \mathrm{d}z$

故杆件总势能为　　$\Pi = U_e + U_i = -q \displaystyle\int_0^l v \mathrm{d}z - \dfrac{P}{2} \displaystyle\int_0^l (v')^2 \mathrm{d}z + \dfrac{EI}{2} \displaystyle\int_0^l (v'')^2 \mathrm{d}z$　(4.20)

杆件两端简支，故可假定变位曲线 v 为

$$v = v_{\mathrm{m}} \sin \frac{\pi z}{l} \qquad\qquad (4.21)$$

式中，v_{m} 杆件中点变位。将式(4.21)代入式(4.20)；并考虑

$$\int_0^l \sin^2 \frac{\pi z}{l} \mathrm{d}z = \int_0^l \cos^2 \frac{\pi z}{l} \mathrm{d}z = \frac{l}{2} \qquad \int_0^l \sin \frac{\pi z}{l} \mathrm{d}z = \frac{2l}{\pi}$$

得出

$$\Pi = \frac{EI v_{\mathrm{m}}^2 \pi^4}{2l^4} \int_0^l \sin^2 \frac{\pi z}{l} \mathrm{d}z - q v_{\mathrm{m}} \int_0^l \sin \frac{\pi z}{l} \mathrm{d}z - \frac{P v_{\mathrm{m}}^2 \pi^2}{2l^2} \int_0^l \cos^2 \frac{\pi z}{l} \mathrm{d}z$$

$$= \frac{EI}{4} \frac{\pi^4 v_{\mathrm{m}}^2}{l^3} - \frac{2 q v_{\mathrm{m}}}{\pi} - \frac{P v_{\mathrm{m}}^2 \pi^2}{4l}$$

由势能驻值原理得 $\delta \Pi = \left(\dfrac{EI v_{\mathrm{m}} \pi^4}{2l^3} - \dfrac{2ql}{\pi} - \dfrac{P v_{\mathrm{m}} \pi^2}{2l} \right) \delta v_{\mathrm{m}} = 0$

因 δv_{m} 为任意选择的微小量，不等于零，故必有

$$\frac{EI v_{\mathrm{m}} \pi^4}{2l^3} - \frac{2ql}{\pi} - \frac{P v_{\mathrm{m}} \pi^2}{2l} = 0$$

解得

$$v_{\mathrm{m}} = \frac{4ql^4}{\pi} \frac{1}{EI\pi^4 - P\pi^2 l^2}$$

上式右边的分子及分母同乘以 $\dfrac{5}{384EI}$，得

$$v_{\mathrm{m}} = \frac{5ql^4}{384EI} \frac{1\,536 EI}{5\pi} \frac{1}{EI\pi^4 - P\pi^2 l^2} = \frac{5ql^4}{384EI} \frac{1\,536}{5\pi^5} \frac{1}{1 - (P/P_{\mathrm{cr}})}$$

$$\approx \frac{5ql^4}{384EI} \frac{1}{1 - (P/P_{\mathrm{E}})} = v_{\mathrm{m0}} \frac{1}{1 - (P/P_{\mathrm{E}})} \qquad\qquad (4.22)$$

式中，$P_{\mathrm{E}} = \dfrac{\pi^2 EI}{l^2}$，$v_{\mathrm{m0}} = \dfrac{5ql^4}{384EI}$ 为简支梁仅在均布荷载作用下的跨中变位。

由图 4.7 可得，杆件最大弯矩为 $M_{\max} = \dfrac{ql^2}{8} + P v_{\mathrm{m}}$

将式(4.22)代入上式，得

$$M_{\max} = \frac{ql^2}{8} + \frac{5Pql^4}{384EI} \frac{1}{1 - (P/P_{\mathrm{E}})} = \frac{ql^2}{8} \left[1 + \frac{5Pl^2}{48EI} \frac{1}{1 - (P/P_{\mathrm{E}})} \right]$$

$$= \frac{ql^2}{8} \left[1 + 1.03 P/P_{\mathrm{E}} \frac{1}{1 - (P/P_{\mathrm{E}})} \right] = M_0 \frac{1 + 0.03 P/P_{\mathrm{E}}}{1 - (P/P_{\mathrm{E}})}$$

$$\approx M_0 \frac{1}{1 - (P/P_{\mathrm{E}})} \qquad\qquad (4.23)$$

式中，$M_0 = \dfrac{ql^2}{8}$ 为简支梁仅在均布荷载 q 作用下的跨中弯矩。

式(4.22)即铁木辛柯得出的杆件在轴心压力 P 与均布横向荷载 q 共同作用下的最大变位 v_{m} 的近似计算式，式(4.23)为推出的最大弯矩近似计算式。式中 $\dfrac{1}{1 - (P/P_{\mathrm{E}})}$ 为放大系数，它与 v_{m0} 或 M_0 相乘，就得出压弯杆件的最大变位或最大弯矩，这就是放大系数的物理意义。

2. 跨中集中力 Q 与压力 P 共同作用时(图 1.8)杆件的最大变位和最大弯矩

由式(1.5)及(1.6)得

$$\delta_{\max} = \frac{Ql^3}{48EI}\left(1 + \frac{2}{5}\beta^2 + \frac{17}{105}\beta^4 + \frac{62}{945}\beta^6 + \cdots\right) \tag{4.24a}$$

$$\beta^2 = \left(\frac{kl}{2}\right)^2 = \frac{l^2}{4}\frac{P}{EI} = \frac{l^2}{4}\frac{P}{EI}\frac{\pi^2}{\pi^2} = \frac{\pi^2}{4}\frac{P}{\frac{\pi^2 EI}{l^2}} = 2.46\frac{P}{P_{\mathrm{E}}} \tag{4.24b}$$

将式(4.24b)代入式(4.24a),得

$$\delta_{\max} = \delta_{\mathrm{m0}}\left[1 + 0.984\frac{P}{P_{\mathrm{E}}} + 0.998\left(\frac{P}{P_{\mathrm{E}}}\right)^2 + \cdots\right]$$

$$= \delta_{\mathrm{m0}}\left[1 + \frac{P}{P_{\mathrm{E}}} + \left(\frac{P}{P_{\mathrm{E}}}\right)^2 + \cdots\right] = \delta_{\mathrm{m0}}\frac{1}{1 - (P/P_{\mathrm{E}})} \tag{4.25}$$

式中,$\delta_{\mathrm{m0}} = \dfrac{Ql^3}{48EI}$ 为杆件仅在集中为 Q 作用在跨中时的最大变位。

图 1.8 所示杆件的最大弯矩为

$$M_{\max} = \frac{Ql}{4} + P\delta_{\max} \approx \frac{Ql}{4} + \frac{PQl^3}{48EI}\frac{1}{1 - P/P_{\mathrm{E}}} = \frac{Ql}{4}\left(1 + \frac{Pl^2}{12EI}\frac{1}{1 - P/P_{\mathrm{E}}}\right)$$

$$= \frac{Ql}{4}\left(1 + 0.82\frac{P}{P_{\mathrm{E}}}\frac{1}{1 - P/P_{\mathrm{E}}}\right) = \frac{Ql}{4}\frac{1 - 0.18\frac{P}{P_{\mathrm{E}}}}{1 - P/P_{\mathrm{E}}} \approx \frac{Ql}{4}\frac{1}{1 - P/P_{\mathrm{E}}}$$

$$= M_0\frac{1}{1 - P/P_{\mathrm{E}}} \tag{4.26}$$

式中,$M_0 = \dfrac{Ql}{4}$ 为杆件仅在集中力 Q 作用在跨中时的最大弯矩。

显然式(4.25)、式(4.26)分别与式(4.22)、式(4.23)的意义相同。式(4.23)或式(4.26)主要用于压弯杆件的相关方程中,见 4.10 节。

由式(4.22)到式(4.26)知,压弯杆件的变位及弯矩与 P/P_{cr} 为非线性关系。当 P/P_{cr} 很小时,$v_{\mathrm{m}} \to v_{\mathrm{m0}}$、$M_{\max} \to M_0$;当 $P/P_{\mathrm{cr}} \to 1$ 时,$v_{\mathrm{m}} \to \infty$、$M_{\max} \to \infty$。但应注意本节所有计算结果是杆件在弹性工作的条件下得出的。

4.5 弹性压弯杆件的内力、变形及端弯矩

4.2 节~4.4 节介绍了两端铰接弹性压弯杆的内力和变形的计算方法,本节将其扩展到梁端固结的压弯杆,其计算结果可方便给出端弯矩,结合转角位移方程和结构力学的基本方法,可将其应用于计算结构的二阶内力。

4.5.1 横向力作用下的固端梁

图 4.8 为两端固结的均布荷载 q 作用的压弯构件,基于小变形理论,考虑压弯效应,平衡微分方程可表述为

$$EIv^{\mathrm{IV}} + Pv'' = q(x)$$

令 $k^2 = P/EI$,可得

$$v^{\mathrm{IV}} + k^2 v'' = \frac{q}{EI}$$

其通解为

$$v = A\sin kz + B\cos kz + Cz + D + \frac{q}{EI}z^2$$

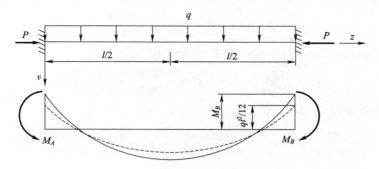

图 4.8　均布荷载作用下固端压弯杆件

由边界条件 $v(0)=0, v'(0)=0, v'(l/2)=0$ 和 $Q(l/2)=0$ 即 $v'''(l/2)=0$，可以得到：

$$A=\frac{ql}{3k^3EI} \qquad B=\frac{ql}{3k^3EI\tan(kl/2)} \qquad C=-\frac{ql}{2k^2EI} \qquad D=-\frac{ql}{2k^3EI\tan(kl/2)}$$

构件的挠度曲线为

$$v=\frac{ql}{2k^3EI}\left[\sin kz+\frac{\cos kz}{\tan(kl/2)}-kx-\frac{1}{\tan(kl/2)}+\frac{kz^2}{l}\right]$$

$$v''=\frac{ql^2}{2EI}\left[-\frac{\sin kz}{kl}-\frac{\cos kz}{kl\tan(kl/2)}+\frac{2}{k^2l^2}\right]$$

引入符号 $u=kl/2$，两端固结的轴向受压构件 $P_{cr}=\dfrac{\pi^2EI}{(0.5l)^2}$，则

$$u=\frac{l}{2}\sqrt{\frac{P}{EI}}=\pi\sqrt{\frac{P}{P_{cr}}}$$

固端弯矩为

$$M_A=M_B=-EIv''(0)=-\frac{ql^2}{12}\left(\frac{12}{k^2l^2}-\frac{6}{kl}\cot\frac{kl}{2}\right)=-\frac{ql^2}{12}\left(\frac{3}{u^2}-\frac{3}{u}\cot u\right)$$

将三角函数展开为幂级数：

$$\cot u=\frac{1}{u}-\left(\frac{u}{3}+\frac{u^3}{45}+\frac{u^5}{945}+\frac{u^7}{4\,725}+\cdots\right)$$

可得

$$M_{max}=M_A=-\frac{ql^2}{12}-\left(1+\frac{u^2}{15}+\frac{u^4}{315}+\frac{u^6}{1\,575}+\cdots\right)$$

$$=-\frac{ql^2}{12}\left[1+0.658\frac{P}{P_{cr}}+0.618\left(\frac{P}{P_{cr}}\right)^2+0.610\left(\frac{P}{P_{cr}}\right)^4+\cdots\right]$$

$$\approx\frac{1-0.4P/P_{cr}}{1-P/P_{cr}}M_0$$

式中，$M_0=-ql^2/12$ 为固端梁的最大弯矩，弯矩放大系数为 $\dfrac{1-0.4P/P_{cr}}{1-P/P_{cr}}$。

4.5.2　跨中集中荷载作用下的固端梁

图 4.9 为两端固结的跨中集中荷载 Q 作用的压弯构件，基于小变形理论，考虑压弯效应，利用横向力平衡，但 $0<z\leqslant l/2$，可建立平衡微分方程

$$v'''+k^2v'=\frac{Q}{3EI}$$

其通解为
$$v=A\sin kz+B\cos kz+C-\frac{Q}{2k^2EI}z$$

由边界条件 $v(0)=0,v'(0)=0,v'(l/2)=0$，可得
$$A=\frac{Q}{2k^3EI},\quad B=-C=\frac{-Q[1-\cos(kl/2)]}{2k^3EI\sin(kl/2)}$$

构件的挠度曲线为
$$v=\frac{Q}{2k^3EI}\left[\sin kz-\frac{1-\cos(kl/2)}{\sin(kl/2)}\cos kz+\frac{1-\cos(kl/2)}{\sin(kl/2)}-kz\right]$$

$$v''=\frac{Ql}{2EI}\left[-\frac{\sin kz}{kl}-\frac{1-\cos(kl/2)}{kl\sin(kl/2)}\cos kz\right]$$

引入符号 $u=kl/2$，两端固结的轴向受压构件 $P_{cr}=\dfrac{\pi^2EI}{(0.5l)^2}$，则
$$u=\frac{l}{2}\sqrt{\frac{P}{EI}}=\pi\sqrt{\frac{P}{P_{cr}}}$$

固端弯矩为最大弯矩为
$$M_A=M_B=M_{max}=-EIv''(0)=-\frac{Ql}{8}\left\{\frac{4}{kl}\left[\frac{1}{\sin(kl/2)}-\cot\frac{kl}{2}\right]\right\}$$

将三角函数展开为幂级数，代入后可得
$$M_{max}\approx\frac{1-0.2P/P_{cr}}{1-P/P_{cr}}M_0$$

式中，$M_0=-Ql/4$ 为固端梁的最大弯矩，弯矩放大系数为 $\dfrac{1-0.2P/P_{cr}}{1-P/P_{cr}}$。

同理也可求得其他荷载作用，或边界约束放松时压弯杆件的弯矩、变形和固端弯矩。

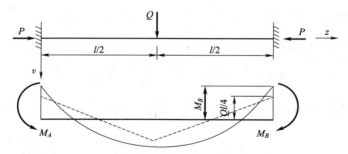

图 4.9 跨中集中荷载作用下固端压弯杆件

4.5.3 端弯矩作用下的简支梁

图 4.10 为两端简支的梁端端弯矩作用的压弯构件，基于小变形理论，考虑压弯效应，平衡微分方程为

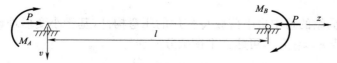

图 4.10 端弯矩作用下简支压弯杆件

$$v'' + k^2 v = \frac{M_A + M_B}{EIl}z - \frac{M_A}{EI}$$

其通解为

$$v = A\sin kz + B\cos kz + \frac{M_A + M_B}{k^2 EIl}z - \frac{M_A}{k^2 EI}$$

由边界条件 $v(0) = 0, v(l) = 0$，可得

$$A = \frac{M_A\cos kl + M_B}{2k^3 EI\sin kl} \qquad B = \frac{M_A}{k^2 EI}$$

构件的挠度曲线为

$$v = \frac{M_A\cos kl + M_B}{2k^3 EI\sin kl}\sin kz + \frac{M_A}{k^2 EI}\cos kz + \frac{M_A + M_B}{k^2 EIl}z - \frac{M_A}{k^2 EI}$$

$$v'' = \frac{M_A\cos kl + M_B}{EI\sin kl}\sin kz - \frac{M_A}{EI}\cos kz$$

则弯矩为

$$M(z) = -EIv'' = -\frac{M_A\cos kl + M_B}{\sin kl}\sin kz + M_A\cos kz$$

利用求极值条件，可求出最大弯矩发生的位置和弯矩值。

4.6 弦线模量法(*Chordal modulus method*)

从本节开始，考虑压弯杆件的弹塑性工作。4.1 节中已指出，压弯杆件的纤维的 $\sigma - \varepsilon$(应力—应变)关系或称为有效模量，不但在同一截面内变化，而且沿杆件长度变化，使压弯杆件压溃荷载的精确计算异常复杂。近似解法的思路就是对有效模量的两种变化作适当假定。弦线模量法的主要假定为：

(1)两端铰接偏心压杆[图 4.11(a)]的挠曲线为正弦半波。

(2)杆件任一横截面的应力沿截面线性变化，凸侧和凹侧的边缘应力 σ_1、σ_2 则按材料的应力应变图形确定，如图 4.11(b)、(c)所示。

以假定(2)解决有效模量沿横截面变化的计算困难，用假定(1)克服有效模量沿杆件长度变化的计算困难，两者均体现在下面计算中。

计算中还须采取卡门精确解法中的假定：

(1)杆件理想正直、等截面。

(2)原来是平面的杆件横截面，弯曲后仍为平面并垂直于杆件的中心轴线。

(3)杆件横截面有一个对称轴，整个压杆有一个纵向对称面，并在此对称面内弯曲。

(4)变位微小并忽略杆件的轴向变形。

下面根据前述假定求图 4.11(a)两端铰支矩形截面偏心压杆的极限压应力 σ_0。

图 4.11(b)表示压杆任一截面的应力分布，虚线表示实际应力分布，实线表示假定的线性应力分布。边缘应力 σ_1 及 σ_2 按图 4.11(c)材料应力应变图确定。σ_0 为平均压应力，σ_b 为弯曲应力，图 4.11(d)表示杆件 ds 长度内的变形，ρ 为曲率半径，ε_1、ε_2 分别为边缘压缩应变。

由图 4.11(d)得

$$\frac{\varepsilon_2 - \varepsilon_1}{h} = \frac{1}{\rho} \tag{4.27}$$

按图 4.11(a)坐标

$$\frac{1}{\rho} = -v''$$

故
$$v''=\frac{\varepsilon_1-\varepsilon_2}{h} \qquad (4.28)$$

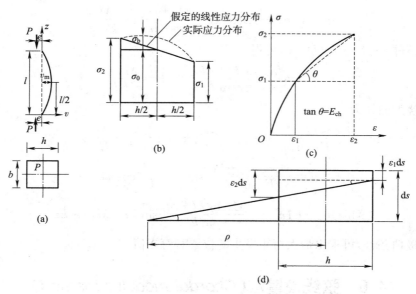

图 4.11　弦线模量法分析计算图

由图 4.11(c)所示的材料应力应变图,得

弦线模量
$$E_{ch}=\frac{\sigma_2-\sigma_1}{\varepsilon_2-\varepsilon_1} \qquad (4.29)$$

$$\varepsilon_1-\varepsilon_2=\frac{\sigma_1-\sigma_2}{E_{ch}}$$

代入式(4.28)得
$$v''=\frac{\sigma_1-\sigma_2}{E_{ch}h} \qquad (4.30)$$

由图 4.11(b),得
$$\left.\begin{array}{l}\sigma_1=\dfrac{P}{A}-\dfrac{Mh}{2I} \\[2mm] \sigma_2=\dfrac{P}{A}+\dfrac{Mh}{2I}\end{array}\right\} \qquad (4.31)$$

式中,A 为压杆截面积;I 为压杆横截面惯性矩,$M=P(e+v)$。

将式(4.31)代入式(4.30),得压杆挠曲微分方程:
$$v''=-\frac{M}{E_{ch}I} \qquad (4.32)$$

再设压杆挠曲线 v 为
$$v=v_m\sin\frac{\pi z}{l} \qquad (4.33)$$

式中,v_m 为压杆中点挠曲位移,见图 4.11(a)。

将式(4.33)代入式(4.32),得
$$\frac{v_m\pi^2}{l^2}\sin\frac{\pi z}{l}=\frac{M}{E_{ch}I} \qquad (4.34)$$

因 $z=l/2$ 时,$M=P(e+v_m)$,$I=Ar^2$,r 为回转半径,$\sigma_0=\dfrac{P}{A}$,故

$$v_m = \frac{e}{\dfrac{\pi^2 E_{ch}}{(l/r)^2 \sigma_0} - 1} \tag{4.35}$$

弦线模量 E_{ch} 是 σ_1、σ_2 的函数,见式(4.29)。由图 4.11(b)知,当 σ_0 被指定时,若假定 σ_2,则 σ_1 可确定,因而可定出 E_{ch},则由式(4.35)可算出相应的 v_m。由图 4.1(b)知,一定的 σ_0 对应着两个 v_m 值,即对应着两种 σ_1 与 σ_2 的分布情况,也就是两种 E_{ch} 值。由式(4.35)知,当 σ_0 及 v_m 一定时,E_{ch} 就确定。因此 σ_2(或 σ_1)与 σ_0 及 v_m 必有确定的关系,下面推导此种关系。

将 $M_{z=l/2} = P(e + v_m)$ 代入式(4.31)的第二式,得

$$\sigma_2 = \frac{P}{A} + \frac{P(e + v_m)h}{2I} = \frac{P}{A} + \frac{P(e + v_m)h}{2Ar^2} = \sigma_0\left[1 + \frac{eh}{2r^2}\left(1 + \frac{v_m}{e}\right)\right] \tag{4.36}$$

将式(4.35)代入式(4.36)得

$$\sigma_2 = \sigma_0\left[1 + \frac{eh}{2r^2} \frac{1}{1 - \dfrac{\sigma_0 (l/r)^2}{\pi^2 E_{ch}}}\right] \tag{4.37}$$

这样,在指定的 σ_0 作用下,可由式(4.37)及式(4.35),用试算法求出与指定的 σ_0 相对应的两个 v_m 值,见下面算例。

[**例 4.1**]图 4.12(a)为一工字形铝合金偏心压杆的挠曲情形及其截面(工字形截面的腹板忽略不计),图 4.12(b)为铝合金材料的应力应变图。压杆截面积 $A = 25\ 806.4$ mm^2（40 in^2）,$\dfrac{l}{r} = 30.4$,$\dfrac{eh_1}{2r^2} = 0.2$,求该压杆在偏心距 $e = 25.4$ mm、12.7 mm、2.54 mm 时的 σ_0—v_m 曲线。

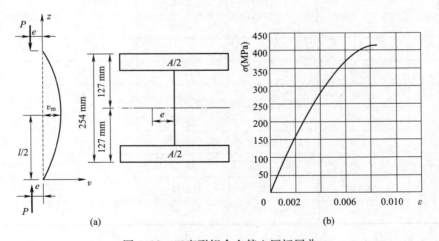

图 4.12 工字形铝合金偏心压杆屈曲

下面求对应于 $\sigma_0 = 262.01$ MPa,及偏心距 $e = 25.4$ mm(1 in)的压杆中心挠度。将上述资料代入式(4.37),得

$$\sigma_2 = 262.01\left[1 + 0.2 \times \frac{1}{1 - \dfrac{262.01 \times 30.4^2}{\pi^2 E_{ch}}}\right] = 262.01 + 7.6 \times \frac{1}{1 - \dfrac{24533.8}{E_{ch}}} \tag{4.38}$$

第一次近似:假定 $\sigma_2 = 330.96$ MPa 及 $\sigma_1 = 193.06$ MPa,从图 4.12(b)查出 $\varepsilon_2 = 0.004\ 73$,$\varepsilon_1 = 0.002\ 67$,代入式(4.29),解出 $E_{ch} = 6.69 \times 10^4$ MPa,将其代入式(4.38)得出 $\sigma_2 = 344.75$ MPa,与

假定的 $\sigma_2 = 330.96$ MPa 相差较多，应重算。

第二次近似：假定 $\sigma_2 = 344.75$ MPa 及 $\sigma_1 = 179.27$ MPa，自图 4.12(b)查出 $\varepsilon_2 = 0.005\,00$ 及 $\varepsilon_1 = 0.002\,47$，代入式(4.29)，解得 $E_{ch} = 6.55 \times 10^4$ MPa。代入式(4.38)得 $\sigma_2 = 346.1$ MPa。

第三次近似：假定 $\sigma_2 = 346.1$ MPa 及 $\sigma_1 = 177.89$ MPa，自图 4.12(b)查得 $\varepsilon_2 = 0.005\,02$ 及 $\varepsilon_1 = 0.002\,45$，代入式(4.29)，解得 $E_{ch} = 6.52 \times 10^4$ MPa。代入式(4.38)得出 $\sigma_2 = 346.1$ MPa 与假定相等，故 $E_{ch} = 6.52 \times 10^4$ MPa 为正确解，将 $\sigma_0 = 262.01$ MPa 及 $E_{ch} = 6.52 \times 10^4$ MPa 代入式(4.35)得

$$v_m = \frac{e}{\dfrac{\pi^2 E_{ch}}{(l/r)^2 \sigma_0} - 1} = \frac{25.4}{\dfrac{\pi^2 \times 6.52 \times 10^4}{30.4^2 \times 262.01} - 1} = 15.49 \ (\text{mm})$$

此时 v_m 为对应于 $\sigma_0 = 262.01$ MPa 的一个值。

按同样步骤求得对应于 $\sigma_0 = 262.01$ MPa 的另一个值。$\sigma_2 = 411.63$ MPa，$E_{ch} = 3.79 \times 10^4$ MPa，$v_m = 46.99$ mm。

这样求得 σ_0 与 v_m 的对于应值见表 4.1。

表 4.1 工字形铝合金偏心压杆 σ_0 与 v_m 计算表

$e = 25.4$ mm		$e = 17.4$ mm		$e = 2.54$ mm	
σ_0(MPa)	v_m(mm)	σ_0(MPa)	v_m(mm)	σ_0(MPa)	v_m(mm)
137.90	5.33	137.90	2.79	137.90	0.51
172.38	7.11	172.38	3.56	206.85	0.76
206.85	8.89	206.85	4.57	275.80	1.52
220.64	9.65	241.33	6.35	310.28	2.29
234.43	11.18	275.80	7.37	330.96	4.06
248.22	12.45	289.59	9.14	344.75	6.60
262.01	15.49	303.38	10.67	344.75	8.13
275.80	18.29	310.28	13.97	330.96	19.56
275.80	30.99	310.28	16.26	310.28	27.43
262.01	46.99	303.38	25.65		
248.22	55.88	289.59	35.81		

按表 4.1 描出图 4.12(a)压杆的 σ_0—v_m 曲线，如图 4.13 所示。相应于每条曲线最高点的 σ_0 就是压杆在一定的 e 下的极限应力 σ_c。

图 4.12(a)压杆按切线模量计算的临界应力为 362.0 MPa(轴心受压)。由图 4.13 可知，当偏心距接近于零时，极限应力 σ 就接近上述临界应力；极限应力 σ_c 随偏心距的加大而显著降低。

故从此例可以看出，短柱(此例为短柱)承载力对荷载偏心非常敏感，这些概念都与精确解法一致，而其计算则较精确法简便得多。

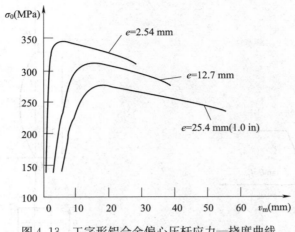

图 4.13　工字形铝合金偏心压杆应力—挠度曲线

4.7　耶拾克(*Jezek*)解法

耶拾克于 1934 年首先提出压弯杆件压溃应力的近似解法。除卡门精确解法的假定外,它主要是两个假定:①杆件挠曲轴线为半个正弦波;②杆件由理想弹塑材料制成,其应力应变如图 4.14 所示。根据假定①,计算只要考虑杆件中点截面的应力分布;再由假定②导出杆件中点挠度 v_m 与平均压应力 σ_0 的常系数方程式;应用求函数极值原理,由 $\dfrac{\mathrm{d}\sigma_0}{\mathrm{d}v_m}=0$,就可求出压溃应力 σ_c 的解析解,这就是耶拾克近似理论的基本思路。很显然,前述弦线模量法是在耶拾克理论的基础上建立的。由于采用了应力沿截面线性分布的假定,得出含有变量 E_{ch} 的 v_m—σ_0 方程(4.35),只好用试算法做出 σ_0—v_m 曲线,从曲线最高点找出压溃应力 σ_c,故弦线模量法前一半采用了耶拾克的概念,后一半吸收了卡门、许瓦拉精确解的思想。

下面回到耶拾克理论。它从矩形截面简支杆件压溃出发[图 4.15(a)],杆件受轴心压力 P 及沿杆长对称的横向弯矩 $m(z)$[图 4.15(b)]作用,$m(z)$ 由横向荷载、杆件初弯曲压力偏心等因素的共同作用或单个作用所引起。

由图 4.15(b),距离原点 O 为 z 处截面的弯矩 $M_z=m(z)+Pv$,假定杆件挠曲轴线为

$$v=v_m\sin\frac{\pi z}{l}$$

则杆件中点($z=l/2$)曲率为　　　$\dfrac{1}{\rho}=-\left[\dfrac{\mathrm{d}^2v}{\mathrm{d}z^2}\right]_{z=l/2}=\left(\dfrac{\pi}{l}\right)^2 v_m$　　　(4.39)

从前面各节看出,杆件曲率要用截面上任意两点的纤维应变表示。在这里应变表示的曲率要与式(4.39)联系起来,而应变与应力紧密相关,故只需考虑压弯杆件压溃时中点横截面上的应力分布情况。耶拾克考虑了图 4.2(a)和(b)所示的两种弹塑性区分布情况,按图 4.14 所示的理想应力应变图及平截面假定,相应于这两种分布情况的中间截面上的应力及应变分布分别示于图 4.16(a)和(b)。下面分别计算它们的压溃应力 σ_c。

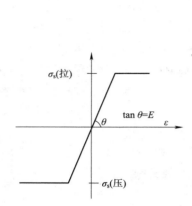

图 4.14　理想弹塑材料本构关系

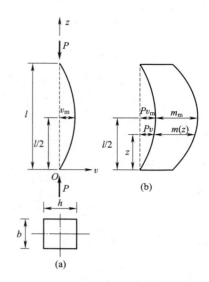

图 4.15　耶拾克($Jezek$)解法计算模型

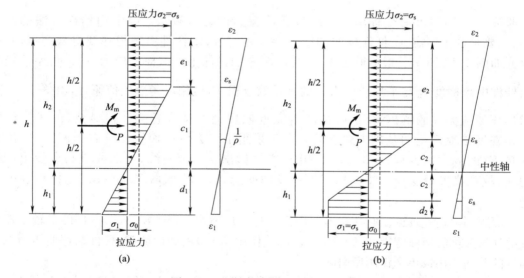

图 4.16　塑性状态截面应力应变分布

1. 对应于图 4.16(a)的压溃应力计算

计算原理是:由平衡方程、几何关系、物理方程导出 σ_0—v_m 方程式。然后由 $\mathrm{d}\sigma_0/\mathrm{d}v_m = 0$,求出相应于 $\sigma_0 = \sigma_c$ 的中点挠度 v_m,再将 v_{mc} 代替 σ_0—v_m 方程式中的 v_m,得出压溃应力 σ_c 的计算式,计算资料见图 4.16(a)。

(1)平衡方程

按图 4.16(a)由内力与外力平衡的条件,得

$$b\left[\sigma_s h - \frac{1}{2}(c_1 + d_1)(\sigma_1 + \sigma_s)\right] = P \qquad (4.40)$$

由内力矩与外力矩平衡的条件得

$$b\left[(\sigma_{\mathrm{s}}+\sigma_1)\frac{1}{2}(c_1+d_1)\left(\frac{h}{2}-\frac{c_1+d_1}{3}\right)\right]=M_{\mathrm{m}} \tag{4.41}$$

(2)几何关系

根据图 4.16 应变分布情况,参考图 4.16(d)及式(4.27),可得

$$\frac{1}{\rho_{\mathrm{m}}}=\frac{\varepsilon_{\mathrm{s}}}{c_1} \tag{4.42a}$$

$$\frac{\varepsilon_1}{\varepsilon_{\mathrm{s}}}=\frac{d_1}{c_1} \tag{4.42b}$$

(3)物理方程

由图 4.14 可知

$$\sigma=E\varepsilon$$

$$\sigma_1=E\varepsilon_1 \tag{4.42c}$$

$$\sigma_{\mathrm{s}}=E\varepsilon_{\mathrm{s}} \tag{4.42d}$$

将式(4.42c)、式(4.42d)代入式(4.42a)、式(4.42b),得

$$\frac{1}{\rho_{\mathrm{m}}}=\frac{\sigma_{\mathrm{s}}}{Ec_1} \tag{4.43}$$

$$\frac{\sigma_1}{\sigma_{\mathrm{s}}}=\frac{d_1}{c_1} \tag{4.44}$$

由式(4.40)、式(4.41)、式(4.43)、式(4.44)中消去 σ_1、c_1、d_1、(c_1+d_1),得

$$\frac{1}{\rho_{\mathrm{m}}}=\frac{2h\sigma_0\left(\dfrac{\sigma_{\mathrm{s}}}{\sigma_0}-1\right)^3}{9E\left[\dfrac{h}{2}\left(\dfrac{\sigma_{\mathrm{s}}}{\sigma_0}-1\right)-\dfrac{M_{\mathrm{m}}}{P}\right]^2} \tag{4.45}$$

将式(4.39)代入式(4.45)得 σ_0—v_{m} 方程式:

$$9Ev_{\mathrm{m}}\left[\frac{h}{2}\left(\frac{\sigma_{\mathrm{s}}}{\sigma_0}-1\right)-v_{\mathrm{m}}-\frac{M_{\mathrm{m}}}{P}\right]^2-2\sigma_0 h\left(\frac{\sigma_{\mathrm{s}}}{\sigma_0}-1\right)^3\left(\frac{l}{\pi}\right)^2=0 \tag{4.46}$$

由图 4.13 知,σ_0—v_{m} 曲线对应于杆件压溃应力 σ_{c} 点的斜率为零(因 σ_{c} 为极大值),即 $\dfrac{\mathrm{d}\sigma_0}{\mathrm{d}v_{\mathrm{m}}}=0$,故将式(4.46)对 v_{m} 求导数一次,并使之等于零,即得

$$3v_{\mathrm{m}}^2-4v_{\mathrm{m}}\left[\frac{h}{2}\left(\frac{\sigma_{\mathrm{s}}}{\sigma_0}-1\right)-\frac{M_{\mathrm{m}}}{P}\right]+\left[\frac{h}{2}\left(\frac{\sigma_{\mathrm{s}}}{\sigma_0}-1\right)-\frac{M_{\mathrm{m}}}{P}\right]^2=0 \tag{4.47}$$

由式(4.47)解出相应于压溃应力 σ_{c} 的杆件中点挠度

$$v_{\mathrm{mc}}=\frac{1}{3}\left[\frac{h}{2}\left(\frac{\sigma_{\mathrm{s}}}{\sigma_0}-1\right)-\frac{M_{\mathrm{m}}}{P}\right] \tag{4.48}$$

将式(4.48)代入式(4.46),得杆件压溃应力

$$\sigma_{\mathrm{c}}=\frac{\pi^2 E}{(l/r)^2}\left[\frac{\dfrac{\sigma_{\mathrm{s}}}{\sigma_{\mathrm{c}}}-1-\dfrac{2M_{\mathrm{m}}}{Ph}}{\dfrac{\sigma_{\mathrm{s}}}{\sigma_{\mathrm{c}}}-1}\right]^3 \tag{4.49}$$

2. 对应于图 4.16(b)的压溃应力计算

由图 4.16(b)得平衡方程

$$b\left(h\sigma_{\mathrm{s}}-2\sigma_{\mathrm{s}}2c_2\,\frac{1}{2}-2\sigma_{\mathrm{s}}d_2\right)=P \tag{4.50}$$

$$b\left[2\sigma_s 2c_2 \frac{1}{2}\left(\frac{h}{2}-\frac{1}{3}\cdot 2c_2\right)+2\sigma_s d_2\left(\frac{h}{2}-\frac{d_2}{2}\right)\right]=M_m \tag{4.51}$$

由几何关系及物理方程得
$$\frac{1}{\rho_m}=\frac{\sigma_s}{Ec_2} \tag{4.52}$$

由式(4.50)、式(4.51)、式(4.52)中消去 c_2、d_2 等求出

$$\frac{1}{\rho_m}=\sqrt{\frac{\sigma_s^3/3hE^2\sigma_0}{\dfrac{h\sigma_s}{4\sigma_0}\left(1-\dfrac{\sigma_0^2}{\sigma_s^2}\right)-\dfrac{M_m}{P}}} \tag{4.53}$$

将式(4.39)代入式(4.53),得 $v_m-\sigma_0$ 方程式:

$$v_m\sqrt{\frac{h\sigma_s}{4\sigma_0}\left(1-\frac{\sigma_0^2}{\sigma_s^2}\right)}-v_m-\frac{M_m}{P}-\frac{l^2}{\pi^2}\sqrt{\frac{\sigma_s^3}{3hE^2\sigma_0}}=0 \tag{4.54}$$

由 $\dfrac{d\sigma_0}{dv_m}=0$,求得相应挤压溃应力 σ_c 的 v_m 值。

$$v_{m0}=\frac{h\sigma_s}{6\sigma_0}\left(1-\frac{\sigma_0^2}{\sigma_s^2}\right)-\frac{2}{3}\frac{M_m}{P} \tag{4.55}$$

将式(4.55)代入式(4.54),得出压溃应力

$$\sigma_c=\frac{\left[\dfrac{(l/r)^2}{\pi^2 E}\right]^2\sigma_s^3}{\left(\dfrac{\sigma_s}{\sigma_c}-\dfrac{\sigma_c}{\sigma_s}\dfrac{4M_m}{Ph}\right)^3} \tag{4.56}$$

为了使压溃应力 σ_c 的计算式(4.49)及式(4.56)能适用于其他横截面(矩形以外的横截面)杆件,用矩形截面的核心距 ρ_k 来表示矩形截面的高度 h。矩形截面核心距 $\rho_k=h/6$,有 $h=6\rho_k$,另外,令 $\dfrac{M_m}{P}=e$(称为核算偏心距),则偏心率为

$$m=\frac{e}{\rho_k}=\frac{M_m}{P\rho_k} \tag{4.57}$$

于是
$$\frac{M_m}{P}=m\rho_k=\frac{mh}{6} \tag{4.58}$$

将式(4.58)代入式(4.49)及(4.56)并解出 $\lambda=\dfrac{l}{r}$,得相应于图 4.16(a)的压溃应力 σ_c 的一般计算式:

$$\lambda^2=\frac{\pi^2 E}{\sigma_c}\left[\frac{3\left(\dfrac{\sigma_s}{\sigma_c}-1\right)-m}{3\left(\dfrac{\sigma_s}{\sigma_c}-1\right)}\right]=\frac{\pi^2 E}{\sigma_c}\left[1-\frac{m\sigma_c}{3(\sigma_s-\sigma_c)}\right]^3 \tag{4.59}$$

相应于图 4.16(b)的压溃应力 σ_c 的一般计算式为

$$\lambda^2=\frac{\pi^2 E}{\sigma_s}\sqrt{\frac{\sigma_c}{\sigma_s}\left(\frac{\sigma_s}{\sigma_c}-\frac{\sigma_c}{\sigma_s}-\frac{2}{3}m\right)^3} \tag{4.60}$$

这样,式(4.59)及式(4.60)可近似用于非矩形截面的杆件故称为一般计算式。

计算 σ_c 时,若并不知道截面应力的分布,则是图 4.16 中的另一种情况,故有必要定出式(4.59)及式(4.60)的适用范围。

由物理概念知,相对偏心距 m 越大,杆件中点截面应力分布情况愈接近于图 4.61(b),由

图 4.61(a)可以看出:杆件中点凸侧边缘应力 $\sigma_1 = \sigma_s$ 时,就是图 4.61(a)应力分布情形与图 4.61(b)应力分布情形的分界线,此时 $c_1 = d_1$,$\sigma_1 = \sigma_s$。代入式(4.40)及式(4.41),得

$$P = b(\sigma_s h - 2\sigma_s c_1) \tag{4.61a}$$

$$M_m = \left[2\sigma_s c_1 \left(\frac{h}{2} - \frac{2c_1}{3} \right) \right] b \tag{4.61b}$$

由式(4.61a)得

$$c_1 = \frac{1}{2} \left(h - \frac{P}{\sigma_s b} \right) \tag{4.61c}$$

将式(4.61c)代入式(4.61b),得

$$\frac{M_m}{b} = \frac{h\sigma_s}{2} \left(h - \frac{P}{\sigma_s b} \right) - \frac{1}{3} \sigma_s \left(h - \frac{P}{\sigma_s b} \right)^2 = \frac{h\sigma_s}{2} \left(h - \frac{\sigma_0 h}{\sigma_s} \right) - \frac{1}{3} \sigma_s \left(h - \frac{\sigma_0 h}{\sigma_s} \right)^2 \tag{4.61d}$$

式中,$\sigma_0 = \dfrac{P}{bh}$。将 $M_m = P(e + v_m)$ 代入式(4.61d)并将等式两边除以 h,得

$$\sigma_0 (v_m + e) = \frac{h}{2} \sigma_s \left(1 - \frac{\sigma_0}{\sigma_s} \right) - \frac{1}{3} h\sigma_s \left(1 - \frac{\sigma_0}{\sigma_s} \right)^2 \tag{4.61e}$$

由式(4.48)可知,将 v_{mc} 代替 v_m,得

$$\sigma_0 (v_m + e) = \sigma_0 \left[\frac{h}{6} \left(\frac{\sigma_s}{\sigma_0} - 1 \right) - \frac{e}{3} + e \right] = \frac{h}{6} \sigma_0 \left(\frac{\sigma_s}{\sigma_0} - 1 \right) + \frac{2e}{3} \sigma_0 = h \left[\frac{\sigma_s}{6} \left(1 - \frac{\sigma_0}{\sigma_s} \right) + \frac{6e}{9h} \sigma_0 \right]$$

$$= h \left[\frac{\sigma_s}{6} \left(1 - \frac{\sigma_0}{\sigma_s} \right) + \frac{\sigma_0}{9} m \right]$$

再代入式(4.61e),简化得

$$\left[\frac{\sigma_s}{6} \left(1 - \frac{\sigma_0}{\sigma_s} \right) + \frac{\sigma_0}{9} m \right] = \left(1 - \frac{\sigma_0}{\sigma_s} \right) \left(\frac{\sigma_s}{6} + \frac{1}{3} \sigma_0 \right)$$

上式进一步化简后,得对应于图 4.16(a)中 $\sigma_1 = \sigma_s$ 时的偏心率:

$$m = 3 \left(1 - \frac{\sigma_c}{\sigma_s} \right) \tag{4.62}$$

前已指出,m 越大,应越接近于图 4.16(b),故

$$\left. \begin{array}{l} m \leqslant 3 \left(1 - \dfrac{\sigma_c}{\sigma_s} \right),\text{适用式}(4.59) \\[3mm] m \geqslant 3 \left(1 - \dfrac{\sigma_c}{\sigma_s} \right),\text{适用式}(4.60) \end{array} \right\} \tag{4.63}$$

σ_c 未确定以前,式(4.62)中的 m 亦不定,故须按试算法计算。根据已知 $m = \dfrac{e}{\rho_k}$,σ_s 及 λ 按式(4.57)或式(4.60)算出 σ_c,然后代入式(4.63),以判定 σ_c 的计算式。

将式(4.63)中的第一式代入式(4.59),可得到式(4.59)适用范围的另一种判别式:

$$\lambda^2 \geqslant \frac{\pi^2 E}{\sigma_c} \left(1 - \frac{\sigma_c}{\sigma_s} \right)^3 \tag{4.64}$$

按式(4.64)绘出曲线图 4.17。图中曲线以上的区域是出现图 4.16(a)应力分布的范围,曲线以下的区域是出现图 4.16(b)应力分布的范围。因为当杆件长细比 λ 一定时,曲线上方任何一点的 σ_c 大于式(4.64)中的 σ_c,表示此时偏心率 m 小于式(4.62)计算的 m。反之,曲线下方任一点的 σ_c 小于式(4.64)中的 σ_c;σ_c 越小,m 越大。故此时 m 大于按式(4.62)计算者。

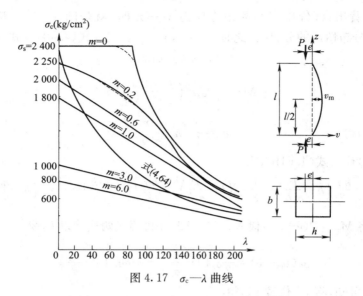

图 4.17　σ_c—λ 曲线

图 4.17 中同时绘出了按式(4.59)、式(4.60)计算的矩形截面杆件对应于不同 m 的 σ_c—λ 曲线,虚线表示按精确法计算结果。

该图表明:

①λ 愈大,或 m 愈小,愈容易出现图 4.16(a)所示应力分布情况,反之,则可出现图 4.16(b)所示应力情况;一般当 $m \geqslant 3$ 时,不会出现图 4.16(a)所示情况。

②近似解与精确解很接近。由于理想弹塑性材料的假定,使近似解计算结果偏高,偏心率 m 愈小,误差愈大,当 $m=0$ 时,误差最大。这种误差还随长细比 λ 而变化,当 $\lambda = 70 \sim 80$ 时,误差最大(对 A3 号结构钢)。

4.8　数值积分法

在用数值积分法计算压弯杆件的屈曲问题之前,先对数值积分法进行简要回顾。

4.8.1　初始值问题和边界值问题

数值积分法是一种求解微分方程的数值分析方法,根据其边界条件的不同,可分为两类。一类是初始值问题,一类是边界值问题。

1. 初始值问题

属于这一类的微分方程,其边界条件全部由初始值确定,也就是说,一个 n 阶微分方程

$$y^{(n)} = f(z, y, y', \cdots, y^{(n-1)}) \quad z_0 \leqslant z \leqslant z_z \tag{4.65a}$$

属于初始值问题时,应有下列边界条件:当 $z = z_0$ 时,$y = c_0$,$y' = c_1$,$\cdots$,$y^{(n-1)} = c_{n-1}$。

式中,z 为变量;y',y'',$\cdots$,y^n 为对应变量 y 对 z 的各阶导数;c_0,c_1,$\cdots$,c_{n-1} 为已知常数。

2. 边界值问题

当边界条件不能全部由初始值确定时,这类微分方程就属于边界值问题。结构稳定问题一般都属于这一类。

对于解微分方程的初始值问题,数值积分是一个很有效的数值方法。对于边界值问题,数

值积分法就会遇到困难。只有当边界值问题能够用初始值问题处理时，数值积分法才能有效使用。

4.8.2　基本公式

数值积分法的种类很多，常用的有欧拉法、泰勒级数法、龙格—库塔法和纽马克法。所有这些方法都有一个共同出发点，即先将自变量区间 (x_0,x_1) 划分为若干段，确定各段的长度为 Δx，从起点 $z=z_0$ 开始向终点 $z=z_z$ 逐段进行计算，依次算出各点 $z_1=z_0+\Delta z,z_2=z_1+\Delta z$，$\cdots,z_i=z_{i-1}+\Delta z$ 的函数 $y_1,y_2,\cdots,y_i$ 和相关导数。为了能依次计算，当计算到第 i 步时，函数 y_i 及其导数 $y_i',y_i'',\cdots$ 都应由之前计算得的值来表达，而且表达式尽可能地精确，以减小误差。常用的表达式有抛物线插值函数、泰勒级数和样条函数等，下面介绍的数值积分法将采用泰勒级数作为分段插值函数，即

$$y(z+\Delta z)=y(z)+\Delta zy'(z)+\cdots+\frac{\Delta z^n}{n!}y^{(n)}(z)+R_n \tag{4.65b}$$

$$R_n=\frac{\Delta z^{n+1}}{(n+1)!}y^{(n+1)}(z+\theta\Delta z)\quad 0<\theta<1 \tag{4.65c}$$

式中，R_n 为余项，如近似地取 θ 为 $1/2$，则

$$y(z+\Delta z)=y(z)+\Delta zy'(z)+\cdots+\frac{\Delta z^n}{n!}y^{(n)}(z)+\frac{\Delta z^{n+1}}{(n+1)!}y^{(n+1)}\left(z+\frac{1}{2}\Delta z\right) \tag{4.65d}$$

改写为迭代近似式为

$$y_{i+1}=y_i+\Delta zy_i'+\cdots+\frac{\Delta z^n}{n!}y_i^{(n)}+\frac{\Delta z^{n+1}}{(n+1)!}y_{i+m}^{(n+1)} \tag{4.65e}$$

同理可得

$$\left.\begin{array}{l}y_{i+1}'=y_i'+\Delta zy_i''+\cdots+\frac{\Delta z^{n-1}}{(n-1)!}y_i^{(n)}+\frac{\Delta z^n}{n!}y_{i+m}^{(n+1)}\\ \cdots\\ y_{i+1}^{(n)}=y_i^{(n)}+\Delta zy_{i+m}^{(n+1)}\end{array}\right\} \tag{4.65f}$$

式(4.65e)和式(4.65f)即可用于数值积分法解微分方程的初始值问题。

4.8.3　压弯杆件弹塑性屈曲的数值积分

此法基本思路为：(1)将杆件长度分为若干小段，各小段的交界点为节点，用各节点的变位，来描述杆件变位沿长度的变化。(2)将杆件横截面分为许多小块，假定每个小块上的应力均匀分布（但实际各小块上的应力一般不相同），以描述应力应变沿横截面的弹塑性变化。(3)分级施加压力 P，在每一级压力作用下，建立杆件横截面上的内外力素平衡方程；从第一小段起算，逐段算下去，直至满足杆件的边界条件为止，得出杆件荷载—变位曲线上的许多点，得出此曲线。(4)对应于该曲线峰点的压力即为压弯杆件的极限荷载。

但在稳定问题中往往初始值不够，此时为边界值问题，需要假定初始值即边界条件，才能顺利进行计算。当计算结果不能满足另一杆端的边界条件时，则需要调整假定值，重新计算直到满足需求为止。下面举例说明该方法的具体步骤。

设杆件两端简支，受轴心压力 P 及偏心弯矩 Pe 作用，绕 x 轴在竖向平面内弯曲。计算资料如图 4.18 所示。图中 σ_r 为残余应力，其大小及分布由焊接或轧制杆件试验测定，$\bar{\sigma}_0=\dfrac{P}{F}$ 为

平均压应力；σ_φ 为弯曲应力，横截面分块及杆长分段见图 4.18，假设杆件材料拉压具有相同的应力应变图形，如图 4.14 所示。则杆件任一横截面中第 i 块中心点的应变为

$$\varepsilon_i = \varphi y_i + \bar{\varepsilon}_0 + \frac{\sigma_{ri}}{E} \tag{4.66}$$

式中 $\bar{\varepsilon}_0$——杆件截面形心处的平均应变；

$\dfrac{\sigma_{ri}}{E}$——残余应力产生的应变，此地假定残余应力 σ_r 不超过弹性极限，以简化计算；实际杆件中有很多 σ_r 达到钢材的屈服限 σ_s；根据 ε_i，在材料的应力应变图上查出与其对应的应力 σ_i；

φy_i——弯曲应变，φ 为曲率；由材料力学知，曲率

$$\varphi = \frac{1}{\rho} = \frac{M}{EI} \qquad \varepsilon = \varphi y = \frac{My}{EI} \qquad \sigma = E\varepsilon = \frac{My}{I}$$

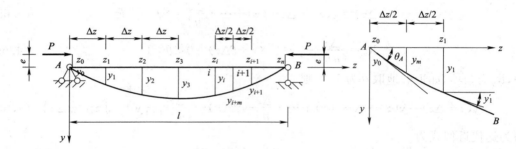

图 4.18 偏压杆件的分段和坐标

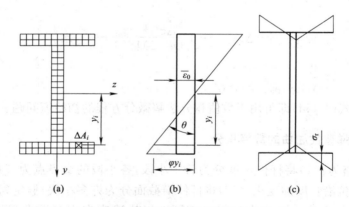

图 4.19 截面分块、应变和残余应力

杆件任一横截面上的力素平衡条件为：

(1)各分块上正应力的合力＝压力 P；

(2)各分块上正应力对 x 轴的合力矩＝杆件外力素对该截面 x 轴的合力矩。

由平衡条件(1)得

$$-P = \sum_{i=1}^{m} \sigma_i \Delta A_i$$

即

$$P + \sum_{i=1}^{m} \sigma_i \Delta A_i = 0 \tag{4.67}$$

由平衡条件(2),得
$$P(e+v) = \sum_{i=1}^{m} \sigma_i y_i \Delta A_i$$

即
$$P(e+v) - \sum_{i=1}^{m} \sigma_i y_i \Delta A_i = 0 \tag{4.68}$$

式中　ΔA_i——杆件横截面第 i 小块的面积;

　　　σ_i——第 i 小块中心点的正应力;

　　　y_i——第 i 小块中心至 x 轴的距离;

　　　m——横截面划分为小块的数目。

这里以拉应力为正,压应力为负,同样式(4.66)中以拉应变为正,压缩应变为负。

计算横截面选在杆件的分段点及各小段的中点,故式(4.68)中的 v 为这些点的杆件挠曲变位,下面说明采用数值积分法计算挠度 v 和转角 θ。

因为变形微小,则有:变形后的曲率 $\varphi \approx -y''$;$y' = \tan\theta \approx \theta$,设实际杆件在 ij 段中点的曲率 $y_c'' = -\varphi_c$,对照式(4.65e)和式(4.65f),结构挠曲后有
$$\theta_j = \theta_i + \Delta z y_c'' = \theta_i - \varphi_c(z_j - z_i) \tag{4.69}$$
$$v_j = v_i + y_i' \Delta z + \frac{1}{2} y_c'' \Delta z^2 = v_i + \theta_i(z_j - z_i) - \frac{1}{2}\varphi_c(z_j - z_i)^2 \tag{4.70}$$

综观式(4.66)、式(4.67)、式(4.68)、式(4.69)中有 P、σ_i、v_i、v_j、θ_i、φ_c、$\bar{\varepsilon}_0$ 七个未知数,但只有式(4.66)、式(4.67)、式(4.68)、式(4.70)四个方程式,故须假定三个未知数,才能求解。究竟如何假定,在下面计算步骤中说明。

数值积分法的计算步骤如下所述。

(1)先将杆件分成 n 段(各段长度不一定相等),如图 4.18 所示。将杆件横截面划分成 m 块小单元,如图 4.19 所示,并做好记录。

(2)给定压力 P(即施加的第一级荷载)。

(3)假定杆件 A 端转角 θ_0,从 A 端开始,向 B 段逐段计算。

(4)按式(4.66)、式(4.67)、式(4.68)、式(4.70)计算第一段中点,即图 4.19 中点 1/2 处的曲率 φ_c,变位 v_c 及内弯矩 M_c,步骤如下:

①假定 1/2 点的截面形心处的平均应变 $\bar{\varepsilon}_c$ 和截面曲率 φ_c。

②按式(4.66)计算该截面上各小块单元面积中心点的应变,
$$\varepsilon_i = \varphi_c y_i + \bar{\varepsilon}_c + \frac{\sigma_{ri}}{E} \tag{4.71}$$

③根据材料的应力应变关系确定各小块单元面积中心点的应力 σ_i。

④按式(4.67)校核正应力 σ_i 的合力是否等于压力 P,若式(4.67)不能满足,则调整平均应变 $\bar{\varepsilon}_c$,重复①~④的步骤,直到满足式(4.67)为止。因为截面形心处正应力的合力等于压力 P,故此步只需调整平均应变 $\bar{\varepsilon}_c$。

⑤计算 1/2 点截面的内力弯矩
$$M_c = \sum_{i=1}^{m} \sigma_i y_i \Delta A_i \tag{4.72}$$

⑥按式(4.70)计算 1/2 点的杆件变位,并考虑到边界条件,$z_0 = 0$,$v_0 = 0$,有
$$v_c = v_0 + \theta_0 \frac{1}{2} z_1 - \frac{1}{2}\varphi_c z_1^2 = \frac{1}{2}\theta_0 z_1 - \frac{1}{2}\varphi_c z_1^2 \tag{4.73}$$

从而得外弯矩为 $P(e+v_c)$。

⑦按式(4.68)校核内外弯矩是否相等。若式(4.68)不能满足,则调整曲线 φ_c,重复②~

⑦的步骤，直到式(4.68)得到满足为止。因为只有杆件在 1/2 点处的曲率 φ_c 影响弯矩，故此步只需调整曲率 φ_c。

(5)按式(4.69)、式(4.70)计算第一段末，即点 1 处的变位 v_1 和转角 θ_1 为

$$\left.\begin{array}{l} v_1 = \theta_0 z_1 - \dfrac{1}{2}\varphi_c z_1^2 \\[2mm] \theta_1 = \theta_0 - \varphi_c z_1 \end{array}\right\} \tag{4.74}$$

至此第一段的计算结束。

(6)转入下一段计算，重复第(4)步中的①～⑦的步骤，直到最后一段。

(7)根据算出的 v_n，复核 B 端的边界条件 $v_B = 0$ 是否满足，如果不满足，则调整假定的 θ_0 值。重复(3)～(7)的步骤，直到 $v_B = 0$ 得到满足为止。

(8)考虑加载历史的影响，在完成上述计算后，应将截面上每一小单元的应力和应变记录下来，作为下一级荷载时的起始点和参考。

完成(1)～(8)步的计算后，便得到了压弯杆件的压力—中点位移曲线(即 P—v_m 曲线，图 4.20 中的 P_1)上的一个点。

(9)给定下一级的压力 P(图 4.20 中的 P_2)，重复(3)～(8)各步，得到 P—v_m 曲线上的第二个点。如此施加若干级荷载，重复计算，即逐步得出压弯杆件的压力—中点位移曲线。

(10)当达到某一级荷载时，如果第(7)步的调整不能完成，说明出现了变位发散现象，已超过 P—v_m 曲线的极值点 A，进入不稳定状态，此时不减载，杆件就不能平衡(表现在不能满足 $v_B = 0$ 条件)。开始出现这种现象的压力就是杆件的压溃荷载(即极限荷载)这时已到达 P—v_m 曲线的顶点 A(图 4.20)。

(11)为了得到 P—v_m 曲线的卸载部分(即图 4.20 中 A 点以后的部分)；可以改用给定 θ_0，调整压力 P 的办法；或与上述过程一样，给定减小的压力 P；完成(4)～(8)步骤的计算。

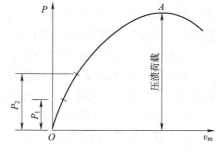

图 4.20 P—v_m 曲线

如果杆件有初弯曲 v_0，如图 4.21 所示，上述计算过程仍适用，只需做如下变动：

(1)在式(4.68)的外弯矩中加入由初弯曲 v_0 引起的外弯矩 Pv_0，即图 4.21 杆件的外弯矩为 $P(e+v+v_0)$；

(2)在式(4.70)的 v_i 中加上 i 点的初弯曲变位 v_{0i}，即此时式(4.70)变为

$$v_j = v_i + v_{0i} + \theta_i(z_j - z_i) - \dfrac{1}{2}\varphi_c(z_j - z_i)^2 \tag{4.75}$$

式中，v_j 为由初弯曲及力素作用产生的 j 点总变位，另外，在式(4.74)第一式的右边应加上杆件 1 点的初弯曲变位 v_{01}，即此时

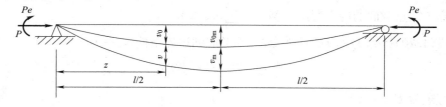

图 4.21 具有初弯曲材料的变位

$$v_1 = v_{01} + \theta_0 z_1 - \frac{1}{2} \varphi_c z_1^2 \tag{4.76}$$

图 4.22 显示出用上述方法算出的压力—中点变位曲线与试验曲线的比较。可见两者吻合良好，两者极限承载力 $P_{\max}$ 的相差约为 1.3% 和 4.5%。

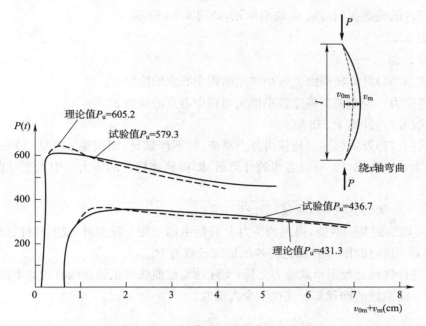

图 4.22　理论曲线与试验曲线的比较

4.9　简化数值积分法

上述数值积分法的基本思想实质是卡门精确解法的思想。在卡门方法的基础上既然产生了耶拾克解法及弦线模量法等近似方法，自然可以预期在数值积分法的基础上，应用相同的假设能引出简化数值积分法。这个解法采用了下列假设：

(1)压弯杆件的挠曲线为正弦曲线；

(2)只考虑杆件中点截面的内外力平衡。

由假设(2)可得平衡方程

$$M_{im} = P(v_m + v_{0m}) \tag{4.77}$$

$$P_{im} = P \tag{4.78}$$

式中，P_{im}，M_{im} 分别为杆件中点截面的内力和内弯矩，由式(4.79)确定

$$\left. \begin{array}{l} P_{im} = \sum_{i=1}^{m} \sigma_i \Delta A_i \\[3mm] M_{im} = \sum_{i=1}^{m} \sigma_i y_i \Delta A_i \end{array} \right\} \tag{4.79}$$

由假设(1)可得中点截面的曲率 φ_m 为

$$\varphi_m = \frac{\pi^2}{l^2} v_m \tag{4.80}$$

则该截面上任一点的应变 $\bar{\varepsilon}_i$ 为

$$\varepsilon_i = \frac{\pi^2}{l^2} v_m y_i + \bar{\varepsilon} + \frac{\sigma_{Ri}}{E} \tag{4.81}$$

以上各式中的符号均与 4.8 节公式中相同。

根据上述公式可知,简化数值积分法的计算步骤如下:

(1)将杆件的横截面划分成 m 块小单元,如图 4.19 所示。

(2)给定 v_m。

(3)假设 $\bar{\varepsilon}_i$ 值。

(4)由式(4.81)计算横截面上各小单元面积中心点的应变 ε_i。

(5)根据应力—应变关系确定各小单元面积中心点的应力 σ_i。

(6)由式(4.77)计算 P_{im} 和 M_{im}。

(7)按式(4.77)及式(4.78)校核内外力平衡,如不能满足,则调整 $\bar{\varepsilon}$ 重复(4)~(7)各步直到满足要求为止。完成(1)~(7)各步的计算后,即得到连杆件的压力—中点变位曲线中的一个点。

(8)给定下一级的变位 v_m,重复(3)~(7)步。

(9)当 v_m 增加到某一数值,得到的压力 P 开始由增加变为减少时,说明杆件已经达到它的极限承载能力。这时的压力 P 即为杆件的极限承载力 P_{max}。

由于压弯杆件到达极限承载能力之后,实际的变位曲线与正弦曲线有较大不同。因此,用此法得到 P—v_m 曲线的卸载部分往往不令人满意。

4.10 压弯杆件的相关方程及其设计应用

在介绍压弯杆件的稳定理论在结构设计中的应用问题之前,先简要介绍中心压杆的设计公式。

4.10.1 中心压杆的设计公式

在前面章节中,已经得到了实际中心压杆的柱子曲线,即 σ_{cr}—λ 曲线,考虑一定的安全系数后,就可得到中心受压杆的稳定验算公式:

$$\sigma = \frac{N}{A} \leqslant \varphi[\sigma] \tag{4.82}$$

$$\varphi = \frac{\sigma_{cr}}{\sigma_s} \tag{4.83}$$

式中,σ_s 为材料的屈服强度,φ 称为中心受压杆件的稳定系数,它总是小于 1。实用中按不同的 λ 制成曲线或表格供设计者查用。

4.10.2 压弯杆件的屈服准则

1. 边缘纤维屈服准则

边缘纤维屈服准则是一种用应力问题来代替压弯杆件稳定计算的方法,即以杆件中应力最大的纤维开始屈服时的荷载,也即是杆件在弹性工作阶段的最大荷载作为压弯杆件的临界荷载的下限,即

$$\sigma = \frac{P}{A} + \frac{M_{max}}{W} = \sigma_s \tag{4.84}$$

式中，P 为轴压力；M_{max} 为考虑轴压力和初始缺陷影响后的杆中最大弯矩；A 为截面面积；W 为最大受压边缘的截面抵抗矩。

2. 极限荷载准则

构件在边缘纤维进入屈服状态后，如前所述，随着压力的增大，截面的塑性区域将进一步加大，弹性区域减小，最终全截面屈服，达到构件的压溃荷载，形成构件的极值点失稳问题，这一类称为极限荷载准则。

压弯杆件按极限荷载准则计算其压溃荷载，无论是较精确或近似法，都是烦琐费时的，工程应用中采用相对简便的边缘纤维屈服准则进行压弯构件的相关计算。

4.10.3　压弯杆件的相关方程

设：P——压弯杆件的压溃荷载，即杆件在弯矩与压力共同作用下压溃时的轴心压力；

P_u——杆件轴心受压时的极限压力，即实际中心压杆的屈曲荷载，$P_u = A\sigma_s$；

M_0, M_m——压弯杆件压溃时的最大初弯矩（不包括轴心压力 P 对杆件弯曲位移产生的弯矩）$M_0 = M_m$；

M_u——杆件仅在弯矩作用下的极限弯矩，即杆件截面形成塑性铰时的塑性弯矩（*Plastic moment of section*），$M_u = W\sigma_s$。

则杆件仅在轴心压力下破坏时，应有 $P/P_u = 1$；仅在弯矩下破坏时，应有 $M_0/M_u = 1$，在弯矩 M_0 和轴力 P 共同作用下破坏时应有 $P/P_u < 1$，$M_0/M_u < 1$。

依据边缘纤维屈服准则，有　　　　　$$\frac{P}{P_u} + \frac{M_0}{M_u} \leqslant 1 \tag{4.85}$$

因为当 $M_0 = 0$ 时，式(4.85)变为 $P/P_u = 1$，当 $P = 0$ 时，$M_0/M_u = 1$。

图 4.23 中的虚线代表式(4.85)，它只在虚直线的两端正确，在虚线中间的任何点都不正确，因为式中 M_0 未包括轴心压力 P 对杆件中点挠曲位移 v_m 产生的弯矩影响。为考虑此种影响，式(4.26)、式(4.85)中的 M_0 应乘以放大系数 $\dfrac{1}{1 - P/P_E}$，则得出杆件在 P 和 M_0 共同作用下破坏时势相关方程：

$$\frac{P}{P_u} + \frac{M_0}{M_u(1 - P/P_E)} \leqslant 1.0 \tag{4.86}$$

按式(4.86)描绘的 $\dfrac{P}{P_u} - \dfrac{M_0}{M_u}$ 曲线如图 4.23 所示。图中"□"为矩形截面杆件按耶拾克近似解的计算结果，"○"为工字形钢杆件按数值积分法的计算结果；"△"为铝合金管形杆件为试验结果。它们都很接近于式(4.86)所代表的曲线。所以式(4.86)广泛用于压弯杆件的设计。我国铁路桥梁钢结构设计规范中压弯杆件承载力的检算公式就是来源于式(4.86)。

式(4.86)可用来确定多种杆件的极限荷载：它适用于工字形截面杆件及矩形截面杆件，适用于钢杆件及铝合金杆件。式中的最大初弯矩 M_0 或由于压力偏心，或由于横向荷载，或由于偏心压力及横向荷载的共同作用引起。当杆件两端简支时，M_0 必须是杆件中点或中点附近的最大初弯矩。钢结构设计中取杆件中间三分之一长度范围内的初弯矩的最大值作为 M_0。

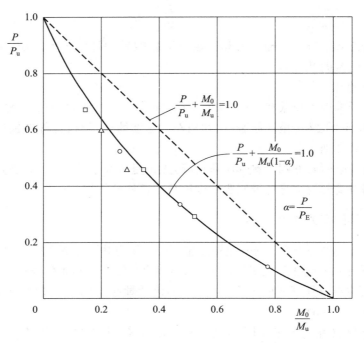

图 4.23　压弯杆件的压力与弯矩相关曲线

式(4.86)未考虑弯矩(包括初弯矩 M_0 及附加弯矩 Pv)沿杆件长度变化的影响,有些钢结构设计规范中将式(4.86)中的 M_0 乘以系数 C_m,来考虑此种影响;当初弯矩沿杆长不变时,$C_m=1$,初弯矩沿杆长变化(多是这样)时,$C_m<1$。始终要注意式(4.86)的 M_0 为初弯矩的最大值,故相关方程应改为

$$\frac{P}{P_u}+\frac{C_m M_0}{M_u\left(1-\dfrac{P}{P_E}\right)}\leqslant 1.0 \tag{4.87}$$

4.10.4　压弯杆件压溃荷载的实用计算公式

从稳定的角度考虑,有 $P_u=A\sigma_{cr}=\varphi A\sigma_s$,$P_E=\dfrac{\pi^2 EI}{(\mu l)^2}$,$M_u=\varphi_w W\sigma_s$ 代入式(4.86),并考虑一定的安全系数,就可得到以应力形式表示的相关方程:

$$\frac{P}{\varphi A}+\frac{C_m M}{\varphi_w W\left(1-\varphi\dfrac{n_1 P\lambda^2}{\pi^2 EA}\right)}\leqslant[\sigma] \tag{4.88}$$

式中,n_1 为安全系数;C_m 为考虑约束、荷载类型等影响的修正系数;φ_w 为侧倾稳定系数,当不需要考虑侧倾稳定性影响时,取 1.0,参见第 7 章。

需要注意的是:(1)相关公式系半理论半经验公式,理论上无法推导,它只是用作计算的一种表达形式,应根据各种荷载、支承和截面形式等情况的压弯杆件在弯矩平面内稳定极限荷载的数值分析和试验研究成果,修订和拟合公式中的各种系数,使计算结果与理论和试验研究相吻合。(2)具体应用中应严格参照相关结构设计规范执行。

习　题

4-1 具有初始弯曲的压杆见图 4.3,其压杆的平衡微分方程如式(4.2),试用最小势能原理推导其四阶微分方程:$EIv^{IV}+Pv''=-Pv_0''$。

4-2 按教材 4.8 节的方法,编程实现结构稳定极值失稳分析的数值积分法,计算一典型压杆的失稳极值,并用其他计算软件进行同步分析,校验编制程序的正确性。

4-3 请论述欧拉临界力公式的适用前提,并简要论述为何在各种情况下均使用该公式计算? 应用中需要注意什么?

4-4 图 4.24 为框架是地道桥顶进法施工的顶进装置布置示意图,顶进时顶铁(杆)常因千斤顶顶力过大、顶铁长度太长等因素而向上压屈失稳,请构造其力学分析图式,分析其临界荷载,并列举提高稳定性的措施;若在中部采取图中所示的压重 $q(x)$,分析其效应。

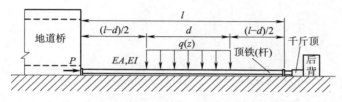

图 4.24　题 4-4 图

4-5 中心受压悬臂构件的自由端承受压力 P 和弯矩 M_0,如图 4.25 所示,计算构件的最大横向位移和最大弯矩。画出下列情况的弯矩图 $M(z)$:(a)$P=\dfrac{\pi^2 EI}{4l^2}$;(b)$P=\dfrac{\pi^2 EI}{16l^2}$;(c)$P=0$。

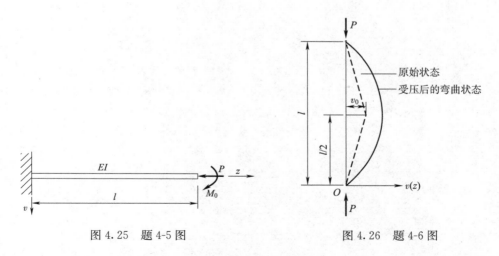

图 4.25　题 4-5 图　　　　　图 4.26　题 4-6 图

4-6 计算如图 4.26 所示的具有初弯曲受压构件的最大挠度、最大弯矩和弯矩放大系数。其中的初弯曲呈直线变化,中点初变位值为 v_0,并与初弯曲呈正弦曲线的结果进行比较。

部分习题答案：

4-5 $M_{\max} = \dfrac{M_0}{\cos \sqrt{Pl^2/EI}}$，$v_{\max} = \dfrac{\tan(kl/2)}{kl/2} v_0 \approx \dfrac{1-0.2P/P_E}{1-P/P_E} v_0$

4-6 $M_{\max} = \dfrac{\tan(kl/2)}{kl/2} Pv_0 \approx \dfrac{1-0.2P/P_E}{1-P/P_E} Pv_0$；$\alpha = \dfrac{1-0.2P/P_E}{1-P/P_E}$

5 刚架、桁架屈曲

5.1 引 言

第 3、4 章阐述了单根杆件的屈曲，这是理解和分析结构屈曲的基础。但是，实际结构中杆件的端部支承条件不是理想的固定、铰接或自由，对于刚架、桁架中的杆件，它们大多是弹性嵌固于与该杆件相连接的各杆件上。这种弹性嵌固作用要涉及除该杆件以外的结构所有杆件。因此，精确分析实际结构压杆的承载力，必须分析整个结构的屈曲或者压溃。

当无初弯矩（屈曲前就存在的弯矩称为初弯矩）作用时，在临界荷载作用下刚架屈曲有两种形式：当刚架侧移被阻止时，对称屈曲（图 5.1）；当无侧移控制时，则产生侧移屈曲（图 5.2）。

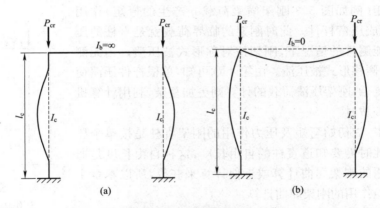

图 5.1 刚架有侧移控制时的屈曲

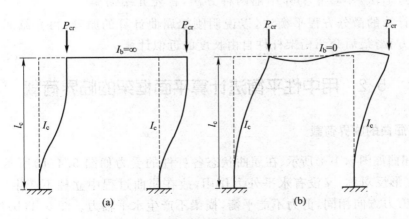

图 5.2 刚架无侧移控制时的屈曲

临界荷载与刚架横梁惯性矩 I_b 关系较大,如图 5.1(a) 所示失稳模式,当 $I_b = \infty$ 时,刚架直柱变成两端固定的轴心压杆,刚架临界荷载 $P_{cr} = \dfrac{4\pi^2 E\tau I_c}{l_c^2}$,其中,$I_c$、$l_c$ 分别为直柱的惯性矩和长度,$\tau = \dfrac{E_t}{E}$。当 $I_b = 0$ 时,直柱变成一端固定一端铰接的轴心压杆,故刚架临界荷载 $P_{cr} = \dfrac{\pi^2 E\tau I_c}{(0.7l_c)^2}$。当 $0 < I_b < \infty$ 时,则为

$$\frac{\pi^2 E\tau I_c}{(0.7l_c)^2} < P_{cr} < \frac{4\pi^2 E\tau I_c}{l_c^2} \tag{5.1}$$

若按图 5.2 所示失稳,当 $I_b = \infty$ 时,刚架直柱变成两端固定但能侧移的压杆,此时屈曲变形的反弯点在直柱中点,所以临界荷载 $P_{cr} = \dfrac{\pi^2 E\tau I_c}{l_c^2}$。当 $I_b = 0$ 时,直柱变成一端固定,另一端自由的轴心压杆,临界荷载 $P_{cr} = \dfrac{\pi^2 E\tau I_c}{4 l_c^2}$。当 $0 < I_b < \infty$ 时:

$$\frac{\pi^2 E\tau I_c}{4 l_c^2} < P_{cr} < \frac{\pi^2 E\tau I_c}{l_c^2} \tag{5.2}$$

比较式(5.1)和式(5.2)知,刚架侧移屈曲的临界荷载远低于对称屈曲的临界荷载。

当有初弯矩(例如图 5.3 刚架横梁荷载 q 产生的弯矩)作用时,刚架直柱变成压弯杆件。此时刚架的临界荷载就是直柱的压溃荷载。在不能侧移的情况下,刚架按对称形式被压溃。当无侧移控制时,则按侧移形式被压溃。由第 4 章可知,单根杆件压溃荷载的计算已极复杂,刚架压溃荷载的计算则更加复杂,利用计算机计算也较复杂和费时。

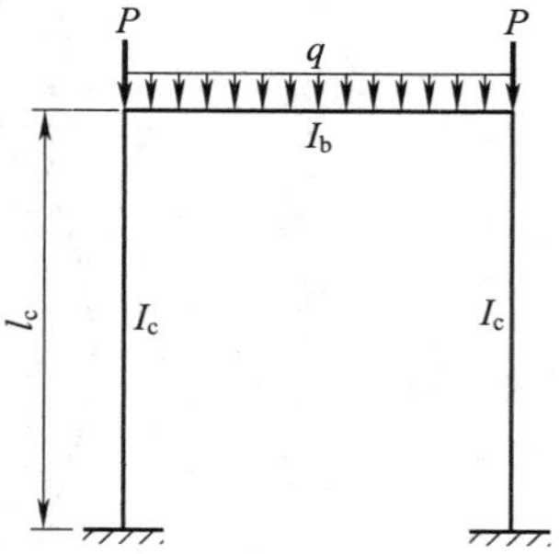

实际设计中,受初始弯矩及压力作用的刚架直柱是按单个压弯杆件设计。此时需要知道直柱的自由长度,这种自由长度是通过无初弯矩作用的刚架屈曲计算或近似计算来获得,所以本章主要介绍无初弯矩作用的刚架屈曲计算。

图 5.3　受横梁荷载 q 和 P 作用的门式刚架

求解刚架屈曲荷载的方法有微分方程平衡法、位移法、有限元法和其他近似法,本章主要介绍前两种方法,首先介绍简单的刚架屈曲计算的微分方程平衡法,以说明刚架屈曲计算的原理;再介绍屈曲计算的杆件转角位移方程;最后介绍桁架杆件自由长度的近似计算。

5.2　用中性平衡法计算平面框架的临界荷载

5.2.1　侧移屈曲的临界荷载

设框架屈曲如图 5.4(a) 所示、在屈曲状态各杆件的受力如图 5.4(b) 所示。由于结构对称,屈曲变形反对称,又没有水平外力作用,故在屈曲过程中立柱不产生剪力,若有剪力则两柱的剪力方向相同,剪力不能平衡,横梁不产生水平轴力。图 5.4(b) 中的 V、M_A、M_B、M_C、M_D 是在框架屈曲过程中产生的,在屈曲之前并不存在,故分别称为附加剪力、附加弯矩。

为了计算此框架的临界荷载，需作以下假定：

（1）压力 P 准确作用在立柱轴心线上并且方向不变，在屈曲前，立柱只受轴向压力作用，没有实弯矩。

（2）框架只在其平面内屈曲，材料服从虎克定律，各杆件为等截面。

（3）杆件轴向变形很小，忽略不计。

（4）忽略剪切变形影响。

由于屈曲变形非常微小，附加剪力 V 可忽略不计，则图 5.4(b)中左右立柱的受力完全相同。计算左边立柱及横梁的平衡，就全部包括了整个框架屈曲的受力情况。下面先列出左立柱的平衡微分方程，再列出横梁平衡方程，联合两方程建立框架屈曲方程，从而求出该框架临界荷载。

自图 5.4(b)左立柱截取一段为隔离体，如图 5.4(c)所示，注意忽略附加剪力 V，由其平衡条件得

$$EI_1 \frac{\mathrm{d}^2 v}{\mathrm{d}z^2} + Pv = M_A \tag{5.3}$$

引入 $k_1^2 = \dfrac{P}{EI_1}$，则得
$$\frac{\mathrm{d}^2 v}{\mathrm{d}z^2} + k_1^2 v = \frac{M_A}{EI_1} \tag{5.4}$$

式(5.4)的通解为
$$v = A\sin k_1 z + B\cos k_1 z + \frac{M_A}{P} \tag{5.5}$$

由几何边界条件：当 $z=0$，$v=0$ 及 $\dfrac{\mathrm{d}v}{\mathrm{d}z}=0$，分别解得 $B=\dfrac{M_A}{P}$ 及 $A=0$，于是

$$v = \frac{M_A}{P}(1 - \cos k_1 z) \tag{5.6}$$

当 $z=l_1$ 时，$v=\delta$，见图 5.4(b)，代入式(5.6)得

$$\delta = \frac{M_A}{P}(1 - \cos k_1 l_1) \tag{5.7}$$

再由左立柱的平衡条件得
$$\delta = \frac{M_A + M_B}{P} \tag{5.8}$$

由式(5.7)和式(5.8)得
$$M_A \cos k_1 l_1 + M_B = 0 \tag{5.9}$$

考虑图 5.4(b)横梁的受力情况，由结构力学的杆件转角位移方程得

$$M_B = \frac{2EI_2}{l_2}(2\theta_B + \theta_C) \tag{5.10}$$

因 $\theta_B = \theta_C$，则
$$M_B = \frac{6EI_2}{l_2}\theta_B \tag{5.11}$$

微分式(5.6)得
$$\frac{\mathrm{d}v}{\mathrm{d}z} = \frac{M_A}{P}k_1 \sin k_1 z \tag{}$$

当 $z=l_1$ 时，$\dfrac{\mathrm{d}v}{\mathrm{d}z} = \theta_B = \dfrac{M_A}{P}k_1 \sin k_1 l_1$，而 $P = k_1^2 EI_1$，则

$$\theta_B = \frac{M_A}{k_1 EI_1} \sin k_1 l_1 \tag{5.12}$$

将式(5.12)代入式(5.11)，整理得

$$\frac{6I_2}{k_1 I_1 l_2} M_A \sin k_1 l_1 - M_B = 0 \tag{5.13}$$

这样，得出框架屈曲的两个独立平衡方程(5.9)和式(5.13)，这两个方程是线性齐次方程

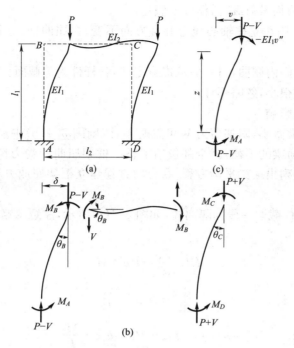

图 5.4　门型刚架反对称屈曲

组,方程中的未知量为 M_A、M_B,方程组的平凡解为 $M_A=M_B=0$,这相当于框架不屈曲,因为框架屈曲前杆件只受轴向力作用。这不符合题意,故必须是非凡解 $M_A\neq0$,$M_B\neq0$。齐次线性方程组(5.9)和(5.13)有非凡解的条件是其系数组成的行列式 $\Delta=0$,从此得出框架侧移屈曲方程:

$$\frac{\tan k_1 l_1}{k_1 l_1}=-\frac{I_1 l_2}{6 I_2 l_1} \tag{5.14}$$

由式(5.14)的最小根即可求出框架侧移屈曲的临界荷载。

例如:$I_1=I_2=I$、$l_1=l_2=l$,则式(5.14)变为 $\dfrac{\tan kl}{kl}=-\dfrac{1}{6}$,用试算法得出最小根 $kl=$

2.71,故临界荷载 $P_{cr}=\dfrac{7.34EI}{l^2}$,此值符合式(5.2)所示规律。

基本方程式是描述立柱屈曲位移方程(5.6)及横梁平衡方程(5.10),此两方程中的 θ_B、θ_C、v 利用左立柱及横梁两端的几何与力学边界条件消掉,最后得到仅包含未知量 M_A、M_B 的齐次线性方程(5.9)和(5.13)。上述方程式(5.7)和(5.8)并不需要,可直接由式(5.6)导出式(5.9)如下:

将式(5.6)对 z 微分两次,得

$$v''=\frac{M_A}{P}k_1^2\cos k_1 z$$

将 $P=k_1^2 EI_1$ 及 $v''=-\dfrac{M}{EI_1}$ 代入上式,得

$$M(z)=-M_A\cos k_1 z$$

当 $z=l_1$ 时 $M(l_1)=M_B$,代入上式即得出式(5.9)。

　　按上述计算方法,刚架有几根杆件,就可得出几个独立的线性齐次方程,图 5.4(a)左、右立柱屈曲时受力相同,故有两个独立的线性齐次方程(5.9)和(5.13)。这样,刚架有很多杆件时,计算就非常复杂。

　　式(5.10)直接由杆件转角位移方程得出更为方便,这启示人们推导有轴力作用的杆件转角位移方程,可以方便地分析刚架的稳定问题。

5.2.2　对称屈曲

　　当框架不能侧移,压力 P 等于临界荷载 P_{cr} 时,发生对称形式的屈曲,如图 5.5(a)所示。各杆件受力如图 5.5(b)所示。因为对称屈曲,则立柱有剪力 $Q=(M_A-M_B)/l_1$ 作用,横梁中没有剪力。同样,只需建立左立柱及横梁平衡方程。采用 5.2.1 节中假设,从左立柱截取隔离体如图 5.5(c)所示,由其平衡条件得

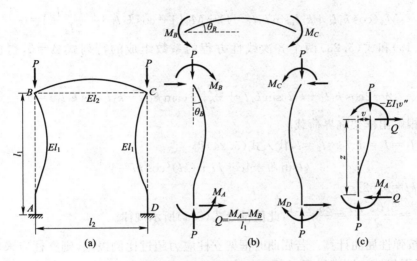

图 5.5　门型刚架对称屈曲

$$EI_1 \frac{\mathrm{d}^2 v}{\mathrm{d}z^2}+Pv=M_A-\frac{M_A-M_B}{l_1}z \tag{5.15}$$

或写成
$$\frac{\mathrm{d}^2 v}{\mathrm{d}z^2}+k_1^2 v=\frac{M_A}{EI_1}\left(1-\frac{z}{l_1}\right)+\frac{M_B}{EI_1}\frac{z}{l_1} \tag{5.16}$$

式中, $k_1^2=\dfrac{P}{EI_1}$ 。

　　式(5.16)的通解为
$$v=A\sin k_1 z+B\cos k_1 z+\frac{M_A}{P}\left(1-\frac{z}{l_1}\right)+\frac{M_B}{P}\frac{z}{l_1} \tag{5.17}$$

　　由几何边界条件 $z=0,v=0$ 和 $\dfrac{\mathrm{d}v}{\mathrm{d}z}=0$,得出

$$B=-\frac{M_A}{P} \qquad A=\frac{M_A-M_B}{k_1 l_1 P}$$

于是
$$v=\frac{M_A}{P}\left(\frac{1}{k_1 l_1}\sin k_1 z-\cos k_1 z+1-\frac{z}{l_1}\right)+\frac{M_B}{P}\left(\frac{z}{l_1}-\frac{1}{k_1 l_1}\sin k_1 z\right) \tag{5.18}$$

　　因为无侧移,故由 $z=l_1,v=0$ 的条件,得
$$M_A(\sin k_1 l_1-k_1 l_1\cos k_1 l_1)+M_B(k_1 l_1-\sin k_1 l_1)=0 \tag{5.19}$$

另外,由杆件转角位移方程,得

$$M_B = \frac{2EI_2}{l_2}(2\theta_B + \theta_C) \tag{5.20}$$

因为对称屈曲有 $\theta_B = -\theta_C$,故

$$M_B = \frac{2EI_2}{l_2}\theta_B \tag{5.21}$$

由节点 B 的变形连续条件 $\theta_B = -\dfrac{\mathrm{d}v}{\mathrm{d}z}\Big|_{z=l_1}$,图 5.5(b)中 θ_B 为正,而 $\theta_B = \dfrac{\mathrm{d}v}{\mathrm{d}z}\Big|_{z=l_1}$ 为负,故式(5.21)前有一负号,得

$$\theta_B = -\frac{M_A}{P}\left(\frac{1}{l_1}\cos k_1 l_1 + k_1 \sin k_1 l_1 - \frac{1}{l_1}\right) - \frac{M_B}{P}\left(\frac{1}{l_1} - \frac{1}{l_1}\cos k_1 l_1\right) \tag{5.22}$$

将式(5.21)代入式(5.22),整理后得

$$M_A(\cos k_1 l_1 + k_1 l_1 \sin k_1 l_1 - 1) + M_B\left(1 - \cos k_1 l_1 + \frac{k_1^2 l_2 l_1 I_1}{2I_2}\right) = 0 \tag{5.23}$$

由式(5.19)和式(5.23)两个齐次线性方程的系数组成的行列式 $\Delta = 0$,得出框架屈曲方程:

$$2 - 2\cos k_1 l_1 - k_1 l_1 \sin k_1 l_1 + \frac{l_2 I_1 k_1}{2I_2}(\sin k_1 l_1 - k_1 l_1 \cos k_1 l_1) = 0 \tag{5.24}$$

由此式最小根解出框架临界荷载。

例如令 $I_1 = I_2 = I$、$l_1 = l_2 = l$,代入式(5.24)得

$$kl\sin kl + 4\cos kl + (kl)^2 \cos kl = 4$$

其最小根为 $kl = 5.02$。

故 $P_{cr} = EIk^2 = \dfrac{5.02^2 EI}{l^2} = \dfrac{25.2EI}{l^2}$,此值符合式(5.1)所示规律。

前面是按弹性屈曲计算。若屈曲时框架立柱应力超过比例极限,则立柱应采用切线模量 E_t 计算,横梁则仍按弹性模量 E 计算。

5.3　压曲杆件的转角位移方程

由 5.2 节知,刚架侧移屈曲后,除支点外,每个节点产生线位移及转角,刚架屈曲前仅受轴心压力 P 作用的杆件,屈曲后产生附加弯矩 M、附加剪力 Q、附加轴力 ΔP;刚架屈曲前不受力的杆件(例如框架横梁),屈曲后承受附加力系 M、Q 作用,又称稳定次内力。刚架屈曲过程中,各杆件的工作非常类似于内力分析时侧移刚架杆件的工作:对刚架内力分析,导出杆件转角位移方程,并开展分析。所以,对于刚架屈曲,自然导出了杆件的转角位移方程,称为压曲杆件的转角位移方程,下面推导该方程。仿照结构力学的方法和本节的转角位移方程,可计算框架等结构的二阶内力。

5.3.1　压弯杆件

设刚架屈曲前仅受轴心压力 P 作用的杆件 AB,刚架屈曲后变为 $A'B'$,如图 5.6 所示。内力和位移正负号约定为:节点转角 φ、杆件转角 θ 及杆端挠曲角 τ 按顺时针方向转动为正,附加弯矩 M 以绕杆件顺时针旋转或绕节点逆时针旋转为正,剪力 Q 也以绕杆件顺时针旋转为

正,图中符号均为正。

设杆件为等截面、正直,材料服从虎克定律,压力 P 的方向不改变,屈曲变形微小。则距离坐标原点为 z 处的杆件弯矩为

$$M(z)=M_A+Qz+Pv \quad (忽略 \Delta P)$$

杆件曲率 $$\frac{1}{\rho}\approx-v''$$

将上式代入杆件挠曲平衡方程 $\frac{1}{\rho}=\frac{M}{EI}$,得杆件屈曲后的挠曲微分方程:

$$EIv''+M_A+Qz+Pv=0 \tag{5.25}$$

由 $\sum M_B=0$,得

$$M_A+M_B+Ql+P(\delta_B-\delta_A)=0$$

而 $\delta_B-\delta_A=\theta l$(因为微小变形),故

$$M_A+M_B+Ql+P\theta l=0$$

由上式解得剪力为

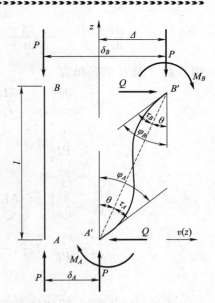

图 5.6 压弯杆件内力与变形图

$$Q=-\frac{M_B+M_A}{l}-P\theta \tag{5.26}$$

代入式(5.25),得

$$EIv''+M_A\left(1-\frac{z}{l}\right)-M_B\frac{z}{l}+P(v-\theta z)=0 \tag{5.27}$$

式(5.27)的通解为

$$v=C_1\sin\frac{rz}{l}+C_2\cos\frac{rz}{l}-\frac{M_A}{P}\left(1-\frac{z}{l}\right)+\frac{M_B}{P}\frac{z}{l}+\theta z \tag{5.28}$$

式中,$r=l\sqrt{\dfrac{P}{EI}}$。

由杆件的几何边界条件 $z=0,v=0$;$z=l,v=\theta l$ 解得

$$C_1=-\frac{1}{\sin r}\left(\frac{M_A}{P}\cos r+\frac{M_B}{P}\right) \qquad C_2=\frac{M_A}{P}$$

所以

$$v=-\frac{1}{\sin r}\left[\frac{M_A}{P}\cos r+\frac{M_B}{P}\right]\sin\frac{rz}{l}+\frac{M_A}{P}\cos\frac{rz}{l}+\frac{M_A}{P}\left(\frac{z}{l}-1\right)+\frac{M_B}{P}\frac{z}{l}+\theta z$$

$$=\frac{M_A}{P}\left[\frac{\sin r\cos\dfrac{rz}{l}-\cos r\sin\dfrac{rz}{l}}{\sin r}-1+\frac{z}{l}\right]+\frac{M_B}{P}\left[\frac{z}{l}-\frac{\sin\dfrac{rz}{l}}{\sin r}\right]+\theta z$$

$$=\frac{M_A}{P}\left[\frac{\sin\left(r-\dfrac{rz}{l}\right)}{\sin r}-1+\frac{z}{l}\right]+\frac{M_B}{P}\left[\frac{z}{l}-\frac{\sin\dfrac{rz}{l}}{\sin r}\right]+\theta z \tag{5.29}$$

对式(5.29)中 z 微分一次,得

$$\frac{\mathrm{d}v}{\mathrm{d}z}=\frac{M_A}{P}\left[-\frac{r}{l}\frac{1}{\sin r}\cos r\left(1-\frac{z}{l}\right)+\frac{1}{l}\right]+\frac{M_B}{P}\left(\frac{1}{l}-\frac{r}{l\sin r}\cos\frac{rz}{l}\right)+\theta \tag{5.30}$$

则节点 A 及 B 的转角为

$$\begin{aligned}
\varphi_A &=\frac{\mathrm{d}v}{\mathrm{d}z}\bigg|_{z=0}=\frac{M_A}{P}\left(-\frac{r}{l\sin r}\cos r+\frac{1}{l}\right)+\frac{M_B}{P}\left(\frac{1}{l}-\frac{r}{l\sin r}\right)+\theta \\
&=\frac{1}{Pl}\left[M_A(1-r\cot r)+M_B\left(1-\frac{r}{\sin r}\right)\right]+\theta \\
&=\tau_A+\theta \tag{5.31}
\end{aligned}$$

$$\begin{aligned}
\varphi_B &=\frac{\mathrm{d}v}{\mathrm{d}z}\bigg|_{z=l}=\frac{M_A}{P}\left(-\frac{r}{l\sin r}+\frac{1}{l}\right)+\frac{M_B}{P}\left(\frac{1}{l}-\frac{r}{l\sin r}\cos r\right)+\theta \\
&=\frac{1}{Pl}\left[M_A\left(1-\frac{r}{\sin r}\right)+M_B(1-r\cot r)\right]+\theta \\
&=\tau_B+\theta \tag{5.32}
\end{aligned}$$

式(5.31)及式(5.32)中杆端挠曲角 τ_A、τ_B 为

$$\tau_A=\frac{1}{Pl}\left[M_A(1-r\cot r)+M_B\left(1-\frac{r}{\sin r}\right)\right] \tag{5.33}$$

$$\tau_B=\frac{1}{Pl}\left[M_A\left(1-\frac{r}{\sin r}\right)+M_B(1-r\cot r)\right] \tag{5.34}$$

考虑 $P=\dfrac{r^2}{l^2}EI$，并令线刚度　　　　　$k_i=\dfrac{EI}{l} \tag{5.35}$

由图 5.6 的几何关系有　　　　$\left.\begin{aligned}\varphi_A=\tau_A+\theta\\\varphi_B=\tau_B+\theta\end{aligned}\right\} \tag{5.36}$

由式(5.33)~式(5.35)得

$$\left.\begin{aligned}\tau_A&=\frac{1}{k_i}(CM_A-SM_B)\\\tau_B&=\frac{1}{k_i}(-SM_A+CM_B)\end{aligned}\right\} \tag{5.37}$$

其中　　　　　　　$\left.\begin{aligned}C&=\frac{1}{r^2}\left(1-\frac{r}{\tan r}\right)\\S&=\frac{1}{r^2}\left(\frac{r}{\sin r}-1\right)\end{aligned}\right\} \tag{5.38}$

由式(5.26)得　　　　　　　$\theta=-\dfrac{M_B+M_A}{Pl}-\dfrac{Q}{P} \tag{5.39}$

式(5.36)、式(5.37)和式(5.39)就是以附加弯矩和剪力为未知量来计算刚架屈曲的式子,称为按力法计算。应用式(5.37)和式(5.39)时要注意附标 A、B 与图 5.6 的受力情形相对应。

5.3.2　拉弯杆件

上述是按杆件受压受弯进行处理,在刚构中,并非所有杆件均为压弯杆件,因此,也需要考

虑拉弯杆件问题。为了将式(5.35)~式(5.39)推广用于杆件受拉及受弯的情况,以 $-P$ 代替 r 中的 P 而得到 r',则

$$\left.\begin{aligned}
r' &= l\sqrt{\frac{-P}{EI}} = \mathrm{i}r \\
(r')^2 &= -r^2 \\
\sin r' &= \sin \mathrm{i}r = \mathrm{i}\sinh r \\
\cos r' &= \cos \mathrm{i}r = \cosh r \\
\tanh r' &= \mathrm{i}\tanh r
\end{aligned}\right\} \tag{5.40}$$

将式(5.40)代入(5.38)中 C、S 的计算式,则得

$$\left.\begin{aligned}
C &= \frac{1}{(\mathrm{i}r)^2}\left(1 - \frac{\mathrm{i}r}{\mathrm{i}\tanh r}\right) = -\frac{1}{r^2}\left(1 - \frac{r}{\tanh r}\right) = \frac{1}{r^2}\left(\frac{r}{\tanh r} - 1\right) \\
S &= \frac{1}{(\mathrm{i}r)^2}\left(\frac{\mathrm{i}r}{\mathrm{i}\sinh r} - 1\right) = \frac{-1}{r^2}\left(\frac{r}{\sinh r} - 1\right) = \frac{1}{r^2}\left(\frac{r}{\sinh r} - 1\right)
\end{aligned}\right\} \tag{5.41}$$

应注意式(5.41)中的 $r = l\sqrt{\dfrac{P}{EI}}$,其中,$P$ 为轴心拉力。

如果杆件不受轴向力作用(例如框架横梁),则 $P=0$,即 $r=0$,由式(5.38)中 C、S 的计算式,应用洛必达法则求得

$$C = 1/3, \quad S = 1/6 \tag{5.42}$$

推导如下

$$\tan r = r + \frac{1}{3}r^3 + \frac{2}{15}r^5 + \cdots$$

$$\sin r = r - \frac{1}{3!}r^3 + \frac{1}{5!}r^5 - \cdots$$

$$C = \frac{1}{r^2}\left(1 - \frac{r}{\tan r}\right) = \frac{1}{r^2}\frac{\tan r - r}{\tan r} = \frac{1}{r^2}\frac{\frac{1}{3}r^3 + \frac{2}{15}r^5 + \cdots}{r + \frac{1}{3}r^3 + \frac{2}{15}r^5 + \cdots} = \lim_{r \to 0}\frac{\frac{1}{3} + \frac{2}{15}r^2 + \cdots}{1 + \frac{1}{3}r^2 + \frac{2}{15}r^4 + \cdots} = \frac{1}{3}$$

$$S = \frac{1}{r^2}\left(\frac{r}{\sin r} - 1\right) = \frac{1}{r^2}\frac{r - \sin r}{\sin r} = \frac{1}{r^2}\frac{\frac{1}{3!}r^3 - \frac{1}{5!}r^5 + \cdots}{r - \frac{1}{3!}r^3 + \frac{1}{5!}r^5 - \cdots} = \lim_{r \to 0}\frac{\frac{1}{3!} - \frac{1}{5!}r^2 + \cdots}{1 - \frac{1}{3!}r^2 + \frac{1}{5!}r^4 - \cdots} = \frac{1}{6}$$

5.3.3　变形法求解的转角位移方程

当刚架独立位移(节点及杆件转角位移)的数目较少时,以位移为未知量解刚架稳定问题更方便,称为按变形法求解。由式(5.37)及式(5.39)中解出附加弯矩 M 和附加剪力 Q 为

$$\left.\begin{aligned}
M_A &= k_i\left[C'\varphi_A + S'\varphi_B - (C' + S')\theta\right] \\
M_B &= k_i\left[C'\varphi_B + S'\varphi_A - (C' + S')\theta\right] \\
Q &= \frac{-k_i}{l}\left[(C' + S')(\varphi_A + \varphi_B) - (2C' + 2S' - r^2)\theta\right]
\end{aligned}\right\} \tag{5.43}$$

$$C' = \frac{C}{C^2 - S^2} = \frac{r(\sin r - r\cos r)}{2 - 2\cos r - \sin r} = \frac{r(\tan r - r)}{\tan r\left(2\tan\dfrac{r}{2} - r\right)}$$

式中

$$S' = \frac{S}{C^2 - S^2} = \frac{r(r - r\sin r)}{\sin r^2 - 2\cos r - \sin r} = \frac{r(r - r\sin r)}{\sin r\left(2\tan\dfrac{r}{2} - r\right)}$$

$$(5.44)$$

当 P 为压力时,C、S 按式(5.38)计算;当 P 为拉力时 C、S 按式(5.41)计算,此时式(5.39)中的 P 应以 $-P$ 代替。

若 $P=0$,则 $C=1/3$,$S=1/6$,故

$$C' = \frac{1/3}{(1/3)^2 - (1/6)^2} = 4 \qquad S' = \frac{1/6}{(1/3)^2 - (1/6)^2} = 2$$

若此时构件无侧移,式(5.43)退化为 $M_A = k_i(4\varphi_A + 2\varphi_B)$,$M_B = k_i(4\varphi_B + 2\varphi_A)$,该式即为弹性分析中的转角位移方程。

式(5.43)就是按变形法计算刚架屈曲的式子。

若将式(5.43)改写为用位移表示弯矩的形式,进而类同弹性受弯构件,推出稳定近似中的抗弯刚度、抗侧移刚度和弯矩传递系数等,读者可自行推导。进一步得出梁杆系结构稳定分析的刚度矩阵法,参见第 10 章。

5.4 按转角位移方程计算框架的平面屈曲

下面举例说明压曲杆件转角位移方程的应用。

5.4.1 单跨单层矩形框架无侧移屈曲

计算图 5.7 所示框架的平面对称屈曲。图 5.7 所示框架常用于桁架桥中的桥门架等结构。

用转角位移方程计算框架屈曲时要注意转角和弯矩的符号:

(1)转角符号,当框架各杆件采用同一坐标系时,相交于同一节点的各杆件的节点转角相等,而不区分节点转角的正负号,例如图 5.7 中 $\varphi_{AC} = \varphi_{AB}$,$\varphi_{BA} = \varphi_{BD}$。因为在同一坐标系中,$\varphi_{BA}$ 为负,φ_{BD} 亦为负,两者相等,故直接写 $\varphi_{BA} = \varphi_{BD}$,而不必区分其正负。

(2)附加弯矩和附加剪力的正负号,按以下办法之一考虑:

不考虑框架的屈曲图形,一律按图 5.6 的约定取正方向,例如图 5.7 框架,按图 5.6 定出的节点 A 和 B 的弯矩和剪力正号分别标注如图 5.8 和图 5.9 所示。绘出节点或杆件的受力图来建立节点及杆件平衡方程,M 及 Q 则按式(5.43)计算。

下面就应用上述方法计算图 5.7 框架的屈曲。

如图 5.7 所示,由于结构为对称结构及对称屈曲变形,则 $\varphi_A = -\varphi_C$,$\varphi_B = -\varphi_D$,$\theta = 0$,且只有两个独立节点位移,所以按变形法计算较方便。

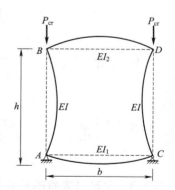

图 5.7 单跨单层矩形框架无侧移屈曲

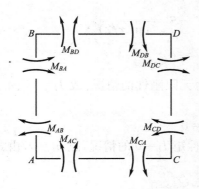

图 5.8　节点弯矩

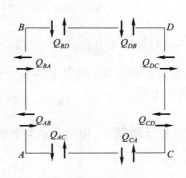

图 5.9　节点剪力

按图 5.8 计算,节点 A、B 的平衡方程分别为

$$\left.\begin{array}{l} M_{AC}+M_{AB}=0 \\ M_{BA}+M_{BD}=0 \end{array}\right\} \tag{5.45}$$

考虑 $\theta=0$,$\varphi_{AC}=-\varphi_{CA}$,$\varphi_{BD}=-\varphi_{DB}$,$k_1=EI/h$,$k_2=EI_1/b$,$k_3=EI_2/b$,对于横梁压力 $P=0$,由式(5.43)得

$$M_{AC}=k_2(4\varphi_{AC}+2\varphi_{CA})=k_2(4\varphi_{AC}-2\varphi_{AC})=2k_2\varphi_{AC}=2k_2\varphi_A$$
$$M_{AB}=k_1(C'\varphi_{AB}+S'\varphi_{BA})=k_1C'\varphi_A+k_1S'\varphi_B$$
$$M_{BA}=k_1(C'\varphi_{BA}+S'\varphi_{AB})=k_1C'\varphi_B+k_1S'\varphi_A$$
$$M_{BD}=k_3(4\varphi_{BD}+2\varphi_{DB})=k_3(4\varphi_{BD}-2\varphi_{BD})=2k_3\varphi_{BD}=2k_3\varphi_B$$

代入式(5.45)得

$$\left.\begin{array}{l} (2k_2+k_1C')\varphi_A+k_1S'\varphi_B=0 \\ k_1S'\varphi_A+(k_1C'+2k_3)\varphi_B=0 \end{array}\right\} \tag{5.46}$$

上述应用了节点变形连续条件 $\varphi_{AC}=\varphi_{AB}=\varphi_A$ 及 $\varphi_{BD}=\varphi_{BA}=\varphi_B$。

式(5.46)除以 k_1,令 $n_1=\dfrac{k_2}{k_1}$ 及 $n_2=\dfrac{k_3}{k_1}$,有

$$\left.\begin{array}{l} (C'+2n_1)\varphi_A+S'\varphi_B=0 \\ S'\varphi_A+(C'+2n_2)\varphi_B=0 \end{array}\right\} \tag{5.47}$$

由式(5.47)各系数组成的行列式 $\Delta=0$,得屈曲方程:

$$(C'+2n_1)(C'+2n_2)-S'^2=0 \tag{5.48}$$

下面讨论几种特殊情形:

(1)上下横梁相同:此时 $n_1=n_2$,则式(5.48)变为

$$(C'+2n_1)^2-S'^2=0$$
$$(C'+2n_1-S')(C'+2n_1+S')=0$$

因

$$C'+2n_1+S'\neq 0$$

故

$$C'+2n_1-S'=0 \tag{5.49}$$

由式(5.44)知

$$C'-S'=\frac{C-S}{C^2-S^2}=\frac{1}{C+S}$$

由式(5.38)知

$$C+S=\frac{1}{r}\left(\frac{1}{\sin r}-\frac{1}{\tan r}\right)=\frac{1}{r}\frac{1-\cos r}{\sin r}$$

而

$$1-\cos r=2\sin^2\frac{r}{2} \qquad \sin r=2\sin\frac{r}{2}\cos\frac{r}{2}$$

则
$$C+S=\frac{\tan(r/2)}{r} \qquad C'-S'=\frac{r}{\tan(r/2)}$$

代入式(5.49)得屈曲方程： $\qquad \tan\frac{r}{2}+\frac{r}{2n_1}=0 \qquad\qquad (5.50)$

(2)框架立柱下端固定，相当于框架下横梁为无限刚性的情况：故 $I_1=\infty$、$n_1=\infty$，则由式(5.48)得屈曲方程：

$$C'+2n_2=0 \qquad\qquad (5.51)$$

(3)框架立柱下端简支，相当于框架下横梁惯性矩 $I_1=0$ 的情况，故 $n_1=0$，由式(5.48)得屈曲方程

$$C'(C'+2n_2)-S'^2=0$$
$$C'^2+2C'n_2-S'^2=0$$

由式(5.43)得 $\qquad C'^2-S'^2=\dfrac{C^2-S^2}{(C^2-S^2)^2}=\dfrac{1}{C^2-S^2}$

$$\frac{1}{C^2-S^2}+2C'n_2=0$$

上式两边乘以C，得 $\qquad \dfrac{C}{C^2-S^2}+2C'Cn_2=0$

由于 $C'=\dfrac{C}{C^2-S^2}$，则

$$1+2Cn_2=0 \ \text{或} \ C+\frac{1}{2n_2}=0 \qquad\qquad (5.52)$$

5.4.2 单跨单层矩形框架侧移屈曲

计算图 5.10 所示框架的平面侧移屈曲。用转角位移方程计算时应注意交点与 5.4.1 节中叙述者同，结构为对称结构，反对称屈曲，故有

$$\varphi_A=\varphi_C \qquad \varphi_B=\varphi_D$$

横梁的 $\theta=0$，$P=0$，$k_1=EI/h$，$k_2=EI_1/b$，$k_3=EI_2/b$，由5.2 节知，立柱的附加剪力 $Q=0$。

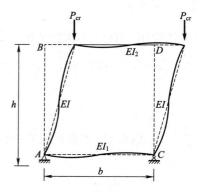

图 5.10 单跨单层矩形框架侧移屈曲

1. 按变形法计算

按 5.4.1 节中的方法绘节点 A、B 受力图，见图 5.8，得节点 A、B 的平衡方程为

$$\left.\begin{array}{l} M_{AC}+M_{AB}=0 \\ M_{BA}+M_{BD}=0 \end{array}\right\}$$

由式(5.43)有

$$M_{AC}=k_2(4\varphi_A+2\varphi_C)=k_2(4\varphi_A+2\varphi_A)=6k_2\varphi_A$$
$$M_{AB}=k_1[C'\varphi_A+S'\varphi_B-(C'+S')\theta]$$
$$M_{BA}=k_1[C'\varphi_B+S'\varphi_A-(C'+S')\theta]$$
$$M_{BD}=k_3(4\varphi_B+2\varphi_D)=k_3(4\varphi_B+2\varphi_B)=6k_3\varphi_B$$

代入上述平衡方程得

$$\left.\begin{array}{l}(k_1C'+6k_2)\varphi_A+k_1S'\varphi_B-k_1(C'+S')\theta=0 \\ k_1S'\varphi_A+(k_1C'+6k_3)\varphi_B-k_1(C'+S')\theta=0\end{array}\right\} \qquad (5.53)$$

另由 $Q_{AB}=0$ 和式(5.43)，得

$$(C'+S')\varphi_A+(C'+S')\varphi_B-(2C'+2S'-r^2)\theta=0 \tag{5.54}$$

由式(5.53)和式(5.54)各系数组成的行列式 $\Delta=0$，化简得框架侧移屈曲方程为

$$\frac{r^2}{6(n_1+n_2)}-\frac{r}{\tan r}-\frac{6n_1n_2}{n_1+n_2}=0 \tag{5.55}$$

其中 n_1、n_2 的意义与 5.4.1 节中相同。

2. 按力法计算

由变形连续条件 $\qquad \varphi_{AC}=\varphi_{AB} \qquad \varphi_{BA}=\varphi_{BD}$ $\tag{5.56}$

因 $\theta_{AC}=\theta_{BD}=0$，故由式(5.36)及式(5.37)得

$$\varphi_{AC}=\tau_{AC}+\theta_{AC}=\tau_{AC}=\frac{1}{k_2}(C_1M_{AC}-S_1M_{CA})$$

因反对称屈曲及 $P_{AC}=0$，$M_{CA}=M_{AC}$，$C_1=1/3$，$S_1=1/6$，则

$$\varphi_{AC}=\tau_{AC}=\frac{1}{6k_2}M_{AC}$$

又由节点 A 的力矩平衡方程，得 $M_{AC}=-M_{AB}$，进而有

$$\varphi_{AC}=\tau_{AC}=-\frac{1}{6k_2}M_{AB}$$

由式(5.36)、式(5.37)和式(5.39)并考虑 $Q_{AB}=0$，$P=\left(\dfrac{r}{l}\right)^2EI$，得

$$\varphi_{AB}=\tau_{AB}+\theta_{AB}=\frac{1}{k_1}(CM_{AB}-SM_{BA})-\left(\frac{M_{BA}+M_{AB}}{Pl}-0\right)$$

$$=\frac{1}{k_1}(CM_{AB}-SM_{BA})-\frac{1}{r^2k_1}(M_{BA}+M_{AB})$$

$$=\frac{1}{k_1}\left[\left(C-\frac{1}{r^2}\right)M_{AB}-\left(S+\frac{1}{r^2}\right)M_{BA}\right]$$

同理，并考虑到 $M_{BD}=M_{DB}$，有

$$\varphi_{BD}=\frac{1}{k_3}(C_2M_{BD}-S_2M_{DB})=\frac{1}{k_3}(C_2M_{BD}-S_2M_{BD})=\frac{1}{k_3}\left(\frac{1}{3}-\frac{1}{6}\right)M_{BD}=\frac{1}{6k_3}M_{BD}$$

由节点 B 的力矩平衡条件得 $M_{BD}=-M_{BA}$，所以

$$\varphi_{BD}=-\frac{1}{6k_3}M_{BA}$$

$$\varphi_{BA}=\tau_{BA}+\theta_{AB}=\frac{1}{k_1}(CM_{BA}-SM_{AB})-\frac{1}{r^2k_1}(M_{BA}+M_{AB})$$

$$=\frac{1}{k_1}\left[\left(C-\frac{1}{r^2}\right)M_{BA}+\left(-S-\frac{1}{r^2}\right)M_{AB}\right]$$

将上述 φ_{AC}、φ_{AB}、φ_{BA}、φ_{BD} 代入式(5.56)，并考虑 $n_1=\dfrac{k_2}{k_1}$ 及 $n_2=\dfrac{k_3}{k_1}$，得到线性齐次方程组：

$$\left.\begin{array}{l}\left(C-\dfrac{1}{r^2}+\dfrac{1}{6n_1}\right)M_{AB}-\left(S+\dfrac{1}{r^2}\right)M_{BA}=0\\[3mm]-\left(S+\dfrac{1}{r^2}\right)M_{AB}+\left(C-\dfrac{1}{r^2}+\dfrac{1}{6n_2}\right)M_{BA}=0\end{array}\right\} \tag{5.57}$$

由式(5.57)各系数组成的行列式 $\Delta=0$，得框架侧移屈曲方程：

$$\left(C-\frac{1}{r^2}+\frac{1}{6n_1}\right)\left(C-\frac{1}{r^2}+\frac{1}{6n_2}\right)-\left(S+\frac{1}{r^2}\right)^2=0 \tag{5.58}$$

将式(5.38)中 C、S 之值代入式(5.58)，化简后可得到按变形法计算的屈曲方程式(5.55)。

下面同样讨论几种特殊情况：

(1) 上下横梁相同：$n_1=n_2$，屈曲方程式(5.58)变为

$$\left(C-\frac{1}{r^2}+\frac{1}{6n_1}\right)-\left(S+\frac{1}{r^2}\right)=0$$

将式(5.38)中 C、S 之值代入上式，化简得

$$\frac{r}{2}\tan\frac{r}{2}-3n_1=0 \tag{5.59}$$

(2) 框架立柱下端固定：相当于上述 $I_1=\infty$、$n_1=\infty$，由式(5.55)得此种情况的屈曲方程：

$$\frac{r}{\tan r}+6n_2=0 \tag{5.60}$$

(3) 框架立柱下端铰交：相当于上述 $I_1=0$、$n_1=0$，式(5.55)得该情况的屈曲方程：

$$r\tan r-6n_2=0 \tag{5.61}$$

由上述表述可知独立的线性齐次方程的数目：

(1) 根据变形连续条件按力法计算，此时只有两个独立的变形连续条件式(5.56)，故得到两个独立的线性齐次方程(5.57)。

(2) 按变形法计算时，是根据独立的线位移及转角位移数目来建立方程，图5.10的框架屈曲有三个独立的位移 φ_A、φ_B、θ_{AB}，故得出三个独立的线性齐次方程式(5.53)和式(5.54)。从物理意义来看，按变形法计算是根据框架屈曲独立的平衡方程来建立的线性齐次方程，有 n 个独立的平衡方程，就有 n 个独立的线性齐次方程。图5.10框架有三个独立的平衡方程，故得出式(5.53)和式(5.54)中的三个线性齐次方程。

5.4.3　单跨双层矩形框架侧移屈曲

计算图5.11单跨双层框架的平面屈曲，侧移屈曲见图5.11(b)，按变形法计算(以位移为未知数)。由于结构对称及屈曲变形反对称，有四个独立位移 φ_1、φ_2、θ_{01}、θ_{12}。有四个独立平衡方程式(5.62a)、式(5.62b)、式(5.63a)和式(5.63b)：

由 $\sum M_1=0$，见图5.12(a)，得 $M_{10}+M_{14}+M_{12}=0$ $\qquad$ (5.62a)

由 $\sum M_2=0$，见图5.12(b)，得 $M_{21}+M_{23}=0$ $\qquad$ (5.62b)

由5.2节知，立柱附加剪力 $\qquad Q_{01}=0$ $\qquad$ (5.63a)

$$Q_{12}=0 \tag{5.63b}$$

由于结构为反对屈曲变形，则

$$M_{32}=M_{23}\qquad\varphi_1=\varphi_4$$
$$M_{41}=M_{14}\qquad\varphi_2=\varphi_3$$

因为一层立柱下端固定，故

$$\varphi_0=0\qquad\varphi_5=0$$

令 $k_1=EI/h$，$k_2=EI_1/b$，则横梁没有轴力作用并且转角为零，故横梁的 $C=4$，$S=2$，$\bar{\theta}=0$。

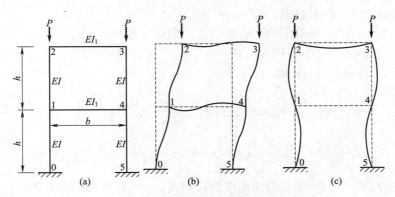

图 5.11　单跨双层矩形框架侧移屈曲

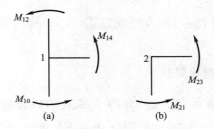

图 5.12　节点弯矩

下面按式(5.43)计算各杆件的附加弯矩及剪力：

$$M_{10}=k_1[C'\varphi_1+S'_1\cdot0-(C'+S')\theta_{01}]=k_1C'\varphi_1-k_1(C'+S')\theta_{01}$$

$$M_{14}=k_2(4\varphi_1+2\varphi_4)=6k_2\varphi_1$$

$$M_{12}=k_1[C'\varphi_1+S'\varphi_2-(C'+S')\theta_{12}]=k_1C'\varphi_1+k_1S'\varphi_2-k_1(C'+S')\theta_{12}$$

$$M_{21}=k_1[C'\varphi_2+S'\varphi_1-(C'+S')\theta_{12}]=k_1C'\varphi_2+k_1S'\varphi_1-k_1(C'+S')\theta_{12}$$

$$M_{23}=k_2(4\varphi_2+2\varphi_3)=6k_2\varphi_2$$

代入式(5.62)，得

$$(2k_1C'+6k_2)\varphi_1+k_1S'\varphi_2-k_1(C'+S')\theta_{01}-k_1(C'+S')\theta_{12}=0 \tag{5.64a}$$

$$k_1S'\varphi_1+(k_1C'+6k_2)\varphi_2-k_1(C'+S')\theta_{12}=0 \tag{5.64b}$$

由式(5.63a)，得

$$-\frac{k_1}{h}[(C'+S')\varphi_1-(2C'+2S'-r^2)\theta_{01}]=0$$

$$(C'+S')\varphi_1-(2C'+2S'-r^2)\theta_{01}=0 \tag{5.64c}$$

由式(5.63b)，得

$$-\frac{k_1}{h}[(C'+S')(\varphi_1+\varphi_2)-(2C'+2S'-r^2)\theta_{12}]=0$$

$$(C'+S')(\varphi_1+\varphi_2)-(2C'+2S'-r^2)\theta_{12}=0 \tag{5.64d}$$

式(5.64a)、式(5.64b)除以 k_1，并令 $n_1=\dfrac{k_2}{k_1}$，则式(5.64a)、式(5.64b)变为

$$(2C'+6n_1)\varphi_1+S'\varphi_2-(C'+S')\theta_{01}-(C'+S')\theta_{12}=0 \tag{5.64e}$$

$$S'\varphi_1+(C'+6n_1)\varphi_2-(C'+S')\theta_{12}=0 \tag{5.64f}$$

由式(5.64c)、式(5.64d)解出：

$$\theta_{01}=\frac{(C'+S')\varphi_1}{2C'+2S'-r^2}\qquad\theta_{12}=\frac{(C'+S')(\varphi_1+\varphi_2)}{2C'+2S'-r^2}$$

代入式(5.64e)、式(5.64f)，得

$$\left[2C'+6n_1-\frac{2(C'+S')^2}{2C'+2S'-r^2}\right]\varphi_1+\left[S'-\frac{(C'+S')^2}{2C'+2S'-r^2}\right]\varphi_2=0\qquad(5.64g)$$

$$\left[S'-\frac{(C'+S')^2}{2C'+2S'-r^2}\right]\varphi_1+\left[C'+6n_1-\frac{(C'+S')^2}{2C'+2S'-r^2}\right]\varphi_2=0\qquad(5.64h)$$

由式(5.64g)、式(5.64h)各系数所组成的行列式 $\Delta=0$，得侧移屈曲方程：

$$\left[2C'+6n_1-\frac{2(C'+S')^2}{2C'+2S'-r^2}\right]\left[C'+6n_1-\frac{(C'+S')^2}{2C'+2S'-r^2}\right]-\left[S'-\frac{(C'+S')^2}{2C'+2S'-r^2}\right]^2=0\quad(5.65)$$

利用 C、S 的计算，用试算法，可较方便地自式(5.64)算出图 5.11 框架的侧移屈曲临界荷载。

5.4.4　单跨双层矩形框架无侧移屈曲

对称屈曲如图 5.11(c)所示，此时只有两个独立的转角位移 φ_1、φ_2 和两个独立的平衡程 $\sum M_1=0$，$\sum M_2=0$。其中，$k_1=EI/h$，$k_2=EI_1/b$，由于对称屈曲变形，则 $\varphi_4=-\varphi_1$，$\varphi_3=-\varphi_2$。

下面按位移法推导对称屈曲方程：

由式(5.43)可知

$$M_{10}=k_1(C'\varphi_1+0-0)=-k_1C'\varphi_1$$
$$M_{14}=k_2(4\varphi_1+2\varphi_4)=k_2(4\varphi_1-2\varphi_1)=2k_2\varphi_1$$
$$M_{12}=k_1(C'\varphi_1+S'\varphi_2)=k_1C'\varphi_1+k_1S'\varphi_2$$
$$M_{21}=k_1(C'\varphi_2+S'\varphi_1)=k_1C'\varphi_2+k_1S'\varphi_1$$
$$M_{23}=k_2(4\varphi_2+2\varphi_3)=k_2(4\varphi_2-2\varphi_2)=2k_2\varphi_2$$

代入式(5.62)及式(5.63)，得

$$(2k_1C'+2k_2)\varphi_1+k_1S'\varphi_2=0\qquad(5.66a)$$
$$k_1S'\varphi_1+(k_1C'+2k_2)\varphi_2=0\qquad(5.66b)$$

式(5.66a)、式(5.66b)除以 k_1 并令 $n_1=\frac{k_2}{k_1}$，得

$$(2C'+2n_1)\varphi_1+S'\varphi_2=0\qquad(5.66c)$$
$$S'\varphi_1+(C'+2n_1)\varphi_2=0\qquad(5.66d)$$

由式(5.66c)、式(5.66d)各系数所组成的行列，式 $\Delta=0$，得对称屈曲方程：

$$(2C'+2n_1)(C'+2n_1)-S'^2=0\qquad(5.67)$$

用杆件压曲转角位移方程计算刚架的临界力，要注意所有力素及位移的方向应与图 5.6 所示一致，以保证按转角位移方程计算的正确性。

5.4.5　双跨铰接 T 框架无侧移屈曲

双跨铰接 T 框架如图 5.13 所示，假设失稳时无侧移，主梁和立柱横桥向宽度为 1.6 m、截

面高度 0.8 m，弹性模量 $E = 32.5$ GPa，单位荷载 $P = 1$ N，计算柱的面内失稳的临界荷载。

设 $k_1 = EI/l$，这里只有一个独立的节点平衡方程，当按图 5.13 屈曲变形计算时，此平衡方程为

$$M_{BC} + M_{BA} + M_{BD} = 0 \tag{5.68}$$

其中，应注意杆端挠曲角 τ_{BC}、τ_{BA}，均为正号。

由变形连续条件得 $\quad \tau_{BC} = \tau_{BA} = \tau_{BD} \tag{5.69}$

由图 5.13 及式 (5.37) 得

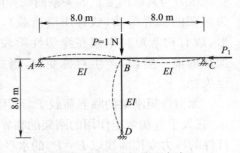

图 5.13 双跨铰接 T 框架

$$\left. \begin{aligned} \tau_{BC} &= \frac{1}{k_1}(C_b M_{BC} + 0) = \frac{C_b}{k_1} M_{BC} \\ \tau_{BA} &= \frac{1}{k_1}(C_b M_{BA} + 0) = \frac{C_b}{k_1} M_{BA} \\ \tau_{BD} &= \frac{1}{k_1}(C_z M_{BD} + 0) = \frac{C_z}{k_1} M_{BD} \end{aligned} \right\} \tag{5.70}$$

将式 (5.70) 代入式 (5.69) 得

$$\left. \begin{aligned} M_{BD} &= \frac{C_b}{C_z} M_{BA} \\ M_{BC} &= M_{BA} \end{aligned} \right\} \tag{5.71}$$

将式 (5.71) 代入式 (5.68) 得

$$\left(2 + \frac{C_b}{C_z}\right) M_{BA} = 0 \tag{5.72}$$

因 $M_{BA} \neq 0$（否则不屈曲），故有 $\quad 2C_z + C_b = 0 \tag{5.73}$

式 (5.73) 即为要求的屈曲方程。式中的 C_z 按式 (5.38) 计算，而 C_b 依据主梁轴力的性质不同按以下三种方式取值。

(1) 若 $P_1 = P/10$，主梁受压，由式 (5.38) 和式 (5.73) 有，$2\dfrac{1}{r^2}\left(1 - \dfrac{r}{\tan r}\right) + \dfrac{1}{r_b^2} \cdot$

$\left(1 - \dfrac{r_b}{\tan r_b}\right) = 0$，$r_b = r/\sqrt{10}$，解得 $r = 4.131\,194\,339$，$P_{cr} = r^2 EI/l^2 = 536\,315\,671.7$ N。

(2) 若 $P_1 = 0$，由式 (5.42) 由 $C_z = 1/3$，代入式 (5.73)，得出 $2\dfrac{1}{r^2}\left(1 - \dfrac{r}{\tan r}\right) + \dfrac{1}{3} = 0$，

解得 $r = 3.966\,260\,725$，$P_{cr} = r^2 EI/l^2 = 547\,511\,040.4$ N。

(3) 若 $P_1 = -P/10$，主梁受拉，由式 (5.41) 和式 (5.73) 有，$2\dfrac{1}{r^2}\left(1 - \dfrac{r}{\tan r}\right) + \dfrac{1}{r_b^2} \cdot$

$\left(\dfrac{r_b}{\tanh r_b} - 1\right) = 0$，解得 $r = 4.005\,530\,633$，$P_{cr} = r^2 EI/l^2 = 556\,201\,556$ N。

以上主梁纵向受力的三种情况，体现了主梁受拉、受压对整体刚度的影响，其中的受拉反映为拉力刚度，另外，情况 (2) 中 $r > \pi$，体现了主梁对柱顶约束的影响，使其临界荷载大于梁端铰接压杆的受力。

5.5　初弯矩对刚架临界荷载的影响

如前所述，刚架失稳前存在于杆件中的弯矩称为初弯矩。图 5.3 中的横向荷载 q 使框架杆件产生初弯矩，作用于横梁中的集中荷载（图 5.14）也使刚架产生初弯矩。很显然，初弯矩使刚架立柱受压之初就产生侧向变位，刚架立柱的工作就是受弯杆件的工作，故有初弯矩时，

立柱压力与其侧向变位的关系曲线如图 5.15 中的③所示,相应于此曲线最高点的压力 P_{max} 为刚架的临界荷载(或称压溃荷载)。与受压受弯杆件一样,此时刚架若干处已有塑性变形,故有初弯矩时刚架在弹塑性阶段失稳。当刚架无侧移控制时,图 5.14 所示刚架,在加载的前一阶段,产生对称变位,当加载至某一定数值时刚架就转入反对称变位阶段,直至失稳。

无初弯矩刚架的临界荷载 P_{cr} 可用前述方法计算,P_{cr} 与刚架变位的关系如图 5.15 的①所示,它大于有初弯矩作用的刚架的临界荷载 P_{max}。第 1 章介绍过,若材料为无限弹性,则压弯杆件的压力变位曲线以 $P = P_{cr}$ 的水平线为渐近线,其中,P_{cr} 为轴心压杆临界力。由此可推知,有初弯矩作用的刚架压力变位曲线亦以 $P = P_{cr}$(其中,P_{cr} 为无初弯矩作用的刚架临界荷载)为渐近线,如图 5.15 中的曲线②所示。不少学者研究了图 5.15 中的曲线②,并得出结论:在弹性阶段初弯矩不显著降低刚架无初弯矩的临界荷载。但是无限弹性材料是没有的,研究图 5.15 中的曲线②意义不大,正如 F. 柏拉希指出:假定材料无限弹性,考虑初弯矩建立的刚架稳定理论是带有学院性的。

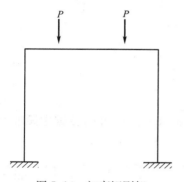

图 5.14　初弯矩刚架

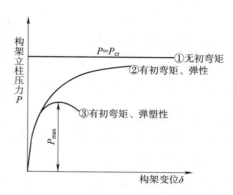

图 5.15　刚架屈曲的 P—δ 曲线

有初弯矩作用的刚架压溃荷载 P_{max} 的计算,原则上可采用压弯杆件的精确解法,或近似解法,但比压弯杆件压溃荷载 P_{max} 的计算复杂得多,在电算技术发达的当代亦很复杂,有人仿照压弯杆件的相关公式提出刚架压溃荷载的经验公式:

$$\frac{P_f}{P_e} + \frac{P_f}{P_p} = 1.0 \tag{5.74}$$

式中　　P_f——刚架压溃荷载;

　　　　P_e——无初弯矩作用时的刚架弹性临界荷载;

　　　　P_p——刚架形成塑性铰而破坏时的荷载。

P_p 计算亦很复杂,见 *B G Neal*,*The Plastic method of Structural Analysis*。故式(5.74)虽有较好的准确度,但对刚架设计仍不方便。

如第 4 章所述,假定材料无限弹性计算压弯杆件的工作,实际是求其弹性挠曲方程,进而可求出杆件各点的应力。过去鉴于压溃荷载的计算复杂性,曾假定:杆件最大边缘压应力 $\sigma_{max} = \sigma_s$(材料屈服极限)时的压力 P 为压弯杆件的临界荷载。把稳定问题转化为应力问题。由 4.1 节知,这种方法低估压弯杆件的承载力,仿照这种方法,也有人提出用应力问题去代替有初弯矩作用刚架的稳定问题,即假定材料无限弹性,求出刚架各杆件挠曲方程,找出刚架杆件最大边缘压应力 σ_{max},以相应的压力为刚架的临界荷载。由刚架塑性分析可知,这对于刚架来说,更是低估了它的承载力。

　　实际设计中,对于有初弯矩作用的刚架立柱,都把它当作单独压弯杆件来设计,此时需要立柱的自由长度。而刚架立柱的自由长度是由无初弯矩作用刚架的临界荷载计算式算得。故实践中将有初弯矩作用的刚架稳定问题,转化为无初弯矩作用的刚架稳定问题来计算,为简化计算,常略去与该立柱(要求其自由长度的立柱)相距较近的杆件作用。例如,求图 5.16 多层多跨平面刚架立柱 AB 的自由长度时,只考虑与 AB 相连的杆件作用,计算由这些杆件所形成的刚架的无侧移屈曲临界荷载 P_{cr},然后从 P_{cr} 的计算式算出杆件 AB 的自由长度。

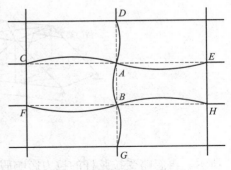

图 5.16　多层多跨平面刚架

　　计算无初弯矩作用的复杂刚架(例如刚接杆件组成的桁架)中杆件的稳定亦采用上述方法,此时不计桁架次应力影响,见下面各节。次应力对桁架杆件屈曲的影响问题,请参阅有关专著。

5.6　三角形桁架腹杆自由长度的计算

　　图 5.17 为一座简支下承桁架桥的几何图形,其主要承重结构是两个主桁架。各杆件在节点处相互刚接。计算桁架桥各杆件的自由长度,必须了解各杆件在整个桥梁的工作,整个桥梁的工作是比较复杂的,尤其是联结系(上、下平纵联,横联,桥门架等统称为联结系)的工作更为复杂。桁架桥的工作可参阅有关桥梁空间计算的文献。本节介绍主桁架腹杆自由长度的计算,平纵联交叉腹杆的自由长度可参考 5.8 节计算方法并考虑纵联与主桁架弦杆共同工作的影响来分析。

　　当设计较经济时,主桁架的全部受压弦杆在桥梁自重及满跨列车荷载作用下,几乎同时达到极限状态(或称同时丧失稳定),各受压弦杆屈曲时没有相互控制作用,主桁架腹杆的刚度相对于弦杆的刚度来说很小,腹杆对弦杆屈曲时的弹性嵌固作用可以忽略不计。因此,主桁架受压弦杆在主桁架平面内的自由长度 l_0^x 可取其几何长度 a,如图 5.17 所示。当主桁架受压弦杆在图 5.17 中平纵联平面内屈曲时,由于平纵联杆件刚度更小,它们对主桁架弦杆屈曲时的弹性控制作用更可以忽略不计。故主桁架受压弦杆在桁架平面外屈曲的自由长度 l_0^y 亦是其几何长度 a(确切来说应为平联节点间距)。

　　对于主桁架腹杆自由长度,须作以下分析:

　　(1)当主桁架斜腹杆在主桁架平面外(即垂直于主桁架平面)屈曲时,由于腹杆与节点连接的节点板刚度很小,计算时视为铰接,其自由长度 l_0 取其几何长度 l_d。

　　(2)主桁架的竖直腹杆,对于上承式桥,当桁架竖直腹杆在横联平面内屈曲时,其自由长度应按横联框架立柱屈曲计算来确定。

　　(3)当主桁架腹杆在主桁架平面内屈曲时,由于受拉弦杆的弹性控制作用,其自由长度小于其几何长度 l_d。假定腹杆与受压弦杆同时屈曲,故受压弦杆对腹杆屈曲无约束作用。受拉腹杆刚度小,其约束作用很小,可忽略不计。再次,远离腹杆的受拉弦杆的约束作用亦很小,亦忽略不计。因此,只考虑与该腹杆直接相连的受拉弦杆约束作用,并且远端铰接,如图 5.18(a)

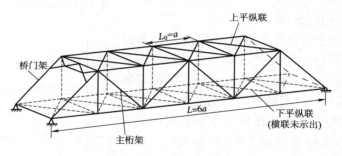

图 5.17　三角形桁架

所示。再忽略受拉弦杆的拉力影响假定杆件无转角位移（即 $\theta=0$），即得图 5.18(b)腹杆 AB 屈曲的计算简图 5.18(b)。

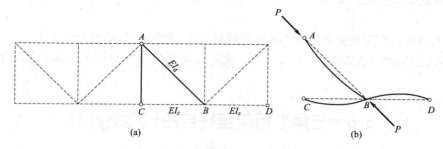

图 5.18　主桁架腹杆在主桁架平面内屈曲

设受拉弦杆刚度为 EI_z，长度为 a，刚度比为 $k_z=EI_z/a$；腹杆刚度为 EI_d，长度为 l_d，刚度比为 $k_d=EI_d/a$。这里只有一个独立的节点平衡方程，当按图 5.18(b)屈曲变形计算时，此平衡方程为

$$M_{BC}+M_{BA}+M_{BD}=0 \tag{5.75}$$

此时应注意杆端挠曲角 τ_{BC}、τ_{BA}，均为正号。

由变形连续条件得

$$\tau_{BC}=\tau_{BA}=\tau_{BD} \tag{5.76}$$

由图 5.18(b)及式(5.37)得

$$\left.\begin{aligned}
\tau_{BC}&=\frac{1}{k_z}(C_z M_{BC}+0)=\frac{C_z}{k_z}M_{BC}\\[4pt]
\tau_{BA}&=\frac{1}{k_d}(C_d M_{BA}+0)=\frac{C_d}{k_d}M_{BA}\\[4pt]
\tau_{BD}&=\frac{1}{k_z}(C_z M_{BD}+0)=\frac{C_z}{k_z}M_{BD}
\end{aligned}\right\} \tag{5.77}$$

将式(5.77)代入式(5.76)得

$$\left.\begin{aligned}
M_{BD}&=\frac{C_d}{k_d}\frac{k_z}{C_z}M_{BA}\\[4pt]
M_{BC}&=\frac{C_d}{k_d}\frac{k_z}{C_z}M_{BA}
\end{aligned}\right\} \tag{5.78}$$

将式(5.78)代入式(5.75)得　　　$\left(1+\dfrac{2C_d k_z}{k_d C_z}\right)M_{BA}=0$　　　(5.79)

因 $M_{BA}\neq0$（否则不屈曲），故有 $1+\dfrac{2C_d k_z}{k_d C_z}=0$

或写成

$$\frac{2C_d}{k_d}+\frac{C_z}{k_z}=0 \tag{5.80}$$

式(5.80)即要求的屈曲方程。

因忽略受拉弦杆的拉力作用,故由式(5.42)知 $C_z = 1/3$,代入式(5.80),得

$$C_d = -\frac{C_z}{2}\frac{k_d}{k_z} = -\frac{1}{6}\frac{I_d}{I_z}\frac{a}{l_d} \tag{5.81}$$

按已知的 I_d、I_z、a 及 l_d 算出 C_d,然后按式(5.38)中的式子 $C = \frac{1}{r^2}\left(1-\frac{r}{\tan r}\right)$ 算出 r_d,再由

公式 $r = l\sqrt{\dfrac{P}{EI}}$,得出腹杆 AB 临界力的计算式:

$$P_{cr} = \frac{r_d^2 EI_d}{l_d^2} \tag{5.82}$$

将式(5.82)写成一般形式:

$$P_{cr} = \frac{r_d^2 EI_d}{l_d^2} = \frac{\pi^2 EI_d}{\frac{\pi^2}{r_d^2}l_d^2} = \frac{\pi^2 EI_d}{(\beta l)^2} \tag{5.83}$$

式中自由长度换算系数 $\beta = \dfrac{\pi}{r_d}$。

表 5.1 列出 β 随 C_d 值而变化的情况。

表 5.1　β 随 C_d 值而变化的情况表

C_d	0	−0.06	−0.10	−0.16	−0.20
β	0.70	0.74	0.76	0.79	0.81

一般桥梁主桁梁的 $\dfrac{I_d}{I_z}\dfrac{a}{l_d} \leqslant 1$,$\beta$ 约在 0.75 以下,为安全计,一般取 $\beta = 0.80$。

由式(5.81)知,当腹杆惯性矩 I_d 较大时,C_d 绝对值增加,由表 5.1 知,β 亦增加,主桁架端斜杆是这种情况。故《铁路桥梁钢结构设计规范》规定主桁架端斜杆在主桁平面内的自由长度 $l_0 = 0.9 l_d$。

5.7　K 式桁架竖杆自由长度计算

图 5.19(a)中的 K 式桁架在竖向荷载作用下,竖杆下半段受压、上半段受拉。图 5.19(a)中的 CD 节间承受正号剪力作用(剪力正负号按材料力学规定),故该节间斜杆 BD 受拉,BE 受压。取出节点 B,其受力如图 5.19(b)所示,竖杆 AC 的下半段 BC 承受压力 P_1 作用,上半段 BA 承受拉力 P_2 作用。

在桁架平面内,由于斜腹杆的支撑作用,竖杆 BC 不易失稳。但对 BC 杆在桁架平面外的屈曲,斜腹杆起不了支承作用,故竖杆可能在桁架平面外压曲。该直杆屈曲是一段受压另一段受拉。该竖杆 AC 在桁架平面外屈曲如图 5.20 所示,杆件刚度为 EI_0,因为是桁架平面外的屈曲,故 $M_{CB} = 0$、$M_{AB} = 0$。

节点 B 的两个平衡方程为

$$M_{BC} = M_{BA} \tag{5.84}$$

$$Q_{BC} = Q_{BA} \tag{5.85}$$

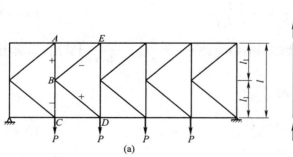

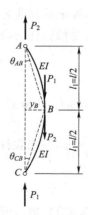

图 5.19　K 式桁架

图 5.20　斜腹杆的竖杆支撑作用

两个变形连续条件为

$$\varphi_{BC}=\varphi_{BA} \tag{5.86}$$

$$-\theta_{BA}=\theta_{BC}=\frac{y_B}{l_1} \tag{5.87}$$

用变形法和力法均可建立杆件屈曲方程。用力法建立屈方程如下：

由式(5.36)~式(5.39)并考虑 P_2 为拉力，令 $k_1=EI/l_1$ 得

$$\varphi_{BC}=\tau_B+\theta_{BC}=\frac{1}{k_1}C_1M_{BC}-\left(\frac{M_{BC}}{P_1l_1}+\frac{Q_{BC}}{P_1}\right)=\frac{1}{k_1}C_1M_{BC}-\left(\frac{M_{BC}}{r_1^2k_1}+\frac{Q_{BC}l_1}{r_1^2k_1}\right)$$

$$\varphi_{BA}=\tau_{BA}+\theta_{BA}=\frac{1}{k_1}C_2M_{BA}-\left(\frac{M_{BA}}{-P_2l_2}+\frac{Q_{BA}}{-P_2}\right)=\frac{1}{k_1}C_2M_{BA}+\left(\frac{M_{BA}}{r_2^2k_1}+\frac{Q_{BA}l_1}{r_2^2k_1}\right)$$

代入式(5.86)及式(5.87)，考虑式(5.84)、式(5.85)，并以 M_B 表示 M_{BC} 及 $-M_{BA}$，以 Q_B 表示 Q_{BA} 及 Q_{BC}，得到下面两个齐次线性方程：

$$\left.\begin{array}{l}\left(C_1+C_2+\dfrac{1}{r_2^2}-\dfrac{1}{r_1^2}\right)M_B-\left(\dfrac{1}{r_1^2}+\dfrac{1}{r_2^2}\right)Q_Bl_1=0\\[2mm]-\left(\dfrac{1}{r_1^2}+\dfrac{1}{r_2^2}\right)M_B+\left(\dfrac{1}{r_2^2}-\dfrac{1}{r_1^2}\right)Q_Bl_1=0\end{array}\right\} \tag{5.88}$$

式中

$$\left.\begin{array}{ll}C_1=\dfrac{1}{r_1^2}\left(1-\dfrac{r_1}{\tan r_1}\right) & r_1=l_1\sqrt{\dfrac{P_1}{EI}}\\[2mm]C_2=\dfrac{1}{r_2^2}\left(\dfrac{r_2}{\tanh r_2}-1\right) & r_2=l_2\sqrt{\dfrac{P_2}{EI}}\end{array}\right\} \tag{5.89}$$

由式(5.88)各系数组成的行列式 $\Delta=0$，展开整理后，得出屈曲方程：

$$C_1+C_2=\frac{4}{r_1^2-r_2^2} \tag{5.90}$$

令

$$\frac{r_2^2}{r_1^2}=\left|\frac{P_2}{P_1}\right|=\mu^2 \tag{5.91}$$

则式(5.90)可写成

$$C_1+C_2=\frac{1}{r_1^2(1-\mu^2)} \tag{5.92}$$

假定一个 μ^2 值，由式(5.91)得

$$r_2^2=\mu^2r_1^2 \tag{5.93}$$

将式(5.93)代入式(5.89)，再将式(5.89)代入式(5.92)，解出与假定 μ_1^2 值相对应的 r_1 值，则临界力为

$$P_1 = \frac{r_1^2 EI}{l_1^2} = \frac{\pi^2 EI}{\frac{\pi^2}{r_1^2} l_1^2} = \frac{\pi^2 EI}{(\beta l_1)^2}$$

$$\beta = \frac{\pi}{r_1} \tag{5.94}$$

假定不同的 μ^2 值，可得出不同的 r_1 值，进而求出相应的 β 值。自由长度换算系数 β 随 μ^2 值的变化情况见表 5.2。

表 5.2　自由长度换算系数 β 随 μ^2 值的变化情况

$\mu^2 = \left\lvert \dfrac{P_2}{P_1} \right\rvert$	0	0.2	0.4	0.6	0.8	1.0
β	0.73	0.67	0.62	0.57	0.53	0.5

根据表 5.2，β 可近似地以式(5.95)表示：

$$\beta = 0.73 - 0.25 \left\lvert \frac{P_2}{P_1} \right\rvert \tag{5.95}$$

当 $\left\lvert \dfrac{P_2}{P_1} \right\rvert \geqslant 1$ 时，取 $\beta = 0.5$，因为 β 的最小值为 0.5，即为两端固定压杆的自由长度换算系数。

上述计算原理适用于桁架桥或屋架[图 5.21(a)]及塔架[图 5.21(b)]弦杆在斜腹杆平面外的自由长度计算，此时 P_2 为压力。很显然，这种情况较为不利。

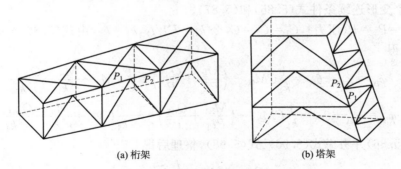

(a) 桁架　　　　　　　　　(b) 塔架

图 5.21　内力 P 分段变化的杆系（$P_1 \neq P_2$）

5.8　复式桁架中腹杆自由长度的计算

具有多重腹杆的桁架称为复式桁架，常用于桁架桥的联结系、屋盖结构的支撑系以及大跨度桁架桥的主桁架（例如南京及武汉桥）。如图 5.22(a)所示，在横向荷载作用下，同一节间中的两根腹杆：一根受压，如图 5.22(a)中的 AC 杆，另一根受拉，如图 5.22(a)中的 DG 杆。当压杆 AC 在桁架平面外屈曲时，拉杆 DG 给它以弹性支承作用，以 R 表示此种弹性支承力，如图 5.22(b)、(c)所示。设受拉腹杆的弹性支承系数为 k，AC 杆中点的屈曲变位为 y_B，则

$$R = k y_B \tag{5.96}$$

5.8.1 平面外的屈曲方程

下面计算压杆 AC 的平面外屈曲[图 5.22(b)]，如图 5.22 所示。这里同样有节点 B 的两个平衡方程：

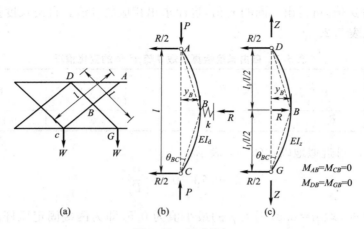

图 5.22 复式桁架

$$M_{BC} + M_{BA} = 0 \quad (\text{弯矩平衡}) \tag{5.97}$$

$$Q_{BA} - Q_{BC} = R \quad (\text{剪力平衡}) \tag{5.98}$$

亦有两个变形连续条件式(5.86)和(5.87)。

这里 $P_1 = P_2 = P$(压力)，$C_1 = C_2 = C$，令 $k_1 = EI/l_1$，$k_1 = k_2$，由式(5.36)~式(5.39)并考虑式(5.97)，得

$$\varphi_{BC} = \tau_{BC} + \theta_{BC} = \frac{1}{k_1} CM_{BC} - \left(\frac{M_{BC}}{Pl_1} + \frac{Q_{BC}}{P}\right) = \frac{1}{k_1} CM_B - \frac{M_B}{r^2 k_1} - \frac{Q_{BC} l_1}{r^2 k_1}$$

$$\varphi_{BA} = \tau_{BA} + \theta_{BA} = \frac{1}{k_1} CM_{BA} - \left(\frac{M_{BA}}{Pl_1} + \frac{Q_{BA}}{P}\right) = -\frac{1}{k_1} CM_B + \frac{M_B}{r^2 k_1} - \frac{Q_{BA} l_1}{r^2 k_1}$$

代入式(5.86)并考虑式(5.96)、式(5.98)，整理后得

$$(Cr^2 - 1)M_B - \frac{l_1}{2} k y_B = 0 \tag{5.99}$$

自图 5.22(b)截取杆 BA 及 BC 为隔离体，分别示于图 5.23(a)及(b)。

由 $\sum M_A = 0$ 及 $\sum M_C = 0$，得

$$Q_{BA} l_1 + M_B = P y_B \tag{5.100a}$$

$$Q_{BC} l_1 + P y_B = M_B \tag{5.100b}$$

由式(5.100a)、式(5.100b)并考虑式(5.98)，得

$$k y_B = \frac{2(P y_B - M_B)}{l_1} \tag{5.100c}$$

将式(5.100c)代入式(5.99)，并考虑 $r^2 = \dfrac{Pl_1^2}{EI_d} =$

$\dfrac{Pl_1^2}{EI}$，得

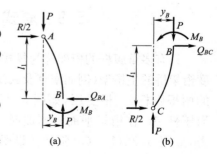

图 5.23 斜腹杆计算图

$$M_B \frac{cl_1^2}{EI} - y_B = 0 \tag{5.101}$$

另外由式(5.87)得 $\qquad\qquad \theta_{BA} + \theta_{BC} = 0 \tag{5.102}$

将前面 φ_{BA} 和 φ_{BC} 中的 θ_{BC} 与 θ_{BA} 的值代入式(5.102),得

$$\frac{M_B}{r^2 k_1} - \frac{Q_{BC} l_1}{r^2 k_1} - \frac{M_B}{r^2 k_1} - \frac{Q_{BA} l_1}{r^2 k_1} = 0 \tag{5.103}$$

由上式得出 $\qquad\qquad Q_{BC} + Q_{BA} = 0$

联立式(5.103)和式(5.98),并考虑式(5.96)得

$$Q_{BA} = \frac{1}{2} k y_B \tag{5.104}$$

又由式(5.100a)得 $\qquad\qquad Q_{BA} = \frac{P y_B - M_B}{l_1} \tag{5.105}$

由式(5.104)、式(5.105)得出 $\dfrac{2}{l_1} M_B + \left(k - \dfrac{2P}{l_1}\right) y_B = 0 \tag{5.106}$

由式(5.101)、式(5.106)各系数组成的行列式 $\Delta = 0$,得出 AC 压杆在平面外的屈曲方程:

$$\frac{Cl_1^2}{EI}\left(k - \frac{2P}{l_1}\right) - \frac{2}{l_1} = 0 \tag{5.107}$$

将式(5.38)中 C 的表示式代入式(5.107)得另一形式的屈曲方程:

$$\left(1 - \frac{2P}{kl_1}\right) r\cos r - \sin r = 0 \tag{5.108}$$

拉杆的弹性支承系数 k 尚未可知,故式(5.108)中有两个未知数 k 及 r。对此,通过先假定压杆的自由长度来反求需要的 k。

5.8.2　拉杆的弹性支承刚度

由物理概念知:

(1)当 $k = 0$ 时,压杆屈曲如图 5.24(a)所示;此时临界力 $P_{cr}' = \dfrac{\pi^2 EI}{(2l_1)^2} = \dfrac{\pi^2 EI}{4l_1^2}$,压杆自由长度 $l_0 = 2l_1 = l$。

(2)当 k 足够大,设为 k_2 时,使 $y_B = 0$,压杆屈曲如图 5.25(b)所示,自由长度 $l_0 = l_1$;临界力 $P_{cr}'' = \dfrac{\pi^2 EI}{l_1^2}$。

(3)当 $0 < k < k_2$ 时,P_k 将介于 P_{cr}' 及 P_{cr}'' 之间,自由长度将为 $l_1 < l_0 < 2l_1$。

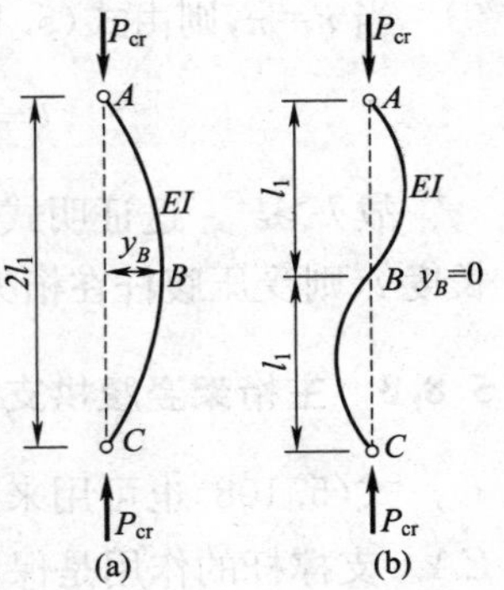

由 $r = l_1 \sqrt{\dfrac{P}{EI}}$ 知,当 $r = \pi$ 时,$P_{cr} = \dfrac{\pi^2 EI}{l_1^2}$。故将 $r = \pi$ 代入式(5.108),算出的弹性支承系数 k 就是上述 k'。则

$$\left(1 - \frac{2P_{cr}}{k' l_1}\right) \pi\cos \pi - \sin \pi = 0$$

$$1 - \frac{2P_{cr}}{k' l_1} = 0$$

故 $\qquad\qquad\qquad\qquad k' = \dfrac{2P_{cr}}{l_1}$

图 5.24　斜杆支撑效应分析

以 $P_{cr} = \dfrac{\pi^2 EI}{l_1^2}$ 代入上式得 $\qquad k' = \dfrac{2\pi^2 EI}{l_1^3}$ (5.109)

这就是受压腹杆需要的弹性支承系数 k，再大就不必要了。

现在的问题是当 $r = l\sqrt{\dfrac{P}{EI}} = \pi$ 时，拉杆 DG 能否提供 k' 这样大的弹性支承系数。这就要计算图 5.22(c) 拉杆的工作，这个计算可按下面方式进行：

以 $-Z$ 代替 $l\sqrt{\dfrac{P}{EI}}$ 中的 P，以 r' 表示 $l\sqrt{\dfrac{-Z}{EI}}$，则 $r' = l\sqrt{\dfrac{-Z}{EI}} = ir$，其中，$r = l\sqrt{\dfrac{Z}{EI}}$。然后将 ir、Z 和 $-k$ 分别代替式(5.108)中的 r、P 以及 k，则得出图 5.22(c) 所示拉杆工作的计算式：

$$\left(1 - \frac{2Z}{kl_1}\right) ir \cos ir - \sin ir = 0 \tag{5.110}$$

因 $\qquad\qquad \cos ir = \cosh r \qquad \sin ir = i\sinh r$

故 $\qquad\qquad \left(1 - \dfrac{2Z}{kl_1}\right) ir \cosh r - i\sinh r = 0$ (5.111)

由式(5.111)得 $\qquad\qquad k = \dfrac{2Z}{l_1} \dfrac{r}{r - \tanh r}$ (5.112)

式中，$\qquad\qquad r = l\sqrt{\dfrac{Z}{EI}} \qquad \tanh r = \dfrac{\sinh r}{\cosh r}$

在一定的横向力 w 作用下，同一节间的二交叉腹杆受力大小相等，方向相反（对平行弦复式桁架而言）；故 $Z = P$，压屈曲时 $Z = P_{cr}$，则

$$k = \frac{2P_{cr}}{l_1} \frac{r}{r - \tanh r} \qquad r = l\sqrt{\frac{P_{cr}}{EI}} \tag{5.113}$$

当 $r = \pi$，则由式(5.113)得此时拉杆 DG 提供的弹性支承数。

$$k = \frac{2P_{cr}}{l_1} \frac{\pi}{\pi - \tanh \pi} \approx \frac{2P_{cr}}{l_1} \frac{\pi}{\pi - 1} \quad (\text{其中，} \tanh \pi = 1) \tag{5.114}$$

故 $k > k'$。这证明式(5.109)的要求是满足的。这样只要交叉腹杆具有相同的惯性矩 I 及长度 l，则受压腹杆在桁架平面外屈曲的自由长度 $l_0 = l_1 = l/2$。

5.8.3　主桁架竖腹拱支撑刚度设计

式(5.108)也可用来计算图 5.25 桥梁主桁架支撑杆（例如杆件 AB）应具有的最低刚度 EA。支撑杆的作用是保证主桁受压弦杆在桁架平面内屈曲的自由长度 $l_0 = a$（节间长度）。按照式(5.109)的意义，要求支撑杆的弹性支承系数 $k \geqslant \dfrac{2\pi^2 EI}{a^3}$，其中，$I$ 为主桁受压弦杆在桁架平面内弯曲的惯性矩。因为支撑杆的压缩变形 $\Delta l = \dfrac{Ph}{EA}$，其中，$P$ 为支撑杆承受的压力，h 为其长度，A 为其截面积。则按照弹性支承系数的意义（单位位移所需要的力），支撑杆的弹性支承系数 $k = P\big|_{\Delta l = 1} = \dfrac{EA}{h}$。故支撑杆的刚度 EF 应满足式(5.115)要求。

$$\frac{EA}{h} \geqslant \frac{2\pi^2 EI}{a^3} \tag{5.115}$$

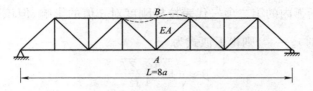

图 5.25　主桁架

5.8.4　交叉式腹杆在桁架平面外屈曲的自由长度系数

上文是指定受压腹杆的自由长度 $l_0 = l_1 = l/2$，求拉杆应提供的弹性支承系数，并得出结论：平行弦复式桁架的受压腹杆在桁架平面外屈曲的自由长度 $l_0 = l/2$。在上述计算过程中还得出拉杆弹性支承系数 k 的一般性计算式(5.112)。

为了给出一般交叉式腹杆在桁架平面外屈曲的自由长度系数 β 的计算，用 I_z、l_z、r_z 分别表示受拉腹杆的惯性矩、长度及 r；用 I_d、l_d、r_d 分别表示受压腹杆的惯性矩、长度及 r。

用 I_z 替换式(5.112)中的 I、用 $l_z/2$ 替换该式中的 l_1，用 r_z 替换该式中的 r，将拉杆刚度系数计算式(5.112)代入式(5.108)，得

$$\left[1 - \dfrac{2P}{\dfrac{2Z}{l_z/2}\dfrac{r_z}{r_z - \tanh r_z}\dfrac{l_d}{2}} \right] r_d \cos r_d - \sin r_d = 0$$

整理后，得

$$\frac{r_d}{r_d - \tan r_d} = \frac{Z}{P}\frac{l_d}{l_z}\frac{r_z}{r_z - \tanh r_z} \tag{5.116}$$

根据 $F \cdot Bleich$ 的计算式(5.116)中的超越函数可化为下面近似式：

$$\left. \begin{array}{l} \dfrac{r_d}{r_d - \tan r_d} \approx \dfrac{4}{3} - \dfrac{\pi^2}{3r_d^2}, \quad \dfrac{\pi}{2} < r_d < \pi \\[3mm] \dfrac{r_z}{r_z - \tanh r_z} \approx 1 + \dfrac{\pi^2}{3r_z^2} \end{array} \right\} \tag{5.117}$$

将式(5.117)代入式(5.116)得

$$\frac{\pi^2}{3r_d^2} = \frac{4}{3} - \frac{Z}{P}\frac{l_d}{l_z}\left(1 + \frac{\pi^2}{3r_z^2} \right) \tag{5.118}$$

考虑 $r_d = l\sqrt{\dfrac{P}{EI_d}} = \dfrac{l_d}{2}\sqrt{\dfrac{P}{EI_d}}$，故 $P_{cr} = \dfrac{r_d^2 EI_d}{(l_d/2)^2}$，将 P_{cr} 写成

$$P_{cr} = \frac{\pi^2 EI_d}{\left(\dfrac{\pi}{2r_d}l_d\right)^2} = \frac{\pi^2 EI_d}{(\beta l_d)^2} = \frac{\pi^2 EI_d}{l_0^2} \tag{5.119}$$

故自由长度系数 $\beta = \dfrac{\pi}{2r_d}$。

由式(5.118)解出

$$\beta = \frac{\pi}{2r_d} = \sqrt{1 - \frac{Z}{4P}\frac{l_d}{l_z}\left(3 + \frac{\pi^2}{r_z^2} \right)} \tag{5.120}$$

式中　Z——交叉腹杆中的拉杆拉力；

　　　P——交叉腹杆中的压杆压力。

$$r_z = \frac{l_z}{2}\sqrt{\frac{Z}{EI_z}}$$

故式(5.120)中括弧内的第二项$\dfrac{\pi^2}{r_z^2}$代表拉杆刚度对β值的影响,但该影响不显著,可忽略不计,例如令$I_z=0$,则$r_z=\infty$,则得近似式为

$$\beta \approx \sqrt{1-\frac{3}{4}\frac{Z}{P}\frac{l_d}{l_z}} \tag{5.121}$$

当$l_d=l_z$,$Z=P$时,则$\beta=0.5$,与前述结论同。

根据物理概念可知,$\beta \geqslant 0.5$。但按式(5.20)或式(5.21)计算,β可能小于0.5,这是由于应用了近似式(5.117)的结果。故按式(5.120)及式(5.121)计算时,都要求$\beta \geqslant 0.5$。

上面按压曲杆件的转角位移公式计算比较复杂,若用梁柱来计算,则较简单,并且有更明确的物理概念,现介绍如下:

由1.2节知,图5.26压弯杆件的中点挠度δ_d为[见式(1.5)]

$$\delta_d = \frac{Ql_d}{4P}\left(\frac{\tan r_d}{r_d}-1\right) \tag{5.122}$$

式中,$r_d=\dfrac{l_d}{2}\sqrt{\dfrac{P}{EI_d}}$。

其余见图1.8。式(5.122)是根据式(1.5)按上述符号改写成的,以便和前面符号一致。

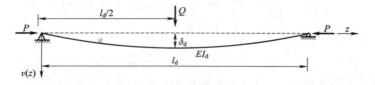

图5.26 压弯杆件

利用式(5.122)可很方便地写出图5.27拉弯杆件中点挠度δ_z的计算式:

以$-Z$代替式(5.122)及r_d中的P,以l_z及I_z分别代替l_d及I_d,以r_z表示$\dfrac{l_z}{2}\sqrt{\dfrac{Z}{EI_z}}$,则由式(5.122)得

$$\delta_z = \frac{-Ql_z}{4Z}\left(\frac{\tan ir_z}{ir_z}-1\right) \tag{5.123}$$

式中,δ_z、δ_d及Q分别相当于图5.22中的y_B及R。

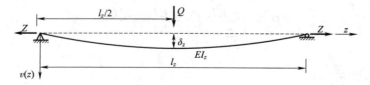

图5.27 拉弯杆件

由图5.22(b)及(c)变位协调条件,即二者中点变位y_B相等,并考虑图5.21(b)中R方向与图1.8中Q作用方向相反,即得图5.22(a)压杆AC在桁架平面外屈曲的屈曲方程:

$$-\frac{Ql_d}{4P}\left(\frac{\tan r_d}{r_d}-1\right)=\frac{Ql_z}{4Z}\left(1-\frac{\tanh r_z}{r_z}\right)$$

整理变换后,即得式(5.116)。

5.9 弹性约束中心受压杆长度系数的计算

5.9.1 转角位移方程在弹性约束杆件中的应用

在第 $1\sim3$ 章中所讨论的典型中心压杆问题,其共同的特点是杆件端部的约束为自由、铰接或固定这类典型的约束,第 3 章表 3.1 给出了这类典型中心压杆的计算长度系数;为了应用方便,本节基于转角位移方程推导杆端受弹性约束杆件的计算长度系数的计算公式,典型约束如图 5.28 所示,杆端受到水平弹性约束和转动弹性约束作用,杆端水平弹性约束刚度为 K_F,A、B 端转动约束刚度分别为 K_A 和 K_B。

基于节点的平衡关系[图 5.28(b)]有

$$\left.\begin{aligned} M_A+K_A\theta_A=0 \\ M_B+K_B\theta_B=0 \\ Q+K_F\Delta l=0 \end{aligned}\right\} \tag{5.124}$$

式中,各刚度系数可由定义和结构的一阶分析得出,力和位移按式(5.124)计算得出

$$\left.\begin{aligned} K_A=\frac{M_A}{\theta_A} \\ K_B=\frac{M_B}{\theta_B} \\ K_F=\frac{M_A+M_B+P\Delta}{\Delta l} \end{aligned}\right\} \tag{5.125}$$

由式(5.43)得

$$\left.\begin{aligned} M_A=\frac{EI}{l}\left[C'\theta_A+S'\theta_B-(C'+S')\theta\right] \\ M_B=\frac{EI}{l}\left[C'\theta_B+S'\theta_A-(C'+S')\bar\theta\right] \\ Q=-\frac{EI}{l^2}\left[(C'+S')(\theta_A+\theta_B)-(2C'+2S'-r^2)\theta\right] \end{aligned}\right\} \tag{5.126}$$

式中,$C'=\dfrac{C}{C^2-S^2}$,$S'=\dfrac{S}{C^2-S^2}$,C、S 按下式

$$\left.\begin{aligned} C=\frac{1}{r^2}\left(1-\frac{r}{\tan r}\right) \\ S=\frac{1}{r^2}\left(\frac{r}{\sin r}-1\right) \end{aligned}\right\}$$

其中,$r=l\sqrt{\dfrac{P}{EI}}$,则

$$C^2-S^2=\frac{2-2\cos r-r\sin r}{r^3\sin r}$$

$$C'=\frac{r\sin r-r^2\cos r}{2-2\cos r-r\sin r}$$

$$S'=\frac{r^2-r\sin r}{2-2\cos r-r\sin r}$$

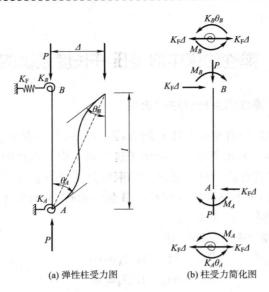

(a) 弹性柱受力图   (b) 柱受力简化图

图 5.28　弹性约束中心受压杆

考虑 $\theta = \Delta / l$，故有

$$M_A = \frac{EI}{l}\left[C'\theta_A + S'\theta_B - (C'+S')\frac{\Delta}{l}\right]$$

$$M_B = \frac{EI}{l}\left[S'\theta_A + C'\theta_B - (C'+S')\frac{\Delta}{l}\right]$$

$$Q = -\frac{EI}{l^2}\left[(C'+S')(\theta_A+\theta_B) - (2C'+2S'-r^2)\frac{\Delta}{l}\right]$$

代入平衡方程式(5.124)，并改写为矩阵形式：

$$\begin{bmatrix} C'+k_A & S' & -(C'+S') \\ S' & C'+k_B & -(C'+S') \\ -(C'+S') & -(C'+S') & 2(C'+S')-r^2+k_F \end{bmatrix}\begin{bmatrix} \theta_A \\ \theta_B \\ \dfrac{\Delta}{l} \end{bmatrix} = 0 \tag{5.127}$$

式中，$k_A = \dfrac{K_A l}{EI}$，$k_B = \dfrac{K_B l}{EI}$，$k_F = \dfrac{K_F l^3}{EI}$。

式(5.127)要有非零解，其行列式必须等于 0，即

$$\begin{vmatrix} C'+k_A & S' & -(C'+S') \\ S' & C'+k_B & -(C'+S') \\ -(C'+S') & -(C'+S') & 2(C'+S')-r^2+k_F \end{vmatrix} = 0 \tag{5.128}$$

展开行列式有

$$(C'+k_A)(C'+k_B)[2(C'+S')+(k_F-r^2)]+2S'(C'+S')2-(C'+S')^2(C'+k_B)-$$
$$S'^2[2(C'+S')+(k_F-r^2)]-(C'+S')2(C'+k_A)=0 \tag{5.129}$$

整理得

$$(k_A+k_B+k_F-r^2)(C'^2-S'^2)+[(k_A+k_B)(k_F-r^2)+2k_Ak_B]C'+2k_Ak_BS'+k_Ak_B(k_F-r^2)=0$$

即

$$\left(1+\frac{k_F-r^2}{k_A+k_B}\right)(C'^2-S'^2)+\left(k_F-r^2+\frac{2k_Ak_B}{k_A+k_B}\right)C'+\frac{2k_Ak_B}{k_A+k_B}S'+\frac{k_Ak_B}{k_A+k_{BA}}(k_F-r^2)=0$$

由于

$$C'^2-S'^2=\frac{r^3\sin r}{2-2\cos r-r\sin r} \tag{5.130}$$

将式(5.130)及 C',S' 代入式(5.129)得

$$\left(1+\frac{k_F-r^2}{k_A+k_B}\right)\frac{r^3\sin r}{2-2\cos r-r\sin r}+\left(k_F-r^2+\frac{2k_Ak_B}{k_A+k_B}\right)\frac{r\sin r-r^2\cos r}{2-2\cos r-r\sin r}+$$

$$\frac{2k_Ak_B}{k_A+k_B}\frac{r^2-r\sin r}{2-2\cos r-r\sin r}+\frac{k_Ak_B}{k_A+k_B}(k_F-r^2)=0$$

对上式乘以 $(2-2\cos r-r\sin r)$ 得

$$\left(1+\frac{k_F-r^2}{k_A+k_B}\right)r^3\sin r+\left(k_F-r^2+\frac{2k_Ak_B}{k_A+k_B}\right)(r\sin r-r^2\cos r)+$$

$$\frac{2k_Ak_B}{k_A+k_B}(r^2-r\sin r)+\frac{k_Ak_B}{k_A+k_B}(k_F-r^2)(2-2\cos r-r\sin r)=0 \tag{5.131}$$

式(5.131)除以 $r\sin r$ 得

$$\left(1+\frac{k_F-r^2}{k_A+k_B}\right)r^2+\left(k_F-r^2+\frac{2k_Ak_B}{k_A+k_B}\right)\left(1-\frac{r}{\tan r}\right)+\frac{2k_Ak_B}{k_A+k_B}\left(\frac{r}{\sin r}-1\right)+$$

$$\frac{k_Ak_B}{k_A+k_B}(k_F-r^2)\left(\frac{2-2\cos r}{r\sin r}-1\right)=0$$

$$\left(1+\frac{k_F-r^2}{k_A+k_B}\right)r^2+\left(k_F-r^2+\frac{2k_Ak_B}{k_A+k_B}\right)\left(1-\frac{r}{\tan r}\right)+\frac{2k_Ak_B}{k_A+k_B}\left(\frac{r}{\sin r}-1\right)+$$

$$\frac{k_Ak_B}{k_A+k_B}(k_F-r^2)\left[\frac{2\tan(r/2)}{r}-1\right]=0 \tag{5.132}$$

考虑到 $r^2=\dfrac{Pl^2}{EI}$，$P_E=\dfrac{\pi^2EI}{l^2}$，并应用长度系数 μ 后，$P=\dfrac{\pi^2EI}{(\mu l)^2}$，有 $r^2=\dfrac{\pi^2}{\mu^2}$。

将 r 代入式(5.132)有

$$\left[1+\frac{k_F-(\pi/\mu)^2}{k_A+k_B}\right](\pi/\mu)^2+\left[k_F-(\pi/\mu)^2+\frac{2k_Ak_B}{k_A+k_B}\right]\left[1-\frac{\pi/\mu}{\tan(\pi/\mu)}\right]+$$

$$\frac{2k_Ak_B}{k_A+k_B}\left[\frac{\pi/\mu}{\sin(\pi/\mu)}-1\right]+\frac{k_Ak_B}{k_A+k_B}\left[k_F-(\pi/l)^2\right]\left[\frac{2\tan(\pi/2\mu)}{\pi/\mu}-1\right]=0 \tag{5.133}$$

对应一端固定、一端有转动和水平弹性约束的构件,底端固结约束,即 $k_A=\infty$,式(5.133)
简化为

$$\left(\frac{\pi}{\mu}\right)^2+\left[k_F-\left(\frac{\pi}{\mu}\right)^2+2k_B\right]\left[1-\frac{\pi/\mu}{\tan(\pi/\mu)}\right]+2k_B\left[\frac{\pi/\mu}{\sin(\pi/\mu)}-1\right]+$$

$$k_B\left[k_F-(\pi/l)^2\right]\left[\frac{2\tan(\pi/2\mu)}{\pi/\mu}-1\right]=0 \tag{5.134}$$

其数值解为

$$\mu=0.5\exp\left[\frac{0.35}{1+0.6k_B}+\frac{0.7}{1+0.01k_F}+\frac{0.35}{(1+0.75k_B)(1+1.15k_F)}\right] \tag{5.135}$$

对应一端固定、一端仅有水平弹性约束的构件,即 $k_B=0$,代入式(5.134)得

$$\tan\left(\frac{\pi}{\mu}\right)=\frac{\pi}{\mu}-\frac{1}{k_F}\left(\frac{\pi}{\mu}\right)^3 \tag{5.136}$$

其数值解为
$$\mu=2-\frac{1.3k_F^{1.5}}{1+9.5+k_F^{1.5}} \tag{5.137}$$

5.9.2　一端固定一端水平弹性约束中心受压杆

一端固定、一端仅有水平弹性约束的构件如图 5.29 所示,其采用微分方程的精确解计算方法如下:

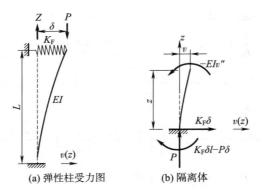

(a) 弹性柱受力图　　(b) 隔离体

图 5.29　一端固定一端水平弹性约束中心受压杆

取下一段隔离体[图 5.29(b)]分析,建立平衡方程:
$$-EIv''=Pv+(K_Fl-P)\delta-K_F\delta z \tag{5.138}$$
$$EIv''+Pv+(K_Fl-P)\delta-K_F\delta z=0$$

令 $m=\sqrt{\dfrac{P}{EI}}$,$r=ml$,则

$$v''+m^2v+\frac{K_Fl-P}{EI}\delta-\frac{K_F\delta}{EI}z=0 \tag{5.139}$$

微分方程的解为
$$v=A\sin mz+B\cos mz-\left[\frac{K_F(l-z)}{P}-1\right]\delta \tag{5.140}$$

变形的一阶导数为
$$v'=Am\cos mz-Bm\sin mz+\frac{K_F}{P}\delta \tag{5.141}$$

考虑边界条件:$\left.\begin{array}{l}z=0,v=0\\z=0,v'=0\\z=l,v=\delta\end{array}\right\}$,有

由式(5.140)和式(5.141)有
$$\left.\begin{array}{l}B-\left(\dfrac{K_Fl}{P}-1\right)\delta=0\\[2mm]Am+\dfrac{K_F}{P}\delta=0\\[2mm]A\sin ml+B\cos ml=0\end{array}\right\}$$

因 A、B、δ 不能同时为零,即上述方程有非零解,固其行列式必须等于 0,即

$$\begin{vmatrix} 0 & 1 & -\left(\dfrac{K_F l}{P}-1\right) \\ m & 0 & \dfrac{K_F}{P} \\ \sin ml & \cos ml & 0 \end{vmatrix}=0$$

得

$$-\left(\frac{K_F l}{P}-1\right)m\cos ml+\frac{K_F}{P}\sin ml=0 \tag{5.142}$$

整理得

$$\tan ml=ml-\frac{mP}{K_F}\text{ 或 }\tan ml=ml-\frac{(ml)^3 EI}{K_F l^3}=ml-\frac{1}{k_F}(ml)^3$$

考虑到

$$ml=r \qquad k_F=\frac{K_F l^3}{EI}$$

$$\tan r=r-\frac{(r)^3 EI}{k_F l^3}=r-\frac{1}{k_F}r^3 \tag{5.143}$$

将 $r=\pi/\mu$ 代入后有 $\tan\left(\dfrac{\pi}{\mu}\right)=\dfrac{\pi}{\mu}-\dfrac{1}{k_F}\left(\dfrac{\pi}{\mu}\right)^3$。

可见两种方法得出的特征方程是完全相同的。

需要注意的是:若 $k_F=0$,杆件退化为悬臂构件,显然 $k_F=0$ 对式(5.143)是没有意义的,但悬臂构件是一端固定一端水平弹性约束构件中 $k_F=0$ 时的一种特例。平衡方程式(5.138)对该特例是成立的,因此行列式也是成立的,将 $k_F=0$ 代入,$|\det|=0$ 方程可得悬臂构件的特征方程为

$$\cos ml=0 \tag{5.144}$$

即 $ml=\pi/2$,$\mu=2$,长度系数与前述所求完全一致。

5.9.3 一端固定一端水平弹性和转角约束中心受压杆

一端固定、一端仅有水平弹性约束和转动约束的构件如图 5.30 所示,其采用微分方程的精确解计算方法如下:

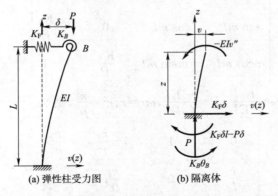

(a) 弹性柱受力图　　　(b) 隔离体

图 5.30　一端固定一端水平弹性和转角约束中心受压杆

取下一段隔离体分析,建立平衡方程为

$$-EIv''=Pv+(K_F l-P)\delta-K_F\delta z-K_B\theta_B \tag{5.145}$$

特别注意,施加了转动约束将减小梁体弯矩,因此端部弯矩应该带负号!

$$EIv''+Pv+(K_F l-P)\delta-K_F\delta z-K_B\theta_B=0$$

令 $m=\sqrt{\dfrac{P}{EI}}$,则

$$v''+m^2v+\frac{1}{EI}\left[(K_Fl-P)\delta-K_F\delta z-K_B\theta_B\right]=0 \tag{5.146}$$

微分方程解为 $v=A\sin mz+B\cos mz-\dfrac{1}{P}\left[(K_Fl-P)\delta-K_F\delta z-K_B\theta_B\right]$

其一阶导数为 $\qquad\qquad v'=Am\cos mz-Bm\sin mz+\dfrac{K_F\delta}{P}$

考虑边界条件：$\left.\begin{array}{l} z=0,v=0 \\ z=0,v'=0 \\ z=l,v=\delta \\ z=l,v'=\theta_B \end{array}\right\}$,有

$$\left.\begin{array}{r} B-\left(\dfrac{K_Fl}{P}-1\right)\delta-\dfrac{K_B\theta_B}{P}=0 \\[2mm] Am+\dfrac{K_F}{P}\delta=0 \\[2mm] A\sin ml+B\cos ml-\dfrac{K_B\theta_B}{P}=0 \\[2mm] Am\cos ml-Bm\sin ml+\dfrac{K_F\delta}{P}-\theta_B=0 \end{array}\right\}$$

因为 A、B、δ、θ_B 不能同时为零，即上述方程有非零解，固其行列式必须为零，有

$$\begin{vmatrix} 0 & 1 & 1-\dfrac{K_Fl}{P} & -\dfrac{K_B}{P} \\[2mm] m & 0 & \dfrac{K_F}{P} & 0 \\[2mm] \sin ml & \cos ml & 0 & -\dfrac{K_B}{P} \\[2mm] m\cos ml & -m\sin ml & \dfrac{K_F}{P} & -1 \end{vmatrix}=0$$

考虑到，$k_B=\dfrac{K_Bl}{EI}$，$k_F=\dfrac{K_Fl^3}{EI}$，$P=\dfrac{\pi^2EI}{(\mu l)^2}$，$ml=r$，$r^2=\dfrac{\pi^2}{\mu^2}$，则

$$\begin{vmatrix} 0 & 1 & 1-\dfrac{k_F}{r^2} & -\dfrac{lk_F}{r^2} \\[2mm] \dfrac{r}{l} & 0 & \dfrac{k_F}{lr^2} & 0 \\[2mm] \sin r & \cos r & 0 & -\dfrac{lk_F}{r^2} \\[2mm] \dfrac{r}{l}\cos r & -\dfrac{r}{l}\sin r & \dfrac{k_F}{lr^2} & -1 \end{vmatrix}=0$$

展开的超越方程(稳定方程)为

$$(k_Fr+k_Br^3-k_Fk_Br)\sin r+(r^4-k_Fr^2-2k_Fk_B)\cos r+2k_Fk_B=0 \tag{5.147}$$

由式(5.131)，当 $k_A=\infty$ 时有

$$r^3\sin r+(k_F-r^2+2k_B)(r\sin r-r^2\cos r)+2k_B(r^2-r\sin r)+$$
$$k_B(k_F-r^2)(2-2\cos r-r\sin r)=0 \tag{5.148}$$

$$[r^3+(k_F-r^2+2k_B)r-2k_Br-rk_B(k_F-r^2)]\sin r+$$
$$[-(k_F-r^2+2k_B)r^2-2k_B(k_F-r^2)]\cos r+2k_Br^2+2k_B(k_F-r^2)=0$$

整理后可得式(5.147),可见,与按转角位移法推出的结果完全相同。

但 $k_B=0$,即退化到图 5.29 的构件时,将 $k_B=0$ 代入式(5.147),有

$$k_F r\sin r+(r^4-k_F r^2)\cos r=0 \tag{5.149}$$

得 $\tan r=r-\dfrac{r^3}{k_F}$。

求解超越方程式(5.136)和式(5.147)的 r,长度系数 $\mu=\pi/r$,其值应该位移 0.5~2.0 之间,即构件的约束能力处于梁端固结与一端固结一端自由两类构件的之间。

习 题

5-1 试比较图 5.31 下端固定的两个无侧移刚架的弹性屈曲荷载和柱的计算长度系数,并作比较。

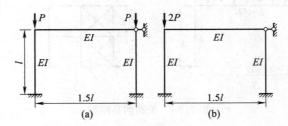

图 5.31 无侧移刚架

5-2 试确定图 5.32 下端固定的两个有侧移刚架的弹性屈曲荷载和柱的计算长度系数,并作比较。

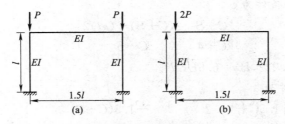

图 5.32 有侧移刚架

5-3 试确定图 5.33 中有侧移双层刚架的弹性屈曲荷载,其中,柱的顶端与横梁铰接,而底部固定。

5-4 图 5.34 为单层三跨有侧移刚架,其边柱均为上下端铰接的摇摆柱,试用位移法证明此刚架的屈曲条件为 $(C+9)[2(C+S)-3/2\,(kl)^2]-(C+S)^2=0$,并需算出图中柱屈曲荷载。

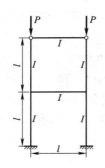

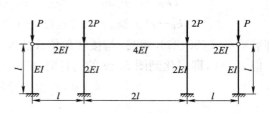

图 5.33　单跨三层刚架　　　　　　　　图 5.34　有摇摆柱的刚架

5-5 试按照 GB 50017 规定验算图 5.35(a)所示单跨侧倾刚架柱在刚架平面内的稳定。刚架柱与横梁和基础的连接均为刚接。图 5.35(b)为保证刚架侧向稳定的纵向支撑布置。柱的焊接工字形截面尺寸如图 5.35(c)所示,其翼缘具有火焰切割边。在刚架横梁上作用有均布荷载和集中水平荷载,其设计值分别为 $q=40$ kN/m 和 $H=120$ kN。横梁截面的惯性矩 I_b 为柱截面惯性矩的 10 倍。钢材为 Q235, $f_y=235$ MPa, $f=215$ MPa, $E=20\ 600$ MPa。

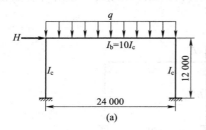 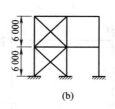 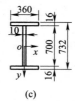

图 5.35　单跨侧移刚架

部分习题答案：

5-1 (a)$P_{cr}=23.72EI/l^2$, $\mu=0.645$

(b)$kl=5.093$, $\mu=0.617$,$(2P)_{cr}=25.93EI/l^2$

5-2 (a)刚架的屈曲条件为

$$\begin{vmatrix} C+S & 2(C+S)-(kl)2 \\ C+4 & C+S \end{vmatrix}=0$$

可解得,$kl=2.57$, $\mu=1.222$, $P_{cr}=6.6EI/l^2$。

(b)刚架的屈曲条件为

$$\begin{vmatrix} 1.5C+4 & 2 & -1.5(C+S) \\ 2 & 10 & -9 \\ C+S & 6 & -[2(C+S)+12-(kl)^2] \end{vmatrix}=0$$

可解得,$kl=3.615$, $\mu=0.869$,$(2P)_{cr}=\dfrac{13.07EI}{l^2}$。

5-3 刚架的屈曲条件为

$$\begin{vmatrix} 2C+6-S^2/C & C+S & C-S^2/C \\ C+S & 2(C+S)-(kl)^2 & 0 \\ C-S^2/C & 0 & C-S^2/C-(kl)^2 \end{vmatrix}=0$$

可解得，$kl=1.359$，$\mu=2.312$，$P_{cr}=1.847EI/l^2$。

5-4 $kl=2.37$，$\mu=1.306$，$(2P)_{cr}=11.233EI/l^2$

5-5 按一阶分析方法计算（图 5.36）

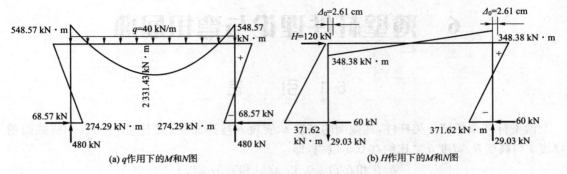

(a) q作用下的M和N图　　　　　　(b) H作用下的M和N图

图 5.36　一阶分析的刚架内力和侧移（题 5-5 答案图）

按照 GB 50017 的规定，因 $\dfrac{\sum P\Delta_0}{\sum Hh}=\dfrac{2\times480\times2.61}{120\times1\,200}=0.0174<1.0$，故可用计算长度

法验算刚架柱在弯矩作用平面内的稳定性，即

$$\frac{509.03}{0.898\times185.2}+\frac{896.95\times10^2}{1.05\times4\,815\times\left(1-0.8\times\dfrac{1.1\times509.03}{23\,093.6}\right)}=3.06+18.07$$

$$=21.14(\text{kN/cm}^2)<21.5\ \text{kN/cm}^2$$

$$21.14/21.5=0.983$$

6 薄壁杆件理论与弯扭屈曲

6.1 引　言

薄壁杆件系指这一类杆件,其截面的高度 h、宽度 b 与其长度 l 之比[图 6.1(a)]或截面的厚度 t 与高度 h、宽度 b 之比约在 0.1 以内,即

$$h/l(和\ b/l)\leqslant 0.1 \quad t/h(和\ t/b)\leqslant 0.1$$

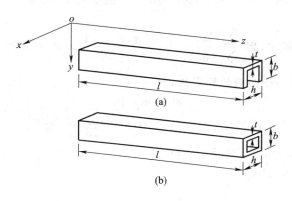

图 6.1　薄壁构件

薄壁杆件又分为开口薄壁杆件[图 6.1(a)]和闭口薄壁杆件[图 6.1(b)]。

前面第 3~5 章阐述的杆件和刚架屈曲都是在杆件的一个主平面内以弯曲形式屈曲。但薄壁杆件的屈曲形式不一定是弯曲,理论分析和试验结果都证明,横截面没有对称轴的中心受压薄壁杆件都是以弯曲并扭转的形式屈曲,简称弯扭屈曲;其最小临界力都比按纯弯屈曲计算者小很多。只有一个对称轴的中心受压薄壁杆件,可能在对称面内纯弯屈曲,亦可能弯扭屈曲,视截面形式、杆件长度及端部支承情况而定。其最小临界力可能是纯弯屈曲临界力,亦可能是弯扭屈曲临界力。

中心受压薄壁杆件的弯扭屈曲,在开始屈曲以前,杆件处于直线受压的稳定平衡状态;屈曲开始后,杆件可处于与直线无限邻近的弯曲扭转形式的平衡状态(不稳定)。故中心受压薄壁杆件的弯扭屈曲属于有平衡分枝的屈曲,其弯扭屈曲临界力当可按前述的中性平衡法计算。当在弹塑性阶段屈曲时,其临界力亦可按前述的切线模量理论计算,即等于按弹性弯扭屈曲临界力乘以弹性模量折减系数 $\tau = \dfrac{E_t}{E}$。

只有一个对称轴的偏心受压薄壁杆件,当偏心压力 P 作用在对称轴上(图 6.1,图 6.9)时,从压力开始作用起,杆件就在对称面内弯曲。如杆件有侧向支撑(即图 6.1x 方向的支撑),使它只能在弯矩作用平面内(即图 6.1 的 yz 平面内)变位,则在对称面内的压溃荷载就是

杆件屈曲的临界力,即弯矩作用平面内的极限承载力,可用第 4 章介绍的方法进行计算。若没有侧向支撑,则在对称面内压溃之前,杆件会突然转入绕 x 及 y 轴弯曲并绕扭心轴扭转的工作状态而破坏,称为弯扭屈曲或弯扭失稳。其压力和弯矩作用平面内变位的关系曲线如图 6.2 所示,图中 P_w 及 P_m 分别为弯扭屈曲及压弯屈曲的临界力,实线为杆件受压受弯的平衡曲线,虚线为杆件受压受弯受扭的平衡曲线。显然,偏心受压薄壁杆件的弯曲扭屈属于有平衡分枝的屈曲。与中心受压分枝点失稳问题计算不同,计算这种分枝点问题必须考虑弯扭屈曲前杆件的弯曲变形及受压受弯的应力分布,计算较复杂。如弯扭屈曲时,杆件部分区域的应力已超过比例极限,则必须考虑杆件的弹塑性工作,计算相当复杂,一般都采用切线模量理论求解。如弯扭屈曲时,杆件最大边缘应力 σ_{max} 不超过比例极限 σ_p,则可按符拉索夫的虚拟荷载法或能量法列出杆件的弯扭平衡方程,解出其弯扭屈曲临界力。

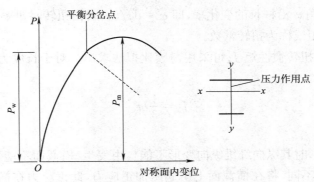

图 6.2 偏心受压杆件的平衡分岔

第 4 章介绍的压弯杆件在弯矩作用平面内的失稳问题,称为弯矩作用平面内的稳定问题,这时杆件的承载能力称为弯矩作用平面内的稳定极限承载力。同理,杆件由弯矩作用平面内受压受弯(或仅受弯)转为绕截面的两个主轴弯曲并绕扭心轴扭转和受压的失稳问题称为弯矩作用平面外的稳定问题,这时杆件的承载能力称为弯矩作用平面外的稳定极限承载力。

既然薄壁杆件单向受弯和受压会弯扭失稳,则杆件双向受弯和受压以及单向压弯杆件在弯矩作用平面外有初弯曲或初扭转时,更易弯扭失稳。此时杆件从开始受力起就双向受弯和受压,成为双向压弯杆件的稳定问题,为极值点失稳,按双向压弯杆件的计算理论计算。

基于上述情况,本章只介绍薄壁杆件弹性弯扭屈曲的计算方法。一般采用力素平衡法、符拉索夫的虚拟荷载法及能量法。平衡法较复杂,这里不介绍,有兴趣时可参阅相关文献。

为方便读者理解,在介绍薄壁杆件屈曲之前,先简要介绍开口和闭口薄壁杆件扭转的一些基本概念、理论和计算方法。

6.2 扭转基本概念和计算假定

1. 扭转与翘曲

在材料力学中研究了实体圆截面杆的扭转,该类杆件在扭转变形时,纵向纤维发生相同的变形。

对于非圆截面杆件,在受扭变形时,杆件纵向纤维将要发生沿纵向的变形,这一现象称为翘曲,导致横截面在变形后发生翘曲而不再是平面。

在扭转理论中,对翘曲采用翘曲函数 β 来描述。不同描述,构成了扭转计算的不同理论,如乌曼斯基第一理论和乌曼斯基第二理论。

2. 自由扭转

非圆截面杆在扭转时,横截面虽发生翘曲,但当其相邻两横截面的翘曲程度完全相同时,即纵向纤维可以自由伸缩、截面可以自由翘曲,横截面上仍然只有剪应力而没有正应力,这一类扭转称为自由扭转或纯扭转,又称圣维南扭转。

自由扭转时,截面上剪应力合成扭矩,材料力学给出了扭矩 M_k 与扭率 φ' 之间的关系式为

$$M_k = GJ_k \varphi' \tag{6.1}$$

式中,扭率 φ' 为扭转角 φ 沿杆长的变化率,即 $\varphi' = \mathrm{d}\varphi/\mathrm{d}z$,自由扭转时扭率 φ' 为常数,G 为剪切模量,J_k 为扭转惯性矩或称为扭转常数。

对于非圆截面的扭转惯性矩 J_k 可采用薄膜比拟法求出。对于长度为 b、厚度为 t 的狭长矩形截面。

$$J_k = \frac{1}{3} bt^3 \tag{6.2}$$

3. 约束扭转

反之,当扭转变形时其纵向纤维纵向变形不能自由发生,横截面不能自由翘曲,则由于相邻截面上的翘曲程度不同,将在横截面上引起附加正应力,此正应力在横截面上的分布不均匀,引起杆件的弯曲和附加剪应力,这一类扭转称为约束扭转。

4. 刚性周边假定

铁木辛柯与符拉索夫在 19 世纪初分别提出了薄壁杆件的开口约束扭转理论,其中符拉索夫的理论比较完整,它的基础是"刚性周边假定",即薄壁杆件在外荷载作用下变形时,截面形状不发生变化,因此这个假定被称为符拉索夫假定。在此基础上,本斯考特和乌曼斯基提出了闭口薄壁杆件的约束扭转理论。

若要进一步完善"刚性周边假定"带来的不足,则需考虑"畸变"问题,请参阅相关文献。

设截面上所受的外力扭矩为 M_z,当为自由扭转时,截面上剪应力构成的内扭矩 $M_k = M_z$,当杆件为约束扭转时,$M_k \neq M_z$。

6.3 开口薄壁杆件的扭转

6.3.1 开口薄壁杆件的自由扭转

根据刚性周边假定,开口薄壁杆件扭转时截面如刚体般转动,其组成部分的扭角都相同,下面以图 6.3 所示由三个狭长矩形组成的截面为例,推导截面扭转惯性矩的计算公式。

由于组成各部分的扭率相同,即

$$\varphi_1' = \varphi_2' = \varphi_3' = \varphi'$$

或

$$\frac{M_{k1}}{GJ_{k1}} = \frac{M_{k2}}{GJ_{k2}} = \frac{M_{k3}}{GJ_{k3}} = \frac{M_k}{GJ_k} \tag{6.3}$$

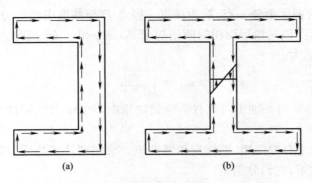

图 6.3 开口薄壁杆件的自由扭转剪应力 τ 分布

式中，φ' 为整个工字截面的扭率；$J_{k1}=\frac{1}{3}H_1t_1^3$、$J_{k2}=\frac{1}{3}H_2t_2^3$、$J_{k3}=\frac{1}{3}H_3t_3^3$ 分别为三个狭长矩形截面的扭转惯性矩，J_k 为整个截面的扭转惯性矩；M_{k1}、M_{k2}、M_{k3} 分别为三个狭长矩形截面上的扭矩，M_k 为整个截面的扭矩，显然有

$$M_k=M_{k1}+M_{k2}+M_{k2} \tag{6.4}$$

联立式(6.3)和式(6.4)解得

$$J_k=J_{k1}+J_{k2}+J_{k3}=\frac{1}{3}H_1t_1^3+\frac{1}{3}H_2t_2^3+\frac{1}{3}H_3t_3^3$$

这个结论可推广到更一般的情况，对于 n 个狭长矩形组成的开口截面，其扭转惯性矩可用叠加法求得

$$J_k = \sum_{i=1}^{n}\frac{1}{3}H_it_i^3 \tag{6.5}$$

更一般情况，开口薄壁截面若为任意曲线形状，则有

$$J_k = \frac{1}{3}\int_c t^3 \mathrm{d}s \tag{6.6}$$

式中，$\int_c \cdot \mathrm{d}s$ 表示沿 s 坐标在整个截面上积分。

可见，壁厚对开口截面的扭转惯性矩影响很大，成三次方关系。

开口薄壁杆件扭矩与扭率的关系仍按式(6.1)计算。

自由扭转在截面中只引起剪应力，剪应力的分布将在壁厚范围内组成一个封闭的剪力流，沿壁厚为线性分布，薄壁中面上剪应力为 0，如图 6.3 所示。在截面周边上最大，最大值为

$$\tau_{max}=\frac{M_k}{J_k}t \tag{6.7}$$

这是对开口薄壁杆件而言的，在闭口薄壁杆件中剪力流将有所不同。

6.3.2 截面扇性几何特性

为了计算剪切中心和扭转，需要用到截面扇性几何特性，下面介绍这方面的内容。

1. 扇性坐标 ω

图 6.4 为一薄壁杆件的横截面，o 为截面形心，ox、

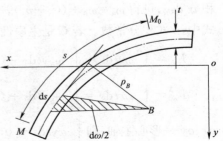

图 6.4 扇性坐标

oy 为形心主轴。B 为截面上任一点，取为极点。极点 B 与截面中线微分 ds 形成一个三角形，如图中的阴影线所示。该三角形面积的两倍等于 $d\omega_B = \rho_B ds$。M_0 点称为扇性零点，则中线上任一点 M 的扇性坐标为

$$\omega_B = \int_0^s \rho_B ds$$

当 BM_0 旋转至 BM 与 z 轴正向成右手螺旋法则时，则 M 点的扇性坐标为正，反之为负。量纲是 [长度]^2。

截面的几何特性中有静面矩、惯性积和惯性矩。采用扇性坐标后，类似有扇性静面矩、扇性惯性积和扇性惯性矩，它们分别是：

扇性静面矩 $\qquad\qquad S_\omega = \int_0^{s_1} \omega t ds \qquad$ [长度]^4

扇性惯性积 $\qquad\qquad I_{\omega x} = \int_0^{s_1} \omega y t ds \qquad$ [长度]^5

$\qquad\qquad\qquad\qquad I_{\omega y} = \int_0^{s_1} \omega x t ds \qquad$ [长度]^5

扇性惯性矩 $\qquad\qquad I_\omega = \int_0^{s_1} \omega^2 t ds \qquad$ [长度]^6

式中，s_1 是截面中线的总长；t 是截面的厚度。

2. 主扇性坐标 ω_n

计算扇性坐标 ω 时，扇性极点 B 和扇性零点 M_0（图 6.4）是任意选取。适当选取扇性极点和扇性零点，使扇性静矩 S_ω、扇性惯性积 $I_{\omega x}$ 和 $I_{\omega y}$ 等于零。此时的极点称为主扇性极点，以 C 表示。扇性零点称主扇性零点。相应地便有主扇性坐标 ω_n。

设主扇性极点 C 的坐标为 C_x、C_y（图 6.5），扇性极点 B 的坐标为 b_x、b_y。坐标系 $\eta M \xi$ 中 ηM 轴与中线上 M 点的外法线重合，$M\xi$ 轴与 x 轴的夹角为 α。$\eta' o \xi'$ 坐标系与 $\eta M \xi$ 坐标系平行，原点 o。在 $\eta' o \xi'$ 坐标系中 B、C 点的坐标分别是

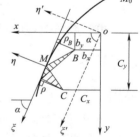

$$b'_\eta = b_x \sin\alpha - b_y \cos\alpha$$
$$C'_\eta = C_x \sin\alpha - C_y \cos\alpha$$

因为 $\rho + C'_\eta = \rho_B + b'_\eta$，故有

$$\rho = \rho_B - (C'_\eta - b'_\eta) = \rho_B + (C_y - b_y)\cos\alpha - (C_x - b_x)\sin\alpha$$

C 是主扇性极点，则

图 6.5　扇性坐标变换

$$d\omega_n = \rho ds = \rho_B ds + (C_y - b_y)\cos\alpha ds - (C_x - b_x)\sin\alpha ds$$
$$= d\omega_B + (C_y - b_y)dx - (C_x - b_x)dy$$

积分 $d\omega_n$，可得 $\omega_n = \omega_B + (C_y - b_y)x - (C_x - b_x)y + d$

式中，d 式积分常数。若 C 是主扇性极点，则扇性惯性积 $I_{\omega x}$、$I_{\omega y}$ 等于零，于是得

$$I_{\omega x} = \int_0^{s_1} \omega y t ds = \int_0^{s_1} \omega_B y t ds + (C_y - b_y)\int_0^{s_1} x y t ds - (C_x - b_x)\int_0^{s_1} y^2 t ds + d\int_0^{s_1} y t ds = 0$$

$$I_{\omega y} = \int_0^{s_1} \omega x t ds = \int_0^{s_1} \omega_B x t ds + (C_y - b_y)\int_0^{s_1} x^2 t ds - (C_x - b_x)\int_0^{s_1} x y t ds + d\int_0^{s_1} x t ds = 0$$

ox、oy 是形心主轴，则 $\int_0^{s_1} x y t ds = 0$，$\int_0^{s_1} x t ds = 0$，$\int_0^{s_1} y t ds = 0$

所以主扇性极点 C 的坐标 C_x、C_y 可由式（6.8）确定。

$$\alpha_x = C_x - b_x = \frac{\int_0^{s_1} \omega_B yt\,\mathrm{d}s}{\int_0^{s_1} y^2 t\,\mathrm{d}s} = \frac{I_{\omega x}}{I_x}$$

$$\alpha_y = (C_y - b_y) = -\frac{\int_0^{s_1} \omega_B xt\,\mathrm{d}s}{\int_0^{s_1} x^2 t\,\mathrm{d}s} = -\frac{I_{\omega y}}{I_y} \qquad (6.8)$$

当极点 B 为截面形心 o 时，$b_x = b_y = 0$，故有

$$C_x = \frac{I_{\omega x}}{I_x} \qquad C_y = -\frac{I_{\omega y}}{I_y} \qquad (6.9)$$

主扇性零点可以根据 $S_\omega = 0$ 来确定。设 ω_n 为主扇性坐标，ω_{M_0} 是以 M_0 为扇性零点时扇性坐标。设 D 为某一常数。

$$\omega_n = \omega_{M_0} - D$$

因为

$$S_\omega = \int_0^{s_1} \omega_n t\,\mathrm{d}s = \int_0^{s_1} (\omega_{M_0} - D) t\,\mathrm{d}s = \int_0^{s_1} \omega_{M_0} t\,\mathrm{d}s - Dts_1 = 0$$

得

$$D = \frac{1}{s_1 t} \int_0^{s_1} \omega_{M_0} t\,\mathrm{d}s$$

主扇性坐标为

$$\omega_n = \omega_{M_0} - \frac{1}{s_1 t}\int_0^{s_1} \omega_{M_0} t\,\mathrm{d}s = \omega_{M_0} - \frac{1}{A}\int_A \omega_{M_0}\,\mathrm{d}A \qquad (6.10)$$

式中，A 是截面面积。

6.3.3 剪力中心

薄壁杆件在横向荷载作用下，截面上除了正应力外，将发生剪应力。剪应力沿厚度 t 均匀分布，与中心线相切，形成剪应力流。现在讨论剪应力的合力 Q_x、Q_y 作用点的位置。从薄壁杆件上取出一微元体如图 6.6(a)所示，并考虑其平衡，由 $\sum z = 0$，得

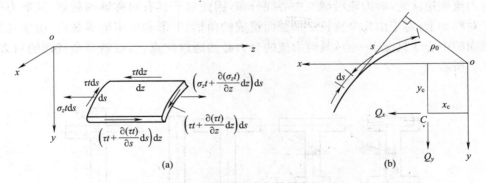

图 6.6　位移应力与剪切中心

$$\frac{\partial(\tau t)}{\partial s} + \frac{\partial(\sigma_z t)}{\partial z} = 0$$

$$\frac{\partial(\tau t)}{\partial s} = -\frac{\partial}{\partial z}(\sigma_z t)$$

由材料力学知：$\sigma_z = \frac{M_x}{I_x}y + \frac{M_y}{I_y}x$，$Q_x = \frac{\partial M_y}{\partial z}$，$Q_y = \frac{\partial M_x}{\partial z}$，上式可化成

$$\frac{\partial(\tau t)}{\partial s} = -\frac{yt}{I_x}Q_y - \frac{xt}{I_y}Q_x$$

积分后,得剪力流计算式　　　　　$$(\tau t) = -\frac{S_x}{I_x}Q_y - \frac{S_y}{I_y}Q_x \tag{6.11}$$

剪力中心 $C(x_c, y_c)$ 是 Q_x、Q_y 的作用点(图 6.6)。设 $Q_x=0$、$Q_y \neq 0$。ox,oy 是截面形心主轴。Q_y 对形心的力矩应等于截面上剪应力 τ 对形心 o 之矩,设 s_1 为截面中线的总长。

于是有　　　　　　　$$Q_y x_c = \int_0^{s_1} \rho_0 (\tau t)\,ds = -Q_y \int_0^{s_1} \frac{S_x}{I_x} \rho_0\,ds$$

故有　　　　　　　　$$x_c = -\frac{1}{I_x} \int_0^{s_1} S_x \rho_0\,ds$$

因为 $S_x = \int_0^S yt\,ds$,$d\omega_0 = \rho_0\,ds$,故得

$$x_c = -\frac{1}{I_x} \int_0^{s_1} d\omega_0 \int_0^S yt\,ds = -\frac{1}{I_x}\left(\omega_0 \int_0^S yt\,ds \Big|_0^{s_1} - \int_0^{s_1} \omega_0 yt\,ds\right)$$

注意到 ox 为形心主轴,$S_x = \int_0^{s_1} yt\,ds = 0$,于是有

$$x_c = \frac{1}{I_x} \int_0^{s_1} \omega_0 yt\,ds = \frac{I_{\omega x}}{I_x} \tag{6.12}$$

同样,令 $Q_x \neq 0$,$Q_y=0$,可得 $y_c = \dfrac{-I_{\omega y}}{I_y}$。 $\tag{6.13}$

将式(6.12)和式(6.13)与式(6.9)比较,可发现 $x_c = C_x$、$y_c = C_y$。由此可知剪力中心就是主扇性极点。

杆件横向荷载通过剪力中心,则杆件只有弯曲而无扭转,否则,杆件将同时发生弯曲和扭转。荷载通过剪力中心,截面不发生扭转,即扭角为零,那么当杆件承受扭转作用而扭转时,根据位移互等定理,剪力中心将无线位移,因此剪力中心在杆件受扭转时就成为扭转中心。

剪力流理论认为,剪力流沿截面中心线分布,因此对于具有对称轴的截面,其剪力中心必定位于对称轴上;对于由几个狭长矩形截面组成的角形、T 形和十字形等截面,由于几个狭长矩形截面的中心线只交于一点,其剪力流的合力必然通过此点,该点就是全截面的剪力中心,如图 6.7 所示。

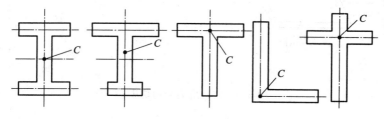

图 6.7　典型截面的剪切中心

为便于应用,表 6.1 给出了几种有代表性的截面的剪切中心位置和翘曲惯性矩的计算公式。表中 7～14 的 8 种截面属于冷弯薄壁型钢的,它们的壁厚均为 t。

表 6.1　截面剪切中心 S 位置和几何特性

$$\left[I_x,\ I_y,\ I_\omega,\ \beta_x=\frac{\int_A x(x^2+y^2)\mathrm{d}A}{2I_y}-x_0,\ \beta_y=\frac{\int_A y(x^2+y^2)\mathrm{d}A}{2I_x}-y_0\right]$$

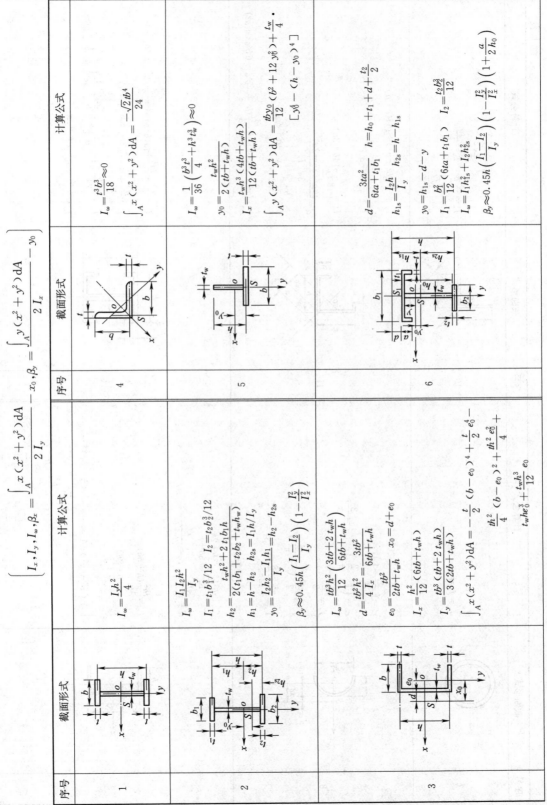

序号	截面形式	计算公式
1		$I_\omega=\dfrac{I_1 h^2}{4}$
2		$I_\omega=\dfrac{I_1 I_2 h^2}{I_y}$ $I_1=t_1 b_1^3/12 \quad I_2=t_2 b_2^3/12$ $h_2=\dfrac{t_w h^2+2t_1 b_1 h}{2(t_1 b_1+t_2 b_2+t_w h_w)}$ $h_1=h-h_2 \quad h_{2s}=h_2-h_{2s}$ $y_0=\dfrac{I_2 h_2-I_1 h_1}{I_y}=h_2-h_{2s}$ $\beta_y\approx0.45h\left(\dfrac{I_1-I_2}{I_y}\right)\left(1-\dfrac{I_y^2}{I_x^2}\right)$
3		$I_\omega=\dfrac{tb^3 h^2}{12}\left(\dfrac{3tb+2t_w h}{6tb+t_w h}\right)$ $d=\dfrac{tb^2 h^2}{4I_x}\cdot\dfrac{3tb^2}{6tb+t_w h}$ $e_0=\dfrac{tb^2}{2tb+t_w h} \quad x_0=d+e_0$ $I_x=\dfrac{h^2}{12}(6tb+t_w h)$ $I_y=\dfrac{tb^3}{3}\dfrac{(tb+2t_w h)}{(2tb+t_w h)}$ $\int_A x(x^2+y^2)\mathrm{d}A=-\dfrac{t}{2}(b-e_0)^4-\dfrac{t}{2}e_0^4-\dfrac{th^2}{4}(b-e_0)^2+\dfrac{th^2}{4}e_0^2+t_w h e_0^3+\dfrac{t_w h^3}{12}e_0$
4		$I_\omega=\dfrac{t^3 b^3}{18}\approx0$ $\int_A x(x^2+y^2)\mathrm{d}A=-\dfrac{\sqrt{2}tb^4}{24}$
5		$I_\omega=\dfrac{1}{36}\left(\dfrac{b^3 b_1^3}{4}+h^3 t_w^3\right)\approx0$ $y_0=\dfrac{t_w h^2}{2(tb+t_w h)}$ $I_x=\dfrac{t_w h^3}{12}\dfrac{(4tb+t_w h)}{(tb+t_w h)}$ $\int_A y(x^2+y^2)\mathrm{d}A=\dfrac{tb y_0}{12}(b^2+12y_0^2)+\dfrac{t_w}{4}\left[y_0^4-(h-y_0)^4\right]$
6		$d=\dfrac{3ta^2}{6ta+t_1 b_1} \quad h=h_0+t_1+d+\dfrac{t_2}{2}$ $h_{1s}=\dfrac{I_2 h}{I_y} \quad h_{2s}=h-h_{1s}$ $y_0=h_{1s}-d-y$ $I_1=\dfrac{b_1^2}{12}(6ta+t_1 b_1) \quad I_2=\dfrac{t_2 b_2^3}{12}$ $I_\omega=I_1 h_{1s}^2+I_2 h_{2s}^2$ $\beta_y\approx0.45h\left(\dfrac{I_1-I_2}{I_y}\right)\left(1-\dfrac{I_y^2}{I_x^2}\right)\left(1+\dfrac{a}{2h_0}\right)$

续上表

序号	截面形式	计算公式
7		$I_\omega=0$ $I_x=I_y=\pi t r^3$
8		$d=\left(\dfrac{4}{\pi}-1\right)r$ $e_0=\left(1-\dfrac{2}{\pi}\right)r \qquad x_0=\dfrac{2}{\pi}r$ $I_x=\dfrac{\pi t r^3}{2}$ $I_y=\dfrac{\pi t r^3}{2}\left(1-\dfrac{8}{\pi^2}\right)$ $I_\omega=\dfrac{\pi^4-96}{12\pi}t r^5 \qquad \beta_x=-\dfrac{4r}{\pi}$
9		$I_\omega=\dfrac{tb^3h^2}{12}\times\dfrac{3b+2h}{6b+h}$ $d=\dfrac{3b^2}{6b+h} \qquad e_0=d+e_0$ $x_0=d+e_0$ $I_x=\dfrac{th^2}{12}(h+6b)$ $I_y=\dfrac{tb^3(b+2h)}{3(2b+h)}$ $\displaystyle\int_A x(x^2+y^2)dA=-\dfrac{t}{2}\Big[(b-e_0)^4-e_0^4-2he_0^3+\dfrac{h^2}{2}(b-e_0)^2-\dfrac{h^2}{2}e_0^2-\dfrac{h^3}{6}e_0\Big]$
10		$I_\omega=0 \qquad x_0=\dfrac{b}{2\sqrt{2}}$ $I_x=\dfrac{t}{3}b^3 \qquad I_y=\dfrac{t}{12}b^3$ $\beta_x=-\dfrac{\sqrt{2}b}{2}$
11		$I_x=\dfrac{t}{3}(b^3+a^3)+tba(b-a)$ $I_y=\dfrac{t}{12}(b+a)^3$ $I_\omega=\dfrac{t^2b^4a^3}{18I_x}(4b+3a)$ $d=\dfrac{tba^2(3b-2a)}{3\sqrt{2}I_x}$ $e_0=\dfrac{b+a}{2\sqrt{2}} \qquad x_0=d+e_0$ $\displaystyle\int_A x(x^2+y^2)dA=-\dfrac{\sqrt{2}t}{24}(b^4+4t^3a-6t^2a^2+a^4)$
12		$I_x=\dfrac{th^3}{6}+\dfrac{ta^3}{3}+ta(h-a)^2+\dfrac{t}{2}(b-4t)(h-t)^2$ $I_y=\dfrac{tb^3}{6}+t(a-t)^2+\dfrac{2t^2}{3}(h-2t)$ $I_\omega=\dfrac{ta^3h^3}{24}\left\{1+\dfrac{6a}{b}\left[c+\dfrac{2a}{b}+\dfrac{4}{3}\left(\dfrac{a}{h}\right)^2\right]\right\}$ $I_\omega=\dfrac{I_yh^2}{4}+tb^2a^2\left(\dfrac{h}{2}+\dfrac{a}{3}\right)$

续上表

序号	截面形式	计算公式
13		$I_{x_1} = \dfrac{t}{12}[h^3 + 6(b+a)h^2 - 12 a^2 h + 8 a^3]$ $I_{y_1} = \dfrac{2tb^2}{3}(b+3a),$ $I_{x_1 y_1} = -\dfrac{tb}{2}[bh + 2a(h-a)],\ \tan 2\theta = \dfrac{2 I_{x_1 y_1}}{I_{y_1}}$ $I_x = I_{x_1}\cos^2\theta + I_{y_1}\sin^2\theta - I_{x_1 y_1}\sin 2\theta$ $I_y = I_{x_1}\sin^2\theta + I_{y_1}\cos^2\theta + I_{x_1 y_1}\sin 2\theta$ $I_\omega = \dfrac{tb^2}{12(2b+h+2a)}[h^2(b^2 + 2bh + 4ba + 6ha) + 4\,a^2(3bh + 3h^2 + 4ba + 2ha + a^2)]$
14		$I_x = \dfrac{t}{12}(h^3 + 6bh^2 + 6ah^2 - 12a^2h + 8a^3)$ $d = \dfrac{tb(3bh^2 + 6ah^2 - 8a^3)}{12 I_x}$ $I_\omega = \dfrac{tb^2}{6}(bh^2 + 3ah^2 + 6a^2h + 4a^3) - I_x d^2$ $e_0 = \dfrac{b(b+2a)}{h+2b+2a} \quad x_0 = d + e_0$

[**例 6.1**] 求图 6.8(a)所示槽形截面在 Q_y 作用下截面上的剪力流和截面的剪力中心。

[解] (1) 剪力流 (τt)

剪力流按式(6.11)计算。因 $Q_x=0$，故有 $\tau t=-\dfrac{S_x}{I_x}Q_y$。

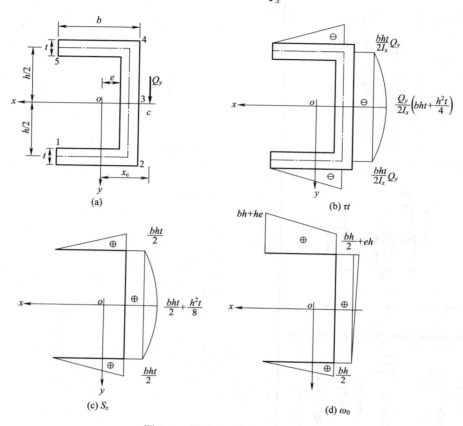

图 6.8　槽形截面扇性截面特性

该式说明剪力流图与 S_x 图相似。为了绘制 S_x 图，以翼缘端 1 点作为曲线坐标的起点。

下翼缘 ($0{\leqslant}s{\leqslant}b$)：
$$S_{12}=\int_0^s yt\,\mathrm{d}s=\int_0^s \frac{h}{2}t\,\mathrm{d}s=\frac{ht}{2}s$$

$$\tau t=-\frac{S_x}{I_x}Q_y=-\frac{htQ_y}{2I_x}s$$

2 点 ($s=b$)：
$$S_2=\frac{bht}{2}\qquad \tau t=-\frac{bht}{2I_x}Q_y$$

腹板 ($b{\leqslant}s{\leqslant}b+h$)：$S_{24}=\dfrac{bht}{2}+\displaystyle\int_b^s yt\,\mathrm{d}s=\dfrac{bht}{2}+\int_b^s\left[\dfrac{h}{2}-(s-b)\right]t\,\mathrm{d}s$

$$=\frac{bht}{2}+\frac{t}{2}\left[h(s-b)-(s-b)^2\right]$$

$$\tau t=-\frac{tQ_y}{2I_x}\left[bh+h(s-b)-(s-b)^2\right]$$

3 点 ($s=h/2+b$)：
$$S_3=\frac{bht}{2}+\frac{h^2t}{8}$$

$$\tau t = -\frac{tQ_y}{2I_x}\left(bh+\frac{h^2}{4}\right)$$

4 点$(s=h+b)$：
$$S_4=\frac{bht}{2}\qquad \tau t=-\frac{bhtQ_y}{2I_x}$$

S 和剪力流(τt)图如图 6.8(c)、(b)所示。τt 为负值，表示顺时针方向。

(2)剪力中心坐标$(x_c、y_c)$

$x_c、y_c$ 按式(6.9)或式(6.12)计算。由于截面是单轴对称，剪力中心位于对称轴 ox 上，故 $y_c=0$。而 x_c 为

$$x_c=\frac{I_{\omega x}}{I_x}=\frac{1}{I_x}\int_0^{S_1}\omega_0 yt\,ds \quad (\text{或 } x_c=-\frac{1}{I_x}\int_0^{S_1}S_x\rho_0\,ds)$$

扇性坐标ω_0是以形心 o 作为扇性极点，下翼缘端点 1 为始点。

下翼缘$(0\leqslant s\leqslant b)$：
$$\omega_{12}=\int_0^s \rho_0\,ds=\frac{h}{2}s$$

2 点$(s=b)$：
$$\omega_2=\frac{bh}{2}$$

腹板$(b\leqslant s\leqslant b+h)$：
$$\omega_{24}=\frac{bh}{2}+\int_b^s e\,ds=\frac{bh}{2}+(s-b)e$$

3 点$(s=h/2+b)$：
$$\omega_3=\frac{h}{2}(b+e)$$

4 点$(s=h+b)$：
$$\omega_4=\frac{bh}{2}+he$$

上翼缘$(h+b\leqslant s\leqslant 2b+h)$：
$$\omega_{45}=\frac{bh}{2}+he+\int_{b+h}^s\frac{h}{2}\,ds=\frac{h}{2}(s-h)+he$$

5 点$(s=2b+h)$：
$$\omega_5=h(b+e)$$

ω_0 图如图 6.8(d)所示。x_c 的算式中 y 之值是：1～2 点，$y=h/2$；2～4 点，$y=h/2-(s-b)$；4～5 点，$y=h/2$。以图乘法代替积分运算，由图 6.8(d)可得

$$x_c=\frac{1}{I_x}\left[\frac{1}{2}b\frac{bh}{2}\frac{h}{2}+\frac{1}{2}heh\left(-\frac{h}{6}\right)+\frac{1}{2}\left(bh+eh+\frac{bh}{2}+eh\right)b\left(-\frac{h}{2}\right)\right]t$$

$$=\frac{1}{I_x}\left[-\frac{b^2h^2t}{4}-e\left(\frac{th^3}{12}+2bt\frac{h^2}{4}\right)\right]=-\frac{b^2h^2t}{4I_x}-e$$

6.3.4 开口薄壁杆件的约束扭转

1. 约束扭转的轴向位移 u 和轴向正应变ε

图 6.9(a)为杆件中的任一截面，发生扭转时该截面的扭角为φ，绕剪力中心 C 转动。设截面中线任一点 B 在直角坐标中的位移为$w_x、w_y$，分别表示沿 x 和 y 方向的位移。过 B 点作截面中心的切线 BT，B 点沿切线方向的位移 v 可以通过如下分析求得。

由于扭角 φ，使 B 点发生位移，其值为
$$w_x=-(y-y_c)\varphi\qquad w_y=(x-x_c)\varphi$$

B 点沿截面中线的切线方向的位移为
$$v=w_x\cos\alpha+w_y\sin\alpha=[-(y-y_c)\cos\alpha+(x-x_c)\sin\alpha]\varphi=\rho\varphi$$

由图 6.9(b)知上式方括号中的数值等于 ρ。

设 B 点沿轴线方向的位移为 u，薄壁杆件的中面上的剪应变 γ 与位移 $u、v$ 之间的关系，从薄

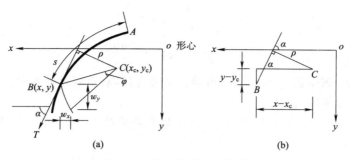

图 6.9 开口截面扭转变形

壁中面上取 B 点处的微元见图 6.10,则可得剪切变形计算式为

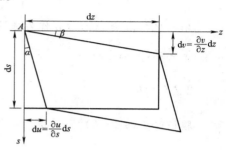

图 6.10 薄壁微元变形

$$\gamma = \frac{\tau}{G} = \frac{\partial u}{\partial s} + \frac{\partial v}{\partial z} = \frac{\partial u}{\partial s} + \frac{\partial (\rho\varphi)}{\partial z} = \frac{\partial u}{\partial s} + \rho\varphi' \quad (6.14)$$

根据开口薄壁的剪应力的分布规律,认为中面上剪应力为 0,则 $\gamma = 0$,于是有

$$\frac{\partial u}{\partial s} = -\rho\varphi'$$

对上式进行积分,φ 仅是 z 的函数,即 $\varphi = \varphi(z)$,得

$$u(z, s) = -\varphi' \int_0^s \rho \mathrm{d}s + u_0(z) = -\omega\varphi' + u_0(z) \quad (6.15)$$

式中,ω 是主扇性坐标。

根据几何方程可知轴向正应变 ε 为

$$\varepsilon = \frac{\partial u}{\partial z} = -\omega\varphi'' + u_0'(z) \quad (6.16)$$

式中,$u_0(z)$ 为待定的函数。

2. 翘曲正应力 σ_ω 和翘曲剪应力 τ_ω

在约束扭转中因为杆件的纵向纤维的应变不等于零,杆件的截面在变形后将不再保持为平面。这种情况称为截面翘曲。根据约束扭转的截面刚性假定,切向正应变 $\varepsilon_s = 0$。将平面应力问题的物理方程用于这种情况,有

$$\varepsilon = \frac{1}{E}(\sigma_\omega - \mu\sigma_s) \qquad \varepsilon_s = \frac{1}{E}(\sigma_s - \mu\sigma_\omega) = 0$$

于是得

$$\sigma_s = \mu\sigma_\omega \qquad \sigma_\omega = \frac{E}{1-\mu^2}\varepsilon \quad (6.17)$$

式中,σ_ω 与轴向正应变 ε 有关,称为翘曲正应力。通常设 $E \approx E/(1-\mu^2)$,故

$$\sigma_\omega = E\varepsilon = E(-\omega\varphi'' + u_0'(z)) \quad (6.18)$$

在约束扭转中截面上只存在扭矩,即

$$N_z = \int_A \sigma_\omega \mathrm{d}A = 0$$

$$M_x = \int_A \sigma_\omega y \mathrm{d}A = 0$$

$$M_y = \int_A \sigma_\omega x \mathrm{d}A = 0$$

以式(6.18)代入，ω 是主扇性坐标，选择适当的扇性零点，则

$$\int_A \omega \mathrm{d}A = 0 \qquad \int_A \omega y \mathrm{d}A = 0 \qquad \int_A \omega x \mathrm{d}A = 0$$

于是，有

$$\left.\begin{array}{l} u'_0(z)\displaystyle\int_A \mathrm{d}A = 0 \\[2mm] u'_0(z)\displaystyle\int_A y \mathrm{d}A = 0 \\[2mm] u'_0(z)\displaystyle\int_A x \mathrm{d}A = 0 \end{array}\right\} \tag{6.19}$$

由式(6.19)中第一式可知 $u'_0(z)=0$，所以

$$u_0(z) = c \tag{6.20}$$

c 为以常数。再由式(6.18)和式(6.20)，得翘曲正应力 σ_ω 和轴向位移 u

$$\sigma_\omega = -E\omega\varphi'' \tag{6.21}$$

$$u = -\omega\varphi' + c \tag{6.22}$$

位移 u 中的常数 c 根据约束条件确定。σ_ω 以受拉为正。

为了确定翘曲剪应力 τ_ω，取微元体如图 6.11 所示。

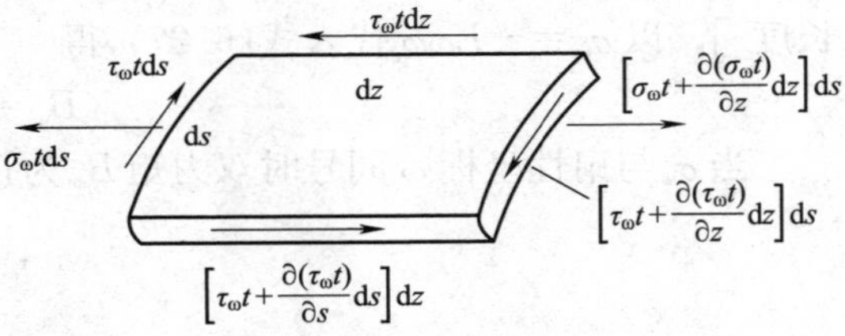

考虑平衡条件 $\sum z = 0$，得

$$\frac{\partial \sigma_\omega t}{\partial z} + \frac{\partial \tau_\omega t}{\partial s} = 0$$

即

$$\frac{\partial \tau_\omega t}{\partial s} = -\frac{\partial \sigma_\omega t}{\partial z}$$

图 6.11　薄壁微元的平衡

积分后，有 $\tau_\omega t = -\displaystyle\int_0^s \frac{\partial \sigma_\omega t}{\partial z}\mathrm{d}s + f_1(z)$

将式(6.21)代入上式，得　　　$\tau_\omega t = E\varphi'''\displaystyle\int_0^s \omega t \mathrm{d}s + f_1(z)$

截面的自由端($s=0$)有$(\tau_\omega t)=0$。将上式代入此条件，得

$$f_1(z) = 0$$

于是，翘曲剪应力为　　　　　$\tau_\omega t = ES_\omega\varphi'''$

即

$$\tau_\omega = \frac{ES_\omega}{t}\varphi''' \tag{6.23}$$

式中，$S_\omega = \displaystyle\int_0^s \omega t \mathrm{d}s$ 为扇性静面矩。

3. 翘曲扭转力矩 M_ω 和双力矩 B_ω

处于约束扭矩中杆件，截面上的剪应力由两部分组成。其一是自由扭转剪应力 τ_k，相应的扭矩由式(6.1)知

$$M_k = GJ_k\varphi'$$

剪应力 τ_k 沿截面厚度呈三角形分布(图 6.3)。由翘曲正应力 σ_ω 引起的翘曲剪应力 τ_ω 沿截面壁厚均匀分布，这些翘曲剪应力 τ_ω 合成的扭矩称为翘曲扭矩，以 M_ω 表示。截面上总的扭矩为

$$M_z = M_k + M_\omega \tag{6.24}$$

翘曲扭矩的计算为

$$M_\omega = \int_0^{s_1} \tau_\omega t\rho\,\mathrm{d}s = \int_0^{s_1} E S_\omega \varphi''' \rho\,\mathrm{d}s = E\varphi''' \int_0^{s_1} \mathrm{d}\omega \int_0^s \omega t\,\mathrm{d}s = E\varphi''' \left(\omega \int_0^s \omega t\,\mathrm{d}s \bigg|_0^{s_1} - \int_0^{s_1} \omega\omega t\,\mathrm{d}s \right)$$

因为 ω 是主扇性坐标，$\int_0^{s_1} \omega t\,\mathrm{d}s = 0$，$\int_0^{s_1} \omega^2 t\,\mathrm{d}s = I_\omega$，故有

$$M_\omega = -EI_\omega \varphi''' \tag{6.25}$$

式（6.23）表示的扇性剪应力
$$\tau_\omega = -\frac{M_\omega S_\omega}{I_\omega t} \tag{6.26}$$

类似于上述 τ_ω 有相应的内力 M_ω，杆件截面上的翘曲正应力 σ_ω 亦有其相应的内力，称为双力矩。

现在计算双力矩 B_ω。由式（6.21）和式（6.22）知，$\sigma_\omega = -E\omega\varphi''$ 和 $u = -\omega\varphi' + C$。在同一截面上各点之间的相对位移 $u = -\omega\varphi'$。如果 $\varphi' = 1$，则有 $u = \omega$。这时，截面上翘曲正应力 σ_ω 所做的功为

$$B_\omega = \int_0^{s_1} \sigma_\omega \omega t\,\mathrm{d}s \tag{6.27}$$

双力矩 B_ω 可视为以主扇性坐标 ω 为力臂所组成的力矩。双力矩为标量，其量纲是 [力·长度^2]。以 $\sigma_\omega = -E\omega\varphi''$ 代入式（6.27），得

$$B_\omega = -EI_\omega \varphi'' \tag{6.28}$$

当 σ_ω 与扇性坐标 ω 同号时双力矩 B_ω 为正。翘曲正应力 σ_ω 用双力矩 B_ω 表示时，有

$$\sigma_\omega = \frac{B_\omega}{I_\omega} \omega \tag{6.29}$$

这一形式与材料力学中一般梁的弯曲正应力计算式 $\sigma = \dfrac{Mz}{I}$ 相似。

由式（6.25）和式（6.28）知，翘曲扭转力矩 M_ω 与双力矩 B_ω 有如下关系

$$M_\omega = \frac{\mathrm{d}B_\omega}{\mathrm{d}z} \tag{6.30}$$

4. 开口薄壁杆件约束扭转的平衡微分方程

杆件在外扭矩作用下发生约束扭转时，为了抵抗相邻截面间的相互转动，截面上产生了剪应力，这就是自由扭转剪应力 τ_k；为了抵抗截面的翘曲，引起了截面的翘曲正应力 σ_ω 和翘曲剪应力 τ_ω。因此，在约束扭转的杆件中，必须由自由扭转扭矩 M_k 和翘曲扭矩 M_ω 两者共同抵抗外扭矩 M_z，即

$$M_z = M_k + M_\omega$$

将式（6.1）和式（6.25）代入后得

$$M_z = GJ_k\varphi' - EI_\omega\varphi''' \tag{6.31}$$

当杆件承受均布扭矩 m_z 时，由图 6.12(a) 可得 $m_z = -\mathrm{d}M_z/\mathrm{d}z$，因而得

$$EI_\omega\varphi'''' - GJ_k\varphi'' = m_z \tag{6.32}$$

式（6.31）和式（6.32）就约束扭转平衡微分方程。

解上述方程可求得扭角 φ 及其对 z 的导数 φ' 和 φ''，分别代入式（6.1）、式（6.28）和式（6.25），即可求得内力矩 M_k、B_ω 和 M_ω，进而可求得应力 τ_k、σ_ω 和 τ_ω。截面上的剪应力为 $\tau = \tau_k + \tau_\omega$，如图 6.12(b)、(c) 所示。

扭转杆件的杆端条件为：

(1) 固定端，固定端不允许扭转，也不会发生翘曲。故有

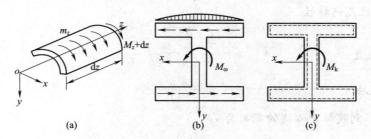

图 6.12 开口构件的扭转

$$\varphi=0 \text{ 和 } u=-\omega\varphi'=0$$

即
$$\varphi=0 \text{ 和 } \varphi'=0 \tag{6.33}$$

（2）铰支端，铰支端不允许扭转，但可以翘曲，故有

$$\varphi=0 \text{ 和 } \sigma_\omega=B_\omega\omega/I_\omega=0$$

即
$$\varphi=0 \text{ 和 } B_\omega=\int_0^{s_1}\sigma_\omega\omega t\,\mathrm{d}s=-EI_\omega\varphi''=0 \tag{6.34}$$

（3）自由端，无扭矩 M_z 和双力矩 B_ω 作用时，则

$$M_z=0 \text{ 和 } B_\omega=0 \tag{6.35}$$

当承受垂直于截面的集中力 P 作用时，由式（6.27）知，双力矩 B_ω 为

$$B_\omega=\sigma_\omega\omega\Delta A=\frac{P}{\Delta A}\omega\Delta A=P\omega$$

故杆端条件为
$$M_z=0 \text{ 和 } B_\omega=P\omega \tag{6.36}$$

[例 6.2] 图 6.13 所示为槽形等截面简支梁，跨中承受一集中扭矩 M_0，试计算此梁截面的扇性几何特性 ω、S_ω 和 I_ω，并求出此梁的最大双力矩、自由扭矩和翘曲扭矩。

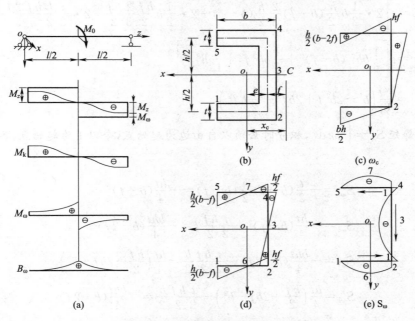

图 6.13 槽形等截面简支梁扭转

[解] (1) 扇性几何特性

形心 o 的位置
$$e = \frac{2bt\dfrac{b}{2}}{2bt+ht} = \frac{b^2}{2b+h}$$

由例 6.1 已知
$$x_c = -\frac{b^2h^2t}{4I_x} - e$$

剪力中心 C 到腹板中心线的距离为
$$f = |x_c| - e = \frac{b^2h^2t}{4I_x} - \frac{b^2}{2b+h} = \frac{3b^2}{6b+h}$$

主扇性坐标 $\omega = \omega_c - \dfrac{1}{A}\displaystyle\int_A \omega_c \mathrm{d}A$。先以剪力中心 c 为极点,任取 2 点为扇性零点,计算扇性坐标 ω_c。

$$\omega_{c1} = \int_0^s \rho_c \mathrm{d}s = \int_0^{-b} \frac{h}{2}\mathrm{d}s = -\frac{bh}{2}$$

$$\omega_{c4} = \int_0^{-h} f \mathrm{d}s = -fh$$

$$\omega_{c5} = \omega_{c4} + \int_h^{h+b} \frac{h}{2}\mathrm{d}s = \frac{h}{2}(b-2f)$$

ω_c 如图 6.13(c) 所示。

$$-\frac{1}{A}\int_A \omega \mathrm{d}A = \frac{t}{(2b+h)t}\left(-\frac{bh}{2}\frac{b}{2} - \frac{fh}{2}h - bfh + \frac{bh}{2}\frac{b}{2}\right) = \frac{hf}{2}$$

在 ω_c 图上加上 $hf/2$ 后即得 ω 图,如图 6.13(d) 所示。

根据 ω 图,由 $I_\omega = \displaystyle\int_0^{s_1} \omega^2 t \mathrm{d}s$,利用图乘法计算主扇性惯性矩。

$$I_\omega = t\left[2 \cdot \frac{1}{2}b\frac{h}{2}(b-f)\frac{2}{3}\frac{h}{2}(b-f) + 2 \cdot \frac{1}{2}b\frac{hf}{2}\frac{2}{3}\frac{hf}{2} + 2 \cdot \frac{1}{2}\frac{h}{2}\frac{hf}{2}\frac{2}{3}\frac{hf}{2}\right]$$

$$= t\left[\frac{1}{6}bh^2(b-f)^2 + \frac{1}{6}bh^2f^2 + \frac{1}{12}h^3f^2\right]$$

$$= \frac{h^2t}{6}\left(b^3 - 2b^2f + 2bf^2 + \frac{1}{2}hf^2\right)$$

主扇性静矩 $S_\omega = \displaystyle\int_0^s \omega t \mathrm{d}s$,积分时必须以自由边为起始点,今以 1 为起始点,各点的主扇性静矩为

$$S_{\omega6} = -\frac{t}{2}(b-f)\frac{h}{2}(b-f) = -\frac{ht}{4}(b-f)^2$$

$$S_{\omega2} = -\frac{ht}{4}(b-f)^2 + \frac{t}{2}\frac{hf}{2}f = -\frac{bht}{4}(b-2f)$$

$$S_{\omega3} = -\frac{bht}{4}(b-2f) + \frac{t}{2}\frac{hf}{2}\frac{h}{2} = \frac{ht}{4}\left(\frac{hf}{2} + 2bf - b^2\right)$$

$$S_{\omega4} = \frac{ht}{4}\left(\frac{hf}{2} + 2bf - b^2\right) - \frac{t}{2}\frac{hf}{2}\frac{h}{2} = -\frac{bht}{4}(b-2f)$$

$$S_{\omega7} = -\frac{bht}{4}(b-2f) - \frac{t}{2}\frac{hf}{2}f = -\frac{ht}{4}(b-f)^2$$

S_ω 图如图 6.13(e) 所示。在梁的左半段,M_ω 为正值,由式 (6.26) 知 τ_ω 与 S_ω 的符号相反,τ_ω

的方向如图 6.13(e)中箭头所示。

（2）最大的双力矩，自由扭矩和翘曲扭矩

扭矩 M_z 分布如图 6.16(a)所示，设 $\alpha^2 = GJ_k/EI_\omega$，则扭转微分方程式(6.31)成为

$$\varphi''' - \alpha^2 \varphi' = -\frac{M_z}{EI_\omega}$$

其通解为 $\varphi = C_1 \sinh \alpha z + C_2 \cosh \alpha z + C_3 + M_z z/GJ_k$。

根据对称关系，梁的左半段 $M_z = M_0/2$。由简支端的杆端条件式(6.34)，有 $z=0$ 时，$\varphi=0$ 和 $\varphi''=0$。再利用对称性，$z=l/2$ 时，$\varphi'=0$，即

$$(\varphi)_{z=0}=0, \quad (\varphi'')_{z=0}=0 \quad 和 \quad (\varphi')_{z=l/2}=0$$

根据上述条件解得（$0 \leqslant z \leqslant l/2$ 时）

$$C_1 = -\frac{M_0}{2\alpha GJ_k \cosh \dfrac{\alpha l}{2}} \qquad C_2 = C_3 = 0$$

故得

$$\varphi = \frac{M_0}{2\alpha GJ_k}\left(\alpha z - \frac{\sinh \alpha z}{\cosh \dfrac{\alpha l}{2}} \right)$$

以及 φ 的各阶导数：

$$\varphi' = \frac{M_0}{2GJ_k}\left(1 - \frac{\cosh \alpha z}{\cosh \dfrac{\alpha l}{2}} \right) \qquad \varphi'' = \frac{\alpha M_0}{2GJ_k}\left(-\frac{\sinh \alpha z}{\cosh \dfrac{\alpha l}{2}} \right) \qquad \varphi''' = \frac{\alpha^2 M_0}{2GJ_k}\left(-\frac{\cosh \alpha z}{\cosh \dfrac{\alpha l}{2}} \right)$$

由式(6.1)得

$$M_k = GJ_k \varphi' = \frac{M_0}{2}\left(1 - \frac{\cosh \alpha z}{\cosh \dfrac{\alpha l}{2}} \right)$$

$z=0$ 时 M_k 最大

$$M_{k,max} = \frac{M_0}{2}\left(1 - \frac{1}{\cosh \dfrac{\alpha l}{2}} \right)$$

由式(6.25)得

$$M_\omega = -EI_\omega \varphi''' = \frac{M_0}{2} \frac{\cosh \alpha z}{\cosh \dfrac{\alpha l}{2}}$$

$z=l/2$ 时，M_ω 最大

$$M_{\omega,max} = \frac{M_0}{2}$$

$z=0$ 时，M_ω 最小

$$M_{\omega,min} = \frac{M_0}{2\cosh \dfrac{\alpha l}{2}}$$

由式(6.20)得

$$B_\omega = -EI_\omega \varphi'' = \frac{M_0}{2\alpha} \frac{\sinh \alpha z}{\cosh \dfrac{\alpha l}{2}}$$

当 $z=l/2$ 时，B_ω 最大

$$B_{\omega,max} = \frac{M_0}{2\alpha} \tanh \frac{\alpha l}{2}$$

M_k、M_ω 和 B_ω 的分布如图 6.13(a)所示，应力 τ_k、τ_ω 和 σ_ω 分别由下列各式求得

$$\tau_{k,max} = \frac{M_k}{J_k}t \qquad \tau_\omega = -\frac{M_k S_\omega}{I_\omega t} \qquad \sigma_\omega = \frac{B_\omega \omega}{I_\omega}$$

6.3.5 开口薄壁杆件的扭转应变能

开口薄壁杆件的约束扭转应变能等于自由扭转应变能 U_k 与翘曲扭转应变能 U_ω 之和。

自由扭转时受扭杆件微分 dz 中应变能的增量,应等于扭矩和扭角的变化两者乘积的一半,即

$$dU_k = \frac{1}{2} M_k d\varphi$$

由于 $M_k = GJ_k \varphi'$ 和 $d\varphi = \varphi' dz$,并代入上式得

$$dU_k = \frac{1}{2} GJ_k (\varphi')^2 dz$$

对杆长积分得自由扭转时的应变能为

$$U_k = \frac{1}{2} \int_0^l GJ_k \varphi'^2 dz \tag{6.37}$$

开口薄壁杆件翘曲扭转时,根据基本假设杆件中面内的剪应力等于零,故可认为剪应力 τ_ω 做的功可忽略不计。翘曲正应力 σ_ω 引起的应变能等于翘曲扭转时应变能 U_ω。于是

$$dU_\omega = \frac{1}{2} \sigma_\omega \varepsilon t ds dz = \frac{1}{2} \frac{1}{E} (\sigma_\omega)^2 t ds dz$$

由 $\sigma_\omega = -E\omega\varphi''$,代入上式得

$$dU_\omega = \frac{1}{2} E\omega^2 \varphi''^2 t ds dz$$

在全截面上($0 \leqslant S \leqslant S_1$)和杆件全长内积分,得到翘曲扭转应变能

$$U_\omega = \frac{1}{2} \int_0^l \int_0^{S_1} E\omega^2 \varphi''^2 t ds dz = \frac{1}{2} \int_0^l EI_\omega (\varphi'')^2 dz \tag{6.38}$$

约束扭转时杆件的应变能为

$$U = U_k + U_\omega = \frac{1}{2} \int_0^l (EI_\omega \varphi''^2 + GJ_k \varphi'^2) dz \tag{6.39}$$

上式在用能量法求解弯扭曲问题时将是有用的。

6.4 闭口薄壁杆件的扭转

6.4.1 闭口薄壁杆件的自由扭转

闭口薄壁杆件在自由扭转时,亦可认为截面中的剪应力沿壁厚均匀分布,因此剪应力沿截面形成剪力流,整个剪力流 f 称为布雷特(Bredt)剪力流,相应的剪应力 τ_k 称为布雷特剪应力。

1. 单闭口截面

如图 6.14 所示,单闭口杆件在外扭矩 M_k 作用下,剪力流 $f = \tau_k t$ 沿箱壁是等值的,建立内外扭矩平衡方程,即得

$$M_k = \oint_s f\rho ds = f \oint_s \rho ds = f\Omega \tag{6.40}$$

或

$$\tau_k = \frac{M_k}{\Omega t} \tag{6.41}$$

式中,ρ 为截面扭转中心至箱壁任一点的切线垂直距离;$\Omega = \oint_s \rho ds$ 为闭口薄壁中线所围面

积的两倍。

从薄壁上取一微元如图 6.14 所示,假设 z 为梁轴方向,u 为纵向位移,v 为箱周边切线方向位移,则可得剪切变形计算式为

$$\gamma = \frac{\tau}{G} = \frac{\partial u}{\partial s} + \frac{\partial v}{\partial z} \qquad v = \rho \varphi(z)$$

式中,$\varphi(z)$ 为截面扭转角。需要注意,上式为一几何方程,它同样适用于约束扭转,但约束扭转时,τ 为全部剪应力,自由扭转时 $\tau = \tau_k$。

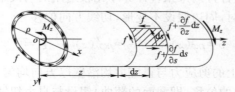

图 6.14 单闭口杆件的自由扭转

积分式(6.14)即可得纵向位移计算式:

$$u(z) = u_0(z) + \int_0^s \frac{\tau}{G} \mathrm{d}s - \varphi'(z) \int_0^s \rho \mathrm{d}s \tag{6.42}$$

式中,$u_0(z)$ 为积分常数,物理意义为 z 截面处 $s = 0$ 点的纵向位移值。

引用封闭条件,对式(6.42)积分一周,由于起始点纵向位移与终点位移 u 是相同的,则

$$\oint_s \frac{\tau}{G} \mathrm{d}s = \varphi'(z) \oint_s \rho \mathrm{d}s \tag{6.43}$$

将式(6.41)代入,经演化可得

$$\varphi'(z) = \frac{M_k}{G J_k} \tag{6.44}$$

式中,抗扭刚度 $G J_k = \dfrac{G \Omega^2}{\oint \dfrac{\mathrm{d}s}{t}}$。需要注意式(6.44)与式(6.1)中的 J_k 具有不同的几何意义。

引用式(6.40)和式(6.44)的关系,代入式(6.42),纵向位移计算式可简化如下:

$$u(z) = u_0(z) - \varphi'(z) \tilde{\omega} \tag{6.45}$$

式中,$\tilde{\omega} = \displaystyle\int_0^s \rho \mathrm{d}s - \frac{\Omega \displaystyle\int_0^s \frac{\mathrm{d}s}{t}}{\oint \dfrac{\mathrm{d}s}{t}} = \omega - \frac{\Omega \displaystyle\int_0^s \frac{\mathrm{d}s}{t}}{\oint \dfrac{\mathrm{d}s}{t}}$,称为广义扇性坐标。

2. 多室闭口截面

如为多室闭口截面,则可根据式(6.43),考虑到箱壁中相邻箱室剪力流引起的剪切变形,则可对每室写出各自的方程,其一般形式为

$$f_i \oint_i \frac{\mathrm{d}s}{t} - \left(f_{i-1,i} \int_{i-1,i} \frac{\mathrm{d}s}{t} + f_{i,i+1} \int_{i,i+1} \frac{\mathrm{d}s}{t} \right) = G \varphi'(z) \Omega_i \tag{6.46}$$

式中　f_i——第 i 箱室的剪力流,$\tau_i = f_i / t_i$。

　　Ω_i——第 i 箱室周边中线所围面积的两倍。

而内外扭矩平衡方程为

$$\sum \Omega_i f_i = M_k \tag{6.47}$$

解上述联立方程,即可求得 f_i 和 $\varphi'(z)$,进而求出各箱室壁处的自由扭转剪应力 $\tau_i = f_i / t_i$,在所求得 $\varphi'(z)$ 的关系式中,令 $\varphi'(z) = 1$ 时所需的 M_k 值,即为该闭口薄壁杆件的抗扭刚度。

需要指出,尽管可以由自由扭转的概念证明出 $u_0(z)$ 和 $\varphi'(z)$ 为常量,即 $u(z)$ 与 z 坐标无关,但由于 $u_0(z)$ 仍为未知,故纵向位移还是求不出来,只能求出自由扭转应力。

6.4.2　闭口薄壁杆件的约束扭转

闭口薄壁杆件发生刚性扭转,当纵向纤维的变形受到约束而不能自由地凸凹时,截面上不仅产生剪应力,同时还要产生约束扭转的正应力。

下面简要介绍闭口薄壁杆件约束扭转计算中比较适用的乌氏第二理论,它基于如下假定:

(1)闭口薄壁杆件扭转时,周边假设不变形,切线方向位移为

$$v=\rho\varphi(z)　　　\frac{\partial v}{\partial z}=\rho\varphi'(z)　　　\varepsilon_s=0 \tag{6.48}$$

(2)闭口薄壁杆件杆壁上的剪应力与正应力均沿壁厚方向均匀分布;

(3)约束扭转时,沿纵向的位移(即截面的翘曲)假设与自由扭转时的纵向位移的关系式具有相似的变化规律。用一个待定函数 $\beta'(z)$ 替换式(6.45)中的 $\varphi'(z)$,得

$$u(z)=u_0(z)-\beta'(z)\widetilde{\omega} \tag{6.49}$$

式中　$u_0(z)$——初始纵向位移,为一积分常数;

　　　$\beta'(z)$——截面翘曲程度的某个函数;

　　　$\widetilde{\omega}$——广义扇性坐标。

1. 约束扭转正应力

由式(6.49)和平面应力问题的几何关系及物理方程,可求得纵向应变和正应力为

$$\left.\begin{aligned}
\varepsilon_\omega(z)&=\varepsilon_z(z)=\frac{\partial u}{\partial z}=u_0'(z)-\beta'(z)\widetilde{\omega}\\
\sigma_\omega(z)&=\frac{E}{1-\mu^2}(\varepsilon_z+\varepsilon_s)=\frac{E}{1-\mu^2}\varepsilon_z=\frac{E}{1-\mu^2}[u_0'(z)-\beta'(z)\widetilde{\omega}]
\end{aligned}\right\} \tag{6.50}$$

由此可知,截面上的约束扭转正应力分布和广义扇性坐标 $\widetilde{\omega}$ 成正比,且与 $u_0'(z)$ 有关。当采用坐标主轴、主扇性极点(剪切中心)和主扇性零点时,有

$$\left.\begin{aligned}
&\oint x\mathrm{d}A=\oint y\mathrm{d}A=\oint\widetilde{\omega}\mathrm{d}A=\oint\widetilde{\omega}x\mathrm{d}A=\oint\widetilde{\omega}y\mathrm{d}A=0\\
&u_0'(z)=0
\end{aligned}\right\} \tag{6.51}$$

近似取式(6.50)中的 $\dfrac{E}{1-\mu^2}\approx E$,并考虑式(6.49),正应力计算式为

$$\sigma_\omega(z)=-E\beta'(z)\widetilde{\omega} \tag{6.52}$$

定义 $I_{\widetilde{\omega}}$ 为主扇性惯性矩,它是建立在广义坐标扇性坐标上的,$B_\omega(z)$ 为约束扭转双力矩,如

$$\left.\begin{aligned}
I_{\widetilde{\omega}}&=\oint_A\widetilde{\omega}^2\mathrm{d}A\\
B_\omega(z)&=\int_A\sigma_\omega\widetilde{\omega}\mathrm{d}A=-EI_{\widetilde{\omega}}\beta'(z)
\end{aligned}\right\} \tag{6.53}$$

则式(6.53)的正应力计算式可表示为

$$\sigma_\omega(z)=\frac{B_\omega(z)\widetilde{\omega}}{I_{\widetilde{\omega}}} \tag{6.54}$$

2. 剪切中心位置的确定

上节中的广义扇性坐标 $\widetilde{\omega}$ 是以剪切中心(又称扭转中心、主扇性极点)为极点计算的,并

通过选择适当的弧长起点使得 $u'_0(z)=0$（即 $\oint \tilde{\omega} dA=0$），这样的 $\tilde{\omega}$ 弧长起点称为截面的主扇性零点。

为求剪切中心和主扇性零点的位置，应用截面上的合力平衡条件，因只有外扭矩 M_k 作用，有

$$\left. \begin{array}{l} \sum N = \oint \sigma_\omega dA = 0 \\[2mm] \sum M_x = \oint \sigma_\omega y dA = 0 \\[2mm] \sum M_y = \oint \sigma_\omega x dA = 0 \end{array} \right\} \tag{6.55}$$

将式（6.50）代入式（6.55）得到

$$\left. \begin{array}{l} u'_0(z)A - \beta'(z)\oint \tilde{\omega} dA = 0 \\[2mm] u'_0(z)\oint x dA - \beta'(z)\oint \tilde{\omega} x dA = 0 \\[2mm] u'_0(z)\oint y dA - \beta'(z)\oint \tilde{\omega} y dA = 0 \end{array} \right\} \tag{6.56}$$

式中，$S_{\tilde{\omega}} = \oint \tilde{\omega} dA$ 为扇性静矩，通过选择适当的极点和弧长起点，可使其等于零，则式（6.56）中的 $u'_0(z)=0$，于是得

$$S_{\tilde{\omega}} = \oint \tilde{\omega} dA = 0 \qquad I_{\tilde{\omega}y} = \oint \tilde{\omega} x dA = 0 \qquad I_{\tilde{\omega}x} = \oint \tilde{\omega} y dA = 0 \tag{6.57}$$

求剪切中心的具体步骤如下：先取一个 B 点 (x_b, y_b) 为极点，以 M_B 为扇性零点，求广义扇性坐标 $\tilde{\omega}_B$，设要求的以剪切中心 A 点 (x_a, y_a) 为极点的主广义扇性坐标为 $\tilde{\omega}_A$，对应的扇性零点为 M_A，寻找两者之间的关系，并利用式（6.57），可求得

$$\left. \begin{array}{l} \alpha_x = x_a - x_b = -\dfrac{I_{\tilde{\omega}_B y}}{I_y} \\[3mm] \alpha_y = y_a - y_b = -\dfrac{I_{\omega_B x}}{I_x} \\[3mm] C = -\dfrac{S_{\tilde{\omega}_B}}{A} \end{array} \right\} \tag{6.58}$$

式中，$I_{\tilde{\omega}_B x} = \oint \tilde{\omega}_B y dA$，$I_{\tilde{\omega}_B y} = \oint \tilde{\omega}_B x dA$，$I_x = \oint y^2 dA$，$I_y = \oint x^2 dA$，$S_{\tilde{\omega}_B} = \oint \tilde{\omega}_B dA$；$C$ 表示 $\tilde{\omega}_B$ 的扇性零点（M_B 点）处以 A 点为极点、M_A 为扇性零点的扇性坐标。

需要指出：上述求剪切中心时，截面坐标系是以截面形心为原点，以截面主惯性轴为 x 和 y 轴的，即 $I_{xy}=S_x=S_y=0$。容易证明：当有一主轴为截面的对称轴时，剪切中心位于该轴上，主扇性零点在对称轴与外轮廓线的交点上；若截面具有双对称轴，则剪切中心位于对称轴的交点上，对称轴与外轮廓线的交点均为主扇性零点。

3. 约束扭转剪应力

取箱壁上微元隔离体如图 6.15 所示，根据力的平衡条件有

$$\frac{\partial \sigma_\omega}{\partial z} + \frac{\partial \tau}{\partial s} = 0 \tag{6.59}$$

将式(6.52)代入式(6.59),并积分得

$$\tau = \tau_0 + \int_0^s E\widetilde{\omega}\beta''(z)\mathrm{d}s \qquad (6.60)$$

根据内外力矩平衡条件 $M_z = \oint \tau \rho t\,\mathrm{d}s$,可确定初始剪应力值 τ_0(积分常数)为

$$\tau_0 = \frac{M_z}{\Omega t} - \frac{E\beta'''(z)}{\Omega t}\oint S_{\widetilde{\omega}}\rho\,\mathrm{d}s \qquad (6.61)$$

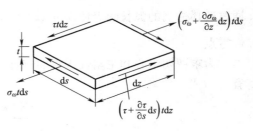

图 6.15　箱壁上微元隔离体

式中,$S_{\widetilde{\omega}} = \int_0^s \widetilde{\omega} t\,\mathrm{d}s$ 为扇性静矩。

将式(6.61)回代式(6.60)即可得到约束扭转时的剪应力:

$$\tau = \frac{M_z}{\Omega t} + E\beta'''(z)\frac{\overline{S}_{\widetilde{\omega}}}{t} \qquad (6.62)$$

式中,$\overline{S}_{\widetilde{\omega}} = S_{\widetilde{\omega}} - \dfrac{\oint S_{\widetilde{\omega}}\rho\,\mathrm{d}s}{\Omega}$。

分析式(6.62)可见,约束扭转时截面上的剪应力为两项剪应力之和。第一项是自由扭转剪应力 $\tau_k = \dfrac{M_z}{\Omega t}$;第二项是由于约束扭转正应力沿纵向的变化而引起的剪应力 τ_ω 为

$$\tau_\omega = E\beta'''(z)\frac{\overline{S}_{\widetilde{\omega}}}{t} \qquad (6.63)$$

对扭转双力矩式(6.53)进行微分:

$$M_\omega = \frac{\mathrm{d}B_\omega}{\mathrm{d}z} = -EI_{\widetilde{\omega}}\beta'''(z) \qquad (6.64)$$

M_ω 称为弯扭力矩。将式(6.64)代入式(6.62)得

$$\tau = \frac{M_z}{\Omega t} + \frac{M_\omega \overline{S}_{\widetilde{\omega}}}{I_{\widetilde{\omega}} t} \qquad (6.65)$$

公式(6.64)与材料力学中一般梁的剪力和挠度的关系式 $\theta = EIy'''$ 在形式上是相似的,式(6.65)与一般梁的弯曲剪应力公式 $\tau = \dfrac{QS}{BI}$ 相似。

4. 闭口薄壁杆件约束扭转的平衡微分方程

类似于开口薄壁杆件,闭口薄壁杆件仍有力平衡方程:

$$M_z = M_k + M_\omega$$

式中,$M_k = GJ_k\varphi'$,为自由扭转扭矩;M_ω 按式(6.64)计算,为翘曲扭矩。两者共同抵抗外扭矩 M_z,因此有

$$GJ_k\varphi'(z) - EI_{\widetilde{\omega}}\beta'''(z) = M_z \qquad (6.66)$$

对式(6.66)微分一次得 $\qquad EI_{\widetilde{\omega}}\beta''''(z) - GJ_k\varphi''(z) = -m \qquad (6.67)$

式中,$m = \dfrac{\mathrm{d}M_k}{\mathrm{d}z}$。

式(6.66)或式(6.67)中有两个未知函数 $\beta(z)$ 和 $\varphi(z)$,必须另外建立一个微分方程。

将闭口薄壁杆件的纵向位移公式(6.49)代入式(6.14),并考虑 $u_0'(z) = 0$,引用静力平衡条件 $M_z = \oint \tau \rho\,\mathrm{d}A$,可得到微分方程:

$$\frac{M_z}{GI_\rho}=\varphi'(z)-\beta'(z)\mu \tag{6.68}$$

式中，截面极惯性矩 $I_\rho=\oint\rho^2 t\mathrm{d}s$。

式(6.68)的推导如下：

将式(6.14)和式(6.49)代入静力平衡方程

$$M_z=\oint\tau\rho\mathrm{d}A=G\oint\left[\frac{\partial u}{\partial s}+\rho\varphi'(z)\right]\rho t\mathrm{d}s \tag{6.69}$$

由式(6.49)并考虑 $u_0(z)$ 为常数，有

$$\frac{\partial u}{\partial s}=-\beta'(z)\frac{\partial}{\partial s}\left[\omega-\frac{\Omega\int_0^s\frac{\mathrm{d}s}{t}}{\oint\frac{\mathrm{d}s}{t}}\right]=-\beta'(z)\left[\frac{\partial\omega}{\partial s}-\frac{\partial}{\partial s}\left(\frac{\Omega\int_0^s\frac{\mathrm{d}s}{t}}{\oint\frac{\mathrm{d}s}{t}}\right)\right]$$

$$=-\beta'(z)\left[\frac{\partial}{\partial s}\left(\int_0^s\rho\mathrm{d}s\right)-\frac{\Omega}{\oint\frac{\mathrm{d}s}{t}}\frac{\partial}{\partial s}\left(\int_0^s\frac{\mathrm{d}s}{t}\right)\right]=-\beta'(z)\left(\rho-\frac{\Omega}{\oint\frac{\mathrm{d}s}{t}}\frac{1}{t}\right)$$

回代式(6.69)有

$$M_z=-G\beta'(z)\oint\left(\rho-\frac{\Omega}{\oint\frac{\mathrm{d}s}{t}}\frac{1}{t}\right)\rho t\mathrm{d}s+G\varphi'(z)\oint\rho^2 t\mathrm{d}s$$

$$=-G\beta'(z)\oint\rho^2 t\mathrm{d}s+G\beta'(z)\frac{\Omega}{\oint\frac{\mathrm{d}s}{t}}\oint\rho\mathrm{d}s+G\varphi'(z)\oint\rho^2 t\mathrm{d}s$$

$$=-G\beta'(z)I_\rho+G\beta'(z)\frac{\Omega^2}{\oint\frac{\mathrm{d}s}{t}}+G\varphi'(z)I_\rho$$

$$=GI_\rho\varphi'(z)-G(I_\rho-J_k)\beta'(z)$$

故有式(6.68)，截面约束系数 $\mu=1-\dfrac{J_k}{I_\rho}$，又称翘曲系数，它反映了截面受约束的程度。对圆形截面，$J_k=I_\rho$，因此，$\mu=0$，式(6.68)为自由扭转方程，即圆截面只作自由扭转。对于非圆截面，J_k 与 I_ρ 差别也越大，μ 值就大，截面上约束扭转应力也相应大些。

式(6.66)或式(6.67)与式(6.68)为闭口薄壁杆件约束扭转的平衡微分方程。

5. 翘曲函数 $\beta(z)$

由上可知，为确定约束扭转正应力和剪应力，都必须确定翘曲函数 $\beta(z)$。联立求解式(6.66)或式(6.67)和式(6.68)的微分方程组，可以解出 $\beta(z)$ 和 $\varphi(z)$。如在 M_z 是 z 的二次或一次函数的条件下，将式(6.68)微分三次，可得 $\beta''''(z)=\dfrac{1}{\mu}\varphi''''(z)$，代入式(6.67)得

$$\varphi''''(z)-k^2\varphi''(z)=-\frac{\mu m}{EI_{\widetilde{\omega}}} \tag{6.70}$$

k^2 为约束扭转的弯扭特征系数，即

$$k^2=\mu\frac{GJ_k}{EI_{\widetilde{\omega}}} \tag{6.71}$$

此四阶微分方程的全解是：

$$\varphi(z)=C_1+C_2z+C_3\cosh kz+C_4\sinh kz-\frac{\mu m}{2k^2EI_{\widetilde{\omega}}}z^2 \tag{6.72}$$

函数 $\varphi(z)$ 得各阶导数也可求出。积分常数 C_1、C_2、C_3、C_4 的值，可根据闭口薄壁杆件边界条件确定，如：

固端：$\varphi=0$（无扭转）；$\beta'=0$（截面无翘曲）；

铰端：$\varphi=0$（无扭转）；$B=0$（可自由无翘曲）；

自由端：$B=0$（可自由翘曲）；$\beta'''=0$（无约束剪切）。

显然 $\beta(z)$ 也可随之而解，约束扭转正应力和剪应力都可解出。

6.5 压杆失稳时的虚拟横向力

杆件失稳时的内力变化，主要是沿杆长产生了单位长度剪力增量 $\dfrac{\mathrm{d}Q_y}{\mathrm{d}z}$，此剪力增量的计算式与梁在连续分布横向力 $q(z)$ 作用下的单位长度剪力增量的计算式相似，利用此种数学计算式的相似性，可引出压杆失稳时的虚拟横向力 q_f。为了说明 q_f 的产生，先复习图 6.16 所示梁的剪力弯矩的微分关系。由材料力学知：

$$\frac{\mathrm{d}Q_y}{\mathrm{d}z}=-q(z) \tag{6.73}$$

$$\frac{\mathrm{d}M_x}{\mathrm{d}z}=Q_y \tag{6.74}$$

$$\frac{\mathrm{d}^2M_x}{\mathrm{d}z^2}=\frac{\mathrm{d}Q_y}{\mathrm{d}z}=-q(z) \tag{6.75}$$

式中，M_x 表示绕 x 轴转动的弯矩，Q_y 表示沿 y 方向的剪力。

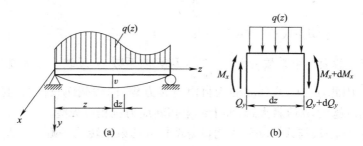

图 6.16 梁的挠曲平衡

图 6.16(b) 表示正号剪力及正号弯矩的方向，按照图 6.16(a) 的坐标及图 6.16(b) 的正号弯矩方向，图 6.16(a) 梁的挠曲微分方程为

$$EI_x\frac{\mathrm{d}^2v}{\mathrm{d}z^2}=-M_x \tag{6.76}$$

式(6.76)对 z 求导数两次，并将式(6.75)代入，得梁挠曲的四阶微分方程：

$$EI_x\frac{\mathrm{d}^4v}{\mathrm{d}z^4}=q(z) \tag{6.77}$$

式(6.76)、式(6.77)中的 v 为梁轴线的竖向位移，它是坐标 z 的函数。

压杆失稳时的挠曲微分方程亦可这样求出，图 6.17(a) 为横截面双轴对称的轴心压杆，它失稳时的变形情况如图 6.17(b)所示。

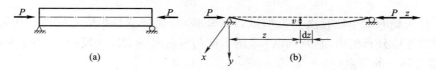

图 6.17　压杆失稳变形

距离原点为 z 的截面弯矩 $M_x = Pv$。

$$EI_x \frac{\mathrm{d}^2 v}{\mathrm{d}z^2} = -Pv$$

上式对 z 求导数两次,得　　$EI_x \frac{\mathrm{d}^4 v}{\mathrm{d}z^4} = -P \frac{\mathrm{d}^2 v}{\mathrm{d}z^2} = -Pv''$ 　　　　　　(6.78)

式(6.78)与式(6.77)相似,此地 Pv'' 相当于式(6.77)中的 $-q(z)$。故压杆失稳时,可看作沿跨长有虚拟的连续分布的力 Pv'' 作用。$q(z)$ 的方向顺着 y 轴,故 Pv'' 的方向则逆着 y 轴,即逆着位移 v 的正方向。铁木辛柯称 Pv'' 为虚拟侧向荷载。一般称为虚拟横向力,以 q_f 表示。

q_f 的物理意义是压杆失稳时的单位长度剪力增量。为了说明这一点,自图 6.17(b)截取微段 $\mathrm{d}z$ 的单元体如图 6.18(a)所示,因为变形无限微小,故单元体左边截面的转角为 Pv',右边截面的转角为 $\frac{\mathrm{d}v}{\mathrm{d}z} + \frac{\mathrm{d}^2 v}{\mathrm{d}z^2}\mathrm{d}z$,增加了一个微量 $\frac{\mathrm{d}^2 v}{\mathrm{d}z^2}\mathrm{d}z$。把作用于图 6.18(a)单元体左右两边的水平压力,分解为平行于截面的剪力及垂直于截面的压力,如图 6.18(b)作用于左边及右边截面的剪力分别为

$$Q_y = P\sin\frac{\mathrm{d}v}{\mathrm{d}z} \approx P\frac{\mathrm{d}v}{\mathrm{d}z}$$

和　　　　　$$Q_y + \mathrm{d}Q_y = P\sin\left(\frac{\mathrm{d}v}{\mathrm{d}z} + \frac{\mathrm{d}^2 v}{\mathrm{d}z^2}\mathrm{d}z\right) \approx P\left(\frac{\mathrm{d}v}{\mathrm{d}z} + \frac{\mathrm{d}^2 v}{\mathrm{d}z^2}\mathrm{d}z\right) = P\frac{\mathrm{d}v}{\mathrm{d}z} + P\frac{\mathrm{d}^2 v}{\mathrm{d}z^2}\mathrm{d}z$$

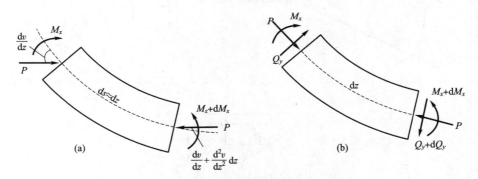

图 6.18　压杆失稳时的微元隔离体

$$\mathrm{d}Q_y = P\frac{\mathrm{d}^2 v}{\mathrm{d}z^2}\mathrm{d}z \tag{6.79}$$

垂直于图 6.18(b)左右两边的压力分别为

$$P\cos\frac{\mathrm{d}v}{\mathrm{d}z} \approx P\times 1 = P \;\; 及 \;\; P\cos\left(\frac{\mathrm{d}v}{\mathrm{d}z} + \frac{\mathrm{d}^2 v}{\mathrm{d}z^2}\mathrm{d}z\right) \approx P\times 1 = P$$

由式(6.79)得剪力变化率(即单位长度的剪力增量)

$$\frac{\mathrm{d}Q_y}{\mathrm{d}z}=P\,\frac{\mathrm{d}^2 v}{\mathrm{d}z^2},\text{而}\ q_{\mathrm{f}}=P\,\frac{\mathrm{d}^2 v}{\mathrm{d}z^2},\text{故}\ q_{\mathrm{f}}=\frac{\mathrm{d}Q_y}{\mathrm{d}z} \tag{6.80}$$

q_{f} 是压杆失稳时的单位长度剪力增量,式(6.80)与式(6.73)相似。故再一次证明 q_{f} 相当图 6.18(a)的连续分布的横向力 $-q(z)$,q_{f} 的方向与 $-q(z)$ 的方向相反,$-q(z)$ 顺着 v 的方向,因此 q_{f} 逆着位移 v 的方向。

6.6　中心受压开口薄壁杆件的弯扭屈曲

6.6.1　符拉索夫虚拟荷载法

为了得出一般性结果,计算图 6.19(a)所示的中心受压开口薄壁截面杆件的弯扭屈曲。采用开口薄壁杆件扭转计算中的所有假定,按中性平衡法计算,即令杆件从临界随遇平衡状态转入无限邻近的弯扭屈曲平衡状态,由弯扭状态的平衡条件,建立杆件弯扭屈曲平衡的微分方程,解得杆件弯扭屈曲临界力。

设图 6.19(a)表示杆件的临界随遇平衡状态,用固定的笛卡尔坐标系 ox、oy、oz 描述在此状态下杆件各点的位置。图中 o、C 分别为杆件截面的形心和扭心;ox、oy 为杆件截面主形心轴,oz 与杆件轴心线重合,P 为杆件弯扭屈曲临界力。图 6.19(b)中的实曲线表示图 6.19(a)的 z 截面中心线;ox、oy 为 z 截面的主形心轴。杆件弯扭屈曲后,z 截面位移至图 6.19(b)中的屈曲位置,主形心轴 ox、oy 随之位移,成为 $o''\xi$ 轴及 $o''\eta$ 轴。扭心 C 及形心 o 分别移至 C' 及 o''。

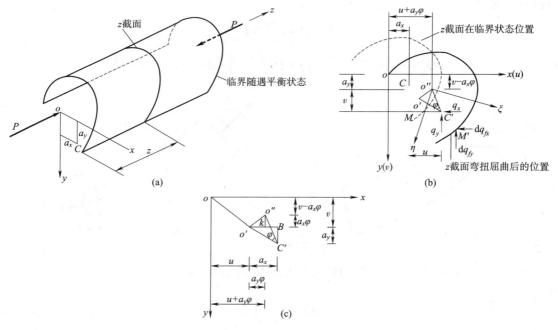

图 6.19　中心受压开口薄壁杆件的弯扭屈曲

由功的互等定理可以证明,弯扭屈曲时,z 截面的扭心 C 只有分别沿 x 轴和 y 轴方向的弯曲位移 $u(z)$ 及 $v(z)$,如图 6.19(b)所示。u、v 以顺 x、y 轴的正方向为正,反之为负。杆件扭转时,z 截面像刚性盘那样绕扭心 C' 转动角度 $\varphi(z)$,φ 以顺时针转者为正。这样,从临界随遇平衡状态到弯扭屈曲状态，z 截面上任意点的位移由弯曲位移 u、v 及绕扭心的转角 φ 引起的该点位移所合成。

形心 o 点的位移可按图 6.19(c) 计算。首先由于杆件弯曲位移，形心由 o 移至 o'，得到位移 $u(z)$ 及 $v(z)$。然后由于截面绕扭心 C' 转动 φ 角度，使形心再由 o' 移至最终位置 o''。因为位移无限小，可以认为 $\overline{o'o''} \perp \overline{o'C}$。将转角 φ 引起位移 $\overline{o'o''}$ 沿 x、y 轴方向分解为 $\overline{o'k}$ 及 $\overline{ko''}$。作直角三角形 $\triangle o''C'B$，很显然，$\triangle o'o''k$ 与 $\triangle o'C'B$ 相似，故得到下列比例：

$$\frac{\overline{o'o''}}{\overline{o'C'}} = \frac{\overline{o'k}}{\overline{o'B}} \qquad \frac{\overline{o'o''}}{\overline{o'C'}} = \frac{\overline{o'k}}{\overline{C'B}}$$

而 $\overline{o'o''} = \overline{o'C'} \cdot \varphi$，$\quad \overline{o'B} = a_x$，$\overline{C'B} = a_y$，代入上述比例得

$$\overline{o''k} = a_x\varphi, \overline{o'k} = a_y\varphi$$

于是形心 o 在 x、y 方向的位移分别为

$$\left. \begin{array}{l} u + \overline{o'k} = u + a_y\varphi \\ v - \overline{o''k} = v - a_x\varphi \end{array} \right\} \tag{6.81}$$

按照同样原理可得横截面上任意点 $M(x,y)$ 在 x、y 方向的位移分别为

$$\left. \begin{array}{l} u_M = u - (y - a_y)\varphi \\ v_M = v + (x - a_x)\varphi \end{array} \right\} \tag{6.82}$$

分析了偏离临界随遇平衡位置的无限小位移以后，下面就要建立杆件在无限小弯曲状态的平衡方程。

如上所述，杆件屈曲时偏离临界随遇平衡位置无限小的位移为弯曲位移，由形心 o 的位移 $u(z)$ 及 $v(z)$ 来反映，以及转角位移 $\varphi(z)$。$\varphi(z)$ 通过开口薄壁杆件的扭转微分方程与杆件单位长度外扭矩 $m(z)$ 联系起来。由式 (6.76) 或式 (6.77) 可知，弯曲位移通过挠曲微分方程与横向荷载或横向弯矩联系起来，由材料力学知，挠曲微分方程中的位移应该是位移截面在其主轴 ξ、η 轴方向的位移 u_ξ 及 v_η，见图 6.19(b)。

则由式 (6.78) 知杆件屈曲时的挠曲微分方程为

$$\left. \begin{array}{l} EI_\xi \dfrac{\mathrm{d}^4 v_\eta}{\mathrm{d}z^4} = -q_\eta \\[2mm] EI_\eta \dfrac{\mathrm{d}^4 u_\xi}{\mathrm{d}z^4} = -q_\xi \end{array} \right\} \tag{6.83}$$

式中，q_η、q_ξ 分别为杆件单位长度上顺 η、ξ 正方向的虚拟横向力；I_ξ、I_η 分别为位移截面对其主形心轴 ξ、η 的惯性矩。

如图 6.20 所示，u_ξ、u_η 分别是扭心位移 $u(z)$、$v(z)$ 在 ξ、η 轴上的投影的代数和，即

$$u_\xi = u\cos\varphi + v\sin\varphi$$

$$v_\eta = v\cos\varphi - u\sin\varphi$$

因 u、v、φ 都是无限小量，故 $\cos\varphi \approx 1$，$\sin\varphi \approx \varphi$，$u\varphi \approx 0$，$v\varphi \approx 0$，则

$$u_\xi = u \qquad v_\eta = v$$

又因为 φ 无限小，$q_\eta \approx q_y$，$q_\xi \approx q_x$，此地 q_x，q_y 分别为杆件单位长度逆 x，y 轴正方向的虚拟横向力。再考虑 $I_\xi = I_x$，$I_\eta = I_y$，则得

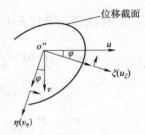

图 6.20　截面扭转变形

$$EI_x \frac{\mathrm{d}^4 v}{\mathrm{d}z^4} = -q_y \tag{6.84}$$

$$EI_y \frac{\mathrm{d}^4 u}{\mathrm{d}z^4} = -q_x \tag{6.85}$$

再加上
$$EI_\omega \frac{\mathrm{d}^4 \varphi}{\mathrm{d}z^4} - GJ_k \frac{\mathrm{d}^2 \varphi}{\mathrm{d}z^2} = m(z) \tag{6.86}$$

式(6.84)～式(6.86)就是计算开口薄壁杆件临界力的静力平衡微分方程式。其中式(6.86)即为式(6.41)。

式(6.86)中 EI_ω、GJ_k 分别为开口薄壁杆件的约束扭转刚度及自由扭转刚度(圣维南扭转刚度),q_x、q_y 分别为使杆件弯曲的沿 x 轴和 y 轴的虚拟横向力,$m(z)$ 是绕剪力中心(扭心)的虚拟分布扭矩。

下面就要根据压杆的具体情况,将 q_x,q_y,$m(z)$ 算出来。

1. 虚拟横向力 q_x、q_y

再回到图 6.19,计算图 6.19(a)杆件屈曲时的虚拟横向力 q_x、q_y。

因为横截面各点的位移都不一样,故在图 6.19(b)M 点附近,取微面积 $\mathrm{d}A$,作用于 $\mathrm{d}A$ 上的压力为

$$\mathrm{d}P = \sigma_M \mathrm{d}A = \frac{P}{A} \mathrm{d}A$$

计算 $\mathrm{d}P$ 时,要注意 σ_M 系杆件在临界随遇平衡状态时 M 点的压应力,稳定计算中都是以压应力为正。

由式(6.80)并比照压杆屈曲时产生的虚拟横向力 $q_f = P \dfrac{\mathrm{d}^2 v}{\mathrm{d}z^2}$,则图 6.19(a)压杆屈曲时,压力 $\mathrm{d}P$ 产生的 M 点逆 x,y 方向的虚拟横向力分别为

$$\left.\begin{aligned} \mathrm{d}q_x &= \mathrm{d}P \frac{\mathrm{d}^2 u_M}{\mathrm{d}z^2} \\ \mathrm{d}q_y &= \mathrm{d}P \frac{\mathrm{d}^2 v_M}{\mathrm{d}z^2} \end{aligned}\right\} \tag{6.87}$$

故式(6.84)、式(6.85)中的 q_x、q_y 为

$$q_x = \int_A \mathrm{d}q_x = \int_A \mathrm{d}P \frac{\mathrm{d}^2 u_M}{\mathrm{d}z^2}$$

$$q_y = \int_A \mathrm{d}q_y = \int_A \mathrm{d}P \frac{\mathrm{d}^2 v_M}{\mathrm{d}z^2}$$

将式(6.82)代入上两式得

$$\begin{aligned} q_x &= \int_A \mathrm{d}P \frac{\mathrm{d}^2 u_M}{\mathrm{d}z^2} = \int_A \frac{P}{A} \mathrm{d}A \frac{\mathrm{d}^2}{\mathrm{d}z^2} [u - (y - a_y)\varphi] \\ &= \frac{P}{A} \int_A (u'' - y\varphi'' + a_y\varphi'') \mathrm{d}A = \frac{P}{A} \left(u'' \int_A \mathrm{d}A - \varphi'' \int_A y \mathrm{d}A + a_y\varphi'' \int_A \mathrm{d}A \right) \\ &= \frac{P}{A} (Au'' - 0 + a_y\varphi''A) \end{aligned} \tag{6.88}$$

$$q_y = \int_A dP \frac{d^2 v_M}{dz^2} = \int_A \frac{P}{A} dA \frac{d^2}{dz^2}[v + (x - a_x)\varphi]$$

$$= \frac{P}{A} \int_A (v'' + x\varphi'' - a_x\varphi'') dA = -\frac{P}{A}\left(v'' \int_A dA + \varphi'' \int_A x dA - a_x\varphi'' \int_A dA\right) \quad (6.89)$$

$$= -\frac{P}{A}(v''A + 0 - a_x\varphi''A)$$

式中,$u'' = \dfrac{d^2 u}{dz^2}$,$v'' = \dfrac{d^2 v}{dz^2}$,$\varphi'' = \dfrac{d^2 \varphi}{dz^2}$。

2. 虚拟分布扭转 $m(z)$

下面计算式(6.86)中的 $m(z)$。计算 $m(z)$ 时要注意 $m(z)$ 的方向系顺时针转的。

图 6.19(a)杆件失稳而产生无限小位移时,作用于杆件单位长度上的扭矩 $m(z)$,系作用于杆件 z 截面各点的虚拟横向力 dq_x 及 dq_y 对扭心 C' 产生力矩的总和,见图 6.19(b)。为便于计算力臂,绘制图 6.21,得

$$m(z) = \int_A dq_x [y + v_M - (a_y + v)] - \int_A dq_y [x + u_M - (a_x + u)]$$

$$= \int_A dq_x [(y - a_y) + (v_M - v)] - \int_A dq_y [(x - a_x) + (u_M - u)]$$

$$= \int_A dq_x [(y - a_y) + (x - a_x)\varphi] - \int_A dq_y [(x - a_x) - (y - a_y)\varphi]$$

考虑到式中 $dq_x(x - a_x)\varphi$ 和 $dq_y(y - a_y)\varphi$ 为高阶微量,忽略不计,则

$$m(z) = \int_A dq_x (y - a_y) - \int_A dq_y (x - a_x)$$

将式(6.82)和式(6.87)代入上式,得

$$m(z) = \int_A \frac{P}{A} dA \frac{d^2[u - (y - a_y)\varphi]}{dz^2}(y - a_y) - \int_A \frac{P}{A} dA \frac{d^2[v + (x - a_x)\varphi]}{dz^2}(x - a_x)$$

$$= \frac{P}{A}\left\{\int_A [u'' - (y - a_y)\varphi''](y - a_y) dA - \int_A [v'' + (x - ax)\varphi''](x - a_x) dA\right\}$$

$$= \frac{P}{A}\left[\int_A (yu'' - y^2\varphi'' + a_y y\varphi'' - a_y u'' + a_y y\varphi'' - a_y^2\varphi'') dA - \int_A (xv'' + x^2\varphi'' - xa_x v'' - \right.$$

$$\left. a_x\varphi'' + a_x^2\varphi'') dA\right]$$

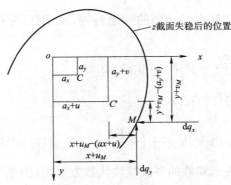

图 6.21 截面失稳后的变形

考虑到 x、y 为主形心轴,有

$$\int_A x\,dA = \int_A y\,dA = 0 \qquad I_y = \int_A x^2\,dA \qquad I_x = \int_A y^2\,dA$$

$$m(z) = \frac{P}{A}(-I_x\varphi'' - a_y u''A - a_y^2 A\varphi'' - I_y\varphi'' + a_x v''A - a_x^2\varphi''A)$$

$$= P\left[-\left(a_x^2 + a_y^2 + \frac{I_x + I_y}{A}\right)\varphi'' + a_x v'' - a_y u''\right] \qquad (6.90)$$

$$= P(a_x v'' - a_y u'') - Pr^2\varphi''$$

其中,$r^2 = a_x^2 + a_y^2 + \dfrac{I_x + I_y}{A}$。

按式(6.82)计算横向位移、按式(6.90)计算虚拟扭转力 $m(z)$,该方法自动计入了 *wagner* 效应——$Pr^2\varphi''$,所谓"*wagner* 效应",是指构件扭转变形时横截面上的正应力所产生的扭转效应。

最后将式(6.88)～式(6.90)分别代入式(6.84)～式(6.86)得到计算图 6.19(a)杆件弯扭屈曲的静力平衡微分方程式:

$$\left.\begin{array}{l} EI_x v^{\mathrm{IV}} + P(v'' - a_x\varphi'') = 0 \\ EI_y u^{\mathrm{IV}} + P(u'' + a_y\varphi'') = 0 \\ EI_\omega\varphi^{\mathrm{IV}} - GJ_k\varphi'' - Pa_x v'' + Pa_y u'' + Pr^2\varphi'' = 0 \end{array}\right\} \qquad (6.91)$$

式(6.91)为常系数线性微分方程组,它的精确解可用常系数线性微分方程组理论求得,但计算很烦琐,故一般根据杆件的边界条件,选择符合边界条件的 u、v、φ 位移函数,即选定微分方程组的特解,代入式(6.91),得到三个以 P 为未知数的齐次线性代数方程组,解此方程组,得出压杆临界力。

图 6.19(a)中杆件两端简支,这种支承约束杆件端截面不能沿 x、y 轴移动,亦不能绕 z 轴转动,允许杆件端截面沿 z 轴自由翘曲,即纵向纤维可以自由伸缩。因此杆件的边界条件为

$$\begin{array}{ll} z = 0 & \left.\begin{array}{l} u(l) = v(l) = \varphi(l) = 0 \\ u''(0) = v''(0) = \varphi''(0) = 0 \end{array}\right\} \\[4mm] z = l & \left.\begin{array}{l} u(l) = v(l) = \varphi(l) = 0 \\ u''(l) = v''(l) = \varphi''(l) = 0 \end{array}\right\} \end{array} \qquad (6.92)$$

显然,函数 $u = A\sin\dfrac{\pi z}{l}$,$v = B\sin\dfrac{\pi z}{l}$,$\varphi = C\sin\dfrac{\pi z}{l}$。 $\qquad\qquad (6.93)$

满足边界条件式(6.92),是式(6.91)的一组特解,A、B、C 为待定常数,将式(6.93)代入式(6.91),得

$$\left.\begin{array}{l} \left(\dfrac{\pi^2 EI_x}{l^2} - P\right)B + Pa_x C = 0 \\[4mm] \left(\dfrac{\pi^2 EI_y}{l^2} - P\right)A - Pa_y C = 0 \\[4mm] -Pa_y A + Pa_x B + \left(\dfrac{\pi^2 EI_\omega}{l^2} - r^2 P + GJ_k\right)C = 0 \end{array}\right\} \qquad (6.94)$$

式(6.94)是以 A、B、C 为未知数的齐次线性代数方程组,根据线性代数理论,它的一个解是 $A = B = C = 0$,由式(6.93)知,$u = v = \varphi = 0$,杆件不屈曲,与题意不合。

A、B、C 有非零解的条件是它们的系数所组成的行列式 $\Delta=0$，展开此行列式即得到确定临界力 P 的方程式。

引用符号：

$$P_x=\frac{\pi^2 EI_x}{l^2}$$
$$P_y=\frac{\pi^2 EI_y}{l^2}$$ 欧拉临界力

$$P_\omega=\frac{EI_\omega\frac{\pi^2}{l^2}+GJ_k}{r^2}$$ 扭转临界力

P_x、P_y、P_ω 称为主临界力。则式(6.94)中 B、A、C 系数所组成的行列式写成如下形式：

$$\begin{vmatrix} P_x-P & 0 & Pa_x \\ 0 & P_y-P & -Pa_y \\ Pa_x & -Pa_y & (P_\omega-P)r^2 \end{vmatrix}=0 \tag{6.95}$$

展开式(6.95)得中心受压杆件(图 6.19)弯扭屈曲临界力的三次方程式：

$$P^3(a_x^2+a_y^2-r^2)+P^2\left[(P_x+P_y+P_\omega)r^2-P_x a_y^2-P_y a_x^2\right]-P(P_x P_y+P_x P_\omega+P_y P_\omega)+P_x P_y P_\omega r^2=0 \tag{6.96}$$

式(6.96)中，a_x、a_y 分别为扭心 C 在 x、y 方向的坐标。

$$r^2=a_x^2+\frac{I_x+I_y}{A}+a_y^2 \tag{6.97}$$

式中，A 为杆件横截面积。

求解一元三次以上方程式较烦琐。为便于计算，下面介绍一种解法：

引入记号：

$$A_0=P_x P_y P_\omega r^2$$
$$A_1=-(P_x P_y+P_\omega P_x+P_y P_\omega)$$
$$A_2=(P_x+P_y+P_\omega)r^2-P_x a_y^2-P_y a_x^2$$
$$A_3=a_x^2+a_y^2-r^2$$
$$\tag{6.98}$$

则式(6.96)可写成
$$A_3 P^3+A_2 P^2+A_1 P+A_0=0 \tag{6.99}$$

令
$$P=z-\frac{1}{3}\frac{A_2}{A_3} \tag{6.100}$$

式中，z 为新的未知数。代入式(6.99)得

$$z^3+3B_1 z+2B_0=0 \tag{6.101}$$

式中，$B_1=\frac{1}{3}\frac{A_1}{A_3}-\frac{1}{9}\left(\frac{A_2}{A_3}\right)^2$，$B_0=\frac{1}{27}\left(\frac{A_2}{A_3}\right)^3-\frac{1}{6}\frac{A_1+A_2}{A_3^2}+\frac{A_0}{2A_3}$。

方程式(6.101)有三个实根：

$$z_1=2\sqrt{|B_1|}\cos\theta$$
$$z_2=2\sqrt{|B_1|}\cos\left(\frac{2\pi}{3}+\theta\right)$$
$$z_3=2\sqrt{|B_1|}\cos\left(\frac{2\pi}{3}-\theta\right)$$
$$\tag{6.102}$$

式中，θ 由以下公式确定：
$$\cos 3\theta = -\frac{B_0}{|B_1|^{3/2}} \tag{6.103}$$

于是得临界力 P 的三个值：

$$\left.\begin{array}{l} P_1 = z_1 - \dfrac{1}{3}\dfrac{A_2}{A_3} \\[2mm] P_2 = z_2 - \dfrac{1}{3}\dfrac{A_2}{A_3} \\[2mm] P_3 = z_3 - \dfrac{1}{3}\dfrac{A_2}{A_3} \end{array}\right\} \tag{6.104}$$

其中，最小者是压杆屈曲时的压力，是设计中采用的临界力。

由式(6.96)知，在 a_x、a_y 均不等于零，即此时杆件截面无对称轴的条件下，杆件屈曲时，弯曲位移 u、v 和扭转角 φ 均同时存在，所以称为弯扭屈曲。

下面分析 P_1、P_2、P_3、P_x、P_y、P_ω 的分布情况。令 $F(P)$ 表示式(6.96)的左边值。以 $F(P)$ 为纵坐标，以 P 为横坐标，绘 $F(P)$—P 曲线，当 $P_x < P_y < P_\omega$ 时，曲线如图 6.22(a)所示。

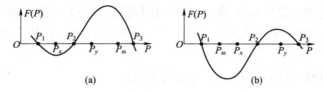

图 6.22　失稳临界荷载分别

曲线与 P 轴交点处的 P 值就是临界力 P_1、P_2 和 P_3。由图 6.22(a)看出，此时
$$P_1 < P_x < P_2 < P_y < P_\omega < P_3$$
若 $P_\omega < P_x < P_y$，则 $F(P)$—P 曲线如图 6.22(b)所示。此时
$$P_1 < P_\omega < P_2 < P_y < P_3$$

因此，不对称截面开口薄壁杆件的最小弯扭屈曲临界力总是小于纯弯屈曲及纯扭屈曲临界力中的最小者。表 6.2 记录两端铰支轴心受压不等边角钢∠$250\times150\times10$ 的临界力，杆件越短按纯弯屈曲计算的误差越大。可见对截面无对称轴的压杆必须计算弯扭屈曲。

表 6.2　两端铰支轴心受压不等边角钢的临界力

杆长 l（cm）	350	400	500	备　　注
长细比 λ_y	102	117	146	此杆 $P_y < P_x < P_\omega$
纯弯屈曲临界力 P_y（kN）	788	611	391	
最小弯屈曲临界力 P_1（kN）	494	433	322	
按纯弯屈曲计算的误差	59.5%	41.4%	21.4%	

当截面有一个对称轴时，例如图 6.23 各截面对称于 y 轴则 $a_x = 0$，扭心落在对称轴 y 上，由式(6.95)得屈曲方程式：

$$(P_x - P)\begin{vmatrix} P_y - P & -Pa_y \\ -Pa_y & (P_\omega - P)r^2 \end{vmatrix} = 0 \tag{6.105}$$

由此得临界力的三个值：
$$P_1 = P_x$$

$$P_{2,3} = \frac{(P_y + P_\omega) \pm \sqrt{(P_y + P_\omega)^2 r^4 - 4P_y P_\omega r^2 (r^2 - a_y^2)}}{2(r^2 - a_y^2)}$$

这说明,可能在对称平面内绕 x 轴发生纯弯屈曲,或离开对称平面发生弯扭屈曲。此时最小临界力不一定是弯扭屈曲临界力,视截面形式、杆件长度而定。也即是说,杆件较短时,弯扭屈曲临界力最小,杆件较长时,纯弯屈曲临界力可能最小。

为了分析比较的方便,将上面求得的最小屈曲临界力写成类似于标准压杆的形式。

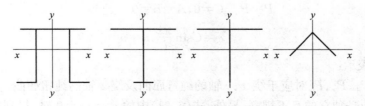

图 6.23　对称开口截面

$$P_i = \frac{\pi^2 EA}{\lambda_{vi}^2} \tag{6.106}$$

式中,λ_{vi} 为等值长细比,视截面形状,杆件长度及两端支承情况而定。图 6.24 表示钢桥中一个帽形截面的 λ_{vi}、λ_x、λ_y 随杆长 l 的变化情况,图中虚线表示杆件在截面悬空边布置缀条时的 λ_{vi} 曲线。由图 6.24 可知,当无缀条时 λ_{vi} 远大于 λ_x 及 λ_y,表示图示截面杆件的弯扭屈曲临界力最小,当有缀条时,λ_{vi} 与 λ_x 及 λ_y 非常接近,因而只需计算纯弯屈曲。设置缀条后,变成闭口薄壁截面杆件,其扭转刚度远大于开口截面者,不易产生扭转变位,因而大大提高杆件弯扭屈曲临界力。

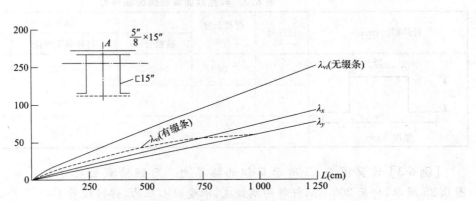

图 6.24　帽形截面的 λ_{vi}、λ_x、λ_y 随杆长 l 的变化情况

当杆件截面有两个对称轴时,形心 o 与扭心 C 重合,$a_x = a_y = 0$,则由式(6.95)得屈曲方程:

$$(P_x - P)(P_y - P)(P_\omega - P) = 0 \tag{6.107}$$

由此得临界力的三个值:　$P_1 = P_x$ 　 $P_2 = P_y$ 　 $P_3 = P_\omega$ 　(6.108)

将每一个临界力代入式(6.94),并注意 $a_x = a_y = 0$ 及式(6.93)得出对应于每个临界力的杆件屈曲形状。

$$\left.\begin{array}{l} P=P_y:A\neq0,B=C=0 \\ u=A\sin\dfrac{\pi z}{l},v=\varphi=0 \\ P=P_x:B\neq0,A=C=0 \\ v=B\sin\dfrac{\pi z}{l},u=\varphi=0 \\ P=P_\omega:C\neq0,A=B=0 \\ \varphi=C\sin\dfrac{\pi z}{l},u=v=0 \end{array}\right\} \qquad (6.109)$$

式(6.109)表示:

① 临界力 P_x、P_y、P_ω 对应于绕 x、y 轴的纯弯屈曲及绕 z 轴的纯扭屈曲。

② 三种屈曲是独立的互不耦联,另外,式(6.91)中的 $a_x=a_y=0$ 时,得到三个独立的平衡微分方程,亦证明是这样。

③ 此时欧拉理论与符拉索夫理论的结果在 P_1、P_2 上重合。此时,符拉索夫理论还说明:除了两个绕 x、y 轴弯曲的屈曲形式外,还有绕扭轴扭转的屈曲形式。

纯扭屈曲临界力 P_ω,可能小于 P_x 及 P_y,十字形截面杆件有此情况。对于工字形截面杆件,计算证明,只有当它非常短时,才有 $P_\omega<P_x$ 或 $P_\omega<P_y$ 的情况。因此对于常用工字形截面压杆可不计算扭转屈曲临界力 P_ω。

为了说明上述弯扭屈曲理论的正确性,表6.3记录计算结果及实测数据,并列举两个临界力的计算例题。

表6.3 异性截面弯曲屈曲临界力

杆件截面(mm)	试件号	杆件长度 l(mm)	临界力(N)		
			欧拉公式	符拉索夫理论	实测数据
	1	1 000	40 260	4 610	4 800
	2	750	71 580	7 440	7 800
	3	500	161 580	15 500	14 200

[例6-3] 计算图6.25所示角钢的临界力。角钢横截面尺寸如图6.25所示,杆长200 cm,杆件两端铰支,承受轴心压力,弹性模量 $E=2.1\times10^5$ MPa,剪切弹性模量 $G=0.84\times10^5$ MPa。

解:角钢扭心在两肢中心线的交点 C,C 对主形心轴 x、y 的坐标为:$a_x=5.424$ cm,$a_y=-6.287$ cm,角钢截面的扇性惯性矩 $I_\omega=0$,$I_x=3\ 103$ cm⁴,$I_y=472$ cm⁴,$J_k=13.3$ cm⁴,$A=40$ cm²,$r^2=\dfrac{I_x+I_y}{A}+a_x^2+a_y^2=158.3$ cm²。

按上述数据算出 P_x、P_y、P_ω 代入式(6.96),得

$$P_{cr}^3-2.614\ 9\times10^3 P_{cr}^2+9.286\times10^5 P_{cr}-4.926\ 4\times10^7=0$$

解得临界力的三个值:$P_1=644$ kN;$P_2=3\ 469$ kN;$P_3=22\ 035$ kN。

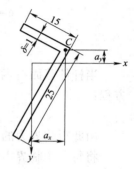

图6.25 角钢截面

按欧拉公式计算临界力之值为：$P_x=\dfrac{\pi^2EI_x}{l^2}=16\,080$ kN；$P_y=\dfrac{\pi^2EI_y}{l^2}=2\,450$ kN。

可见欧拉解答不正确。计算证明，欧拉解答和符拉索夫解答之间的差别，将随杆长的增加而减小。

[例6-4] 计算具有一根对称轴的槽钢的临界力。截面尺寸如图 6.26 所示，计算数据如下：$I_x=208.5$ cm^4，$I_y=61.8$ cm^4，$A=11.92$ cm^2，$E=2.1\times10^5$ MPa，$G=0.8\times10^5$ MPa，$I_\omega=972$ cm^6，$a_x=5.27$ cm，$J_k=1.18$ cm^4，$l=150$ cm。

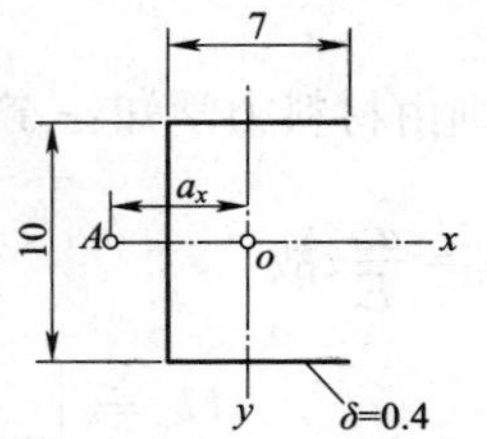

解：因为截面有一个对称轴 x，则 $a_y=0$。将 $a_y=0$ 代入行列式(6.95)，则行列式(6.95)可写成：

$$(P_y-P)\begin{vmatrix} P_x-P & Pa_x \\ Pa_x & (P_\omega-P)r^2 \end{vmatrix}=0$$

图 6.26　槽钢截面(单位：cm)

由此得临界力的三个值为：

$$P_1=P_y$$

$$P_{2,3}=\frac{(P_x+P_\omega)r^2\pm\sqrt{(P_x+P_\omega)^2r^4-4P_xP_\omega r^2(r^2-a_\lambda^2)}}{2(r^2-a_x^2)}$$

按上述计算数据算得

$$P_1=P_y=\frac{\pi^2EI_y}{l^2}=\frac{2.1\times10^5\times61.3\times9.87}{150^2}\times10^{-1}=546.7 \text{ kN}$$

$$P_x=\frac{\pi^2EI_x}{l^2}=\frac{2.1\times10^5\times208.5\times9.87}{150^2}\times10^{-1}=1\,920 \text{ kN}$$

$$r^2=\frac{I_x+I_y}{A}+a_x^2+a_y^2=\frac{208.5+61.3}{11.92}+5.27^2+0=50.4 \text{ cm}$$

$$P_\omega=\frac{1}{r^2}\left(\frac{\pi^2EI_\omega}{l^2}+GJ_k\right)=\frac{1}{50.4^2}\left(\frac{2.1\times10^6\times972\times9.87}{150^2}+0.8\times10^6\times1.18\right)\times10^{-1}=365 \text{ kN}$$

代入 $P_{2,3}$ 计算式，解得第二和第三个临界力：$P_2=4\,760$ kN，$P_3=328$ kN。可见弯扭屈曲的临界力 P_3 最小。

6.6.2　能量法

如第 2 章所述，能量法计算杆件屈曲的原理是：杆件从临界随遇平衡状态到无限邻近的随遇平衡状态，杆件总势能 $\Pi=U_e+U_i$ 具有不变值，即

$$\delta(U_e+U_i)=0$$

为了计算方便，应变能 U_i 及外荷势能 U_e 都是从杆件的临界随遇平衡状态起算。故按能量法计算中心受压开口薄壁杆件的弯扭屈曲时，要计算杆从临界随遇平衡状态到无限邻近的弯扭屈曲状态的杆件应变能 U_i 及轴心压力产生的外荷势能 U_e。

1. 应变能 U_i

杆件弯扭屈曲应变能 U_i 包括弯曲应变能 U_f 及扭转应变能 U_φ。

根据前述杆件弯扭屈曲位移的分析及第 2 章中杆件弯曲应变能的计算式，知

$$U_f=\frac{1}{2}\int_0^l EI_y\left(\frac{d^2u}{dz^2}\right)^2dz+\frac{1}{2}\int_0^l EI_x\left(\frac{d^2v}{dz^2}\right)^2dz \tag{6.110}$$

▸▸▸

弯扭屈曲时,杆件一般是约束扭转。所以扭转应变能 U_φ 由纯扭转(亦称圣维南扭转或自由扭转)剪应力 τ_k、约束扭转剪应力 τ_ω 及约束扭转正应力 σ_ω 共同作用产生。τ_ω 产生的应变能量很小,一般忽略不计。

根据开口薄壁杆件扭转理论,$\sigma_\omega = -E\dfrac{\mathrm{d}^2\varphi}{\mathrm{d}z}\omega$,其中,$\omega$ 为扇性坐标,设 σ_ω 产生的线应变为 ε_ω,则由材料力学知:σ_ω 产生的开口薄壁杆件应变能 $U_\omega = \displaystyle\int_V \frac{1}{2}\sigma_\omega\varepsilon_\omega\mathrm{d}V$,式中 V 表示杆件体积,而 $\varepsilon_\omega = \dfrac{\sigma_\omega}{E}$,故

$$U_\omega = \int_V \frac{1}{2}\sigma_\omega\varepsilon_\omega\mathrm{d}V = \int_V \frac{1}{2}\frac{\sigma_\omega^2}{E}\mathrm{d}V = \int_0^l \int_A \frac{1}{2E}\left(-E\frac{\mathrm{d}^2\varphi}{\mathrm{d}z}\omega\right)^2\mathrm{d}A\mathrm{d}z$$
$$= \frac{E}{2}\int_0^l\left(\frac{\mathrm{d}^2\varphi}{\mathrm{d}z^2}\right)^2\mathrm{d}z\int_A\omega^2\mathrm{d}A = \frac{1}{2}\int_0^l EI_\omega\left(\frac{\mathrm{d}^2\varphi}{\mathrm{d}z^2}\right)^2\mathrm{d}z \tag{6.111}$$

式中,$I_\omega = \displaystyle\int_A\omega^2\mathrm{d}A$ 为开口薄壁截面扇性惯性矩,EI_ω 为开口薄壁杆件约束扭转刚度。

τ_k 产生的杆件应变能等于纯扭转扭矩,M_k 作用产生的杆件应变能 U_k,计算同杆件弯曲应变能。

$$U_k = \int_0^l \frac{1}{2}M_k\mathrm{d}\varphi = \int_0^l \frac{1}{2}M_k\frac{\mathrm{d}\varphi}{\mathrm{d}z}\mathrm{d}z$$

而
$$M_k = GJ_k\frac{\mathrm{d}\varphi}{\mathrm{d}z}$$

故
$$U_k = \int_0^l \frac{1}{2}GJ_k\left(\frac{\mathrm{d}\varphi}{\mathrm{d}z}\right)^2\mathrm{d}z \tag{6.112}$$

式中,GJ_k 为开口薄壁杆件的自由扭转刚度。

将 U_f、U_ω、U_k 加起来,得开口薄壁杆件弯曲扭转应变能,即

$$U_i = \frac{1}{2}\int_0^l EI_y\left(\frac{\mathrm{d}^2u}{\mathrm{d}z^2}\right)^2\mathrm{d}z + \frac{1}{2}\int_0^l EI_x\left(\frac{\mathrm{d}^2v}{\mathrm{d}z^2}\right)^2\mathrm{d}z + \frac{1}{2}\int_0^l EI_\omega\left(\frac{\mathrm{d}^2\varphi}{\mathrm{d}z^2}\right)^2\mathrm{d}z + \frac{1}{2}\int_0^l GJ_k\left(\frac{\mathrm{d}\varphi}{\mathrm{d}z}\right)^2\mathrm{d}z$$
$$\tag{6.113}$$

2. 外荷势能 U_e

外荷势能 U_e 由轴心压力 P 引起,作用于开口薄壁杆件[图 6.19(a)]的轴心压力 P,计算中认为均匀分布于杆件端部截面。杆件弯扭屈曲时端部各点相互接近的距离,Δ_b 都不相同(纯弯屈曲时各点 Δ_b 都相同)。因此,在截面上所有 $\sigma\mathrm{d}A$ 做功的负值 $-\displaystyle\int_A \Delta_b\sigma\mathrm{d}A$ 就是外力势能,杆件压弯变形如图 6.27 所示。

为了计算 Δ_b,自图 6.19(a)任取一纵向纤维 AB 如图 6.28 所示,其在杆件截面上的坐标为 x、y。纤维上任意点 M 即图 6.19(a)中 z 截面上的任意点 M,杆件弯扭屈曲后,M 移至点 M',其在 x、y 方向的位移为 u_M 及 v_M。距离 M 为 $\mathrm{d}z$ 的点 N 移至点 N',其位移为 $u_M + \mathrm{d}u_M$ 及 $v_M + \mathrm{d}v_M$ 设弧 $N'M' = \mathrm{d}s$,则

$$\mathrm{d}s = (\mathrm{d}u_M^2 + \mathrm{d}v_M^2 + \mathrm{d}z^2)^{\frac{1}{2}} = \left[\left(\frac{\mathrm{d}u_M}{\mathrm{d}z}\right)^2 + \left(\frac{\mathrm{d}v_M}{\mathrm{d}z}\right)^2 + 1\right]^{\frac{1}{2}}\mathrm{d}z$$

按二项式定理展开,并考虑 $\dfrac{\mathrm{d}u_M}{\mathrm{d}z}$ 及 $\dfrac{\mathrm{d}v_M}{\mathrm{d}z}$ 为很小的量,忽略高级微量后,有

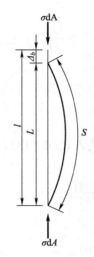

图 6.27　压弯变形

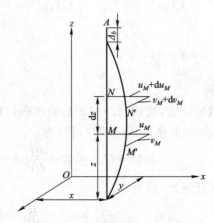

图 6.28　纵向纤维 AB 变形

$$ds \approx \left[\frac{1}{2} \left(\frac{\mathrm{d}u_M}{\mathrm{d}z} \right)^2 + \frac{1}{2} \left(\frac{\mathrm{d}v_M}{\mathrm{d}z} \right)^2 + 1 \right] \mathrm{d}z \tag{6.114}$$

上式两边积分,得
$$s = \int_0^l \left[\frac{1}{2} \left(\frac{\mathrm{d}u_M}{\mathrm{d}z} \right)^2 + \frac{1}{2} \left(\frac{\mathrm{d}v_M}{\mathrm{d}z} \right)^2 + 1 \right] \mathrm{d}z \tag{6.115}$$

则由图 6.27 得

$$\Delta_b = s - L = \frac{1}{2} \int_0^l \left[\left(\frac{\mathrm{d}u_M}{\mathrm{d}z} \right)^2 + \left(\frac{\mathrm{d}v_M}{\mathrm{d}z} \right)^2 \right] \mathrm{d}z \approx \frac{1}{2} \int_0^l \left[\left(\frac{\mathrm{d}u_M}{\mathrm{d}z} \right)^2 + \left(\frac{\mathrm{d}v_M}{\mathrm{d}z} \right)^2 \right] \mathrm{d}z$$
$$\tag{6.116}$$

$$U_e = -\int_A \Delta_b \sigma \mathrm{d}A = -\frac{1}{2} \int_0^l \int_A \sigma \left[\left(\frac{\mathrm{d}u_M}{\mathrm{d}z} \right)^2 + \left(\frac{\mathrm{d}v_M}{\mathrm{d}z} \right)^2 \right] \mathrm{d}A\mathrm{d}z$$

将式(6.82)代入上式,并考虑 x、y 为主形心轴,得

$$U_e = -\frac{1}{2} \int_0^l \int_A \sigma \left\{ \left[\frac{\mathrm{d}u}{\mathrm{d}z} - (y - a_y) \frac{\mathrm{d}v}{\mathrm{d}z} \right]^2 + \left[\frac{\mathrm{d}v}{\mathrm{d}z} + (x - a_x) \frac{\mathrm{d}\varphi}{\mathrm{d}z} \right]^2 \right\} \mathrm{d}A\mathrm{d}z$$

$$= -\frac{1}{2} \int_0^l \int_A \sigma \left[u'^2 - 2(y - a_y)u'\varphi' + (y^2 - 2ya_y^2)\varphi'^2 + v'^2 + 2(\lambda - a_x)v'\varphi' + (x^2 - 2xa_x + a_x^2)\varphi'^2 \right] \mathrm{d}A\mathrm{d}z$$

$$= -\frac{1}{2} \int_0^l \frac{P}{A} \left(u'^2 A + 2a_y A u'\varphi' + I_y \varphi'^2 + a_y^2 A \varphi'^2 + v'^2 A - 2a_x A v'\varphi' + I_y \varphi'^2 + a^2 x A \varphi'^2 \right) \mathrm{d}z$$

$$= \frac{-P}{2} \int_0^l \left[u'^2 + 2a_y u'\varphi' + v'^2 - 2a_x v'\varphi' + \varphi'^2 \left(a_x^2 + a_y^2 + \frac{I_x + I_y}{A} \right) \right] \mathrm{d}z$$

$$= -\frac{P}{2} \int_0^l \left(u'^2 + v'^2 + r^2 \varphi'^2 + 2a_y u'\varphi' - 2a_x v'\varphi' \right) \mathrm{d}z \tag{6.117}$$

式中,$u' = \dfrac{\mathrm{d}u}{\mathrm{d}z}, v' = \dfrac{\mathrm{d}v}{\mathrm{d}z}, \varphi' = \dfrac{\mathrm{d}\varphi}{\mathrm{d}z}, r^2 = a_x^2 + a_y^2 + \dfrac{I_x + I_y}{A}$。

3. 杆件总势能

杆件总势能 $\varPi$ 为

$$\Pi = U_i + U_e$$

$$= \frac{1}{2}\int_0^l \left[EI_y u''^2 + EI_x v''^2 + EI_\omega \varphi''^2 + GJ_k \varphi'^2 - P(u'^2 + v'^2 + r^2 \varphi'^2 + 2a_y u'\varphi' - 2a_x v'\varphi') \right]\mathrm{d}z$$

$$(6.118)$$

式中，$u'' = \dfrac{\mathrm{d}^2 u}{\mathrm{d}z^2}$，$v'' = \dfrac{\mathrm{d}^2 v}{\mathrm{d}z^2}$，$\varphi'' = \dfrac{\mathrm{d}^2 \varphi}{\mathrm{d}z^2}$。

4. 应用举例

假定杆件两端铰支，将式(6.93)表示的屈曲位移函数代入式(6.118)，总势能 Π 变为参数 A、B、C 的函数，则屈曲条件式(2.21)可写为

$$\delta(U_i + U_e) = \delta\Pi = \frac{\partial \Pi}{\partial A}\delta A + \frac{\partial \Pi}{\partial B}\delta B + \frac{\partial \Pi}{\partial C}\delta C = 0$$

而 δA、δB、δC 是任意的，故有

$$\frac{\partial \Pi}{\partial A} = 0 \qquad \frac{\partial \Pi}{\partial B} = 0 \qquad \frac{\partial \Pi}{\partial C} = 0 \qquad (6.119)$$

将式(6.93)代入式(6.118)并考虑

$$\int_0^l \sin^2 \frac{\pi z}{l}\mathrm{d}z = \frac{l}{2} \qquad \int_0^l \cos^2 \frac{\pi z}{l}\mathrm{d}z = \frac{l}{2}$$

得

$$\Pi = \frac{1}{2}\left(\frac{\pi}{l}\right)^2 \frac{l}{2}\left[P_y A^2 + P_x B^2 + P_\omega r^2 C^2 - P(A^2 + B^2 + C^2 r^2 + 2ACa_x - 2BCa_x) \right] \qquad (6.120)$$

式中 P_y、P_x、P_ω 与式(6.95)中释义相同。

再将式(6.120)代入式(6.119)，即得到式(6.94)，故能量法的计算结果与虚拟荷载的计算结果相同，但能量法简便得多。这里能量法亦得到精确的结果，原因是采用了式(6.93)表示的精确的屈曲位移函数；如果采用近似的屈曲位移函数，便得到近似结果。

6.7 中心受压闭口薄壁杆件的弯扭屈曲

按虚拟荷载法的计算原理与开口薄壁杆件的计算原理相同，其所根据的静力平衡方程，亦是两个挠曲微分方程，一个扭转微分方程。挠曲微分方程与式(6.84)、式(6.85)同式中的 u、v 也是 z 截面扭心沿 x、y 方向的位移。但其扭转微分方程是由下面两个微分方程确定[见式(6.66)和式(6.68)]：

$$EI_{\widetilde{\omega}}\beta''' - GJ_k \varphi'' = m(z) \qquad (6.121)$$

$$\varphi' - \mu\beta = \frac{M_z}{GI_\rho} \qquad (6.122)$$

对式(6.122)中 z 求三次导数，然后将 β''' 的表示式代入式(6.121)得闭口截面薄壁杆件约束扭转微分方程式的一般形式：

$$EI_{\widetilde{\omega}}\varphi^{\mathrm{N}} - GJ_k \mu\varphi'' = \mu m - \frac{EI_{\widetilde{\omega}}}{GI_\rho}m'' \qquad (6.123)$$

式中，M_z 为作用于杆件任一横截面的外扭矩。

$$m = -\frac{\mathrm{d}M_z}{\mathrm{d}z} \qquad m'' = \frac{\mathrm{d}^2 m}{\mathrm{d}z^2} = -\frac{\mathrm{d}^3 M_z}{\mathrm{d}z^3}$$

于是闭口薄壁杆件弯扭屈曲时的静力平衡微分方程组为

$$
\left.
\begin{aligned}
EI_x v^{\mathrm{N}} + q_y &= 0 \\
EI_y u^{\mathrm{N}} + q_x &= 0 \\
EI_{\widetilde{\omega}} \varphi^{\mathrm{N}} - GJ_k \mu \varphi'' &= \mu m - \frac{EI_{\widetilde{\omega}}}{GI_\rho} m''
\end{aligned}
\right\}
\tag{6.124}
$$

式中，$\mu = 1 - \dfrac{J_k}{I_\rho}$，$I_\rho$ 为闭口截面的方向惯性矩。q_x、q_y、m 都与中心受压开口薄壁杆件的 q_x、q_y、m 的表示式同，即

$$
q_x = P(u'' + a_y \varphi'') \tag{6.125}
$$

$$
q_y = P(v - a_x \varphi'') \tag{6.126}
$$

$$
m = P(a_x v'' - a_y u'') - Pr^2 \varphi'' \tag{6.127}
$$

对式(6.127)中 z 求二次导数，得

$$
m'' = P(a_x v^{\mathrm{N}} - a_y u^{\mathrm{N}} - r^2 \varphi^{\mathrm{N}}) \tag{6.128}
$$

将式(6.125)～式(6.128)代入式(6.124)，得计算中心受压闭口薄壁杆件弯扭屈曲的微分方程组：

$$
\left.
\begin{aligned}
EI_x v^{\mathrm{N}} + P(v' - a_x \varphi'') &= 0 \\
EI_y u^{\mathrm{N}} + P(u'' + a_y \varphi'') &= 0 \\
EI_{\widetilde{\omega}} \varphi^{\mathrm{N}} - GJ_k \mu \varphi'' &= \mu P(a_x v'' - a_y u'' - r^2 \varphi'') - \frac{EI_{\widetilde{\omega}}}{GI_\rho} P(a_x v^{\mathrm{N}} - a_y u^{\mathrm{N}} - r^2 \varphi^{\mathrm{N}})
\end{aligned}
\right\}
\tag{6.129}
$$

对于两端铰支的杆件，取式(6.93)作为式(6.129)方程组的一组特解，并将它代入式(6.129)，则可得以 A、B、C 为未知数的齐次线性方程组

$$
\left.
\begin{aligned}
\left(\frac{\pi^2 EI_x}{l^2} - P \right) B + Pa_x C &= 0 \\
\left(\frac{\pi^2 EI_y}{l^2} - P \right) A - Pa_y C &= 0 \\
-Pa_y A + Pa_x B + \left[\frac{\dfrac{\pi^2 EI_{\widetilde{\omega}}}{l^2} + GJ_k \mu}{t} - Pr^2 \right] C &= 0
\end{aligned}
\right\}
\tag{6.130}
$$

式中，$t = \mu + \dfrac{EI_{\widetilde{\omega}}}{GI_\rho} \cdot \dfrac{\pi^2}{l^2}$。

引入主临界力

$$
P_x = \frac{\pi^2 EI_x}{l^2} \qquad P_y = \frac{\pi^2 EI_y}{l^2} \qquad P_{\widetilde{\omega}} = \frac{\dfrac{\pi^2 EI_{\widetilde{\omega}}}{l^2} + GJ_k \mu}{r^2 t} \tag{6.131}
$$

代入式(6.130)，写出 B、A、C 系数所组成的行列式，并使之等于零，得

$$
\begin{vmatrix}
P_x - P & 0 & Pa_x \\
0 & P_y - P & -Pa_y \\
Pa_x & -Pa_y & (P_{\widetilde{\omega}} - P)r^2
\end{vmatrix} = 0 \tag{6.132}
$$

展开此行列式，得到确定两端铰支中心受压闭口薄壁杆件弯曲扭转失稳的临界力的三次方程式：

$$P^3(a_x^2+a_y^2-r^2)+P^2[(P_x+P_y+P_{\tilde{\omega}})r^2-P_xa_y^2-P_ya_x^2]-$$
$$P[P_xP_y+P_xP_{\tilde{\omega}}+P_yP_{\tilde{\omega}}]r^2+P_xP_yP_{\tilde{\omega}}r^2=0 \qquad (6.133)$$

式(6.133)与式(6.96)的形式完全相同,这里只是 $P_{\tilde{\omega}}$ 代替了式(6.96)中的 P_{ω},故式(6.133)的解法与式(6.96)的解法相同。

当在弹塑性阶段屈曲时,以上各式中的 E 应乘以修正系数 τ。

6.8 偏心受压开口薄壁杆件的临界力计算

6.8.1 虚拟荷载法

图 6.29(a)表示一等截面开口薄壁杆件受偏心压力 P 作用,压力 P 作用点的坐标为 e_x、e_y;ox、oy 为主形心轴,扭心 C 的坐标为 a_x、a_y。此种杆件弹性屈曲临界力的计算原理与 6.6 节相同。图 6.29(a)杆件任意点 M 的正应力 σ 由压力 P 及偏心弯矩 $M_y=-Pe_x$ 及 $M_x=-Pe_y$ 的共同作用所引起。弯矩正负号按一般规定。图 6.30 所示的弯矩为正,以压应力为正,拉应力为负。则根据图 6.29(b)所示 P 作用点、扭心 C 及任意点 M 的相对位置,M 点的压应力 σ_M 为

$$\sigma_M=\frac{P}{A}-\frac{M_xy}{I_x}-\frac{M_yx}{I_y} \qquad (6.134)$$

则作用于 M 点 dA 面积上的压力 $dP=\sigma_M dA$。

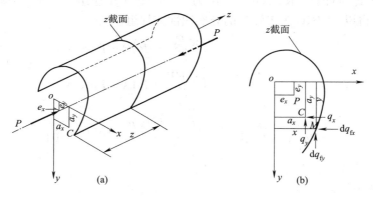

图 6.29　偏心受压开口薄壁杆件

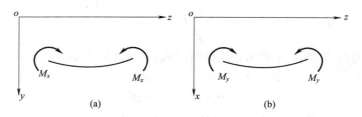

图 6.30　正负弯矩

同样,杆件偏离临界随遇平衡位置无限小位移时,任意 z 截面沿 x、y 方向的弯曲位移分别为 $u(z)$、$v(z)$ 和转角位移为 $\varphi(z)$,故形心 o 的位移为 $u(z)$、$v(z)$。任意点 M 的位移同样,按

式(6.82)计算。杆件失稳时,由 dP 产生作用于 M 的虚拟横向力 $\mathrm{d}q_x$、$\mathrm{d}q_y$,如图 6.29(b)所示,同样按式(6.87)计算。则作用于形心 o 的虚拟横向力 q_x、q_y 为

$$q_x = \int_A \mathrm{d}q_x = \int_A \mathrm{d}P \frac{\mathrm{d}^2 u_M}{\mathrm{d}z^2} = \int_A \sigma_M \mathrm{d}A \frac{\mathrm{d}^2 u_M}{\mathrm{d}z^2}$$

$$q_y = \int_A \mathrm{d}q_y = \int_A \mathrm{d}P \frac{\mathrm{d}^2 v_M}{\mathrm{d}z^2} = \int_A \sigma_M \mathrm{d}A \frac{\mathrm{d}^2 v_M}{\mathrm{d}z^2}$$

将式(6.134)和式(6.82)代入上两式,积分,并考虑

$$\int_A x\mathrm{d}A = \int_A y\mathrm{d}A = \int_A xy\mathrm{d}A = 0 \qquad \int_A x^2\mathrm{d}A = I_y \qquad \int_A y^2\mathrm{d}A = I_x$$

得
$$q_x = P(u'' + a_y\varphi'') + M_x\varphi'' \tag{6.135}$$
$$q_y = P(v'' - a_x\varphi'') - M_y\varphi'' \tag{6.136}$$

因为顺时针转的 $m(z)$ 为正,故根据图 6.29(b)可知,杆件失稳时,作用于杆件长度内的扭矩 $m(z)$ 为(忽略 $u''\varphi$ 及 $v''\varphi$)

$$m(z) = \int_A \mathrm{d}q_x(y-a_y) - \int_A \mathrm{d}q_y(x-a_x) = \int_A \mathrm{d}P \frac{\mathrm{d}^2 u_M}{\mathrm{d}z}(y-a_y) - \int_A \mathrm{d}P \frac{\mathrm{d}^2 v_M}{\mathrm{d}z}(x-a_x)$$

$$= \int_A \sigma_M \mathrm{d}A \frac{\mathrm{d}^2 u_M}{\mathrm{d}z}(y-a_y) - \int_A \sigma_M \mathrm{d}A \frac{\mathrm{d}^2 v_M}{\mathrm{d}z^2}(x-a_x)$$

将式(6.134)及式(6.82)代入上式,积分得

$$m(z) = -(M_x + Pa_y)u'' + (Pa_x + M_y)v'' - P\left(\frac{I_x + I_y}{A} + a_x^2 + a_y^2\right)\varphi'' - 2M_y\left[a_x - \frac{1}{2I_y}\left(\int_A x^3\mathrm{d}A + \int_A x^2 y\mathrm{d}A\right)\right]\varphi'' - 2M_x\left[a_y - \frac{1}{2I_x}\left(\int_A y^3\mathrm{d}A + \int_A yx^2\mathrm{d}A\right)\right]\varphi''$$

令
$$\left.\begin{array}{l} \beta_x = \dfrac{1}{2I_y}\left(\displaystyle\int_A x^3\mathrm{d}A + \int_A x^2 y\mathrm{d}A\right) - a_x \\[3mm] \beta_y = \dfrac{1}{2I_x}\left(\displaystyle\int_A y^3\mathrm{d}A + \int_A yx^2\mathrm{d}A\right) - a_y \end{array}\right\} \tag{6.137}$$

$$r^2 = \frac{I_x + I_y}{A} + a_x^2 + a_y^2$$

则
$$m(z) = -(M_x + Pa_y)u'' + (Pa_x + M_y)v'' - Pr^2\varphi'' + 2\beta_x M_y\varphi'' + 2\beta_y M_x\varphi''$$

将 $M_x = -Pe_y$,$M_y = -Pe_x$ 代入上式得

$$m(z) = P(e_y - a_y)u'' + P(a_x - e_x)v'' - P(r^2 + 2\beta_x e_x + 2\beta_y e_y)\varphi'' \tag{6.138}$$

将式(6.135)~式(6.138)对应代入式(6.124)中的三式,并考虑 $M_x = -Pe_y$、$M_y = -Pe_x$,得计算偏心受压开口薄壁杆件临界力的微分方程组:

$$\left.\begin{array}{l} EI_x v^{\mathrm{IV}} + Pv'' - Pa_x\varphi'' + Pe_x\varphi'' = 0 \\[2mm] EI_y u^{\mathrm{IV}} + Pu'' + Pa_y\varphi'' - Pe_y\varphi'' = 0 \\[2mm] EI_\omega \varphi^{\mathrm{IV}} - GJ_k\varphi'' + P(r^2 + 2\beta_x e_x + 2\beta_y e_y)\varphi'' + P(a_y - e_y)u'' - P(a_x - e_x)v'' = 0 \end{array}\right\} \tag{6.139}$$

当杆件两端为铰支时,和前面一样,将式(6.93)的函数代入式(6.139),得到以 A、B、C 为未知数的齐次线性代数方程组:

$$\left.\begin{array}{l} \left(\dfrac{\pi^2 EI_x}{l^2} - P\right)B + P(a_x - e_x)C = 0 \\[4mm] \left(\dfrac{\pi^2 EI_y}{l^2} - P\right)A - P(a_y - e_y)C = 0 \\[4mm] -P(a_y - e_y)A + P(a_x - e_x)B + \left[EI_\omega \dfrac{\pi^2}{l^2} + GJ_k - P(r^2 + 2\beta_x e_x + 2\beta_y e_y)\right]C = 0 \end{array}\right\} \tag{6.140}$$

将 6.6 节中的主临界力 P_x、P_y、P_ω 引入式(6.140)，写出 A、B、C 的系数所组成的行列式，并使之等于零，得

$$\begin{vmatrix} P_x - P & 0 & P(a_x - e_x) \\ 0 & P_y - P & -P(a_y - e_y) \\ P(a_x - e_x) & -P(a_y - e_y) & (P_\omega - P)r^2 - 2P(\beta_x e_x + \beta_y e_y) \end{vmatrix} = 0 \qquad (6.141)$$

展开行列式(6.141)得到偏心受压开口薄壁杆件临界力 P 的三次方程式：

$$(P_x - P)(P_y - P)\left[(P_\omega - P)r^2 - 2P(e_x \beta_x + e_y \beta_y)\right] -$$
$$P^2(a_x - e_x)^2(P_y - P) - P^2(a_y - e_y)^2(P_x - P) = 0 \qquad (6.142)$$

将 P_x、P_y、P_ω、a_x、e_x、a_y、e_y、β_x、β_y 的数值代入式(6.142)展开，归并，则式(6.142)可写成类似于式(6.93)的形式，按 6.6 节中的一元三次方程解法求得三个临界力 P_1、P_2、P_3。

上述结果，对于压应力 σ 沿跨长不变的开口薄壁杆件都能用，例如计算受纯弯矩 M 作用的简支工字梁(图 6.31)的临界弯矩 M_{cr}，将 $P = 0$、$a_x = a_y = 0$、$e_x = e_y = 0$、$M_x = M_0$、$M_y = 0$、$\beta_x = \beta_y = 0$ 代入式(6.135)、式(6.136)、式(6.138)分别得

$$q_x = M_0 \varphi'' \qquad q_y = 0 \qquad m = -M_0 u''$$

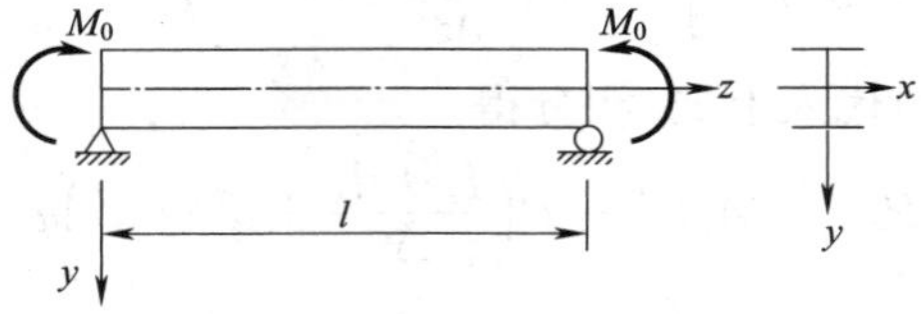

图 6.31 纯弯开口构件

再分别代入式(6.84)~式(6.86)得该杆件偏离临界随遇平衡位置无限小位移时的弹力平衡微分方程式：

$$EI_x v^{\mathrm{IV}} = 0 \qquad (6.143a)$$
$$EI_y u^{\mathrm{IV}} + M_0 \varphi'' = 0 \qquad (6.143b)$$
$$EI_\omega \varphi^{\mathrm{IV}} - GJ_k \varphi'' + M_0 u'' = 0 \qquad (6.143c)$$

实质上与铁木辛柯($S. P. Timoshemko$)得到的方程式相同，见其著"弹性稳定理论"。

式(6.143a)表示梁在 yoz 平面内弯曲。式(6.143b)和式(6.143c)两次式表示梁侧向弯曲并扭转失稳。将(6.143b)式积分两次得，$EI_y u'' + M_0 \varphi = C_1 z + C_2$，按图 6.31 梁的边界条件：当 $z = 0$ 及 l 时，$u'' = 0$，$\varphi = 0$，解得 $C_1 = C_2 = 0$，则

$$u'' = -\frac{M_0 \varphi}{EI_y}$$

代入(6.143c)式

$$EI_\omega \varphi^{\mathrm{IV}} - GJ_k \varphi'' - \frac{M_0^2}{EI_y} \varphi = 0$$

令 $\alpha = \dfrac{GJ_k}{2EI_\omega}$，$\beta = \dfrac{M_0^2}{EI_y EI_\omega}$，则上式写为

$$\varphi^{\mathrm{IV}} - 2\alpha \varphi'' - \beta \varphi = 0$$

该式通解为

$$\varphi = A_1 \sin mz + A_2 \cos mz + A_3 \mathrm{e}^{nz} + A_4 \mathrm{e}^{-nz} \qquad (6.143d)$$

式中

$$m = \sqrt{-\alpha + \sqrt{\alpha^2 + \beta}} \qquad n = \sqrt{\alpha + \sqrt{\alpha^2 + \beta}} \qquad (6.143e)$$

A_1、A_2、A_3、A_4 为积分常数，按梁的下述边界条件确定：

当 $z = 0$ 及 l 时，$\varphi = \varphi'' = 0$。

由 $z=0, \varphi(0)=\varphi''(0)=0$，解得 $A_2=0, A_3=-A_4$，代入(6.143d)得

$$\varphi=A_1\sin mz-2A_4\left(\frac{\mathrm{e}^{nz}-\mathrm{e}^{-nz}}{2}\right)=A_1\sin mz-2A_4\sinh nz \tag{6.143f}$$

将(6.143f)式代入 $z=l$ 的边界条件 $\varphi(l)=\varphi''(l)=0$，得

$$\left.\begin{array}{l}A_1\sin ml-2A_4\sinh nl=0\\A_1m^2\sin ml+2A_4n^2\sinh nl=0\end{array}\right\} \tag{6.143g}$$

式中，A_1、A_4 系数组成的行列式等于零，得到确定 $(M_0)_{\mathrm{cr}}$ 的方程式：

$$(n^2+m^2)\sinh nl\sin ml=0 \tag{6.143h}$$

考虑到 $\sinh nl\neq0$，故由(6.143h)式知：$\sin ml=0$ \hfill (6.143i)

再代入(6.143g)式，得 $A_4=0$，代入(6.143f)式得：$\varphi=A_1\sin mz$，表示失稳时，梁扭成正弦曲线。

再回到(6.143i)式，因 $\sin ml=0$，$ml=n\pi$，$n=1,2,3,\cdots$，当 $n=1$ 时，ml 为最小值，故 $m=\dfrac{\pi}{l}$，由式(6.143e)知

$$-\alpha+\sqrt{\alpha^2+\beta}=\frac{\pi^2}{l^2}$$

将前面 α、β 之值代入上式，解出临界弯矩：

$$M_{0\mathrm{cr}}=\frac{\pi}{l}\sqrt{EI_yGJ_{\mathrm{k}}\left(1+\frac{EI_\omega}{GJ_{\mathrm{k}}}\frac{\pi^2}{l^2}\right)}=r_1\frac{\sqrt{EI_yGJ_{\mathrm{k}}}}{l} \tag{6.143j}$$

式中，$r_1=\pi\sqrt{1+\dfrac{EI_\omega}{GJ_{\mathrm{k}}}\dfrac{\pi^2}{l^2}}$。

讨论：

①6.1 节中已经指出，从压力 P 开始作用起，偏心受压杆件就受压受弯，就有弯曲变位，若在因压弯而压溃前，杆件突然转入弯曲扭转状态，则杆件弯扭失稳。杆件开始失稳的压弯状态是其临界随遇平衡状态。式(6.139)中的 u、v、φ 就是由此状态计量得出，故 u、v、φ 不反映弯扭屈曲前的位移状态。

②由式(6.139)可知：当 $a_x\neq0$、$a_y\neq0$（杆件截面无对称轴）时，u、v、φ 三者是相互耦联的；当 $a_x=0$、$a_y=0$（杆件截面双轴对称）时，只要 $e_x\neq0$、$e_y\neq0$，u、v、φ 三者就同时存在，相互耦联，这是由压力偏心引起；当 $a_x=0$（截面对称于 y 轴）、$e_x=0$（偏心压力作用在 y 轴上）时，式(6.139)的第一式只与 v 有关，它反映杆件绕 x 轴的弯曲。这种弯曲与压缩结合可能使杆件压溃。式(6.139)的第二、第三式则表示杆件转入绕 y 轴弯曲、绕扭轴扭转的弯扭屈曲平衡状态，此时 u 与 φ 耦联。当 $e_x=e_y=0$ 时，式(6.139)变为式(6.91)，表示偏心受压弯为中心受压。

③式(6.139)是在材料完全弹性的基础上导出的，若屈曲时，杆件应力有超过比例极限者，则成为弹塑性弯扭屈曲，计算极其复杂。

④临界随遇平衡状态前杆件绕 x、y 轴的弯曲变位为 u_0、v_0，则屈曲时杆件任意截面上的外弯矩 $M_x=-P(e_y-v_0)$，$M_y=-P(e_x-u_0)$。u_0、v_0 都是坐标 z 的函数，式(6.139)变为变系数微分方程，求解困难。考虑到 u_0、v_0 相对于 e_x、e_y 较小，影响不大，一般忽略不计，进而得出式(6.139)。

6.8.2 能量法

计算原理与 6.6 节中相同,只是要以式(6.134)表示式(6.117)中的 σ。将式(6.134)代入式(6.117),积分并考虑 x、y 轴为形心轴,得外力势能

$$U_e = \frac{1}{2}\int_0^e \left\{ -P(u'^2+v'^2)+\varphi^2\left[-Pr^2+2M_x\left(\frac{\int_A y^3\,\mathrm{d}A+\int_A x^2y\,\mathrm{d}A}{2I_x}-a_y \right)+ \right. \right.$$

$$\left. \left. 2M_y\left(\frac{\int_A xy^2\,\mathrm{d}A+\int_A x^3\,\mathrm{d}A}{2I_y}-a_x \right) \right]+2u'\varphi'(-Pa_y-M_x)+2v'\varphi'(Pa_x+M_y) \right\}\mathrm{d}z$$

所以偏心受压开口薄壁杆件弯扭屈曲总势能为

$$\Pi = U_i+U_e$$

$$= \frac{1}{2}\int_0^l [EI_y u''^2+EI_x v''^2+eI_\omega \varphi''^2+GJ_k \varphi'^2-(u'^2+v'^2)P+$$

$$\varphi'^2(-Pr^2+2\beta_x M_x+2\beta_y M_y)+2u'\varphi'(-Pa_y-M_x)+2v'\varphi'(Pa_x+M_y)]\mathrm{d}z$$

$$(6.144)$$

式中,β_x、β_y、r^2 释义同式(6.137)。

设杆件两端为铰支,和前面一样,将式(6.92)代入式(6.144),再代入式(6.119),整理后,同样得到式(6.140)。

6.9 偏心受压闭口薄壁杆件临界力的计算

按虚拟荷载法计算此种杆件弹性弯扭屈曲临界力的原理与 6.7 节相同,只是此时扭转微分方程应采用式(6.124)中的第三式,即

$$EI_{\widetilde{\omega}}\varphi^{\mathrm{N}}-GJ_k\,\mu\varphi''=\mu m-\frac{EI_{\widetilde{\omega}}}{GI_p}m'' \qquad (6.145)$$

式中的 m 仍按式(6.138)计算,故 m'' 为

$$m''=-P(a_y-e_y)u^{\mathrm{N}}+P(a_x-e_x)v^{\mathrm{N}}-P(r^2+2\beta_x e_x+2\beta_y e_y)\varphi^{\mathrm{N}} \qquad (6.146)$$

将式(6.138)和式(6.146)代入式(6.145)得

$$EI_{\widetilde{\omega}}\varphi^{\mathrm{N}}-\mu GJ_k\varphi''=-P\mu(a_y-e_y)u''+P\mu(a_x-e_x)v''-P\mu(r^2+2\beta_x e_x+2\beta_y e_y)\varphi''-$$

$$\frac{EI_{\widetilde{\omega}}}{GI_p}[-P(a_y-e_y)u^{\mathrm{N}}+P(a_x-e_x)v^{\mathrm{N}}-P(r^2+2\beta_x e_x+2\beta_y e_y)\varphi^{\mathrm{N}}]$$

$$(6.147)$$

两个挠曲微分方程仍与式(6.139)中的前两式相同,即

$$EI_x v^{\mathrm{N}}+Pv''-Pa_x\varphi''+Pe_x\varphi''=0 \qquad (6.148)$$

$$EI_y u^{\mathrm{N}}+Pu''+Pa_y\varphi''-Pe_y\varphi''=0 \qquad (6.149)$$

式(6.147)~式(6.149)就是偏心受压闭口薄壁杆件弹性弯扭屈曲的静力平衡微分方程。

若杆件两端为铰支,同样将式(6.93)代入式(6.147)~式(6.149)得到以 A、B、C 为未知数的齐次线性代数方程组:

$$\left.\begin{aligned}\left(\frac{\pi^2 EI_x}{l^2}-P\right)B+P(a_x-e_x)C=0\\\left(\frac{\pi^2 EI_y}{l^2}-P\right)A-P(a_y-e_y)C=0\end{aligned}\right\}$$

$$-P(a_y-e_y)A+P(a_x-e_x)B+\left[\frac{EI_{\widetilde{\omega}}\frac{\pi^2}{l^2}+GJ_\mathrm{k}\mu}{t}-P(r^2+2\beta_x e_x+2\beta_y e_y)\right]C=0 \tag{6.150}$$

式中
$$t=\mu+\frac{EI_{\widetilde{\omega}}}{GJ_\rho}\frac{\pi^2}{l^2} \tag{6.151}$$

式(6.150)中的第三式来源如下:

当式(6.93)代入式(6.147)时,有

$$EI_{\widetilde{\omega}}\left(\frac{\pi}{l}\right)^4 C+\mu GJ_\mathrm{k}\left(\frac{\pi}{l}\right)^3 C=P\mu\left(\frac{\pi}{l}\right)^2\left[A(a_y-e_y)-B(a_x-e_x)+C(r^2+2\beta_x e_x+2\beta_y e_y)+\right.$$

$$\left.\frac{EI_{\widetilde{\omega}}}{GJ_\rho}P\left(\frac{\pi}{l}\right)[A(a_y-e_y)-B(a_x-e_x)+C(r^2+2\beta_x e_x+2\beta_y e_y)]\right]$$

$$=P\left[A(a_y-e_y)-B(a_x-e_x)+C(r^2+2\beta_x e_y)\right]\left[\frac{EI_{\widetilde{\omega}}}{GJ_\rho}\left(\frac{\pi}{l}\right)^2+\mu\right]$$

$$\frac{\left[EI_{\widetilde{\omega}}\left(\frac{\pi}{l}\right)^2+\mu GJ_\mathrm{k}\right]C}{\left(\frac{\pi}{l}\right)^2\frac{EI_{\widetilde{\omega}}}{GJ_\rho}+\mu}=P(a_y-e_y)A-P(a_x-e_x)B+P(r^2+2\beta_x e_x+2\beta_y e_y)C$$

最后得

$$-P(a_y-e_y)A+P(a_x-e_x)B+\left[\frac{EI_{\widetilde{\omega}}\frac{\pi^2}{l^2}+\mu GJ_\mathrm{k}}{t}-P(r^2+2\beta_x e_x+2\beta_y e_y)\right]C=0$$

将式(6.131)中的主临界力 P_x、P_y、$P_{\widetilde{\omega}}$ 引入式(6.150)得

$$\left.\begin{aligned}(P_x-P)B+P(a_x-e_x)C=0\\(P_y-P)A-P(a_y-e_y)C=0\\-P(a_y-e_y)A+P(a_x-e_x)B+[(P_{\widetilde{\omega}}-P)r^2-2P(\beta_x e_x+\beta_y e_y)]C=0\end{aligned}\right\} \tag{6.152}$$

令上式中 A、B、C 的系数所组成的行列式等于零,即

$$\begin{vmatrix} P_x-P & 0 & P(a_x-e_x) \\ 0 & P_y-P & -P(a_y-e_y) \\ P(a_x-e_x) & -P(a_y-e_y) & [(P_{\widetilde{\omega}}-P)r^2-2P(\beta_x e_x+\beta_y e_y)] \end{vmatrix}=0 \tag{6.153}$$

展开此行列式,得到偏心受压闭口薄壁杆件弹性弯扭屈曲临界力 P 的三次方程式:

$$(P_x-P)(P_y-P)[(P_{\widetilde{\omega}}-P)r^2-2P(e_x\beta_x+e_y\beta_y)]-$$
$$[(a_x-e_x)^2(P_y-P)+(a_y-e_y)^2(P_x-P)]P^2=0 \tag{6.154}$$

解此方程式,得临界力 P 的三个值。

根据闭口薄壁杆件扭转理论,约束扭转正应力 $\sigma_{\widetilde{\omega}}=-E\beta'(z)\widetilde{\omega}$,见式(6.52)。

由式(6.122)得
$$\beta=-\frac{1}{\mu}\left(\varphi'-\frac{M_\mathrm{T}}{GJ_\rho}\right)$$

故
$$\beta'' = \frac{1}{\mu}\left(\varphi'' + \frac{m}{GI_\rho}\right)$$

则 $\sigma_{\widetilde\omega}$ 产生的应变能为

$$U_{\widetilde\omega} = \int_v \frac{1}{2}\frac{\sigma_{\widetilde\omega}^2}{E}\mathrm{d}V = \frac{E}{2}\int_0^l (\beta'')^2 \int_A \widetilde\omega^2 \mathrm{d}A\mathrm{d}z = \frac{1}{2}\int_0^l EI_{\widetilde\omega}\left[\frac{1}{\mu}\left(\varphi'' - \frac{m}{GI_\rho}\right)\right]^2 \mathrm{d}z$$

这样将 $U_{\widetilde\omega}$ 代入杆件总势能 $\varPi$ 的计算式,应用势能不变值原理,最后得不出按虚拟荷载法的计算结果。原因是在闭口薄壁截面扭转计算中,假定 $\dfrac{\mathrm{d}^3 M_z}{\mathrm{d}z^3}=0$。而上述 $u_{\widetilde\omega}$ 计算中不采用 $\dfrac{\mathrm{d}^3 M_z}{\mathrm{d}z^3}=0$ 的假定,故得不出按虚拟荷载法的计算结果。由于编者尚未见到闭口薄壁杆件弯扭屈曲的能量计算法,故本书未介绍此内容。

习　题

6-1 确定教材表 6.1 中各截面的形心、剪切中心位置坐标,并推导相关的截面特性计算式。

6-2 试用瑞利—里兹法导出双轴对称工字形等截面简支梁纯弯曲时的临界弯矩计算公式。

6-3 试求图 6.32 所示槽形等截面简支梁在纯弯曲时的临界弯矩。计算跨度 $l=4.5$ m,$E=2.1\times10^5$ MPa,$G=0.81\times10^5$ MPa。

6-4 教材例 6-2 中,将其荷载改为分布力矩 m,求该梁的最大双力矩、自由扭矩和翘曲扭矩。

部分习题答案:

6-3 $M_{cr}=35.1$ kN·m

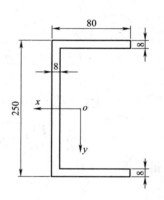

图 6.32　题 6.3 图(单位:mm)

7 梁的侧向屈曲

7.1 引 言

梁的正常工作状态是在竖向平面内弯曲。然而,若在梁两端有侧向支撑而跨内无侧向支撑,当梁上作用在竖平面内的弯矩达到某定值时,梁偏离正常的竖向弯曲平衡状态,转入竖向及侧向弯曲的双向弯曲并扭转的工作状态,视梁的长短,或立即丧失承载能力而破坏,或作用弯矩仍能稍有增加,直到梁丧失承载力为止,这种现象称为梁的侧向失稳或弯扭屈曲,亦称侧倾失稳。

例如图 7.1(a)所示工字形钢梁,两端有支撑不能侧移,受端弯矩 M_x 作用。当 M_x 增加到临界弯矩 M_{cr} 时,梁发生弯扭屈曲,如图 7.1(b)所示。图 7.1(a)中 $oxyz$ 为固定坐标系,x 轴和 y 轴为截面形心主轴,z 轴为梁的纵轴,为便于后续各章节描述,定义了基于变形后的随动坐标系 $o'\xi\eta\zeta$,其中,η 轴和 ξ 轴为形心主轴,ζ 轴为纵轴,沿变形曲线的切线方向,在 $oxyz$ 为固定坐标系中,u 表示梁沿 x 轴的变位,即侧向变位,v 为梁的竖向变位,φ 为梁的扭转变位。

若梁是中等长度,作用弯矩 M_x 还可稍有增加,直至达到极限弯矩 M_{max}、梁丧失承载能力为止,其荷载—变位曲线如图 7.1(c)所示,这类梁的弯扭屈曲一般都发生在弹塑性阶段。若是很长的梁,则作用弯矩 M_x 达到弯扭屈曲临界弯矩 M_{cr} 后,梁会因弯扭变位的急剧增长而丧失承载能力,从 M_{cr} 起作用弯矩很少增加,因此,可以认为极限弯矩 $M_{max} \approx M_{cr}$,其荷载—变位曲线如图 7.1(d)所示,这类梁的弯扭屈曲发生在弹性阶段。

图 7.1(c)、(d)中的荷载—横向变位及扭转变位曲线表示,在 $M_x \leqslant M_{cr}$ 的范围内,梁不发生弯扭变位,属于分枝点失稳。只有理想梁才能这样,即梁无侧向初弯曲和初扭转,非常正直,并且荷载和支承反力准确地作用在梁的竖向平面 oyz 内。实际中,梁难免有初弯曲,荷载及支承反力很难准确地作用在 oyz 平面内,从荷载作用开始,梁即双向弯曲并扭转,产生空间变位,为极值点失稳问题。

当作用弯矩 M_x 沿梁长不发生变化时,梁分枝点弹塑性失稳的计算方法与轴心压杆分枝点弹塑性失稳的计算方法相似,采用切线模量理论。当 M_x 沿梁变化时,例如由沿跨长作用的横向荷载所产生的 M_x,则梁的应力应变不但沿横截面变化,而且沿跨长变化,其临界荷载需按数值方法计算。

梁极值点失稳及分枝点失稳问题的极限承载力 M_{max},按 6.1 节的叙述,须按杆件双向弯曲理论计算,非常复杂。本章叙述理想梁弹性屈曲的计算法,主要有:①力系平衡法,它又分为单元体平衡法和截面弯矩及扭矩平衡法;②能量法;③符拉索夫的虚拟荷载法。

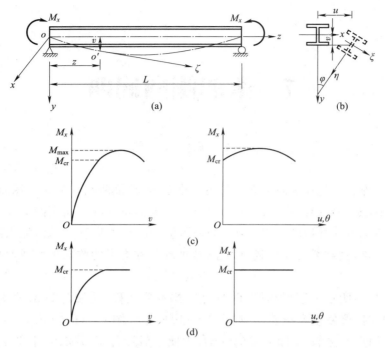

图 7.1 梁的弯扭变位及荷载—变位曲线

7.2 梁侧向屈曲的静力平衡微分方程

梁侧向屈曲计算中,屈曲前梁有竖向位移,即图 7.2(a)中的 v_0,对临界荷载的影响是一个需要理解的问题。一般著作都忽略和不计 v_0 的影响,但当梁的竖向弯曲刚度 EI_x 与其侧向弯曲刚度 EI_y 属于同一数量级时,则不能忽略。编者未见到考虑 v_0 影响的计算资料,下面按编者的理解,对如何考虑 v_0 影响作简单说明。

设图 7.1(a)梁侧向弯曲前 z 截面形心的竖向位移为 v_0;屈曲后,形心沿固定坐标轴 x、y [图 7.1(a)]正方向的位移分别为 u、v,如图 7.2(a)所示,图中 ξ、η 分别为 z 截面屈曲后的两个主形心轴。根据微分几何学,曲率矢量指向凹侧,得到由于位移 u 及 $v_0 + v$ 沿 x、y 轴的曲率矢量,如图 7.2(b)、(c)所示。这里 $u'' = \dfrac{\mathrm{d}^2 u}{\mathrm{d}z^2}$、$v_0'' = \dfrac{\mathrm{d}^2 v_0}{\mathrm{d}z^2}$、$v'' = \dfrac{\mathrm{d}^2 v}{\mathrm{d}z^2}$,$u''$ 及 $(v_0'' + v'')$ 前的负号根据图 7.1 坐标及位移 u、v 的方向确定。

将曲率矢量分解为 ξ、η 轴方向的分量,考虑扭转角很小,有 $\sin \varphi \approx \varphi$、$\cos \varphi \approx 1$,得到因位移 u 及 $v_0 + v$ 产生的沿 ξ、η 轴的曲率分矢量分别见图 7.2(b)、(c)。这样,屈曲后,梁轴心线在 z 处沿 ξ、η 方向的曲率分别为

$$\left.\begin{array}{l} -\xi'' = -[u'' + (v_0'' + v'')\varphi] \\ -\eta'' = -[(v'' + v_0'') - u''\varphi] \end{array}\right\} \tag{7.1}$$

设屈曲后,梁 z 截面绕 ξ、η 轴的外弯矩及绕 ζ 轴的外扭矩分别为 M_ξ、M_η 和 M_ζ,ζ 轴与 z 处梁轴心线相切,如图 7.1(a)所示,则由材料力学知,梁侧向屈曲的静力平衡方程为

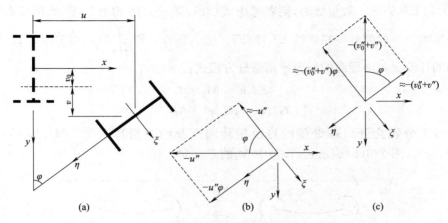

图 7.2　梁侧向屈曲变形

$$\left.\begin{aligned}EI_{\eta}\xi''+M_{\eta}&=0\\EI_{\xi}\eta''+M_{\xi}&=0\\GJ_{k}\varphi'-EI_{\omega}\varphi'''&=M_{\zeta}\end{aligned}\right\}\tag{7.2}$$

将式(7.1)代入式(7.2),并考虑 $I_x=I_{\xi}$、$I_y=I_{\eta}$,则得非线性方程:

$$\left.\begin{aligned}EI_y[u''+(v_0''+v'')\varphi]+M_{\eta}&=0\\EI_x[(v_0''+v'')-u''\varphi]+M_{\xi}&=0\\GJ_k\varphi'-EI_{\omega}\varphi'''&=M_{\zeta}\end{aligned}\right\}\tag{7.3}$$

因 u、φ 都很小,故式(7.3)第二式中的 $u''\varphi$ 可略去,则得

$$(v_0''+v'')=\frac{-M_{\xi}}{EI_x}\tag{7.4}$$

将式(7.4)代入式(7.3)中的第一式,并考虑 $u''\varphi\approx0$,方程组重新排序后得

$$\left.\begin{aligned}EI_x(v_0''+v'')+M_{\xi}&=0\\EI_y\left(u''-\frac{M_{\xi}}{EI_x}\varphi\right)+M_{\eta}&=0\\GJ_k\varphi'-EI_{\omega}\varphi'''&=M_{\zeta}\end{aligned}\right\}\tag{7.5}$$

基于分枝点失稳分析时,考虑变形微小,同时研究从侧倾失稳前的竖向弯曲稳定平衡状态到侧倾的随遇平衡状态,后面也将看到,进入随遇平衡状态时 $M_{\xi}\approx M_x$,且失稳前有 $EIv_0''+M_x=0$,则 EI_xv'' 可略去,即此失稳过程中的竖向位移增量被忽略,仅考虑侧倾位移,则式(7.5)变为

$$\left.\begin{aligned}EI_xv_0''+M_{\xi}&=0\\EI_yu''-\frac{EI_y}{EI_x}M_{\xi}\varphi+M_{\eta}&=0\\GJ_k\varphi'-EI_{\omega}\varphi'''&=M_{\zeta}\end{aligned}\right\}\tag{7.6}$$

式(7.6)中的第一式表示梁屈曲前的竖向弯曲平衡。描述侧向屈曲的平衡方程为式(7.6)中的第二、三式即

$$\left.\begin{aligned}EI_yu''-\frac{EI_y}{EI_x}M_{\xi}\varphi+M_{\eta}&=0\\GJ_k\varphi'-EI_{\omega}\varphi'''&=M_{\zeta}\end{aligned}\right\}\tag{7.7}$$

当 EI_y 与 EI_x 为同一数量级时，则需考虑式（7.7）第一式中的第二项，此项代表梁屈曲前位移 v_0 的影响。一般侧倾失稳梁的 $EI_x \gg EI_y$（见 7.6 节），则 $\dfrac{EI_y}{EI_x} M_\xi \varphi$ 可忽略不计，即得出不计 v_0 影响的计算梁侧向屈曲的静力平衡微分方程式：

$$\left. \begin{array}{c} EI_y u'' + M_\eta = 0 \\ GJ_k \varphi' - EI_\omega \varphi''' = M_\zeta \end{array} \right\} \tag{7.8}$$

式中，GJ_k、EI_ω 分别为开口薄壁梁的自由扭转刚度及约束扭转刚度。M_η、M_ζ 的正方向见图 7.3(a)、(c)。图 7.3(b) 表示式（7.7）中 M_ξ 的正方向。

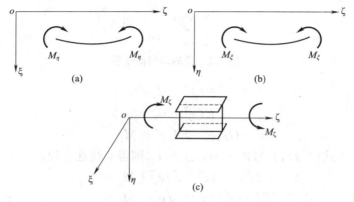

图 7.3　弯矩、扭转的正负号

当梁为闭口薄壁截面时，本节前述各式中的扭转微分方程[参见式(6.66)]应改为

$$GJ_k \varphi' - EI_{\widetilde{\omega}} \beta'' = M_\zeta \tag{7.9a}$$

式中的函数 β 由式(7.9b)确定[参见式(6.68)]：

$$\varphi' - \mu \beta = \frac{M_\zeta}{GI_\rho} \tag{7.9b}$$

对式(7.9b)微分两次得

$$\beta''' = \frac{1}{\mu} \left(\varphi''' - \frac{1}{GI_\rho} \frac{\mathrm{d}^2 M_\zeta}{\mathrm{d}z^2} \right) \tag{7.10}$$

代入式(7.9a)得闭口薄壁截面梁侧向屈曲的扭转微分方程：

$$\mu GJ_k \varphi' - EI_{\widetilde{\omega}} \varphi''' = \mu M_\zeta - \frac{EI_{\widetilde{\omega}}}{GI_\rho} M_\zeta'' \tag{7.11}$$

式中，GJ_k、$EI_{\widetilde{\omega}}$ 分别为闭口薄壁等截面梁的自由扭转刚度及约束扭转刚度，μ 的意义同式(6.68)。

当考虑屈曲前的竖向位移 v_0 影响时，闭口薄壁梁的侧向弯曲微分方程仍采用式(7.6)中的第二式；当不考虑 v_0 影响时，则仍采用式(7.8)中的第一式。

由材料力学知，对 ξ、η 轴的挠曲微分方程，保证了梁侧屈单元体的 $\sum F_\xi = 0$、$\sum M_\xi = 0$、$\sum F_\eta = 0$、$\sum M_\eta = 0$ 四个平衡条件。对 ζ 轴的扭转微分方程保证梁侧屈单元体的 $\sum M_\zeta = 0$ 平衡条件。另外，扭转微分方程的推导，应用了约束扭转翘曲正应力 $\sigma_{\widetilde{\omega}}$ 自相平衡的条件 $\int_A \sigma_{\widetilde{\omega}} \mathrm{d}A = 0$，这就满足了 $\sum F_\zeta = 0$ 的平衡条件。故两个弯曲微分方程及一个扭转方程，保证了梁侧屈单元体的 6 个平衡条件。所以梁侧屈计算主要在导出式(7.8)或式(7.7)。而 EI_y、GJ_k、EI_ω（或 $EI_{\widetilde{\omega}}$）都已知，故梁侧屈计算的关键在确定 M_ξ、M_η 和 M_ζ，见 7.3 节。

7.3　按平衡法计算梁的侧向屈曲

7.3.1　单元体平衡法

以计算图 7.1(a)工字梁受均布荷载 q 作用下的侧向屈曲为例说明如下：因为工字钢梁的 $EI_x \gg EI_y$，故略去 v_0 影响，按式(7.8)计算。自图 7.1(a)截取屈曲梁的微元体见图 7.4(a)，图中 q 为外荷载，其余为作用于 ζ 截面和 $\zeta+\mathrm{d}\zeta$ 截面的内力系，图 7.4 中用双箭头表示弯矩及扭矩矢量，ζ 截面的扭转角为 φ，$\zeta+\mathrm{d}\zeta$ 截面的扭转角则为 $\varphi+\mathrm{d}\varphi$。

由于扭转角增量 $\mathrm{d}\varphi$，$\zeta+\mathrm{d}\zeta$ 截面沿 η 轴方向的剪力产生沿 ζ 轴方向的剪力 $Q_\eta\mathrm{d}\varphi$，如图 7.4(b)所示。

同样，由于 $\mathrm{d}\varphi$，$\zeta+\mathrm{d}\zeta$ 截面上绕 ξ 轴的弯矩 $M_\xi+\mathrm{d}M_\xi$ 产生绕 η 轴的弯矩 $M_\xi\mathrm{d}\varphi$，如图 7.4(c)、(d)所示。

再沿图 7.4(a)oxz 平面绘出梁侧向屈曲曲线见图 7.4(g)，在其上截取微段 $\mathrm{d}\zeta$ 单元体见图 7.4(h)，图中示出 ζ 截面及 $\zeta+\mathrm{d}\zeta$ 截面扭矩 M_ζ 及 $M_\zeta+\mathrm{d}M_\zeta$ 与弯矩 M_ξ 及 $M_\xi+\mathrm{d}M_\xi$，ρ_ξ 为梁屈曲轴线在 oxz 平面的曲率半径，θ 为横向挠曲角。设工字钢形心至梁上边缘的距离为 a（设为正），由图 7.4(a)荷载 q，由于在 ζ 和 $\zeta+\mathrm{d}\zeta$ 截面扭转角的 φ 和 $\varphi+\mathrm{d}\varphi$ 的存在，忽略高阶量后，故图 7.4(h)中还有分布扭矩 $qa\varphi$ 作用，以及在 $\xi\zeta$ 平面上的水平分力 $q\varphi$。

下面建立图 7.4(a)单元的平衡方程。单元在三个互相正交平面 $\xi\zeta$、$\eta\zeta$ 和 $\eta\xi$ 内的力素都应该平衡。根据图 7.4(a)及上述分析，作用于 $\xi\zeta$ 及 $\eta\xi$ 平面内的力素分别见图 7.4(e)、(f)。由图 7.4(e)的平衡条件并考虑 $\mathrm{d}\zeta=\mathrm{d}z$ 及忽略高阶微量，得

$$\sum F_\xi = 0, \quad \mathrm{d}Q_\xi + q\varphi\mathrm{d}z - Q_\eta\mathrm{d}\varphi = 0 \tag{7.12}$$

$$\sum M_\eta = 0, \quad -\mathrm{d}M_\eta + M_\xi\mathrm{d}\varphi + Q_\xi\mathrm{d}z = 0 \tag{7.13}$$

由图 7.4(f)的平衡条件，得

$$\sum M_\xi = 0, \quad \mathrm{d}M_\xi - Q_\eta\mathrm{d}z = 0 \tag{7.14}$$

$$\sum F_\eta = 0, \quad \mathrm{d}Q_\eta + q\mathrm{d}z = 0 \tag{7.15}$$

至此剩下 $\sum M_\zeta = 0$、$\sum F_\zeta = 0$ 两个平衡条件，因翘曲正应力 σ_ω 自相平衡，又无沿梁轴线的纵向外力作用，故满足 $\sum F_\zeta = 0$。则由图 7.4(h)的 $\sum M_\zeta = 0$，得 M_ζ、$M_\zeta+\mathrm{d}M_\zeta+qa\varphi\mathrm{d}z$ 及 M_ξ、$M_\xi+\mathrm{d}M_\xi$ 沿 ζ 轴分力的合力矩等于零，由图 7.4(i)知，M_ξ 及 $M_\xi+\mathrm{d}M_\xi$ 的合力矩为 $M_\xi\mathrm{d}\theta$。而由图 7.4(g)知，$\mathrm{d}\theta=\dfrac{\mathrm{d}z}{\rho_\xi}$，$\dfrac{1}{\rho_\xi}=\dfrac{-\mathrm{d}^2u}{\mathrm{d}z^2}=-u''$，故 $\mathrm{d}\theta=-u''\mathrm{d}z$，则得

$$\mathrm{d}M_\zeta + qa\varphi\mathrm{d}z - M_\xi u''\mathrm{d}z = 0 \tag{7.16}$$

因为要建立式(7.8)的两个梁屈曲平衡微分方程，故要从式(7.12)到(7.16)求出 M_η 及 M_ξ 的表示式，因此

由式(7.14)，得

$$Q_\eta = \frac{\mathrm{d}M_\xi}{\mathrm{d}z} = M_\xi' \tag{7.17}$$

$$Q_\eta' = M_\xi'' \tag{7.18}$$

代入式(7.15)，得

$$q = -M_\xi'' \tag{7.19}$$

由式(7.13)，得

$$M_\eta' = Q_\xi + M_\xi\varphi' \tag{7.20}$$

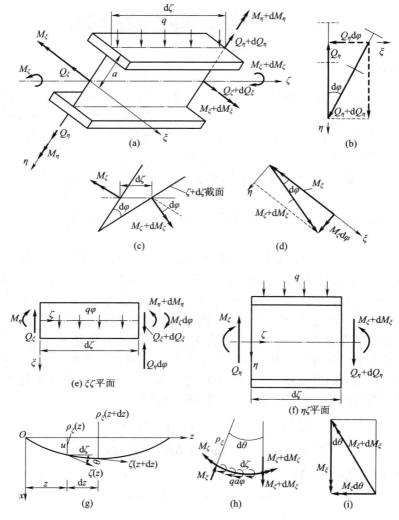

图 7.4　梁单元体平衡

将式(7.20)对 z 求导数一次,得

$$M_\eta'' = Q_\xi' + (M_\xi \varphi')' \tag{7.21}$$

　　由式(7.12),得

$$Q_\xi' = Q_\eta \varphi' - q\varphi \tag{7.22}$$

将式(7.17)和式(7.19)代入式(7.22),得

$$Q_\xi' = M_\xi' \varphi' + M_\xi' \varphi = (M_\xi' \varphi)' \tag{7.23}$$

将式(7.23)代入式(7.21),得

$$M_\eta'' = (M_\xi' \varphi)' + (M_\xi \varphi')' = (M_\xi \varphi)'' \tag{7.24}$$

　　由式(7.16)得

$$M_\zeta' = -qa\varphi + M_\xi u'' \tag{7.25}$$

　　因扭转角 φ 很小,故由图 7.1(a)及图 7.4(a)知,$M_\xi \approx M_x$。对式(7.8)第一式中的 z 微分两次,第二式微分一次,并将式(7.25)和式(7.24)代入,最后得出计算图 7.1(a)梁侧向屈曲的静力平衡微分方程:

$$\left.\begin{array}{l} EI_y u^{\mathrm{IV}} + (M_x \varphi)'' = 0 \\ EI_\omega \varphi^{\mathrm{IV}} - GJ_k \varphi'' + M_x u'' - qa\varphi = 0 \end{array}\right\} \tag{7.26}$$

对于如图 7.1(a)所示受荷载作用的简支梁结构,式(7.26)中 $M_x=\dfrac{ql}{2}z-\dfrac{1}{2}qz^2$,故为变系数微分方程,难于精确求解,用伽辽金变分法求解如下:

图 7.4(a)梁的边界条件为

$$z=0:u=0,u''=0,\varphi=0,\varphi''=0$$
$$z=l:u=0,u''=0,\varphi=0,\varphi''=0$$

下列函数满足上述几何及力学边界条件:

$$u=A\sin\frac{\pi z}{l}\qquad \varphi=B\sin\frac{\pi z}{l}\tag{7.27}$$

将式(7.26)和式(7.27)代入伽辽金方程(2.63),并考虑 $M_x=\dfrac{1}{2}qlz-\dfrac{1}{2}qz^2$,则

$$\int_0^l z^2\sin^2\frac{\pi z}{l}\mathrm{d}z=l^3\left(\frac{1}{6}-\frac{1}{4\pi^2}\right)$$

$$\int_0^l z\sin^2\frac{\pi z}{l}\mathrm{d}z=\frac{l^2}{4}\qquad \int_0^l \sin^2\frac{\pi z}{l}\mathrm{d}z=\frac{l}{2}$$

积分整理,得到两个线性齐次方程。

$$EI_y\left(\frac{\pi}{l}\right)^4 A-\frac{1}{2}q\left[\left(\frac{\pi}{l}\right)^2\frac{l^2}{6}\left(1+\frac{3}{\pi^2}\right)\right]B=0$$

$$-\frac{1}{2}q\left[\left(\frac{\pi}{l}\right)^2\frac{l^2}{6}\left(1+\frac{3}{\pi^2}\right)\right]A+\left[EI_\omega\left(\frac{\pi}{l}\right)^4+GJ_k\left(\frac{\pi}{l}\right)^2-aq\right]B=0$$

由未知常数 A、B 的系数所组成的行列式等于零,解出梁的临界荷载:

$$q_{cr}=\frac{-EI_ya+\sqrt{(EI_ya)^2+\dfrac{l^4}{36}\left(1+\dfrac{3}{\pi^2}\right)^2 EI_y\left[EI_\omega\left(\dfrac{\pi}{l}\right)^4+GJ_k\left(\dfrac{\pi}{l}\right)^2\right]}}{\dfrac{l^4}{72}\left(1+\dfrac{3}{\pi^2}\right)^2}\tag{7.28}$$

由式(7.28)知,当荷载 q 作用在工字梁上翼缘时,a 为正,临界荷载最小;当 q 作用在梁形心时,$a=0$;当 q 作用在工字梁下翼缘时,a 为负值,临界荷载最大。

当 $a=0$ 时,式(7.28)简化为

$$q_{cr}=r_4\frac{\sqrt{EI_yGJ_k}}{l^3}\tag{7.29}$$

式中

$$r_4=\frac{12\pi}{\left(1+\dfrac{3}{\pi^2}\right)}\sqrt{1+\frac{\pi^2}{l^2\dfrac{GJ_k}{EI_\omega}}}\tag{7.30}$$

表 7.1 列出按式(7.30)计算的系数 r_4 的值。

表 7.1　系数 r_4 的值

$\dfrac{GJ_k}{EI_\omega}l^2$	0.4	4	24	128	400
r_4	146.49	53.84	34.35	30.00	29.02

上面 M_ζ 及 M''_η 的计算很烦琐,故单元体平衡法复杂,但其概念可为拱侧倾失稳计算借鉴,因此介绍如上。

7.3.2 梁截面力矩平衡法

S. P. Timoshenko 用此法分析了许多梁的侧倾失稳问题,此法主要思想是基于截面力矩平衡计算作用于侧屈梁任意截面的外弯矩 M_η 及外扭矩 M_ζ,以便应用式(7.8)求解,当考虑屈曲前梁竖向位移 v_0 的影响时,还要计算 M_ξ。下面较详细地说明此法用于几种梁侧向屈曲的计算。

1. 均布荷载简支工字梁

设梁侧向屈曲如图 7.5 所示,荷载 q 作用在上翼缘,工字梁高 $h=2a$,坐标布置见图 7.5(a)、(b)、(c),图中 u,v,φ 的意义同前述,双箭头表示矩矢。为了确定已屈曲梁截面的弯矩 M_η 及扭矩 M_ζ,截取梁 z 截面以左的部分,计算此部分对梁右部分的作用弯矩 M_η 及扭矩 M_ζ。

M_η 及 M_ζ 由梁在侧屈状态的左支座反力及部分梁上的荷载 q 对 z 截面的作用所产生。

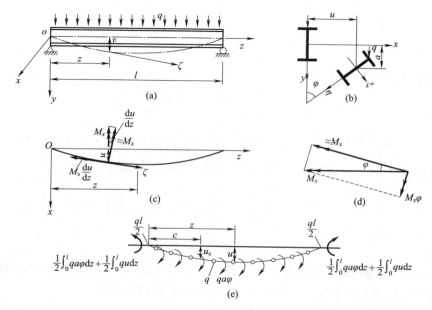

图 7.5 均布荷载简支工字梁

(1)M_η 计算

从左向右看,按右手旋转定则,左支座反力 $ql/2$ 及 z 截面以左梁上荷载 q 对 z 截面的弯矩 M_x,以双箭头表示见图 7.5(d),将它沿图 7.5(b)的 ξ,η 轴方向分解,并考虑 $\sin\varphi\approx\varphi$ 得

$$M_\eta = M_x\varphi \tag{7.31}$$

(2)M_ζ 计算

梁在侧屈状态的反力及作用于梁的荷载见图 7.5(e),图中 $\dfrac{1}{2}\displaystyle\int_0^l qa\varphi\,\mathrm{d}z + \dfrac{1}{2}\displaystyle\int_0^l qu\,\mathrm{d}z$ 及 $ql/2$ 分别表示支座绕 z 轴作用的反扭矩及沿 y 轴方向的反力,$qa\varphi$ 为作用于梁单位长度上荷载扭矩,见图 7.4(h)。$\dfrac{1}{2}\displaystyle\int_0^l qu\,\mathrm{d}z$ 为荷载 q 对 z 轴偏心产生反扭矩,见图 7.5(e)。

左支座反力 $ql/2$ 及反扭转 $\dfrac{1}{2}\displaystyle\int_0^l qu\,\mathrm{d}z + \dfrac{1}{2}\displaystyle\int_0^l qa\varphi\,\mathrm{d}z$ 产生的 z 截面扭矩为

$$-\frac{ql}{2}u+\frac{1}{2}\int_0^l qu\,\mathrm{d}z+\frac{1}{2}\int_0^l qa\varphi\,\mathrm{d}z$$

xoz 平面的矩矢见图 7.5(c)（从左向右看，按右手旋转定则），将它沿屈曲梁轴线的切线及法线方向分解。z 处梁轴线的切线倾角为 $\dfrac{\mathrm{d}u}{\mathrm{d}z}$，考虑 $\sin\dfrac{\mathrm{d}u}{\mathrm{d}z}\approx\dfrac{\mathrm{d}u}{\mathrm{d}z}$，则 M_x 沿 ζ 轴方向的分矢量为 $M_x\dfrac{\mathrm{d}u}{\mathrm{d}z}$ 其方向见图 7.5(c)。这是 M_x 产生的 z 截面扭矩，由图 7.3(c) 可知，$M_x\dfrac{\mathrm{d}u}{\mathrm{d}z}$ 为正。

z 截面以左梁上荷载 q 对 z 截面的作用扭矩为 $\int_0^z q\mathrm{d}c(u-u_c)-\int_0^z qa\varphi_c\mathrm{d}c$，式中，以 u 表示 $u(z)$，与变量 c 无关，以 u_c 表示 $u(c)$，与变量 z 无关。所以

从左向右看，作用于屈曲梁 z 截面的扭矩为

$$M_\zeta=-\frac{ql}{2}u+\frac{1}{2}\left(\int_0^l qu\,\mathrm{d}z+\int_0^l qa\varphi\,\mathrm{d}z\right)+M_x\frac{\mathrm{d}u}{\mathrm{d}z}+\int_0^z q\mathrm{d}c(u-u_c)-\int_0^z qa\varphi_c\mathrm{d}c \qquad(7.32)$$

将式(7.31)和式(7.32)代入式(7.8)得

$$EI_yu''+M_x\varphi=0 \qquad(7.33)$$

$$GJ_k\varphi'-EI_\omega\varphi'''=-\frac{ql}{2}u+\frac{1}{2}\left(\int_0^l qu\,\mathrm{d}z+\int_0^l qa\varphi\,\mathrm{d}z\right)+M_x\frac{\mathrm{d}u}{\mathrm{d}z}+\int_0^z q\mathrm{d}c(u-u_c)-\int_0^z qa\varphi_c\mathrm{d}c$$

$$\qquad(7.34)$$

式(7.34)中 φ_c 表示图 7.5(e)中 c 处的梁截面扭转角，它应看作 c 的函数。

对(7.34)中 z 微分一次，由莱布尼兹积分的微分法[注]得

① $\dfrac{\mathrm{d}}{\mathrm{d}z}\displaystyle\int_0^z q(u-u_c)\mathrm{d}c=\int_0^z q\dfrac{\mathrm{d}(u-u_c)}{\mathrm{d}z}\mathrm{d}c+(u-u_c)\big|_{c=z}\times 1=qz\dfrac{\mathrm{d}u}{\mathrm{d}z}$，因 $\dfrac{\mathrm{d}u_c}{\mathrm{d}z}=0$。

② $\dfrac{\mathrm{d}}{\mathrm{d}z}\displaystyle\int_0^z qa\varphi_c\mathrm{d}c=\int_0^z qa\dfrac{\mathrm{d}\varphi_c}{\mathrm{d}z}\mathrm{d}c+qa\varphi(z)\times 1=0+qa\varphi(z)$。

③ $\dfrac{\mathrm{d}}{\mathrm{d}z}\left[\dfrac{1}{2}\displaystyle\int_0^l qu\,\mathrm{d}z+\int_0^l qa\varphi\,\mathrm{d}z\right]=0$，因 $\displaystyle\int_0^l qu\,\mathrm{d}z+\int_0^l qa\varphi\,\mathrm{d}z$ 为常数。

④ $\dfrac{\mathrm{d}}{\mathrm{d}z}\left(M_x\dfrac{\mathrm{d}u}{\mathrm{d}z}\right)=\dfrac{\mathrm{d}}{\mathrm{d}z}\left[\left(\dfrac{ql}{2}z-\dfrac{1}{2}qz^2\right)\dfrac{\mathrm{d}u}{\mathrm{d}z}\right]=\dfrac{ql}{2}\dfrac{\mathrm{d}u}{\mathrm{d}z}-qz\dfrac{\mathrm{d}u}{\mathrm{d}z}+\left(\dfrac{1}{2}qlz-\dfrac{1}{2}qz^2\right)\dfrac{\mathrm{d}^2u}{\mathrm{d}z^2}$，则

$$EI_\omega\varphi^{\mathrm{IV}}-GJ_k\varphi''-\frac{ql}{2}\frac{\mathrm{d}u}{\mathrm{d}z}+0+\frac{ql}{2}\frac{\mathrm{d}u}{\mathrm{d}z}-qz\frac{\mathrm{d}u}{\mathrm{d}z}+\left(\frac{1}{2}qlz-\frac{1}{2}qz^2\right)\frac{\mathrm{d}^2u}{\mathrm{d}z^2}+qz\frac{\mathrm{d}u}{\mathrm{d}z}-qa\varphi=0$$

整理得梁屈曲的扭转微分方程

$$EI_\omega\varphi^{\mathrm{IV}}-GJ_k\varphi''+\left(\frac{1}{2}qlz-\frac{1}{2}qz^2\right)\frac{\mathrm{d}^2u}{\mathrm{d}z^2}-qa\varphi=0 \qquad(7.35)$$

式(7.33)、式(7.35)与单元体平衡法得出的式(7.26)完全相同，而其推导过程显然比按单元体平衡法的推导过程简单。

2. 单个集中荷载作用的简支工字梁

图 7.6 中集中荷载 P 作用于跨中上翼缘，坐标布置见图 7.6(a)、(b)、(c)。侧屈梁的轴心线对称于跨度中点，故只要计算左半跨曲任一 z 截面的 M_η 及 M_ζ 即可，计算原理同上，忽略屈曲前梁竖向变位 v_0 的影响。

[注]　对于有参变量积分的莱布尼茨公式为

$$\frac{\mathrm{d}}{\mathrm{d}z}\int_{\alpha(a)}^{\beta(z)}f(z,c)\mathrm{d}c=\int_{\alpha(z)}^{\beta(z)}f'_z(z,c)\mathrm{d}y+f[z,\beta(z)]\beta'(z)-f[z,\alpha(z)]\alpha'(z)$$

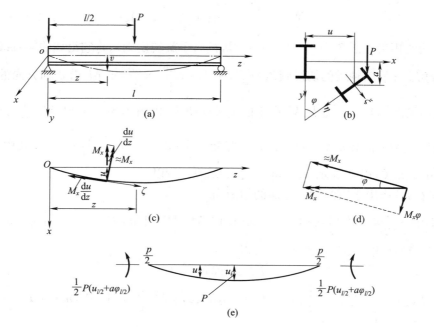

图 7.6 单个集中荷载作用的简支工字梁

(1)M_η计算

由图 7.6(d)可知
$$M_\eta = M_x\varphi = \frac{1}{2}Pz\varphi \tag{7.36}$$

(2)M_ζ计算

支座反力为 $P/2$,支座反力矩为 $\frac{1}{2}P(u_{l/2}+a\varphi_{l/2})$,其中,$u_{l/2}$、$\varphi_{l/2}$ 分别为屈曲梁跨中点的水平位移及扭转角。

① M_x 产生的 z 截面扭矩为 $M_x\dfrac{\mathrm{d}u}{\mathrm{d}z}$,见图 7.6(c)。

② 支座反力矩引起的 z 截面扭矩为 $\dfrac{1}{2}P(u_{l/2}+a\varphi_{l/2})$。

③ 左支座反力 $P/2$ 引起的梁 z 截面扭矩为 $-Pu/2$,这里负号表示扭转方向与图 7.3(c)中相反,u 为梁 z 截面形心的水平位移。

则
$$M_\zeta = \frac{1}{2}Pz\frac{\mathrm{d}u}{\mathrm{d}z} + \frac{1}{2}P(u_{l/2}+a\varphi_{l/2}) - \frac{1}{2}Pu \tag{7.37}$$

将式(7.36)和式(7.37)代入式(7.8),得图 7.6(a)梁侧向屈曲的静力平衡微分方程:
$$EI_y u'' + \frac{1}{2}Pz\varphi = 0 \tag{7.38}$$

$$GJ_k\varphi' - EI_\omega\varphi''' - \frac{1}{2}Pz\frac{\mathrm{d}u}{\mathrm{d}z} + \frac{1}{2}P(u-u_{l/2}) - \frac{1}{2}Pa\varphi_{l/2} = 0 \tag{7.39}$$

式(7.38)和式(7.39)与 S. P. Timoshenko 得出的方程相同,应注意他采用的坐标与图 7.6(a)者相反。

式(7.38)和式(7.39)为变系数常微分方程,同样用伽辽金变分法求解如下:

梁边界条件为
$$z=0: u'=u''=0, \varphi=\varphi''=0$$

$$z=\frac{l}{2}:u'=0,\varphi'=0$$

屈曲位移函数 $\qquad\qquad u=A\sin\frac{\pi z}{l}\qquad \varphi=B\sin\frac{\pi z}{l}$

满足上述边界条件。

令式(7.38)、式(7.39)分别为 $L_1(u,\varphi)=0,L_2(u,\varphi)=0$，则伽辽金方程为[见式(2.63)]

$$\left.\begin{array}{l}2\displaystyle\int_0^{\frac{l}{2}}L_1(u,\varphi)\sin\frac{\pi z}{l}\mathrm{d}z=0\\[3mm]2\displaystyle\int_0^{\frac{l}{2}}L_2(u,\varphi)\sin\frac{\pi z}{l}\mathrm{d}z=0\end{array}\right\}\tag{7.40}$$

将式(7.27)代入式(7.40)，积分，由于

$$\int_0^{\frac{l}{2}}z\sin^2\frac{\pi z}{l}\mathrm{d}z=\left(\frac{l}{\pi}\right)^2\frac{1}{4}\left(1+\frac{\pi^2}{4}\right)\qquad\int_0^{\frac{l}{2}}\sin^2\frac{\pi z}{l}\mathrm{d}z=\frac{l}{4}$$

$$\int_0^{\frac{l}{2}}\sin^2\frac{\pi z}{l}\mathrm{d}z=\frac{l}{\pi}\qquad\int_0^{\frac{l}{2}}\cos\frac{\pi z}{l}\sin\frac{\pi z}{l}=\frac{l}{2\pi}$$

$$\int_0^{\frac{l}{2}}z\cos\frac{\pi z}{l}\sin\frac{\pi z}{l}\mathrm{d}z=\frac{l^2}{8\pi}$$

整理后，得到线性齐次方程组：

$$\left.\begin{array}{l}-EI_y\left(\dfrac{\pi}{l}\right)^4A+\dfrac{P}{2l}\left(1+\dfrac{\pi^2}{4}\right)B=0\\[3mm]-Pl\left(\dfrac{1}{\pi}-\dfrac{1}{8}\right)A+\left[GJ_k+EI_\omega\left(\dfrac{\pi}{l}\right)^2-Pa\dfrac{l}{\pi}\right]B=0\end{array}\right\}\tag{7.41}$$

由方程组未知常数 A、B 的系数所组成的行列式等于零，展开行列式，解出梁临界荷载：

$$P_{cr}=\frac{-EI_ya\left(\dfrac{\pi}{l}\right)^3+\sqrt{\left(\dfrac{\pi}{l}\right)^6(EI_ya)^2+2\left(\dfrac{1}{\pi}-\dfrac{1}{8}\right)\left(1+\dfrac{\pi^2}{4}\right)EI_y\left(\dfrac{\pi}{l}\right)^4\left[GJ_k+EI_\omega\left(\dfrac{\pi}{l}\right)^2\right]}}{\left(\dfrac{1}{\pi}-\dfrac{1}{8}\right)\left(1+\dfrac{\pi^2}{4}\right)}\tag{7.42}$$

由式(7.42)知，荷载作用在上翼缘，$a>0$，P 最小；荷载作用在下翼缘时，$a<0$，P 最大；当荷载作用在梁形心时，$a=0$，则

$$P_{cr}=\left(\frac{\pi}{l}\right)^2\sqrt{\frac{EI_yGJ_k\left[1+\dfrac{EI_\omega}{GJ_k}\left(\dfrac{\pi}{l}\right)^2\right]}{\dfrac{1}{2}\left(1+\dfrac{\pi^2}{4}\right)\left(\dfrac{1}{\pi}-\dfrac{1}{8}\right)}}=r_2\sqrt{\frac{EI_yGJ_k}{l^2}}\tag{7.43}$$

式中 $\qquad\qquad r_2=\pi^2\sqrt{\dfrac{1+\dfrac{\pi^2}{\dfrac{GJ_k}{EI_\omega}l^2}}{\dfrac{1}{2}\left(1+\dfrac{\pi^2}{4}\right)\left(\dfrac{1}{\pi}-\dfrac{1}{8}\right)}}\tag{7.44}$

按式(7.44)算出 r_2 见表 7.2。

表 7.2 　系数 r_2 的值

$\frac{GJ_k}{EI_\omega}l^2$	0.4	4	8	16	21	32	48
r_2	86.39 (86.4)	31.75 (31.90)	25.48 (25.6)	21.68 (21.8)	20.25 (20.3)	19.50 (19.6)	18.72 (18.8)
$\frac{GJ_k}{EI_\omega}l^2$	64	80	96	160	240	320	400
r_2	18.32 (18.3)	18.07 (18.1)	17.90 (17.9)	17.57 (17.5)	17.40 (17.4)	17.31 (17.2)	17.26 (17.2)

表中括弧内的数值是 *S. P. Timoshenko* 用无穷级数解式(7.38)和式(7.39)求得的 r_2 值，这里采用符号 r_2，以便和它的临界荷载计算式一致。由表 7.2 知，两种方法的计算结果非常接近。所以伽辽金变分法计算的精确度很高，只要采用的屈曲位移函数满足梁的几何和力学边界条件。

3. 集中荷载作用的悬臂工字梁

如图 7.7 所示，荷载 P 作用在悬臂梁自由端截面形心处，坐标系布置见图。从右往左看，梁 mn 截面屈曲见图 7.7(b)，在 xoz 平面梁屈曲见图 7.7(c)，图中 u、v 分别为梁屈曲时 mn 截面形心沿 x 轴及沿 y 轴方向的位移，忽略侧屈前梁竖向位移 v_0 的影响，为便于计算，从右向左看，按右手旋转定则，梁 mn 截面弯矩 $M_x = P(l-z)$，在 xoy 平面用矩矢表示见图 7.7(d)，在 xoz 平面用矩表示见图 7.7(c)；由图 7.7(d)得 $M_\eta = M_x \varphi$。根据图 7.7(c)坐标布置，由材料力学梁弯矩曲率公式 $\frac{M}{EI} = \frac{1}{\rho}$，得侧屈时梁绕 η 轴侧向弯曲的平衡方程为 $\frac{M_\eta}{EI_y} = \frac{1}{\rho\xi}$，而 $\frac{1}{\rho\xi} \approx u''$，则得侧屈时梁挠曲微分方程：

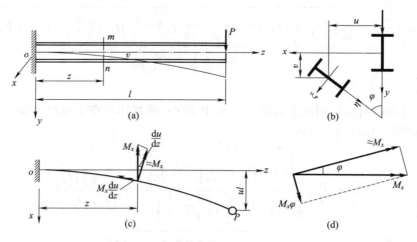

图 7.7 　集中荷载作用的悬臂工字梁

$$EI_y u'' = M_x \varphi \tag{7.45}$$

式(7.45)中的 $M_\eta = M_x \varphi$ 与式(7.8)中的 M_η 差一负号，原因是这里的 M_η 与图 7.3(a)中 M_η 的方向相反，按照图 7.3(a)规定的扭矩 M_ζ 方向，侧屈时，mn 右边梁部分用于 mn 截面的扭矩为：

① M_x 产生扭矩 $-M_x \dfrac{du}{dz} = -M_x u'$。

② 荷载 P 沿 x 轴方向的水平偏心产生扭矩 $P(u_l-u)$。

按 mn 截面总扭矩 $M_\zeta=-M_xu'+P(u_l-u)$，代入式(7.8)中的第二式，得梁侧屈扭转微分方程：

$$GJ_k\varphi'-EI_\omega\varphi'''=-M_xu'+P(u_l-u) \tag{7.46}$$

对式(7.46)中的 z 微分一次，考虑 $\dfrac{dM_x}{dz}=\dfrac{d}{dz}[P(l-z)]=-P$，得

$$GJ_k\varphi''-EI_\omega\varphi^{\mathrm{IV}}=-M_xu'' \tag{7.47}$$

将式(7.45)代入式(7.47)得计算图 7.7(a)梁侧屈的微分方程：

$$EI_\omega\varphi^{\mathrm{IV}}-GJ_k\varphi''-\frac{M_x^2\varphi}{EI_y}=0 \tag{7.48}$$

式(7.48)为变系数微分方程，$S.P.Timoshenko$ 用无穷级数解出临界荷载：

$$P_{cr}=r_2\frac{\sqrt{EI_yGJ_k}}{l^2} \tag{7.49}$$

临界荷载系数 r_2 见表 7.3。

表 7.3　系数 r_2 的值

$\dfrac{GJ_kl^2}{EI_\omega}$	0.1	1	2	3	4	6	8
r_2	44.3	15.7	12.2	10.7	9.76	8.69	8.03
$\dfrac{GJ_kl^2}{EI_\omega}$	10	12	14	16	24	32	40
r_2	7.58	7.20	6.96	6.73	6.19	5.87	5.64

用伽辽金变分法求临界荷载 P 如下：

设图 7.7(a)梁侧屈的扭转位移函数为

$$\varphi=C_0+C_1z+C_2z^2+C_3z^3+C_4z^4 \tag{7.50}$$

图 7.7(a)梁的扭转边界条件为

$$\left.\begin{array}{l} z=0:\varphi=\varphi'=0 \\ z=l:\varphi''=0,GJ_k\varphi'-EI_\omega\varphi'''=0 \end{array}\right\} \tag{7.51}$$

式中，$\varphi''=0$ 表示梁自由端翘曲正应力为零；$GJ_k\varphi'-EI_\omega\varphi'''=0$ 表示自由端扭矩 $M_\zeta=0$。

由 $z=0,\varphi=\varphi'=0$，解得 $C_0=C_1=0$。

$$\left.\begin{array}{l} \varphi=C_2z^2+C_3z^3+C_4z^4 \\ \varphi'=2C_2z+3C_3z^2+4C_4z^3 \\ \varphi''=2C_2+6C_3z+12C_4z^2 \\ \varphi'''=6C_3+24C_4z \end{array}\right\} \tag{7.52}$$

由 $z=l,\varphi''=0$，解得 　　　　$C_2=-3l(C_3+2C_4l)$ $\tag{7.53}$

由 $z=l,GJ_k\varphi'-EI_\omega\varphi'''=0$，得

$$-\frac{GJ_kl^2}{EI_\omega}(3C_3+8C_4l)=6(C_3+4C_4l) \tag{7.54}$$

令 $\dfrac{GJ_kl^2}{EI_\omega}=\alpha$，由式(7.54)，解得

$$C_3=\frac{-8(3+\alpha)}{3(2+\alpha)}lC_4 \tag{7.55}$$

下面求 $\alpha=1$ 时的临界荷载 P：

将 $\alpha=1$ 代入(7.55)，得
$$C_3=-\frac{32}{9}lC_4$$

由式(7.53)求得
$$C_2=\frac{14}{3}l^2C_4$$

则
$$\left.\begin{aligned}
\varphi_{\alpha=1}&=\left(\frac{14}{3}l^2z^2-\frac{32}{9}lz^3+z^4\right)C_4\\
\varphi'_{\alpha=1}&=\left(\frac{28}{3}l^2z-\frac{32}{3}lz^2+4z^2\right)C_4\\
\varphi''_{\alpha=1}&=\left(\frac{28}{3}l^2-\frac{64}{3}lz+12z^2\right)C_4\\
\varphi'''_{\alpha=1}&=\left(-\frac{64}{3}l+24z\right)C_4\\
\varphi^{\mathrm{IV}}_{\alpha=1}&=24C_4
\end{aligned}\right\} \tag{7.56}$$

按伽辽金变分法(见第 2 章相关内容)求解式(7.48)。根据变分法计算结果，得到方程：
$$\int_0^l\left(EI_\omega\varphi^{\mathrm{IV}}-GJ_k\varphi''-\frac{M_x^2\varphi}{EI_y}\right)\delta\varphi\mathrm{d}z=0 \tag{7.57}$$

式(7.57)中 $\delta\varphi$ 为屈曲扭转位移变分函数，它必须满足边界条件式(7.51)，故取
$$\delta\varphi_{\alpha=1}=\delta C_4\left(\frac{14}{3}l^2z^2-\frac{32}{9}lz^3+z^4\right) \tag{7.58}$$

将式(7.56)、式(7.58)代入式(7.57)，并考虑

$$\int_0^e\frac{M_x^2\varphi}{EI_y}\delta\varphi\mathrm{d}z=\frac{C_4\delta C_4}{EI_y}P^2\int_0^l(l-z)^2\left(\frac{14}{3}l^2z^2-\frac{32}{9}lz^3+z^4\right)^2\mathrm{d}z=0.0791l^{11}\frac{P^2}{EI_y}C_4\delta C_4$$

$$\int_0^lEI_\omega\varphi^{\mathrm{IV}}\delta\varphi\mathrm{d}z=24C_4\delta C_4EI_\omega\int_0^l\left(\frac{14}{3}l^2z^2-\frac{32}{9}lz^3+z^4\right)\mathrm{d}z=24\times0.8667EI_\omega l^5C_4\delta C_4$$
$$=20.8008EI_\omega l^5C_4\delta C_4$$

$$\int_0^lGJ_k\varphi''\delta\varphi\mathrm{d}z=GJ_kC_4\delta C_4\int_0^l\left(\frac{28}{3}l^2-\frac{64}{3}lz+123^2\right)\left(\frac{14}{3}l^2z^2-\frac{32}{9}lz^3+z^4\right)\mathrm{d}z$$
$$=0.618l^7GJ_kC_4\delta C_4$$

得
$$20.8008C_4\delta C_4EI_\omega l^5-0.618l^7GJ_kC_4\delta C_4=0.0791l^{11}\frac{P^2}{EI_y}C_4\delta C_4$$

$$P_{\alpha=1}=\sqrt{\frac{EI_y(20.8008EI_\omega l^5-0.618GJ_kl^7)}{0.0791l^{11}}}=\sqrt{\frac{EI_yGJ_kl^7\left(\dfrac{20.8008EI_\omega l^5}{GJ_kl^7}-0.618\right)}{0.0791l^{11}}}$$

$$=\sqrt{\frac{EI_yGJ_k\left(\dfrac{20.8008}{\dfrac{GJ_kl^2}{EI_\omega}}-0.618\right)}{0.0791l^4}}=\sqrt{\frac{\dfrac{20.8008}{\dfrac{GJ_kl^2}{EI_\omega}}-0.618}{0.0791}}\frac{\sqrt{EI_yGJ_k}}{l^2}$$

$$=\sqrt{\frac{\dfrac{20.8008}{1}-0.618}{0.0791}}\frac{\sqrt{EI_yGJ_k}}{l^2}=15.974\frac{\sqrt{EI_yGJ_k}}{l^2}$$

这里的 15.974 与 $S.P.$ $Timoshenko$ 计算值 15.7 非常接近。

当 $\alpha=0.1$ 时，由式(7.55)算得 $C_3=-3.93651lC_4$

再由(7.53)得 $C_3=-3l(-3.93651lC_4+2C_4l)=5.80953l^2C_4$

代入(7.52)得

$$\varphi_{\alpha=0.1}=(5.80953l^2z^2-3.936551lz^3+z^4)C_4$$

$$\varphi'_{\alpha=0.1}=(11.61906l^2z-11.80953lz^2+4z^3)C_4$$

$$\varphi''_{\alpha=0.1}=(11.61906l^2-23.61906lz+12z^2)C_4$$

按上式 $\alpha=1$ 的计算过程,算得临界荷载 $P_{\alpha=0.1}=\dfrac{44.82\sqrt{EI_yGJ_k}}{l^2}$,这里 $r_2=44.82$,与 S. P. Timoshenko 算得的 $r_2=44.3$ 很接近。

4. 两个集中荷载作用的简支工字梁

为说明多个集中荷载对侧向屈曲的影响,计算图 7.8(a)的梁的临界荷载如下。荷载作用在梁形心处,不计侧屈前梁竖向变位 v_0 的影响。其余计算资料见图 7.8(a)、(d),梁侧屈时的静力平衡微分方程按式(7.8)建立。由于梁 OA 段与 AB 段受力不同,须分两段列出,OA 段及 AB 段的位移和弯矩分别用附标 1 与 2 来区分。

OA 段:
$$EI_yu''_1+M_{x1}\varphi_1=0 \tag{7.59}$$

$$GJ_k\varphi'-EI_\omega\varphi'''_1=M_{x1}u'_1+P(u_p-u_1) \tag{7.60}$$

$$M_{x1}=Pz,\quad 0\leqslant z\leqslant \frac{l}{3}$$

AB 段:
$$EI_yu''_2+M_{x2}\varphi_2=0 \tag{7.61}$$

$$GJ_k\varphi'_2-EI_\omega\varphi'''_2=M_{x2}u'_2 \tag{7.62}$$

$$M_{x2}=\frac{Pl}{3}$$

AB 段受纯弯矩 $Pl/3$ 作用,故式(7.62)中的扭矩 $M_{\zeta2}=M_{x2}u'_2$。亦可这样证明:左支座反力产生扭矩 $-Pu_2$,左支座反扭矩产生扭矩 Pu_p;作用在图 7.8(d)点 A' 的荷载 P 产生扭矩为 $P(u_2-u_p)$,则总扭矩为:$-Pu_2+Pu_p+P(u_2-u_p)+M_{x2}u'_2=M_{x2}u'_2$。

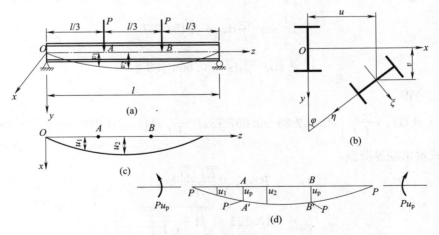

图 7.8　两个集中荷载作用的简支工字梁

其余,$M_{\zeta1}=M_{x1}u'_1+P(u_p-u_1)$,$M_{\eta1}=M_{x1}\varphi_1$,$M_{\eta2}=M_{x2}\varphi_2$,均按前述原理根据图 7.8 导出,无须赘述。

对式(7.60)中 z 微分一次,并考虑 $M_{x1}=Pz$,得

$$GJ_k\varphi''_1-EI_\omega\varphi^{\text{IV}}=Pzu''_1+Pu'_p-Pu'_1\approx Pzu''_1 \tag{7.63}$$

由式(7.59)得

$$u''_1 = -\frac{M_{x1}\varphi_1}{EI_y} = -\frac{Pz\varphi_1}{EI_y} \tag{7.64}$$

式(7.64)代入式(7.63),得

$$-GJ_k\varphi''_1 + EI_\omega\varphi_1^{\mathrm{IV}} - P^2z^2\frac{\varphi_1}{EI_y} = 0, \quad 0 \leqslant z \leqslant \frac{l}{3} \tag{7.65}$$

同理,在 AB 段得出

$$EI_\omega\varphi_2^{\mathrm{IV}} - GJ_k\varphi''_2 - \left(\frac{l}{3}P\right)^2\frac{\varphi_2}{EI_y} = 0, \quad \frac{l}{3} \leqslant z \leqslant \frac{2l}{3} \tag{7.66}$$

用伽辽金变分法求解如下:根据简支梁边界条件,取 $\varphi = \varphi_0\sin\frac{\pi z}{l}$,$\delta\varphi = \delta\varphi_0\sin\frac{\pi z}{l}$,则伽辽金方程为

$$\int_0^{\frac{l}{3}}\left(EI_\omega\varphi^{\mathrm{IV}} - GJ_k\varphi'' - P^2z^2\frac{\varphi}{EI_y}\right)\delta\varphi_0\sin\frac{\pi z}{l}dz + \int_{\frac{l}{3}}^{\frac{l}{2}}\left[EI_\omega\varphi^{\mathrm{IV}} - GJ_k\varphi'' - \left(\frac{l}{3}P\right)^2\frac{\varphi}{EI_y}\right]\delta\varphi_0\sin\frac{\pi z}{l}dz = 0 \tag{7.67}$$

因为结构及荷载均对称于跨中点,故只在一半范围内积分,积分上、下限标志了式中微分方程适用的范围,所有附标1、2都可省去,伽辽金变分法实际是虚位移原理,故式(7.65)及式(7.66)包含在一个积分式(7.67)内。

将 $\varphi = \varphi_0\sin\frac{\pi z}{l}$ 代入式(7.67)并约去 $\varphi_0\delta\varphi_0$,得

$$\int_0^{\frac{l}{3}}\left[EI_\omega\left(\frac{\pi}{l}\right)^4 + GJ_k\left(\frac{\pi}{l}\right)^2 - \frac{P^2z^2}{EI_y}\right]\sin^2\frac{\pi z}{l}dz +$$

$$\int_{\frac{l}{3}}^{\frac{l}{2}}\left[EI_\omega\left(\frac{\pi}{l}\right)^4 + GJ_k\left(\frac{\pi}{l}\right)^2 - \frac{l^2}{9}\frac{P^2}{EI_y}\right]\sin^2\frac{\pi z}{l}dz = 0 \tag{7.68}$$

而

$$\int_0^{\frac{l}{3}}\sin^2\frac{\pi z}{l}dz = 0.097\ 75l$$

$$\int_{\frac{l}{3}}^{\frac{l}{2}}\sin^2\frac{\pi z}{l}dz = 0.152\ 25l$$

$$\int_0^{\frac{l}{3}}z^2\sin^2\frac{\pi z}{l}dz = 0.006\ 228\ 2l^3$$

代入式(7.68)得

$$\left[EI_\omega\left(\frac{\pi}{l}\right)^4 + GJ_k\left(\frac{\pi}{l}\right)^2\right](0.152\ 25 + 0.097\ 75)l - \frac{P^2}{EI_y}l^3\left(0.006\ 228\ 2 + \frac{1}{9}\times0.152\ 25\right) = 0$$

由上式解出临界荷载:

$$P = r'_2\sqrt{\frac{EI_yGJ_k}{l^2}} \tag{7.69}$$

式中

$$r'_2 = 10.325\ 81\sqrt{1 + \frac{\pi^2}{\dfrac{GJ_kl^2}{EI_\omega}}} \tag{7.70}$$

r'_2 计算结果见表 7.4。

表 7.4　系数 r'_2 的值

$\dfrac{GJ_kl^2}{EI_\omega}$	8	16	24	32	48
r'_2	15.43 (25.6)	13.13 (21.8)	12.27 (20.3)	11.81 (19.6)	11.34 (18.8)

　　表中括号内的数字系单个集中荷载作用于跨中形心时的临界荷载系数,见表7.2。两者比较可知,单个集中荷载作用于跨中比作用于其他位置时梁较易屈曲。

7.4　按能量法计算梁的侧向屈曲

　　前述的平衡法计算相对而言比较复杂,大量的文献资料均按能量法分析受弯构件的侧向屈曲,计算原理与6.8节中相同,即按式(2.26)计算能量的变分,即

$$\delta(U_i + U_e) = 0$$

式中,U_i、U_e分别表示梁从临界随遇平衡状态到无限邻近侧向屈曲状态梁的应变能及外荷势能。

　　这里亦存在如何处理屈曲前梁竖向位移v_0的影响问题,由式(7.1)和$u''\varphi \approx 0$,知:

梁在腹板平面的弯曲应变能的增量为

$$\frac{1}{2}\int_0^l EI_x \eta''^2 \, dz = \frac{1}{2}\int_0^l EI_x [(v'' + v_0'') - u''\varphi]^2 \, dz - \frac{1}{2}\int_0^l EI_x v_0''^2$$

$$= \frac{1}{2}\int_0^l EI_x (2v_0''v'' + v''^2) \, dz \tag{7.71}$$

屈曲时梁在翼缘平面内弯曲的应变能为

$$\frac{1}{2}\int_0^l EI_y [u'' + (v_0' + v')\varphi]^2 \, dz \tag{7.72}$$

屈曲时梁的扭转应变能为

$$\frac{1}{2}\int_0^l GJ_k \varphi'^2 \, dz + \frac{1}{2}\int_0^l EI_\omega \varphi''^2 \, dz \tag{7.73}$$

则屈曲时自临界随遇平衡状态算起的梁应变能U_i为

$$U_i = \frac{1}{2}\int_0^l EI_x (2v_0''v'' + v''^2) \, dz + \frac{1}{2}\int_0^l EI_y [u'' + (v_0' + v')\varphi]^2 \, dz + \frac{1}{2}\int_0^l GJ_k \varphi'^2 \, dz + \frac{1}{2}\int_0^l EI_\omega \varphi''^2 \, dz \tag{7.74}$$

　　当梁在腹板平面内的弯曲刚度EI_x远大于其在翼缘平面内的弯曲刚度EI_y时(即$I_y/I_x \ll 1$),可以认为屈曲时自临界状态产生的梁竖向位移$v \approx 0$;同时v_0很小、侧倾扭角值φ为无穷小(仅讨论其存在性),因此$v_0''\varphi \approx 0$,则式(7.74)变为

$$U_i = \frac{1}{2}\int_0^l EI_y u''^2 \, dz + \frac{1}{2}\int_0^l GJ_k \varphi'^2 \, dz + \frac{1}{2}\int_0^l EI_\omega \varphi''^2 \, dz \tag{7.75}$$

　　若梁的I_y与I_x为同一个数量级,则U_i按式(7.74)计算。

　　由于侧屈时横向荷载做用点的位移计算很烦琐,直接利用梁屈曲时横向荷载做功来求外荷载势能U_e不方便。由结构力学知,杆件上外荷载做的功等于这些荷载所产生的杆件弯矩做的功(忽略剪切位移及轴向伸缩影响)。以后即用此概念,根据荷载情况来求梁侧屈时的外荷势能U_e。

7.4.1　均布荷载作用的工字梁

　　如图7.9所示,均布荷载作用下的工字梁,工字梁$I_x \gg I_y$,故忽略v_0及v影响,按式(7.75)计算u_i。自左向右看,梁z截面弯矩M_x以矩矢表示见图7.9(d),其在η轴[图7.9(b)]方向的分量为$M_\eta = M_x\varphi$。梁侧屈时$M_x\varphi$对ξ轴方向的曲率$-u_\xi''$做功。因忽略v_0

及 v,则侧屈时 M_x 在 ξ 轴方向的分量 $M_\xi \approx M_x$ 不做功。

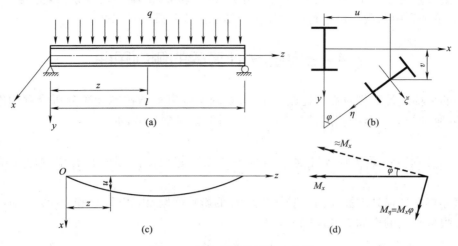

图 7.9　均布荷载作用的工字梁

故梁侧屈时,M_x 做的功等于 $-\int_0^l M_x \varphi u''_\xi \mathrm{d}z$,这里 u_ξ 为梁形心在图 7.9(b) ξ 轴方的位移。

很显然,$u_\xi \approx u$,故 M_x 做的功 $\overline{W}_M$ 为

$$\overline{W}_M = -\int_0^l M_x \varphi u'' \mathrm{d}z \tag{7.76}$$

式(7.76)中的负号是因为按图 7.9(c) u'' 为负。因侧屈时 $M_x \varphi$ 不变化与 u''_ξ 不强相关(功的表达式中未出现平方项),故式(7.76)中没有系数 1/2。

另外,如图 7.9(b)所示,侧屈时,荷载 q 产生扭矩 $q\varphi a$,每单位长度扭矩 $q\varphi a$ 做功 $q\varphi^2 a/2$。这里系数 1/2 是考虑扭矩在侧屈过程中随扭转角中而变化。于是所有扭矩 $q\varphi a$ 做的功 $\overline{W}_\varphi$ 为

$$\overline{W}_\varphi = \frac{1}{2} \int_0^l q a \varphi^2 \mathrm{d}z \tag{7.77}$$

所以侧屈时荷载 q 做的功 $\overline{W}$ 为

$$\overline{W} = -\int_0^l M_x \varphi u'' \mathrm{d}z + \frac{1}{2} \int_0^l q a \varphi^2 \mathrm{d}z$$

而 $U_e = -\overline{W}$,故

$$U_e = \int_0^l M_x \varphi u'' \mathrm{d}z - \frac{1}{2} \int_0^l q a \varphi^2 \mathrm{d}z \tag{7.78}$$

梁屈曲的总势能

$$U_i + U_e = \frac{1}{2} \int_0^l (EI_y u''^2 + EI_\omega \varphi''^2 + GJ_k \varphi'^2) \mathrm{d}z + \int_0^l M_x \varphi u'' \mathrm{d}z - \frac{1}{2} \int_0^l q a \varphi^2 \mathrm{d}z \tag{7.79}$$

取屈曲位移函数式(7.27)

$$\left.\begin{aligned} u &= A \sin \frac{\pi z}{l} \\ \varphi &= B \sin \frac{\pi z}{l} \end{aligned}\right\}$$

式(7.27)满足梁的几何及力学边界条件。将式(7.27)代入式(7.79)并考虑:

$$M_x = \frac{1}{2} q l z - \frac{1}{2} q z^2$$

$$\int_0^l z^2 \sin^2 \frac{\pi z}{l} \mathrm{d}z = l^3 \left(\frac{1}{6} - \frac{1}{4\pi^2} \right) \qquad \int_0^l z \sin^2 \frac{\pi z}{l} \mathrm{d}z = \frac{l^2}{4} \qquad \int_0^l \sin^2 \frac{\pi z}{l} \mathrm{d}z = \frac{l}{2}$$

得
$$\Pi = U_i + U_e = \frac{1}{2}\left(\frac{\pi}{l}\right)^2 \frac{l}{2}\left[(EI_y A^2 + EI_\omega B^2)\left(\frac{\pi}{l}\right)^2 + GJ_k B^2\right] -$$

$$AB\left(\frac{\pi}{l}\right)^2 ql^3\left(\frac{1}{24} + \frac{1}{8\pi^2}\right) - \frac{1}{2}\frac{l}{2}qaB^2 \qquad (7.80)$$

式(7.80)为未知常数 A,B 的函数,由式(2.26)得出

$$\frac{\partial \Pi}{\partial A} = 0 \qquad \frac{\partial \Pi}{\partial B} = 0 \qquad (7.81)$$

式(7.80)代入式(7.81),整理后,得到

$$\left.\begin{array}{l} EI_y\left(\dfrac{\pi}{l}\right)^2 A - ql^2\left(\dfrac{1}{12} + \dfrac{1}{4\pi^2}\right)B = 0 \\[3mm] -ql^2\left(\dfrac{\pi}{l}\right)^2\left(\dfrac{1}{12} + \dfrac{1}{4\pi^2}\right)A + \left\{\left(\dfrac{\pi}{l}\right)^2\left[EI_\omega\left(\dfrac{\pi}{l}\right)^2 + GI_k\right] - qa\right\}B = 0 \end{array}\right\} \qquad (7.82)$$

式(7.82)与 7.3.1 节的计算结果相同。

7.4.2 集中荷载 P 作用的简支工字梁

计算图式见图 7.6,荷载 P 作用于跨中上翼缘。应变能 U_i 按式(7.75)计算,荷载 P 势能 U_e 由两部分组成:

① 弯矩 M_x 产生的势能 $2\int_0^{l/2} M_x \varphi u'' \mathrm{d}z$。

② 荷载扭矩 $Pa\varphi_{l/2}$ 产生的势能 $-\dfrac{1}{2}Pa\varphi_{l/2}^2$,故总势能 Π 为

$$\Pi = U_i + U_e = \frac{1}{2}\int_0^l (EI_y u''^2 + EI_\omega \varphi''^2 + GJ_k \varphi'^2)\mathrm{d}z + 2\int_0^{l/2} M_x \varphi u'' \mathrm{d}z - \frac{1}{2}Pa\varphi_{l/2}^2 \qquad (7.83)$$

S. P. Timoshenko 指出,当采用近似屈曲位移函数时,其各阶导数会带来不同程度误差,见第 2 章。为减少此种误差,由式(7.38)得 $u'' = -\dfrac{M_x \varphi}{EI_y}$,代入式(7.83)得

$$\Pi = \frac{1}{2}\int_0^l (EI_\omega \varphi''^2 + GJ_k \varphi'^2)\mathrm{d}z + 2\times\frac{1}{2}\int_0^{l/2} \frac{M_x^2 \varphi^2}{EI_y}\mathrm{d}z - 2\int_0^{l/2} \frac{M_x^2 \varphi^2}{EI_y}\mathrm{d}z - \frac{1}{2}Pa\varphi_{l/2}^2 \qquad (7.84)$$

取近似屈曲位移函数 $\varphi = B\sin\dfrac{\pi z}{l}$,代入式(7.84)并考虑:

$$M_x = \frac{1}{2}Pz$$

$$\int_0^{\frac{l}{2}} z^2 \sin^2\frac{\pi z}{l}\mathrm{d}z = \frac{l^3}{8\pi^2}\left(\frac{\pi^2}{6} + 1\right) \qquad \int_0^l \sin^2\frac{\pi z}{l}\mathrm{d}z = \frac{l}{2}$$

得
$$\Pi = U_i + U_e = \left[\frac{EI_\omega \pi^4}{4l^3} + \frac{\pi^2 GJ_k}{4l} - \frac{P^2 l^3}{32EI_y \pi^2}\left(\frac{\pi^2}{6} + 1\right)\right]B^2 - \frac{Pa}{2}B^2 \qquad (7.85)$$

式(7.85)代入式(2.26),得

$$\frac{\mathrm{d}\Pi}{\mathrm{d}B} = \frac{B}{2}\left[\frac{-P^2 l^3}{8EI_y \pi^2}\left(\frac{\pi^2}{6} + 1\right) + \frac{\pi^2 GJ_k}{l} + \frac{\pi^4 EI_\omega}{l^3} - 2Pa\right] = 0$$

B 不能为零, 故得梁屈曲方程为

$$\frac{-P^2 l^3}{8\pi^2 EI_y}\left(\frac{\pi^2}{6}+1\right)+\frac{\pi^2 GI_k}{l}+\frac{\pi^4 EI_\omega}{l^3}-2Pa=0 \tag{7.86}$$

由式(7.86)可解得梁临界荷载 P。

当 $a=0$ 时, 解得

$$P=r_2\sqrt{\frac{EI_y GJ_k}{l^2}} \tag{7.87}$$

式中

$$r_2=4\pi^2\sqrt{\left(\frac{3}{\pi^2+6}\right)\left[1+\frac{\pi^2}{\dfrac{GJ_k l^2}{EI_\omega}}\right]} \tag{7.88}$$

由式(7.88)算得的临界荷载系数 r_2 见表 7.5。

表 7.5　临界荷载系数 r_2 表

$\dfrac{GJ_k l^2}{EI_\omega}$	0.4	4	8	16	24	32	48
r_2	86.97 (86.4)	31.96 (31.9)	25.65 (25.6)	21.83 (21.8)	20.39 (20.3)	19.63 (19.6)	16.85 (18.8)
$\dfrac{GJ_k l^2}{EI_\omega}$	64	80	96	160	240	320	400
r_2	18.44 (18.3)	18.19 (18.1)	18.03 (17.9)	17.69 (17.5)	17.51 (17.4)	17.43 (17.2)	17.38 (17.2)

表中括号内的数值为 S. P. Timoshenko 按能量法的计算结果。可见这里计算结果与 S. P. Timoshenko 及本章(7.30)式按伽辽金变分法的计算结果都很接近。

7.4.3　集中荷载作用的悬臂工字梁

计算简图见图 7.7。荷载作用在自由端形心 $a=0$, 故外荷势能

$$U_e=\int_0^l -M_x\varphi u''\mathrm{d}z \tag{7.89}$$

式(7.89)中的负号是将荷载 P 在梁屈曲时做功 $\int_0^l M_x\varphi u''\mathrm{d}z$ 转为势能, 因为图 7.7(c)的曲率 $\dfrac{1}{\rho_x}=u''$。

故总势能　　　$\Pi=U_i+U_e=\dfrac{1}{2}\displaystyle\int_0^l(EI_y u''^2+EI_\omega\varphi''^2+GJ_k\varphi'^2)\mathrm{d}z-\int_0^l M_x\varphi u''\mathrm{d}z$ 　　(7.90)

由式(7.45), 得

$$u''=\frac{M_x\varphi}{EI_y} \tag{7.91}$$

式(7.91)代入式(7.90), 得

$$\Pi=\frac{1}{2}\int_0^l\left(EI_\omega\varphi''^2+GJ_k\varphi'^2-\frac{M_x^2\varphi^2}{EI_y}\right)\mathrm{d}z \tag{7.92}$$

将式(7.56)代入式(7.92), 并考虑 $M_x=P(l-z)$, 得

$$\Pi=\frac{1}{2}C_4^2\left(15.171 l^5 EI_\omega+5.012 l^7 GJ_k-\frac{0.0791 P^2 l^{11}}{EI_y}\right)$$

代入式(2.26), 得

$$\frac{\mathrm{d}\Pi}{\mathrm{d}C_4}=C_4\left(15.171 l^5 EI_\omega+5.012 l^7 GJ_k-\frac{0.0791 P^2 l^{11}}{EI_y}\right)=0$$

C_4 不能等于零,故得 $\alpha=\dfrac{GI_k l^2}{EI_\omega}=1$ 时的梁屈曲方程

$$15.171 l^5 EI_\omega + 5.012 l^7 GJ_k - \frac{0.0791 P^2 l^{11}}{EI_y} = 0$$

解得临界荷载:
$$P_{\alpha=1} = \frac{15.98\sqrt{EI_y GJ_k}}{l^2}$$

同理将前述的 $\alpha=\dfrac{GJ_k l^2}{EI_\omega}=0.1$ 时的梁屈曲转角位移函数

$$\varphi_{\alpha=0.1} = (5.80953 l^2 z^2 - 3.93631 l z^3 + z^4) C_4$$

代入式(7.92),最后解得临界荷载 $P_{\alpha=0.1} = \dfrac{44.819\sqrt{EI_y GJ_k}}{l^2}$。

可见,能量法计算与本章式(7.48)$S\ P\ Timoshenko$ 的计算结果及前述伽辽金变分法的计算结果(第7.3.2节)都很接近。

7.4.4　两个集中荷载作用的简支工字梁

根据图7.8的计算简图,荷载作用在形心位置 $a=0$,得

$$\Pi = U_i + U_e = \frac{1}{2}\int_0^l (EI_y u''^2 + EI_\omega \varphi''^2 + GJ_k \varphi'^2)\,dz + 2\left(\int_0^{l/3} M_{x1}\varphi u''\,dz + \int_{l/3}^{l/2} M_{x2}\varphi u''\,dz\right)$$

$$(7.93)$$

$$M_{x1} = Pz,\ 0 \leqslant z \leqslant \frac{l}{3},\ M_{x2} = \frac{Pl}{3}$$

取屈曲位移函数:
$$u = A\sin\frac{\pi z}{l} \qquad \varphi = B\sin\frac{\pi z}{l}$$

代入式(7.93)并考虑前述的积分及 $\displaystyle\int_0^{\frac{l}{3}} z\sin\frac{\pi z}{l}\,dz = 0.0238 l^2$,得

$$\Pi = U_i + U_e = \frac{l}{4}\left(\frac{\pi}{l}\right)^2\left[\left(\frac{\pi}{l}\right)^2(EI_y A^2 + EI_\omega B^2) + GJ_k B^2\right] - 0.1491\left(\frac{\pi}{l}\right)^2 l^2 PAB$$

代入式(2.26)由 $\dfrac{\partial\Pi}{\partial A}=0$ 及 $\dfrac{\partial\Pi}{\partial B}=0$ 分别得

$$\left.\begin{aligned}\left(\frac{\pi}{l}\right)^2 EI_y A - 0.298 l PB &= 0 \\ -0.2982 l PA + \left[\left(\frac{\pi}{l}\right)^2 EI_\omega + GJ_k\right]B &= 0\end{aligned}\right\}$$

$$(7.94)$$

由(7.94)中各系数组成的行列式等于零,展开后得梁屈曲方程

$$\left(\frac{\pi}{l}\right)^2 EI_y\left[\left(\frac{\pi}{l}\right)^2 EI_\omega + GJ_k\right] = (0.2982 l P)^2$$

解得临界荷载:

$$P = \frac{\pi}{l}\frac{1}{0.2982 l}\sqrt{EI_y\left[\left(\frac{\pi}{l}\right)^2 EI_\omega + GJ_k\right]} = 10.5352\sqrt{\frac{\pi^2}{GJ_k l^2}+1}\sqrt{\frac{EI_y GJ_k}{l^2}} = r_2'\frac{\sqrt{EI_y GJ_k}}{l^2}$$

式中,$r_2' = 10.5352\sqrt{\dfrac{\pi^2}{\dfrac{GJ_k l^2}{EI_\omega}}+1}$,比式(7.70)的略大,原因是式(7.70)的演引中,采用

$u''_1 = \dfrac{M_{x1}\varphi_1}{EI_y}$、$u''_2 = \dfrac{M_{x2}\varphi_2}{EI_y}$ 而得到精确的结果。这里没有这样做,误差偏大。

由 7.4.1 节～7.4.4 节计算结果,可得到以下结论:

①能量法计算简便。

②外荷势能中的 u'' 要用 $-\dfrac{M_x\varphi}{EI_y}\left(或\dfrac{M_x\varphi}{EI_y}\right)$ 代替,否则误差较大。应变能中的 u'' 最好也作相应代替,以简化计算并提高计算精确度。

7.5　关于按虚拟荷载法计算梁弯扭屈曲的引言

前述按力素平衡法及能量法计算梁的弯扭屈曲,均忽略了梁中剪力及残余应力的影响。考虑这两种影响的平衡法及能量法相当复杂,用虚拟荷载法考虑则很方便,当然要比压杆屈曲计算中的虚拟荷载法复杂一些,经过一番推演之后,虚拟荷载法引出三个包括各种荷载情况的四阶微分方程。将梁的实际条件代入这三个方程直接得出梁的弯扭屈曲的平衡方程请参阅有关专著。

7.6　我国钢结构设计规范关于钢梁侧倾稳定性的检算

7.6.1　铁路桥梁规范

1. 纯弯构件

因为钢梁有可能侧倾失稳而破坏,故必须检算其侧倾稳定性是否有保证。检算方法是要求梁的最大纤维压应力 σ_{max} 小于或等于钢梁侧向屈曲临界应力 σ_{cr} 并有安全系数 K,即

$$\sigma_{max} = \frac{M_{max}}{W_x} \leqslant \frac{\sigma_{cr}}{K} = [\sigma_\omega] \tag{7.95}$$

或

$$\sigma_{max} = \frac{M_{max}}{W_x} \leqslant \frac{\sigma_{cr}}{K} = \frac{\sigma_{cr}}{\sigma_s}\frac{\sigma_s}{K} = \varphi_\omega[\sigma] \tag{7.96}$$

式中　$[\sigma_\omega]$ 为钢梁侧倾稳定容许弯曲压应力,$[\sigma_\omega] = \dfrac{\sigma_{cr}}{K}$;$\varphi_\omega$ 为钢梁侧倾稳定系数,$\varphi_\omega = \dfrac{\sigma_{cr}}{\sigma_s}$;$[\sigma]$ 为钢材基本容许应力,$[\sigma] = \dfrac{\sigma_s}{K}$,$\sigma_s$ 为钢材屈服极限。

式(7.95)与式(7.96)反映的安全本质相同,只是表达形式不同。西欧、美国、日本、加拿大等国采用式(7.95),我国、苏联等采用式(7.96)。不管采用哪种公式,关键都在于临界应力 σ_{cr} 与安全系数 K 的确定。下面介绍我国《铁路桥梁钢结构设计规范》中的钢梁侧倾稳定性的检算式。

"规范"演引此检算式的思路为:基于工字形钢梁,在其两端作用有大小相等方向相反的弯矩 M_0,以此的临界应力 $(\sigma_0)_{cr}$ 作为式(7.96)中的临界应力 σ_{cr},再将 $(\sigma_0)_{cr}$ 写成压杆欧拉临界应力的形式,从中导出钢梁换算长细比 λ_b 的计算式。应用中检算任一钢梁的侧倾稳定性时,根据 λ_b 计算式,式算其换算长细比 λ_b,按 λ_b 查表得出轴心压杆的稳定系数 φ,作为钢梁的侧倾稳定系数 φ_w;如此解决钢梁侧倾稳定性的检算问题,下面演引 λ_b 的计算式。

工字梁横截面见图 7.10,由 6.5 节可知,梁的临界弯矩为

$$(M_0)_{cr} = \frac{\pi}{l}\sqrt{EI_yGJ_k\left(1+\frac{EI_\omega}{GJ_k}\frac{\pi^2}{l^2}\right)}$$

则梁的临界应力为

$$(\sigma_0)_{cr} = \frac{(M_0)_{cr}\frac{h}{2}}{I_x} = \frac{\pi h}{2I_x l}\sqrt{EI_yGJ_k\left(1+\frac{EI_\omega}{GJ_k}\frac{\pi^2}{l^2}\right)} \tag{7.97}$$

工字形截面自由扭转惯性矩为：$J_k = \frac{2}{3}bt^3 = \frac{1}{3}At^2$，其中，$A = 2bt$ 为梁的毛截面面积（忽略工字梁腹板的影响）。

截面绕 y 轴的惯性矩：$I_y = \frac{1}{6}b^3t$。

由薄壁结构扭转理论知，截面翘曲惯性矩：$I_\omega = \int \omega^2 t\mathrm{d}s$，忽略腹板的影响，截面扇性 ω 如图 7.11 所示，采用图乘法计算截面翘曲惯性矩，有

$$I_\omega = \int \omega^2 t\mathrm{d}s = \frac{1}{2}\times\frac{bd}{4}\times\frac{b}{2}\times\frac{2}{3}\times\frac{bd}{4}\times t\times 4 = \frac{1}{6}b^3 t\times\frac{d^2}{4}$$

$$I_\omega = I_y\left(\frac{d}{2}\right)^2 \approx I_y\left(\frac{h}{2}\right)^2, \quad d\approx h$$

而

$$\frac{I_y}{I_x} = \left(\frac{\gamma_y}{\gamma_x}\right)^2$$

式中　γ_x, γ_y ——梁截面对 x、y 轴的回转半径。

$$G = \frac{E}{2(1+\mu)} = \frac{E}{2\times 1.3} = \frac{E}{2.6}$$

将以上各值代入式(7.97)，整理得

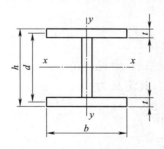 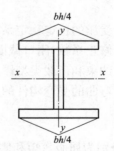

图 7.10　工字梁横截面　　　　图 7.11　截面扇性 ω 坐标图

$$(\sigma_0)_{cr} = \frac{\pi^2 E}{\left(\frac{2l}{h}\right)^2}\left(\frac{\gamma_y}{\gamma_x}\right)^2\sqrt{1+0.62\left(\frac{lt}{bh}\right)^2} = \frac{\pi^2 E}{\left(\frac{2l}{h}\right)^2\left(\frac{\gamma_x}{\gamma_y}\right)^2}\frac{1}{\sqrt{1+0.62\left(\frac{lt}{bh}\right)^2}} = \frac{\pi^2 E}{\lambda_b^2} \tag{7.98}$$

梁的换算长细比 λ_b 为

$$\lambda_b = \frac{2l}{h}\frac{\gamma_x}{\gamma_y}\sqrt{\frac{1}{1+0.62\left(\frac{lt}{bh}\right)^2}} = \alpha\frac{l}{h}\frac{\gamma_x}{\gamma_y} \tag{7.99}$$

式中，$\alpha = 2\sqrt{\dfrac{1}{1+0.62\left(\frac{lt}{bh}\right)^2}}$，将铆接及焊接工字梁的常用尺寸代入后，可得 $\alpha \approx 2$（铆接梁）及

$\alpha \approx 1.8$(焊接梁)。

l 为梁的自由长度,当梁无侧向支撑时,为梁的跨度,当有侧向支撑时,为侧向支撑点间的距离,如图 7.12 所示。

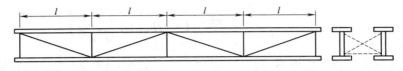

$$图 7.12 \quad 工字梁的侧向支撑$$

式(7.99)适用于弯矩作用 yz 平面内的情况。

若弯矩作用在 xz 平面内,则 $\qquad \lambda_b = \alpha \dfrac{l\gamma_y}{b\gamma_x}$ $\qquad\qquad$ (7.100)

规范中明确规定,对于箱形截面杆件,φ_w 取 1.0,即不考虑侧倾失稳,因为箱形截面的横向刚度 EI_y 和抗扭刚度 EI_ω 均很大。从物理概念上分析可知,与构件竖向刚度 EI_x 相比,横向刚度 EI_y 足够大,如 $EI_y \geqslant EI_x$,且荷载主要作用在竖向平面内时,构件的侧倾失稳不可能发生竖向失稳前。

2. 压弯构件

基于压弯相关方程计算,参见式(4.88)和规范,不再赘述。

7.6.2 国标规范

我国《钢结构设计标准》(GB 50017—2017),采用极限状态法,钢结构压弯构件弯矩作用平面外的稳定性验算公式为

$$\frac{N}{\varphi A} + \eta \frac{\beta M}{\varphi_\omega W} \leqslant f_y \qquad\qquad (7.101)$$

式中 $\quad \varphi$——轴心受压的稳定稳定系数;

$\qquad \eta$——截面修正系数,闭口截面取 0.7,其他取 1.0;

$\qquad \beta$——考虑约束和荷载类型影响的等效弯矩系数,参见规范;

$\qquad \varphi_\omega$——均匀弯曲的受弯构件的整体稳定系数,其定义为

$$\varphi_\omega = \frac{M_{cr}}{M_{ex}} = \frac{M_{cr}}{W_x f_y} \qquad\qquad (7.102)$$

其中,M_{cr} 和 M_{ex} 分别为屈服弯矩和侧倾的临界弯矩。

临界弯矩 M_{cr} 的表达式改写为

$$M_{cr} = \frac{\pi}{l}\sqrt{EI_y GJ_k \left(1 + \frac{EI_\omega}{GJ_k}\frac{\pi^2}{l^2}\right)} = \frac{\pi^2 EI_y}{l^2}\sqrt{\frac{l^2}{\pi^2}\frac{GJ_k}{EI_y}\left(1 + \frac{EI_\omega}{GJ_k}\frac{\pi^2}{l^2}\right)}$$

$$= \frac{\pi^2 EI_y}{l^2}\sqrt{\frac{l^2}{\pi^2}\frac{GJ_k}{EI_y} + \frac{I_\omega}{I_y}} = \frac{\pi^2 EI_y}{l^2}\sqrt{\frac{G}{E\pi^2}\frac{l^2}{3}\frac{At^2}{I_y} + \frac{I_y}{I_y}\left(\frac{h}{2}\right)^2}$$

$$= \frac{\pi^2 EI_y}{l^2}\sqrt{\frac{G}{3E\pi^2}\frac{l^2 At^2}{I_y} + \left(\frac{h}{2}\right)^2}$$

考虑,$G = E/2.6, \lambda_y^2 = \dfrac{Al^2}{I_y}$,有

$$M_{cr} = \frac{\pi^2 h EI_y}{2l^2}\sqrt{1 + \left(\frac{\lambda_y t}{4.4 h}\right)^2} \qquad\qquad (7.103)$$

其中对 Q235 钢，$f_y = 235$ MPa，得

$$\varphi_\omega = \frac{\pi^2 E}{2 \times 235} \times \frac{Ah}{W_x \lambda_y^2} \sqrt{1 + \left(\frac{\lambda_y t}{4.4h}\right)^2} = \frac{4320 Ah}{\lambda_y^2 W_x} \sqrt{1 + \left(\frac{\lambda_y t}{4.4h}\right)^2}$$

对其他钢号，φ_ω 数值应乘以 $235/f_y$，即

$$\varphi_\omega = \frac{4320 Ah}{\lambda_y^2 W_x} \sqrt{1 + \left(\frac{\lambda_y t}{4.4h}\right)^2} \frac{235}{f_y} \qquad (7.104)$$

即为《钢结构设计标准》(GB 50017—2017)公式。

习　题

7-1 试用李兹法导出双轴对称工字形等截面简支梁在纯弯曲作用下失稳的临界弯矩计算公式。

7-2 试求图 7.13 所示槽形等截面简支梁在纯弯曲作用下失稳的临界弯矩值。$l = 4.5$ m，$E = 2.1 \times 10^5$ MPa，$G = 0.81 \times 10^5$ MPa。

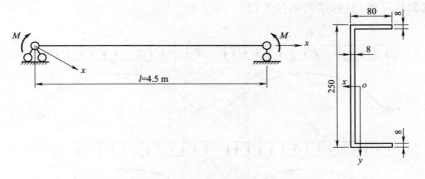

图 7.13　题 7.2 图(单位:mm)

7-3 试求图 7.14 所示单轴对称工字形等截面简支梁的临界弯矩值，荷载分别为纯弯矩、均布荷载和跨中一个集中荷载。荷载作用点分别为剪切中心 c、上翼缘 a 和下翼缘 b，$l = 8.0$ m，$E = 2.1 \times 10^5$ MPa，$G = 0.81 \times 10^5$ MPa。

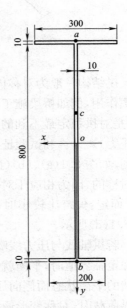

部分习题答案：

7-2 $M_{cr} = 35.1$ kN·m

7-3 纯弯矩　$M_{cr} = 960$ kN·m

均布荷载 a 点　$M_{cr} = 690.4$ kN·m

　　　　　b 点　$M_{cr} = 1\,591.6$ kN·m

　　　　　c 点　$M_{cr} = 812.0$ kN·m

集中荷载　　a 点　$M_{cr} = 731.4$ kN·m

　　　　　b 点　$M_{cr} = 2\,030.8$ kN·m

　　　　　c 点　$M_{cr} = 895.5$ kN·m

图 7.14　题 7.3 图(单位:mm)

8 拱的平面及侧向屈曲

8.1 引　言

　　拱桥、大跨度屋盖中的拱及施工拱架等都是主要承受压力的平面曲杆体系,有受压作用的结构都可能屈曲,因此,当拱轴压力达到其临界值时,或者说当拱所承担的荷载达到临界荷载时,整个拱就会失去平衡的稳定性;或者在铅垂平面内拱轴线偏离正常工作位置,转入"受压＋竖向受弯"的不稳定平衡状态,如图 8.1 中的虚曲线所示,该曲线称为拱平面屈曲;或者拱轴线倾出铅垂平面之外,转入"受压＋竖向弯曲＋侧向弯曲＋扭转"的不稳定平衡状态,称为拱侧向屈曲或面外屈曲,又称拱的侧倾失稳。

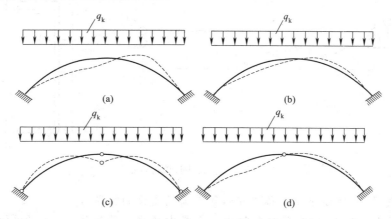

图 8.1　拱的对称与反对称失稳

　　拱结构一般为对称体系,按拱轴线形式分三类:圆弧拱、悬链拱及抛物线拱。圆拱受径向荷载作用,例如桥梁施工围堰中的内边环就是这样受力。当荷载对称满布拱跨时,拱内压力最大,是对拱稳定最不利的荷载情况,故一般按全跨满布均匀荷载作用计算拱的临界荷载(或临界压力)。计算和试验证明,在全跨均布荷载作用下无铰拱与双铰拱的平面屈曲形式都是反对称的,如图 8.1(a)、(b)(抛物线拱)及图 8.2 与图 8.8(圆拱)的虚线。圆弧三铰拱的屈曲形式是对称的,因为相应于对称屈曲形式的临界荷载最小。抛物线三铰拱的屈曲形式则视矢跨比 f/l 而定:矢跨比较小时,它是对称的,如图 8.1(c)所示;矢跨比较大时,则是反对称的,如图 8.1(d)所示。

　　若拱轴线与压力线吻合,则拱在失稳前的平衡状态只有压缩,没有弯曲变形。当荷载逐渐增加至临界值时,平衡就产生分枝,出现受压受弯的平衡状态而平面屈曲;或出现受压受弯并扭转的平衡状态而侧向屈曲。试验表明:双铰抛物线拱屈曲前有对称变形,当达到平面屈曲的临界荷载时,对称变形便维持不住而转入反对称的屈曲变形。试验及理论分析还证明:拱屈曲前的对称变形对拱反对称屈曲的临界荷载的影响很小。这样,计算拱的平面屈曲及侧向屈曲时,可近似地假设拱轴线与压力线吻合,按中性平衡法计算*。

　　圆弧拱的拱轴压力及半径不随拱轴线而变,其屈曲平衡微分方程的建立和求解都较容易,圆弧拱屈曲问题的研究比较成熟。抛物线拱的拱轴压力及半径均随拱轴线变化,其屈曲平衡微分方程的建立较复杂,并且不能求得闭合解。拱的屈曲问题许多人研究过,获得很好成果者当推金尼克(A. H. ДИННИК)及斯米尔诺夫(A. ф. CMNPHOB)等人。金尼克在研究圆弧拱屈曲的同时,研究了各种支承情况的等截面和变截面抛物线拱的平面屈曲,他借助于十分复杂的三阶微分方程式的数值积分,算出了各种情况下的稳定系数 k(表 8.5)。金尼克还研究了抛物线拱的侧向屈曲,用数值法算得了固定端矩形截面抛物线拱的侧倾临界荷载。

　　斯米尔诺夫用矩阵法研究了圆弧拱及抛物线拱的平面屈曲,对等截面、变截面以及考虑拱上结构影响,都得出了准确度很高的计算结果,但计算很烦琐。

　　金尼克等的研究忽略了拱轴压缩,拱轴变形和其几何非线性及材料非线性的影响,20 世纪 60 年代以后,我国修建了很多钢筋混凝土公、铁路拱桥,曾发生广东省彭坑桥、贵州省乌江渡公路大桥、青海省尖扎桥等的修建事故,其重要原因之一是对变形和材料非线性对拱承载力的影响认识不足。

　　20 世纪初我国就研究了拱轴变形对拱承载能力的影响,类似于初弯曲或横向荷载产生的变位对压杆承载能力的影响,称为挠曲理论。20 世纪 80 年代初西南交通大学等研究了钢筋混凝土拱桥面内承载力的非线性分析。通过理论分析,实验及数值计算得出结论:拱轴变形及材料非线性对承载力的影响不容忽视,按金尼克公式计算的值 P_{cr} 作为拱的临界荷载是不安全的,P_{cr} 必须视不同情况乘以表 8.1 的折减系数 α。

表 8.1　拱临界力(按金尼克公式计算)的折减系数 α

拱轴线型	圆弧	悬链线	抛物线	备注
只考虑几何非线性	0.75~0.8	0.8~0.85	0.9~0.95	矢度大者取较大值
考虑几何与材料非线性	0.55~0.65	0.65~0.70	0.8~0.85	矢度大者取较大值

　　从 20 世纪 60 年代到 80 年代初国内外研究了拱的面外屈曲,提出了圆弧拱、抛物线拱面外屈曲的线性解,笔者曾用有限圆弧单元得出了悬链线拱面外屈曲的线性解,这些解均不计拱轴压缩,拱面外初弯曲,拱轴变形和其几何非线性及材料非线性的影响。考虑这些影响的拱面外失稳计算,为极限承载力计算,十分复杂,为结构稳定理论中需要研究的重要课题之一。

　　本章介绍圆拱的面内、面外屈曲计算,以帮助学生掌握拱结构稳定计算的解析基本理论,对于抛物线拱,介绍金尼克的计算结果,供设计时参考;桥梁设计规范中拱的面内稳定检算即依据传统的解析方法建立的。拱弧若以许多内接直杆(其截面与拱截面同)组成的多边形刚架代替,则第 10 章所述有限元法可用于拱面内屈曲的弹性分析;采用有限元分析拱的面外屈曲时,需采用空间梁等具有空间特性的单元;第 11 章的方法可基于材料和几何非线性,分析拱的稳定极限承载力,在此不再赘述。

8.2　圆弧拱平面屈曲的几何方程及弹性平衡方程

　　如前所述,计算拱屈曲时都是假定屈曲前拱轴线与压力线吻合,这样,屈曲前拱纯受压,屈

---

　　* 设计要求拱轴线与拱压力线重合,则拱受压,但很难做到拱轴线与压力线重合;同时拱有压缩变形、使拱轴线偏离压力线,故拱主要承受压力,同时有少量弯矩作用。

曲后则处于受压受弯(指平面屈曲)的不稳定平衡状态。基于小挠度理论和随遇平衡开展拱的稳定性分析,分析计算中所采用的基本假定如下:

(1)进入随遇平衡状态前的临界平衡状态时,拱仅受压、不受弯剪,即任意截面中 $N \neq 0$, $M=0$, $Q=0$。

(2)基于小变形的前提,如图 8.2 所示,对于弧长为 ds 弧段 mn,其对应的 $d\varphi$ 很小,$\cos d\varphi \approx 1$,$\sin d\varphi \approx d\varphi$,且认为 $v'' \approx -1/\rho$ 仍然成立。

(3)拱轴的压缩已经完成,微小干扰导致拱结构从稳定平衡进入不稳定平衡状态,产生微曲状态,此过程中干扰所产生的轴力增量和拱轴线长度变形增量,均可以忽略不计。

圆弧拱平面屈曲的几何关系及弹性平衡方程就是按此微曲状态计算的。

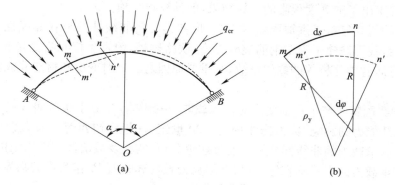

图 8.2 双铰圆拱的平面屈曲

8.2.1 曲率变化率

设图 8.2(a)双铰圆拱的平面内屈曲,其屈曲变形为反对称,临界径向荷载为 q_{cr},圆弧半径为 R。屈曲前微弧段 mn 屈曲后移至弧段 $m'n'$,曲率半径变为 ρ_y,如图 8.2(b)所示。所以屈曲引起的弧段 mn 的曲率变化 $k_x = 1/\rho_y - 1/R$。当 k_x 为正时,表示曲率随弧线坐标 s 的增长而增加,反之减少。

为了说明微弧段 $\overset{\frown}{mn}$ 的平面屈曲变位,如图 8.3 所示,$\overset{\frown}{mn}$ 的弧段长为 ds。

拱屈曲后 m、n 点分别移至 m' 及 n' 点,沿 $\overset{\frown}{mn}$ 弧段 m、n 点径向和切线方向的位移分别为 v、w 及 $v+dv$、$w+dw$,图中箭头表示的方向为正。将 $v+dv$ 及 $w+dw$ 分别沿 v 及 w 的方向分解如图 8.3 所示,m 点的挠曲角为 β。

图 8.3 中 mT 为 $\overset{\frown}{mn}$ 弧段 m 点的切线;$m'D$ 为弧段 $\overset{\frown}{mn}$ 按 m 点的位移 v、w 值刚性平移后的位形,即 $\overset{\frown}{mn}=\overset{\frown}{m'D}=ds$,$\overset{\frown}{m'D}$ 微弧段在 m' 点的切线为 $m'F$,$m'F /\!/ mT$;$m'G$ 为微弧段 $\overset{\frown}{m'D}$ 再绕 m' 点刚性转动 β 角后的位形,考虑挠曲变形后的最终位形为微弧段 $\overset{\frown}{m'n'}$,经 m' 点作 $\overset{\frown}{m'n'}$ 的切线 $m'E$,$m'E$ 也是 $\overset{\frown}{m'G}$ 的切线。

基于中性平衡法的概念和前述假定(3),挠曲变位后形成 $\overset{\frown}{m'n'}$,此过程中,可以认为弧段弧长 ds 的变化量是一个高价微量,而予以忽略,即 $\Delta ds = 0$,但因为位形的变化,曲率变成了 ρ_y。

根据弹性力学原理,拱轴线 n 点屈曲至 n' 时 n 点切线的偏转角(挠曲角)为 $\beta + d\beta$,$d\beta$ 为弧微段 $\overset{\frown}{mn}$ 变形后的转角增量。

如图 8.4 所示,$n'T$ 与图 8.3 中 n 点切线平行,故 $n'T$ 与 $m'F$ 的夹角为 $d\varphi$;$n'T$ 为 $\overset{\frown}{m'n'}$ 在 n' 点的切线,故 $n'T$ 与 $m'E$ 的交角 $d\theta$ 等于 $\overset{\frown}{m'n'}$ 所对的圆心角(因屈曲弧形级微小,故屈曲后的

微弧段可看为圆弧）。由图 8.4 几何关系知：$m'F$ 与 $n'T$ 的交角为 $\beta+\mathrm{d}\beta+\mathrm{d}\varphi$，$\beta+\mathrm{d}\beta+\mathrm{d}\varphi=\beta+\mathrm{d}\theta$，故 $\mathrm{d}\theta=\mathrm{d}\beta+\mathrm{d}\varphi$。

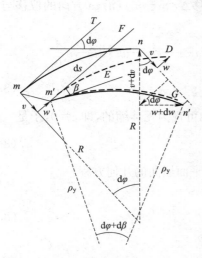

图 8.3　拱段微元变形图

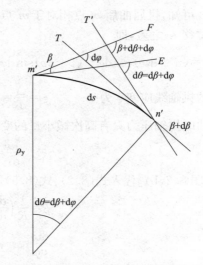

图 8.4　拱段微元角度变化关系图

基于 $\Delta\mathrm{d}s=0$，屈曲后弧微段 $\overset{\frown}{mn}$ 的曲率变化

$$k_x=\frac{\mathrm{d}\beta+\mathrm{d}\varphi}{\mathrm{d}s+\Delta\mathrm{d}s}-\frac{\mathrm{d}\varphi}{\mathrm{d}s}=\frac{\mathrm{d}\beta}{\mathrm{d}s}\tag{8.1}$$

式中，$\dfrac{\mathrm{d}\varphi}{\mathrm{d}s}$ 及 $\dfrac{\mathrm{d}\varphi+\mathrm{d}\beta}{\mathrm{d}s+\Delta\mathrm{d}s}$ 分别为弧段 $\overset{\frown}{mn}$ 在屈曲前及屈曲后的曲率。

须求出式（8.1）中的 β，方能求出 $\mathrm{d}\beta/\mathrm{d}s$，为此，由几何关系和一些近似假定进行了推演，过程比较烦琐，有兴趣者可参阅相关文献资料。为简化推演过程且便于理解，下面从挠曲角的基本概念出发进行推演。

基于小挠度理论，材料力学中梁挠曲时的挠曲角 β 可表示为

$$\beta\approx v'=\frac{\mathrm{d}v}{\mathrm{d}x}$$

类比梁的挠曲变形，基于小变形的前提，拱中挠曲角 β 为

$$\beta\approx v'=\frac{\mathrm{d}v}{\mathrm{d}x}=\frac{\mathrm{d}v}{R\cos\mathrm{d}\varphi}\approx\frac{\mathrm{d}v}{R\mathrm{d}\varphi}=\frac{\mathrm{d}v}{\mathrm{d}s}$$

针对弧长为 $\mathrm{d}s$ 的拱微段 $\overset{\frown}{mn}$ 根据图 8.3 的几何关系，结合基本假定（2），有

$$\beta=\frac{\mathrm{d}v}{\mathrm{d}s}=\frac{\left[(v+\mathrm{d}v)\cos\mathrm{d}\varphi+(w+\mathrm{d}w)\sin\mathrm{d}\varphi\right]-v}{\mathrm{d}s}$$

$$=\frac{(v+\mathrm{d}v)\cdot 1+(w+\mathrm{d}w)\mathrm{d}\varphi-v}{\mathrm{d}s}=\frac{\mathrm{d}v}{\mathrm{d}s}+w\frac{\mathrm{d}\varphi}{\mathrm{d}s}+\mathrm{d}w\frac{\mathrm{d}\varphi}{\mathrm{d}s}$$

略去高阶微量 $\mathrm{d}w\mathrm{d}\varphi$，并注意 $\mathrm{d}s=R\mathrm{d}\varphi$，得

$$\beta=\frac{\mathrm{d}v}{\mathrm{d}s}+\frac{w\mathrm{d}\varphi}{\mathrm{d}s}=\frac{\mathrm{d}v}{\mathrm{d}s}+\frac{w}{R}\tag{8.2}$$

进一步可得曲率变化率为

$$k_x=\frac{\mathrm{d}\beta}{\mathrm{d}s}=\frac{\mathrm{d}^2v}{\mathrm{d}s^2}+\frac{1}{R}\frac{\mathrm{d}w}{\mathrm{d}s}\tag{8.3}$$

8.2.2 几何方程

由图 8.3 可知，拱屈曲后，n 点相对于 m 点的切向位移 Δ，等于 n' 点沿 w 方向的位移与 m' 点切线方向位移 w 之差，即

$$\Delta=(w+\mathrm{d}w)\cos\mathrm{d}\varphi-(v+\mathrm{d}v)\sin\mathrm{d}\varphi-w\approx w+\mathrm{d}w-v\mathrm{d}\varphi-w=\mathrm{d}w-v\frac{\mathrm{d}s}{R}$$

则屈曲引起的拱轴线应变 ε 为

$$\varepsilon=\frac{\Delta}{\mathrm{d}s}=\frac{\mathrm{d}w}{\mathrm{d}s}-\frac{v}{R} \tag{8.4}$$

由于屈曲时拱轴压力只有高次微小量的变化，故拱轴可视为无伸缩的，即 $\varepsilon=0$，于是

$$\frac{\mathrm{d}w}{\mathrm{d}s}=\frac{v}{R} \tag{8.5}$$

将 $\mathrm{d}s=R\mathrm{d}\varphi$［图 8.2(b)］代入式(8.2)、式(8.5)，即得圆拱平面屈曲的几何方程：

$$\left.\begin{aligned}\beta&=\frac{1}{R}\left(\frac{\mathrm{d}v}{\mathrm{d}\varphi}+w\right)\\\frac{\mathrm{d}w}{\mathrm{d}\varphi}&=v\end{aligned}\right\} \tag{8.6}$$

将式(8.6)代入上述曲率变化率计算式(8.3)，可得

$$k_x=\frac{\mathrm{d}^2v}{\mathrm{d}s^2}+\frac{v}{R^2} \tag{8.7}$$

下面简要介绍不同文献对几何和曲率计算公式的推导方法，供读者思考。

(1)$S.\,P.\,Timoshenko$ 放弃此几何方程和 $\Delta\mathrm{d}s=0$ 假定，从曲率变化率出发，直接推导的平衡微分方程。其基本思路如下

变形后的曲率为

$$\frac{1}{\rho_y}=\frac{\mathrm{d}\varphi+\mathrm{d}\beta}{\mathrm{d}s+\Delta\mathrm{d}s} \tag{8.8}$$

转角增量为

$$\mathrm{d}\beta=\frac{\mathrm{d}^2v}{\mathrm{d}s^2}\mathrm{d}s \tag{8.9}$$

该方法认为微段 $\mathrm{d}s$ 的变化量 $\Delta\mathrm{d}s\neq0$，比较弧段 $\overset{\frown}{m'n'}$ 和 $\overset{\frown}{mn}$ 的长度时，忽略 $\mathrm{d}v/\mathrm{d}s$ 这一小角度影响，取 $\overset{\frown}{m'n'}$ 的长度等于 $(R-v)\mathrm{d}\varphi$，于是

$$\Delta\mathrm{d}s=-v\mathrm{d}\varphi=-\frac{v}{R}\mathrm{d}s \tag{8.10}$$

回代式(8.8)，并利用级数展开，忽略高阶项后，得

$$\frac{1}{\rho_y}=\frac{\mathrm{d}\varphi+\mathrm{d}\beta}{\mathrm{d}s+\Delta\mathrm{d}s}=\frac{\mathrm{d}\varphi+(\mathrm{d}^2v/\mathrm{d}s^2)\mathrm{d}s}{\mathrm{d}s(1-v/R)}=\frac{1}{R}\left(1+\frac{v}{R}\right)+\frac{\mathrm{d}^2v}{\mathrm{d}s^2}$$

$$k_x=\frac{1}{\rho}-\frac{1}{R}=\frac{\mathrm{d}^2v}{\mathrm{d}s^2}+\frac{v}{R^2}$$

与前述基于 $\Delta\mathrm{d}s=0$ 假定所获得的式(8.7)完全相同，形成了不同的方法和假定前提而得到相同结果。笔者认为 $S.\,P.\,Timoshenko$ 的方法中存在如下问题：对于曲线微段和曲线坐标系，式(8.9)中未计入纵向位移 w 的影响，导致式(8.8)分子结果偏小；其次，式(8.10)的计算过程中默认了变化后的曲率半径 ρ_y 为 $R-v$，而又以 $\rho_y\neq R-v$ 为待求量，相互矛盾；实质上曲率半径的变化量将远大于 v。如此构成了式(8.8)分子、分母同时变小，而结论相同的结果。实质上，满足式(8.10)弧长变化量的计算前提是其变形态与初始态的保持为同心圆，如圆形结构受均匀环压时，与本章说讨论的前提并不相符。

(2)基于图 8.3 的变形，简单地认为，由径向位移 v 在截面 m 所引起的转角为 $\mathrm{d}v/\mathrm{d}s$；由切

向位移所引起的转角为 $\dfrac{w}{R+v}\approx\dfrac{w}{R}$，这应该属于对式(8.2)的一种理解。

（3）李国豪等基于图 8.3 的变形，直接给出转角位移 β 的如下计算式：

$$\beta=\frac{1}{ds}\big[(v+dv)\cos d\varphi+(w+dw)\sin d\varphi-v\big]$$

这与本教材的方法是完全一致的。

8.2.3　挠曲平衡微分方程

自图 8.2(a)截取微弧段 $\overset{\frown}{m'n'}$ 如图 8.5 所示，图中 M、Q、T_1 分别为拱屈曲引起的弯矩、剪力及轴向压力增量，$T=qR$ 为拱开始屈曲时轴向压力，$m'n'=ds$（因假定拱屈曲后拱轴无伸缩），其余各符号的意义见图 8.3。由此隔离体的平衡条件推导圆拱平面屈曲的平衡方程如下：

（1）将图 8.5 中各力向 m' 点的 Q 方向的投影，由 $\sum F_Q=0$，得

$$(Q+dQ)\cos(d\varphi+d\beta)-(T+T_1+dT_1)\sin(d\varphi+d\beta)+qds\cos\frac{1}{2}(d\varphi+d\beta)-Q=0$$

因 $d\varphi$ 很小，$d\beta$ 为比 φ 高一级微量，故

$$\sin(d\varphi+d\beta)\approx d\varphi+d\beta$$
$$\cos(d\varphi+d\beta)\approx1$$
$$\cos\frac{1}{2}(d\varphi+d\beta)\approx1$$
$$qds=qRd\varphi$$

又考虑 $T=qR$，有

$$Q+dQ-(qR+T_1+dT_1)(d\varphi+d\beta)+qRd\varphi-Q=0$$
$$dQ-qRd\varphi-qRd\beta-T_1d\varphi-T_1d\beta-dT_1d\varphi-dT_1d\beta+qRd\varphi=0$$

因 T_1 很小，故可忽略 $T_1d\beta$，$dT_1d\varphi$ 及 $dT_1d\beta$，得

$$dQ-T_1d\varphi-qRd\beta=0$$

即

$$\frac{dQ}{d\varphi}=T_1+qR\frac{d\beta}{d\varphi}\tag{8.11}$$

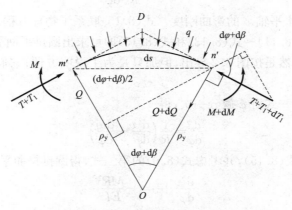

图 8.5　拱微元段隔离体

（2）将图 8.5 各力向 m' 点的切线（即 $T+T_1$ 的作用线）投影，由 $\sum F_{T+T_1}=0$，得

$$T+T_1-(Q+\mathrm{d}Q)\sin(\mathrm{d}\varphi+\mathrm{d}\beta)-(T+T_1+\mathrm{d}T_1)\cos(\mathrm{d}\varphi+\mathrm{d}\beta)-q\mathrm{d}s\sin\frac{1}{2}(\mathrm{d}\varphi+\mathrm{d}\beta)=0$$

$$T+T_1-(Q+\mathrm{d}Q)(\mathrm{d}\varphi+\mathrm{d}\beta)-(T+T_1+\mathrm{d}T_1)-q R\mathrm{d}\varphi\frac{1}{2}(\mathrm{d}\varphi+\mathrm{d}\beta)=0$$

忽略高阶微量 $Q\mathrm{d}\beta$、$\mathrm{d}Q\mathrm{d}\varphi$、$\mathrm{d}Q\mathrm{d}\beta$ 以及荷载高阶增量,得

$$\frac{\mathrm{d}T_1}{\mathrm{d}\varphi}=-Q \tag{8.12}$$

(3)由 $\sum M_{n'}=0$,得

$$M-(M+\mathrm{d}M)+Q\rho_y\sin(\mathrm{d}\varphi+\mathrm{d}\beta)+(T+T_1)\rho_y[1-\cos(\mathrm{d}\varphi+\mathrm{d}\beta)]+q\mathrm{d}s\rho_y\sin\frac{1}{2}(\mathrm{d}\varphi+\mathrm{d}\beta)=0$$

考虑 $\rho_y=\dfrac{\mathrm{d}s}{\mathrm{d}\varphi+\mathrm{d}\beta}$,有

$$M-(M+\mathrm{d}M)+Q\frac{\mathrm{d}s}{\mathrm{d}\varphi+\mathrm{d}\beta}(\mathrm{d}\varphi+\mathrm{d}\beta)+(T+T_1)\frac{\mathrm{d}s}{\mathrm{d}\varphi+\mathrm{d}\beta}(1-1)+q\mathrm{d}s\frac{\mathrm{d}s}{\mathrm{d}\varphi+\mathrm{d}\beta}\cdot\frac{1}{2}(\mathrm{d}\varphi+\mathrm{d}\beta)=0$$

$$-\mathrm{d}M+Q\mathrm{d}s+\frac{1}{2}q\,(\mathrm{d}s)^2=0$$

忽略荷载项的高阶增量影响后,有

$$\frac{\mathrm{d}M}{\mathrm{d}s}=Q \ \text{或} \ \frac{\mathrm{d}M}{\mathrm{d}\varphi}=RQ \tag{8.13}$$

式(8.11)~式(8.13)就是圆拱平面屈曲的平衡方程,式(8.11)~式(8.13)中有 β、v、w、T_1、Q、M 等 6 个未知数,而只有五个方程式,包括三个平衡方程和两个几何方程,还需要一个方程式才能求解,这个方程可由屈曲拱截面外弯矩等于拱截面内部抵抗矩求得,即为曲杆的挠曲平衡微分方程。分析证明:当圆拱截面高度 h 相对于拱轴线半径 R 来说很小时(一般总是这样),按图 8.5 中弯矩 M 的方向,此挠曲平衡方程为

$$EI_x k_x=-M \tag{8.14}$$

将式(8.1)代入式(8.14),并考虑 $\mathrm{d}s=R\mathrm{d}\varphi$,得

$$M=-\frac{EI_x}{R}\frac{\mathrm{d}\beta}{\mathrm{d}\varphi} \tag{8.15}$$

式中,EI_x 为拱截面绕水平轴 x 的弯曲刚度。式(8.15)联系了物理方程。

联解式(8.6)、式(8.11)~式(8.13)和式(8.15)即可求出圆拱平面屈曲的临界荷载。应当指出,本节以上各式虽然是按图 8.2 导出,但那只是为了说明方便;它们适用于圆拱平面屈曲的各种形式。

将式(8.6)中的第一式对 φ 微分一次,得

$$\frac{\mathrm{d}\beta}{\mathrm{d}\varphi}=\frac{1}{R}\left(\frac{\mathrm{d}^2v}{\mathrm{d}\varphi^2}+\frac{\mathrm{d}w}{\mathrm{d}\varphi}\right) \tag{8.16}$$

将式(8.16)代入式(8.15),并考虑式(8.6)的第二式,得圆拱挠曲平衡微分方程

$$\frac{\mathrm{d}^2v}{\mathrm{d}\varphi^2}+v=-\frac{MR^2}{EI_x} \tag{8.17}$$

或

$$\frac{\mathrm{d}^2v}{\mathrm{d}s^2}+\frac{v}{R^2}=-\frac{M}{EI_x} \tag{8.18}$$

式(8.5)对 φ 微分一次,得 $\dfrac{\mathrm{d}^2w}{\mathrm{d}s^2}=\dfrac{1}{R}\dfrac{\mathrm{d}v}{\mathrm{d}s}$,再从式(8.2)解出 $\dfrac{\mathrm{d}v}{\mathrm{d}s}=\beta-\dfrac{w}{R}$,代入上式,整理得

$$\frac{\mathrm{d}^2 w}{\mathrm{d}\varphi^2} + w = R\beta \tag{8.19}$$

金尼克建立了式(8.6)、式(8.11)～式(8.13)和式(8.15),并用这些式子求得各种圆拱平面屈曲的精确解。他还将这些式子推广用于抛物拱平面屈曲计算,用数值法解得较准确结果,但计算很烦琐。有些人用解圆拱平面屈曲的挠曲平衡方程式(8.17)亦得出金尼克的精确解,譬如求图 8.2 双铰拱平面屈曲的临界荷载 q_{cr},因屈曲变形极其微小,屈曲后的径向荷载位置及方向可假定与拱开始屈曲(临界随遇平衡状态)时的位置及方向相同,故屈曲后荷载压力线仍沿拱轴线,则屈曲拱任意点的弯矩为

$$M = qRv \tag{8.20}$$

式中,v 为圆拱轴线任意点的径向位移,qR 为拱开始屈曲时的轴向压力。

金尼克联解式(8.11)～式(8.13)得出弯矩 M 的三阶微分方程:

$$\frac{\mathrm{d}^3 M}{\mathrm{d}\varphi^3} + k^2 \frac{\mathrm{d}M}{\mathrm{d}\varphi} = 0 \tag{8.21}$$

式中,$k^2 = 1 + \dfrac{qR^3}{EI_x}$。

注意到 $\mathrm{d}s = R\mathrm{d}\varphi$,式(8.11)写成 $\dfrac{\mathrm{d}Q}{\mathrm{d}\varphi} = T_1 + qR\dfrac{\mathrm{d}\beta}{\mathrm{d}s}\dfrac{\mathrm{d}s}{\mathrm{d}\varphi} = T_1 + qR^2\dfrac{\mathrm{d}\beta}{\mathrm{d}s}$,利用式(8.15),将 $\dfrac{\mathrm{d}\beta}{\mathrm{d}s} = -\dfrac{M}{EI_x}$ 代入,$\dfrac{\mathrm{d}Q}{\mathrm{d}\varphi} = T_1 - \dfrac{M}{EI_x}qR^2$,对 φ 微分一次后,利用式(8.12)和式(8.13),消去其中的 Q 和 T_1,即可得出式(8.21)。

式(8.21)的解为

$$M = A\sin k\varphi + B\cos k\varphi + C \tag{8.22}$$

对于双铰拱的反对称屈曲形式,式(8.22)的 $C = 0$,则

$$M = A\sin k\varphi + B\cos k\varphi \tag{8.23}$$

8.3 节将证明:将式(8.20)代入式(8.17),积分得出 v 的解析式,再将 v 代入式(8.20),即得出式(8.23)。这样,根据物理概念确定弯矩 M 的解析式,再解圆拱挠曲平衡微分方程,即得出临界荷载的精确解。但这种方法不能求三铰拱及单铰拱对称屈曲(图 8.6)的临界荷载,须联解式(8.6)、式(8.11)～式(8.13),因为图 8.6(a)中在顶铰处 $v \neq 0$,则按式(8.20),该处弯矩不等于零,这不符合事实。

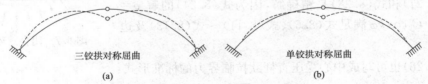

三铰拱对称屈曲　　　　　　　　　　单铰拱对称屈曲

(a)　　　　　　　　　　　　　　　(b)

图 8.6　三铰拱及单铰拱对称屈曲

8.3　均布径向荷载下圆拱平面屈曲的临界力

8.3.1　双铰圆拱

均布径向荷载作用下的双铰圆拱计算简图如图 8.2 所示。式(8.20)代入式(8.17),得

$$\frac{\mathrm{d}^2 v}{\mathrm{d}\varphi^2} + k^2 v = 0 \tag{8.24}$$

式中,$k^2 = 1 + \dfrac{qR^3}{EI_x}$。

式(8.24)的解为 $v=C_1\sin k\varphi+C_2\cos k\varphi$

由边界条件 $\varphi=0,v=0$；得　　　　　　 $C_2=0$

由边界条件 $\varphi=2\alpha,v=0$；得　　　　 $C_1\sin 2k\alpha=0$

显然积分常数 $C_1\neq0$，否则拱不屈曲；故必须是 $\sin2k\alpha=0$。

所以　　　　　　　　 $2k\alpha=n\pi$ 　　$(n=1,2,3,\cdots)$

曲线变形特征函数　　　　　　　 $v=C_1\sin\dfrac{n\pi\varphi}{2\alpha}$

关于 n 的取值，此处不能简单地取 1，需依据变形条件，进一步讨论确定。因为拱的两端不能移动，故 A 端及 B 端的切向位移 $w_A=w_B=0$，则将式(8.6)的第二式积分，应有

$$\int_A^B \mathrm{d}w=w_B-w_A=\int_0^{2\alpha}v\mathrm{d}\varphi=0 \tag{8.25}$$

式(8.25)要求拱屈曲成反对称的两个半波形式正线曲线，它相应于拱的最小临界荷载。故前面的 n 最小值应为 2，所以

$$k_{\min}=\frac{2\pi}{2\alpha}=\frac{\pi}{\alpha} \tag{8.26}$$

式(8.26)代入式(8.24)，得临界荷载：

$$q_{\mathrm{cr}}=\left(\frac{\pi^2}{\alpha^2}-1\right)\frac{EI_x}{R^3}=k_1\frac{EI_x}{R^3} \tag{8.27}$$

临界轴向压力　　　　　 $N_{\mathrm{cr}}=qR=k_1\dfrac{EI_x}{R^2}$ 　　　　　 (8.28)

式中，$k_1=\dfrac{\pi^2}{\alpha^2}-1$，称为临界荷载系数或稳定系数。$k_1$ 与 α 角有关，当 $\alpha=\pi/2$ 时，$k_1=\dfrac{\pi^2}{\pi^2/4}-1=3$，这就是闭合圆环（图 8.7）受均布径向荷载时的稳定系数，因为图 8.7 中半个圆环 AB 的屈曲形式正好与图 8.2 双铰拱的反对称屈曲形式相似，只是此时 $\alpha=\pi/2$，故圆环临界荷载 q_{cr} 可按式(8.27)计算（令 $\alpha=\pi/2$）。

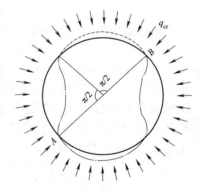

图 8.7　闭合圆环的失稳

式(8.27)和式(8.28)是精确解，因为式(8.24)的解 $v=C_1\sin k\varphi+C_2\cos k\varphi$ 满足式(8.6)、式(8.11)～式(8.13)及边界条件。

式(8.28)也可写成中心受压直杆欧拉临界力的标准形式：

$$N_{\mathrm{cr}}=\left(\frac{\pi^2}{\alpha^2}-1\right)\frac{EI_x}{R^2}=\frac{\pi^2EI_x}{R^2\alpha^2}\left(1-\frac{\alpha^2}{\pi^2}\right)=\frac{\pi^2EI_x}{S_0^2} \tag{8.29}$$

式中，$S_0=\dfrac{R\alpha}{\sqrt{1-\left(\dfrac{\alpha}{\pi}\right)^2}}=\dfrac{S/2}{\sqrt{1-\left(\dfrac{S}{2\pi R}\right)^2}}=\dfrac{S}{2}\beta$，其中，$\beta=\dfrac{1}{\sqrt{1-\left(\dfrac{S}{2\pi R}\right)^2}}$，称为拱度影响系数。

S_0 称为拱的屈曲长度（或自由长度），S 为拱的弧长，式(8.29)表明，可把双铰圆拱看成直杆来检算其平面稳定，其自由长度等于半个拱弧长乘以拱度影响系数 β。

8.3.2　无铰圆拱（固定端圆拱）

金尼克的计算及试验证明：相应于最小临界荷载的无铰圆拱的屈曲形式是反对称的，如

图 8.8(a)的虚线所示,其所不同于双铰拱的反对称屈曲是有拱端支座弯矩 M_0,如图 8.8(b)所示。因为是反对称屈曲,故拱中点 C 为反弯点,该点弯矩为零。截取图 8.8(b) AC 部分为隔离体如图 8.8(c)所示,C 点内力可分解为水平力 T(T 是拱开始屈曲的拱轴压力)及剪力 Q_c,C 点没有拱屈曲引起的拱轴力 T_c,是因为反对称变形引起的对称应力为零。T 与径向荷载 q 平衡,Q_c 与 A 点剪力 Q_A 及轴力 T_1 平衡。由图 8.8(c)知,屈曲后拱轴任意点弯矩为

$$M = qRv - Q_c R\sin\varphi \tag{8.30}$$

将式(8.30)代入式(8.17),得

$$\frac{\mathrm{d}^2 v}{\mathrm{d}\varphi^2} + v = -\frac{R^2}{EI_x}(qRv - Q_c R\sin\varphi)$$

$$\frac{\mathrm{d}^2 v}{\mathrm{d}\varphi^2} + k^2 v = \frac{Q_c R^3}{EI_x}\sin\varphi \tag{8.31}$$

$$k^2 = 1 + \frac{qR^3}{EI_x}$$

式(8.31)的通解为

$$v = C_1 \sin k\varphi + C_2 \cos k\varphi + \frac{Q_c R^3 \sin\varphi}{(k^2-1)EI_x} \tag{8.32}$$

由 A 点边界条件:$\varphi=0$,$v''=\dfrac{\mathrm{d}^2 v}{\mathrm{d}\varphi^2}=0$,得 $C_2=0$。

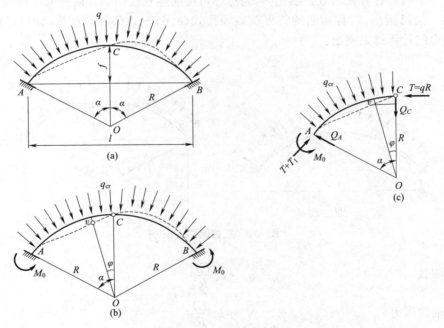

图 8.8　无铰圆拱失稳

由 C 点边界条件:$\varphi=\alpha$,$v=\dfrac{\mathrm{d}v}{\mathrm{d}\varphi}=0$,得

$$C_1 \sin k\alpha + Q_c \frac{R^3 \sin\alpha}{(k^2-1)EI_x} = 0 \tag{8.33a}$$

$$C_1 k\cos k\alpha + Q_c \frac{R^3 \cos\alpha}{(k^2-1)EI_x} = 0 \tag{8.33b}$$

由式(8.33a)和式(8.33b)各系数组成的行列式等于零,得屈曲方程:

$$\sin ka\cos\alpha - k\sin\alpha\cos ka = 0$$

或 $$k\tan\alpha\cot ka = 1 \tag{8.34}$$

用试算法由式(8.34)算出 k，而后自式(8.27)算出临界荷载为

$$q_{cr} = (k^2 - 1)\frac{EI_x}{R^3} = k_2\frac{EI_x}{R^3} \tag{8.35}$$

临界轴力 $$N_{cr} = q_{cr}R = k_2\frac{EI_x}{R^2} \tag{8.36}$$

式中，稳定系数 $k_2 = k^2 - 1$，与 α 角有关，按式(8.34)算出的 k 与 α 的关系见表8.2。

表 8.2　k 与 α 的关系

α	30°	60°	90°	120°	150°	180°
k	8.621	4.375	3	2.364	2.066	2

8.3.3　三铰圆拱

金尼克按式(8.6)～式(8.13)计算了三铰圆拱的反对称屈曲形式[图8.9(a)]及对称屈曲形式[图8.9(b)]的临界荷载，发现对称屈曲的临界荷载最低，实验亦证明是这样。显然，反对称屈曲临界荷载的计算式与双铰拱相同，当然亦可按前述双铰拱临界荷载的计算法计算，其结果亦相同。前已指出：对称屈曲的临界荷载须按式(8.6)～式(8.13)计算，计算过程较烦琐。兹将金尼克的计算结果列出：

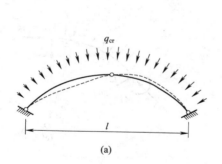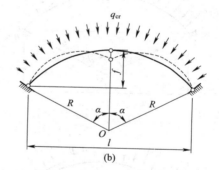

图 8.9　三铰圆拱失稳

临界荷载 $$q_{cr} = k_3\frac{EI_x}{R^3} \tag{8.37}$$

临界轴向压力 $$N_{cr} = k_3\frac{EI_x}{R^2} \tag{8.38}$$

式中，$k_3 = k^2 - 1$，k 由特征方程解出。

$$\frac{\tan u - u}{u^3} = \frac{4(\tan\alpha - \alpha)}{\alpha^3} \tag{8.39}$$

由式(8.39)解出 u。此地，$u = \frac{k\alpha}{2}$，则 $k = \frac{2u}{\alpha}$。

故 $$k_3 = \frac{4u^2}{\alpha^2} - 1 = \frac{4u^2 - \alpha^2}{\alpha^2} \tag{8.40}$$

以上三种圆拱的稳定系数 k_1、k_2、k_3，见表8.3。

表 8.3 圆拱稳定系数

2α	无铰圆拱 k_2	双铰圆拱 k_1	三铰圆拱 k_3
30°	294.0	143	108.00
60°	73.3	35	27.60
90°	32.4	15	12.00
120°	18.1	8	6.75
150°	11.5	4.76	4.32
180°	8.0	3	3.00

为实用方便,各种圆拱临界荷载 q_{cr} 常表为矢跨比 $f/l=\lambda$ 及跨度 l 的函数,按图 8.9(b) 几何关系,得

$$\left(\frac{l}{\alpha}\right)^2+(R-f)^2=R^2$$

$$R=\frac{l^2}{8f}+\frac{f}{2}=l\left(\frac{1}{8f/l}+\frac{f}{2l}\right)=l\left(\frac{1}{8\lambda}+\frac{\lambda}{2}\right) \tag{8.41}$$

$$\sin\alpha=\frac{l}{2R}=\frac{1}{2\left(\frac{1}{8\lambda}+\frac{\lambda}{2}\right)}$$

$$\alpha=\sin^{-1}\left[\frac{1}{2\left(\frac{1}{8\lambda}+\frac{\lambda}{2}\right)}\right] \tag{8.42}$$

将式(8.41)、式(8.42)代入式(8.27)、式(8.35)、式(8.37)分别得出:

双铰圆拱临界荷载 $\qquad q_{cr}=k_1'\dfrac{EI_x}{l^3}$

无铰圆拱临界荷载 $\qquad q_{cr}=k_2'\dfrac{EI_x}{l^3}$

三铰圆拱临界荷载 $\qquad q_{cr}=k_3'\dfrac{EI_x}{l^3}$

例如将式(8.41)、式(8.42)代入式(8.27),得出

$$k_1'=\left\{\left[\frac{\pi}{\sin^{-1}\left(\dfrac{1}{1/4\lambda+\lambda}\right)}\right]^2-1\right\}\frac{1}{\left(\dfrac{1}{8\lambda}+\dfrac{\lambda}{2}\right)^3} \tag{8.43}$$

$$\lambda=\frac{f}{l}$$

同样可得出 k_2' 及 k_3' 的计算式。k_1'、k_2'、k_3' 见表 8.4。例如将 $\lambda=f/l=0.1$ 及 0.3 分别代入式(8.43)得出 $k_1'=28.366$ 及 40.9,均与表 8.4 对应。可是,按 $\lambda=f/l=0.2$ 算得的 $k_1'=42.10$,与表 8.4 中的 39.3 相差较多,有兴趣者可进一步深究。

表 8.4 圆拱 k_1'、k_2'、k_3'

f/l	无铰圆拱 k_2'	双铰圆拱 k_1'	三铰圆拱 k_3'
0.1	58.9	28.4	22.2
0.2	90.4	39.3	33.5

f/l	无铰圆拱 k_2'	双铰圆拱 k_1'	三铰圆拱 k_3'
0.3	93.4	40.9	34.9
0.4	80.7	32.8	30.2
0.5	64.0	24.0	24.0

由表 8.3 和表 8.4 知：①稳定系数随圆拱铰数的增加而降低；②各种圆拱的临界荷载都在 $\lambda=f/l=0.3$ 左右达到各自的最大值。这种现象可这样理解：在 EI_x 和 l 相同的情况下若 f/l 很小，拱弧短，但均布径向荷载产生的拱轴压力大而使临界荷载降低；反之，若 f/l 很大，则拱轴压力变小，但拱弧较长，按式(8.29)亦使临界荷载降低。

8.4 抛物线拱的平面屈曲

抛物线拱是桥梁中常见的拱轴形式，其在全跨均布铅垂荷载作用下的平面屈曲形式如图 8.1 所示。8.1 节中已说明：由于拱轴压力及曲率随弧线坐标 s 变化，其屈曲平衡微分方程没有闭合解。金尼克利用克希霍夫方程建立与式(8.11)、式(8.12)、式(8.14)相似的抛物线拱平面屈曲的三个平衡微分方程，联解这三个方程，得出弯矩的三阶微分方程式。利用式(8.18)及式(8.15)求出切向位移 w 的积分式，此时半径 R 为变数，这样就可解决边界位移 v、w 的计算问题，最后考虑边界条件，用数值法算出抛物线拱平面屈曲的临界荷载。这一段说明抛物线拱平面屈曲的计算原理与圆拱相同，只是要用数值解法计算，计算较复杂。

与圆拱一样，各种等截面抛物线拱平面屈曲的临界荷载为

$$q_{cr}=k\frac{EI_x}{l^3} \tag{8.44}$$

金尼克计算的截面抛物线拱平面屈曲稳定系值 k 值见表 8.5。

表 8.5 金尼克计算的稳定系数 k 值

f/l	无铰拱	双铰拱	三铰拱	
			对称屈曲变形	反对称屈曲变形
0.1	60.7	28.5	22.5	28.5
0.2	101.0	45.4	39.6	45.4
0.3	115.0	46.5	47.3	46.5
0.4	111.0	43.9	49.2	43.9
0.5	97.4	38.4	—	38.4
0.6	83.8	30.5	38.0	30.5
0.8	59.1	20.0	28.6	20.0
1.0	43.7	14.1	22.1	14.1

表 8.5 中，三铰拱反对称屈曲变形的稳定系数 k 与双铰拱相同，这是因为两者屈曲计算式子同。表中还说明：矢跨比 f/l 较大时，三铰拱最小临界荷载 q_{cr} 相应于反对称屈曲形式，f/l 较小时，q_{cr} 对应于对称屈曲形式。

比较表 8.4 与表 8.5 可以看出：当 $f/l<0.2$ 时，圆拱和抛物线拱的稳定系数相差很小。因此，对于 $f/l<0.2$ 的抛物线拱可按圆拱计算其平面屈曲。

等截面抛物线拱稳定系数 k 的理论值与实验值的比较如图 8.10 所示,图中实线为实验值,虚线为金尼克数值解法的计算值。由此图可看出,实验与计算基本上是吻合的,只是在 $f/l=0.3$ 附近,无铰拱的实验值与计算值相差较多,这主要是因为实验时较难保证拱端完全固定。

实践中,抛物线拱常做成变截面的,金尼克同样用数值解法得出了变截面抛物线拱的稳定系数。

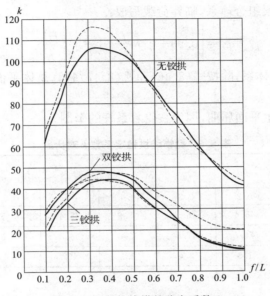

图 8.10 抛物线拱的稳定系数 k

金尼克的计算原理很完整,但计算十分复杂,促使人们寻找新的近似解法,这方面有渐近法、弹性荷载法及矩阵法。这些方法可用于等截面及变截面抛物线拱的平面屈曲计算。斯米尔诺夫按弹性荷载法得出了两铰抛物线拱稳定系数 k 的近似计算式。

$$k=\frac{19.2\lambda}{ab(1-2ab)\left[1+16\lambda^2(1-2ab)(1-ab)\right]\overline{S}} \tag{8.45}$$

式中,$\lambda=\dfrac{f}{l}$,$a=\dfrac{8\lambda^2+1}{16\lambda^2}$,$b=1-\sqrt{1-\dfrac{\lambda^2+0.25}{8\lambda^2\alpha^2}}$,$\overline{S}=\dfrac{1}{4}\sqrt{1+16\lambda^2}+\dfrac{1}{16\lambda}\ln(4\lambda+\sqrt{1+16\lambda^2})$。

按式(8.45)的计算值与金尼克计算值的比较见表 8.6,可见式(8.45)的精确度很高。

斯米尔诺夫的矩阵法解等截面、变截面以及考虑拱上结构影响抛物线的平面屈曲问题,都得出准度很高的结果,但计算较烦琐。这里摘录忽儿契夫得出的考虑拱上结构影响计算二铰抛物线拱(图 8.11)临界荷载的近似式:

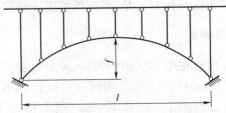

图 8.11 拱—拱上结构联合作用

$$q_{cr} = k' \frac{EI_a}{l^3} \tag{8.46}$$

$$k' = k \left\{ 1 + \left[0.95 + 0.7 \frac{f}{l} + \left(\frac{f}{l} \right)^2 \right] \frac{EI_b}{EI_a} \right\} \tag{8.47}$$

式中, k 为不考虑拱上结构影响的稳定系数, 见表 8.5; EI_b 和 EI_a 分别为加劲梁和拱截面的抗弯刚度。

对于上承式柔拱刚梁组合体系, 临界荷载写成:

$$q_{cr} = \left[0.95 + 0.7 \frac{f}{l} + \left(\frac{f}{l} \right)^2 \right] \frac{EI_b}{l^3} \tag{8.48}$$

对于图 8.11 所示拱体系, 除按式(8.46)和式(8.47)验算总体平面屈曲外, 尚须同时验算拱在立柱间的局部屈曲。

系杆拱一般不易发生平面屈曲, 因为它受着系杆的牵制。

表 8.6　抛物线拱稳定系数 k 对比表

k	$\frac{f}{l}$							
	0.1	0.2	0.3	0.4	0.5	0.6	0.8	1.0
金克尼值	28.5	45.4	46.5	43.9	38.4	30.5	20.0	14.1
按式(8.45)	28.2	44.7	47.6	43.0	36.8	30.6	21.2	15.0
误差百分比	1.1	1.5	2.4	2.1	4.2	0.3	6.0	6.4

8.5　拱轴空间变形的几何关系

拱侧倾后, 原来在铅垂平面内的拱轴线[图 8.12(a) AB 曲线]变为空间曲线, 其在水平面上及铅垂平面上的投影分别如图 8.12(b)及图 8.12(c)中的虚曲线。为便于描述拱轴空间变形, 采用屈曲前拱轴滑动的正交右手坐标系 x、y、z。 x 轴垂直于铅垂平面; y 轴、z 轴分别与屈曲前拱轴线任意点的曲率半径及切线重合; 经 m 点及 n 点的曲线坐标如图 8.12(a)所示。

拱侧倾后, 距拱端 A 弧长为 s 的任意点 $m(s)$ 位移至 m' 点, 如图 8.12(b)所示, 其在 x、y、z 轴方向的位移分别为 u、v、w, 分别见图 8.12(b)、(c)和(e); $m(s)$ 点拱截面绕 x、y、z 轴的转角分别为 β、γ 及 θ, 分别见图 8.12(c)、(b)和(d), 顺 x、y、z 轴正方向的位移为正。转角位移按右手螺旋法则用与 x、y、z 同方向的矢量表示, 故图 8.12(c)中的 β 为负。另外原来与 x、y、z 轴重合的截面主轴 ξ、η、ζ 也随着拱的侧倾而位移, 如图 8.12 所示。

与梁侧倾计算一样, 计算拱侧倾时, 要计算其绕 y 轴的弯曲及绕 z 轴的扭转, 必须计算侧向挠曲率 k_y 及扭曲率 k_z。曲率的几何意义是: 单位弧长度转角的增量。

8.5.1　侧向挠曲率 k_y 及扭曲率 k_z

如图 8.12(a)所示, m、n 两点相距 ds。拱侧倾后, m、n 处的拱截面绕 y、z 轴的转角分别为 γ、$\gamma + d\gamma$ 及 θ、$\theta + d\theta$, 如图 8.13(a)所示。考虑侧倾变形极其微小, 故侧倾后拱轴线在 m' 点的曲率半径 $\rho \approx \rho_0 - v \approx \rho_0$, $\overset{\frown}{m''n''}$ 点曲率半径的夹角 $\approx d\varphi$ (图 8.13)。则 n 处拱截面相对于 m 处拱截面绕 y 轴的转角增量为

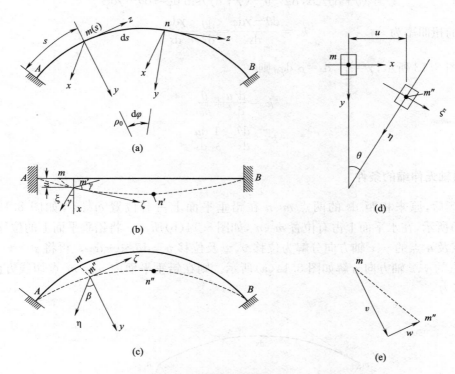

图 8.12 拱轴空间变形的几何关系

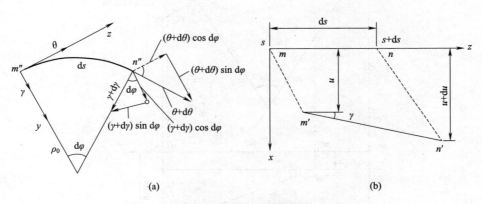

图 8.13 拱侧倾后微段变形

$$(\gamma+\mathrm{d}\gamma)\cos\mathrm{d}\varphi+(\theta+\mathrm{d}\theta)\sin\mathrm{d}\varphi-\gamma$$

因 $\mathrm{d}\varphi$ 很小，故 $\cos\mathrm{d}\varphi\approx1$，$\sin\mathrm{d}\varphi\approx\mathrm{d}\varphi$，再略去高阶微量，得绕 y 轴的转角增量为

$$\mathrm{d}\gamma+\theta\mathrm{d}\varphi$$

除以 $\mathrm{d}s$，即得拱 m 处截面绕 y 轴的单位长度转角增量，即 k_y。

故侧向挠曲率 $\qquad\qquad k_y=\dfrac{\mathrm{d}\gamma+\theta\mathrm{d}\varphi}{\mathrm{d}s}=\dfrac{\mathrm{d}\gamma}{\mathrm{d}s}+\theta\,\dfrac{\mathrm{d}\varphi}{\mathrm{d}s}$ \hfill (8.49)

同理，由图 8.13(a)，拱侧倾后 n 处拱截面相对于 m 处拱截面绕 z 轴的转角增量为

$$(\theta+\mathrm{d}\theta)\cos\mathrm{d}\varphi-\theta-(\gamma+\mathrm{d}\gamma)\sin\mathrm{d}\varphi\approx\mathrm{d}\theta-\gamma\mathrm{d}\varphi$$

故绕 z 轴的扭曲率为
$$k_z=\frac{\mathrm{d}\theta-\gamma\mathrm{d}\varphi}{\mathrm{d}s}=\frac{\mathrm{d}\theta}{\mathrm{d}s}-\frac{\gamma\mathrm{d}\varphi}{\mathrm{d}s} \tag{8.50}$$

又如图 8.13 所示, $\gamma=\dfrac{\mathrm{d}u}{\mathrm{d}s}$, $\mathrm{d}s=\rho_0\mathrm{d}\varphi$, 则

$$k_y=\frac{\mathrm{d}^2u}{\mathrm{d}s^2}+\frac{\theta}{\rho_0} \tag{8.51}$$

$$k_z=\frac{\mathrm{d}\theta}{\mathrm{d}s}-\frac{1}{\rho_0}\frac{\mathrm{d}u}{\mathrm{d}s} \tag{8.52}$$

8.5.2　拱轴无伸缩的条件

拱侧倾后,原来相距 $\mathrm{d}s$ 的两点 m、n 在铅垂平面上占有位置 m''、n'', 如图 8.12(c)及图 8.14(a)所示, 在水平面上占有位置 m'、n', 如图 8.14(b)所示。将铅垂平面上的位移 $\overline{mm''}$ 及 $\overline{nn''}$ 沿 m 点及 n 点的 y、z 轴方向分解为位移 v、w 及位移 $v+\mathrm{d}v$、$w+\mathrm{d}w$。再将 $v+\mathrm{d}v$ 及 $w+\mathrm{d}w$ 沿 m 点的 y、z 轴方向分解如图 8.14(a)所示。则在铅垂平面内 n 点 m 点切线方向(即 z 向)的位移为

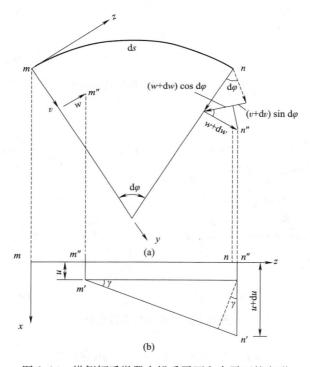

图 8.14　拱侧倾后微段在铅垂平面和水平面的变形

$$(w+\mathrm{d}w)\cos\mathrm{d}\varphi-(v+\mathrm{d}v)\sin\mathrm{d}\varphi$$

在铅垂平面内, m、n 两点沿 m 点切线方向 z 的位移差为
$$(w+\mathrm{d}w)\cos\mathrm{d}\varphi-(v+\mathrm{d}v)\sin\mathrm{d}\varphi-w\approx\mathrm{d}w-v\mathrm{d}\varphi$$

因此由图 8.14(b)得,拱侧倾后拱轴线微段 $mn=\mathrm{d}s$ 的增长 $\Delta\mathrm{d}s$ 为

$$\Delta ds = \overline{m'n'} - ds = \sqrt{(\overline{m''n''})^2 + (du)^2} - ds$$

$$= \sqrt{(ds + dw - v d\varphi)^2 + (du)^2} - ds$$

$$= ds \sqrt{\left(1 + \frac{dw}{ds} - v\frac{d\varphi}{ds}\right)^2 + \left(\frac{du}{ds}\right)^2} - ds$$

上式按二项式定理展开并忽略二次以上的项,得

$$\Delta ds \approx \frac{1}{2}\left[2\left(\frac{dw}{ds} - v\frac{d\varphi}{ds}\right) + \left(\frac{du}{ds}\right)^2\right]ds = \left[\frac{dw}{ds} - v\frac{d\varphi}{ds} + \frac{1}{2}\left(\frac{du}{ds}\right)^2\right]ds$$

则拱轴的单位伸长 ε 为

$$\varepsilon = \frac{\Delta ds}{ds} = \frac{dw}{ds} - \frac{v d\varphi}{ds} + \frac{1}{2}\left(\frac{du}{ds}\right)^2$$

与平面屈曲一样,侧倾时拱轴可认为无伸缩(拱侧倾时拱轴向压力的变化很小)。
故 $\varepsilon = 0$,得拱轴无伸缩的条件

$$\frac{dw}{ds} = v\frac{d\varphi}{ds} - \frac{1}{2}\left(\frac{du}{ds}\right)^2 \tag{8.53}$$

再由拱脚无相对切向位移的条件 $\int_s dw = 0$ 得

$$\int_s v\frac{d\varphi}{ds}ds = \int_s \frac{1}{2}\left(\frac{du}{ds}\right)^2 ds \tag{8.54}$$

对于圆弧拱,$\dfrac{d\varphi}{ds} = \dfrac{1}{R} = $ 常数,上式简化为

$$\int_s v ds = \frac{R}{2}\int_s \left(\frac{du}{ds}\right)^2 ds \tag{8.55}$$

上式即为由拱轴无伸缩的条件及 $\int_s dw = 0$ 推出的 v 与 u 的关系式。

当平面屈曲时,$u = 0$,由式(8.53)及式(8.55)得 $\dfrac{dw}{d\varphi} = v$,$\int_s v ds = 0$ 与式(8.6)及式(8.25)
相同。

8.6 拱侧向屈曲的基本平衡方程

分析固体力学问题,总要考虑几何方程、平衡方程及物理方程。计算拱侧向屈曲的几何方
程已见 8.6 节,本节考虑其余两方面的方程。

侧倾后的拱单元为空间受力,它有以下 6 个平衡方程:

$$\left.\begin{array}{l}\sum F_\xi = 0, \sum F_\eta = 0, \sum F_\zeta = 0 \\[2mm] \sum M_\xi = 0, \sum M_\eta = 0, \sum M_\zeta = 0\end{array}\right\} \tag{8.56}$$

式中,ξ,η,ζ 表示侧倾后拱任意截面的三个主轴,如图 8.12 所示。

与计算梁的侧向屈曲一样,只要建立与侧倾有关的平衡方程:

$$\sum F_\xi = 0 \qquad \sum M_\eta = 0 \qquad \sum M_\zeta = 0$$

梁侧倾计算中,因 $M_\xi \neq 0$,故有式(7.12)~式(7.16)等 5 个平衡方程。这里因 $M_x = 0$,故
只需有以上三个方程。

1. $\sum F_\xi = 0$ 方程

自图 8.12(b)虚线截取微段 ds 为隔离体如图 8.15 所示,图中 q_ξ 为临界荷载 q 在主轴 ξ 上的投影;N_ζ 为侧倾后的拱轴压力;Q_ξ 为侧倾后拱轴沿主轴 ξ 方向的剪力,其方向按材料力学规则确定;ρ_ξ 为侧倾后拱轴线绕主轴 η 的曲率半径;M_η 为侧倾后绕主轴 η 弯曲的弯矩。

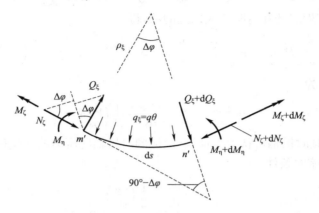

图 8.15 侧倾后 微段 ds 隔离体在主轴平面 $\xi\zeta$ 中视图

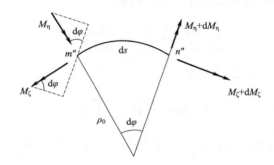

图 8.16 拱轴微段 ds 上的 M_η 及 M_ζ

将各力向 $Q_\xi + dQ_\xi$ 方向投影,由 $Q_\xi + dQ_\xi$ 方向上合力之和为零,得

$$Q_\xi + dQ_\xi + q_\xi ds - N_\zeta \sin \Delta\varphi - Q_\xi \cos \Delta\varphi = 0$$

而

$$N_\zeta \sin \Delta\varphi \approx N_\zeta \Delta\varphi$$

$$\Delta\varphi = \frac{ds}{\rho_\xi} = -k_y ds$$

其中,按图 8.12(a)坐标及图 8.12(b)虚曲线的弯曲方向,k_y 为负。

得

$$dQ_\xi + q_\xi ds - N_\zeta k_y ds = 0$$

$$\frac{dQ_\xi}{ds} - k_y N_\zeta + q_\xi = 0 \tag{8.57a}$$

2. $\sum M_\eta = 0$ 方程

为便于建立方程 $\sum M_\eta = 0$,将作用于侧倾后拱轴微段 ds 上的 M_η(绕主轴 η 的弯矩)及 M_ζ(绕主轴 ζ 的扭矩)用矩矢表示,如图 8.16 所示。将 M_η 及 M_ζ 的矩矢投影到 $M_\eta + dM_\eta$ 的矩矢上,由 $M_\eta + dM_\eta$ 方向上各项矩矢与图 8.15 $Q_\xi ds$ 对 n' 产生的力矩 $Q_\xi ds$ 之和为零,得 $\sum M_\eta = 0$ 的方程:

$$M_\eta + \mathrm{d}M_\eta - M_\eta \cos \mathrm{d}\varphi - M_\zeta \sin \mathrm{d}\varphi - Q_\xi \mathrm{d}s = 0$$

注意：①图 8.15 中 q_ξ 对 n' 点的力矩为二级微量，略去不计；②力矩 $Q_\xi \mathrm{d}s$ 的方向与 $M_\eta +$ $\mathrm{d}M_\eta$ 的方向相反。

因 $\mathrm{d}\varphi$ 很小，$\cos \mathrm{d}\varphi \approx 1$，$\sin \mathrm{d}\varphi \approx \mathrm{d}\varphi$，$\mathrm{d}\varphi = \dfrac{\mathrm{d}s}{\rho_0}$。

故上式简化为
$$\mathrm{d}M_\eta - M_\zeta \frac{\mathrm{d}s}{\rho_0} - Q_\xi \mathrm{d}s = 0$$

有
$$\frac{\mathrm{d}M_\eta}{\mathrm{d}s} - \frac{M_\zeta}{\rho_0} - Q_\xi = 0 \tag{8.57b}$$

侧倾后，拱轴压力变化很小，可认为 N_ζ 等于开始侧倾时的拱轴压力 N，于是由式（8.57a）得
$$\frac{\mathrm{d}Q_\xi}{\mathrm{d}s} = k_y N - q_\xi \tag{8.57c}$$

将式（8.57b）对 s 微分一次，再将式（8.57c）代入，得
$$M_\eta'' - \left(\frac{M_\zeta}{\rho_0}\right)' - k_y N + q_\xi = 0 \tag{8.58}$$

式中，$M_\eta'' = \dfrac{\mathrm{d}^2 M_\eta}{\mathrm{d}s^2}$，$\left(\dfrac{M_\zeta}{\rho_0}\right)' = \dfrac{\mathrm{d}}{\mathrm{d}s}\left(\dfrac{M_\zeta}{\rho_0}\right)$，$\rho_0$ 为侧倾前拱轴的曲率半径。

3. $\sum M_\zeta = 0$ 方程

设侧倾后临界荷载 q 对主轴 ζ 产生的单位弧长扭矩为 m_ζ，其方向设与图 8.16 中的 $M_\zeta +$ $\mathrm{d}M_\zeta$ 的方向相同。则将图 8.16 中各矩矢投影到 $M_\zeta + \mathrm{d}M_\zeta$ 方向，此方向的合矩矢与荷载扭矩 $\mathrm{d}M_\zeta$ 之和为零，则有 $\sum M_\zeta = 0$ 的方程：
$$M_\zeta + \mathrm{d}M_\zeta + M_\eta \sin \mathrm{d}\varphi - M_\zeta \cos \mathrm{d}\varphi + m_\zeta \mathrm{d}s = 0$$

因
$$M_\eta \sin \mathrm{d}\varphi \approx M_\eta \mathrm{d}\varphi = \frac{M_\eta \mathrm{d}s}{\rho_0}$$

得
$$\mathrm{d}M_\zeta + \frac{M_\eta \mathrm{d}s}{\rho_0} + m_\zeta \mathrm{d}s = 0$$

故
$$M_\zeta' + \frac{M_\eta}{\rho_0} + m_\zeta = 0 \tag{8.59}$$

式中，$M_\zeta' = \dfrac{\mathrm{d}M_\zeta}{\mathrm{d}s}$。

式（8.58）和式（8.59）分别为拱侧倾后对主轴 η 的横向挠曲微分方程及对主轴 ζ 的扭转微分方程。式中未包括拱截面横向弯曲刚度 EI_y 及自由扭转刚度 GJ_k 和约束扭转刚度 EI_ω。必须把这些刚度引入式（8.58）和式（8.59），才能求解拱侧倾临界荷载。

式（8.58）及（8.59）中的 M_η 及 M_ζ 为拱侧倾后外荷载（包括拱支座反力素）对任意横截面的外弯矩和外扭矩。外弯矩及外扭矩必须等于截面抵抗弯矩及抵抗扭矩。

由材料力学，根据图 8.12 坐标布置及假定变形情况，外弯矩与截面抵抗扭矩的关系分别为
$$EI_y k_y = -M_\eta \tag{8.60}$$
$$GJ_k k_z - (EI_\omega k_z')' = M_\zeta \tag{8.61}$$

式中，$k_z' = \dfrac{\mathrm{d}}{\mathrm{d}s} k_z$，$(EI_\omega k_z')' = \dfrac{\mathrm{d}}{\mathrm{d}s}(EI_\omega k_z')$。

由式（8.60）和式（8.61）的推导过程知，它们包括了物理方程，具体表现在式中的弹性模量

E 及剪切弹性模量 G。

式(8.58)~式(8.61)中的曲率 k_y、k_z 表示几何方程的作用,故将式(8.60)对 s 微分二次,式(8.61)对 s 微分一次后,分别代入式(8.58)及式(8.59)得出综合的几何方程、平衡方程及物理方程的拱侧倾的弹性平衡方程,见 8.7 节。

8.7 按平衡法计算单个拱的侧倾

桥梁结构中,箱形截面的单肋拱、施工拱架都是常见的单个拱,故讨论单个拱的侧倾具有实际意义。抛物线拱是常用的,但其侧倾临界荷载的计算比较困难,通常用比较简单的圆拱临界荷载的公式来近似计算抛物线拱的临界荷载。从下面计算结果可以看出,这样做偏于安全。下面介绍用平衡法计算矩形等截面圆拱侧倾的临界荷载;对于矩形等截面抛物线拱只给出计算结果。

8.7.1 均布径向荷载矩形等截面圆拱的侧倾

设径向荷载 q 作用于扭心(对于矩形截面即为形心)并在侧倾后保持铅垂方向,如图 8.17 所示。此时,$\rho_0 = R =$ 常数,$EI_y =$ 常数,$I_\omega = 0$,$N = qR =$ 常数,$q_1 = q\sin\theta \approx q\theta$,$m_\zeta = 0$。

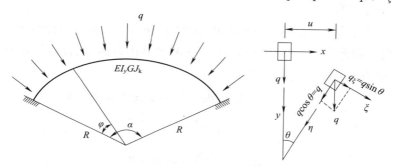

图 8.17 均布径向荷载矩形等截面圆拱

$$k_y'' = \frac{d}{ds^2}\left(\frac{\theta}{R} + \frac{d^2 u}{ds^2}\right) = \frac{1}{R}\frac{d^2\theta}{ds^2} + \frac{d^4 u}{ds^4}$$

$$k_z' = \frac{d}{ds}\left(\frac{d\theta}{ds} - \frac{1}{R}\frac{du}{ds}\right) = \frac{d^2\theta}{ds^2} - \frac{1}{R}\frac{d^2 u}{ds^2}$$

由 $ds = Rd\varphi$,有

$$\frac{du}{ds} = \frac{du}{d\varphi}\frac{d\varphi}{ds} = \frac{1}{R}\frac{du}{d\varphi}$$

同理,$\dfrac{d\theta}{ds} = \dfrac{1}{R}\dfrac{d\theta}{d\varphi}$,$\dfrac{d^2 u}{ds^2} = \dfrac{1}{R^2}\dfrac{d^2 u}{d\varphi^2}$,$\dfrac{d^2\theta}{ds^2} = \dfrac{1}{R^2}\dfrac{d^2\theta}{d\varphi^2}$,$\dfrac{d^4 u}{ds^4} = \dfrac{1}{R^2}\dfrac{d^4 u}{d\varphi^4}$。

为建立后文有关 θ、φ 的侧倾微分方程,将有关曲率表达式 k_y、k_y''、k_z' 改写为

$$k_y = \frac{\theta}{R} + \frac{1}{R^2}\frac{d^2 u}{d\varphi^2} \qquad k_y'' = \frac{1}{R^3}\frac{d^2\theta}{d\varphi^2} + \frac{1}{R^4}\frac{d^4 u}{d\varphi^4} \qquad k_z' = \frac{1}{R^2}\frac{d^2\theta}{d\varphi^2} - \frac{1}{R^3}\frac{d^2 u}{d\varphi^2}$$

将式(8.60)及式(8.61)代入式(8.58)及式(8.59),并考虑 $I_\omega = 0$,得

$$\left.\begin{aligned} -EI_y k_y'' - \frac{1}{\rho_0}GJ_k k_z' - k_y N + q_\xi = 0 \\ GJ_k k_z' - \frac{1}{\rho_0}EI_y k_y + m_\zeta = 0 \end{aligned}\right\} \tag{8.62}$$

再将上述有关值及 k_y、k''_y、k'_z 代入式(8.62),有

$$-\frac{1}{R^4}\frac{\mathrm{d}^4 u}{\mathrm{d}\varphi^4}+\Big(\frac{GJ_\mathrm{k}}{EI_y}-\frac{qR^3}{EI_y}\Big)\frac{1}{R^4}\frac{\mathrm{d}^2 u}{\mathrm{d}\varphi^2}-\Big(1+\frac{GJ_\mathrm{k}}{EI_y}\Big)\frac{1}{R^3}\frac{\mathrm{d}^2\theta}{\mathrm{d}\varphi^2}-\frac{\theta qR}{R}+q\theta=0$$

$$-(GJ_\mathrm{k}+EI_y)\frac{1}{R^3}\frac{\mathrm{d}^2 u}{\mathrm{d}\varphi^2}+GJ_\mathrm{k}\frac{1}{R^2}\frac{\mathrm{d}^2\theta}{\mathrm{d}\varphi^2}-EI_y\frac{1}{R^2}\theta+m_\zeta=0$$

令 $\lambda=\dfrac{EI_y}{GJ_\mathrm{k}}$ 及 $\omega=\dfrac{qR^3}{EI_y}$,并考虑 $m_\zeta=0$,整理后得出以下两式:

$$-\frac{\mathrm{d}^4 u}{\mathrm{d}\varphi^4}+\Big(\frac{1}{\lambda}-w\Big)\frac{\mathrm{d}^2 u}{\mathrm{d}\varphi^2}-R\Big(1+\frac{1}{\lambda}\Big)\frac{\mathrm{d}^2\theta}{\mathrm{d}\varphi^2}=0 \tag{8.63a}$$

$$-(1+\lambda)\frac{\mathrm{d}^2 u}{\mathrm{d}\varphi^2}+R\frac{\mathrm{d}^2\theta}{\mathrm{d}\varphi^2}-R\lambda\theta=0 \tag{8.63b}$$

由式(8.63b)有

$$\frac{\mathrm{d}^2 u}{\mathrm{d}\varphi^2}=-\frac{R\lambda}{1+\lambda}\theta+\frac{R}{1+\lambda}\frac{\mathrm{d}^2\theta}{\mathrm{d}\varphi^2} \tag{8.63c}$$

对式(8.63c)中 φ 微分两次,得

$$\frac{\mathrm{d}^4 u}{\mathrm{d}\varphi^4}=-\frac{R\lambda}{1+\lambda}\frac{\mathrm{d}^2\theta}{\mathrm{d}\varphi^2}+\frac{R}{1+\lambda}\frac{\mathrm{d}^4\theta}{\mathrm{d}\varphi^4} \tag{8.63d}$$

将式(8.63c)、式(8.63d)代入式(8.63a),得矩形截面园拱侧倾的弹性平衡方程:

$$\frac{\mathrm{d}^4\theta}{\mathrm{d}\varphi^4}+(2+w)\frac{\mathrm{d}^2\theta}{\mathrm{d}\varphi^2}+(1-w\lambda)\theta=0 \tag{8.64}$$

式(8.64)的求解简介如下:

设 $\theta=Ce^{p\varphi}$,代入式(8.64)得特征方程:

$$p^4+(2+w)p^2+(1-w\lambda)=0$$

解得四个特征根:$p_1=\mathrm{i}k$,$p_2=-\mathrm{i}k$,$p_3=k_1$,$p_4=-k_1$,式中,$\mathrm{i}=\sqrt{-1}$。

$$k=\sqrt{\frac{2+w}{2}+\sqrt{\Big(\frac{2+w}{2}\Big)^2+w\lambda-1}} \tag{8.65}$$

$$k_1=\sqrt{-\Big(\frac{2+\omega}{2}\Big)+\sqrt{\Big(\frac{2+\omega}{2}\Big)^2+\omega\lambda-1}} \tag{8.66}$$

$$\theta=Ae^{\mathrm{i}k\varphi}+Be^{-\mathrm{i}k\varphi}+Ce^{k_1\varphi}+De^{-k_1\varphi}$$

将欧拉公式 $e^{\mathrm{i}k\varphi}=\cos k\varphi+\mathrm{i}\sin k\varphi$ 及 $e^{-\mathrm{i}k\varphi}=\cos k\varphi-\mathrm{i}\sin k\varphi$ 代入上式得

$$\theta=A(\cos k\varphi+\mathrm{i}\sin k\varphi)+B(\cos k\varphi-\mathrm{i}\sin k\varphi)+$$

$$(C+D)\frac{1}{2}(e^{k_1\varphi}+e^{-k_1\varphi})+(C-D)\frac{1}{2}(e^{k_1\varphi}-e^{-k_1\varphi})$$

$$=\mathrm{i}(A-B)\sin k\varphi+(A+B)\cos k\varphi+(C-D)\sinh k_1\varphi+(C+D)\cosh k_1\varphi$$

$$=C_1\sin k\varphi+C_2\cos k\varphi+C_3\sinh k_1\varphi+C_4\cosh k_1\varphi \tag{8.67}$$

式中,C_1、C_2、C_3、C_4 为积分常数,由拱的几何及力学边界条件确定。

以下分别讨论拱端为铰支和固定的两种情况:

(1)铰支拱端(可以绕 x、y 轴转动,但不能绕 z 轴扭转)

由于拱端不能绕 z 轴转动,故 $\theta=0$;但能绕 x、y 轴转动,故 $M_\xi=M_\eta=0$。

将 $M_\eta=0$,代入式(8.59)并考虑 $m_\zeta=0$,得出 $M'_\zeta=0$。

对式(8.61)中 s 微分一次,然后将 $M'_\zeta=0$ 代入,并考虑 $I_\omega=0$,得

$$k_z' = \frac{\mathrm{d}^2\theta}{\mathrm{d}s^2} - \frac{1}{R}\frac{\mathrm{d}^2 u}{\mathrm{d}s^2} = 0$$

将 $M_\eta = 0$ 代入式(8.60)，得
$$k_y = \frac{\theta}{R} + \frac{\mathrm{d}^2 u}{\mathrm{d}s^2} = 0$$

因 $\theta = 0$，故得 $\dfrac{\mathrm{d}^2 u}{\mathrm{d}s^2} = 0$；再代入 $k_z' = \dfrac{\mathrm{d}^2\theta}{\mathrm{d}s^2} - \dfrac{1}{R}\dfrac{\mathrm{d}^2 u}{\mathrm{d}s^2} = 0$，最后得 $\dfrac{\mathrm{d}^2\theta}{\mathrm{d}s^2} = \theta'' = 0$。

这样，得铰支拱端的边界条件为
$$\varphi = \begin{Bmatrix} 0 \\ \alpha \end{Bmatrix} : \theta = 0, \theta'' = 0 \tag{8.68}$$

将边界条件式(8.68)代入式(8.67)，得 $C_2 = C_3 = C_4 = 0$，$C_1 \sin k\alpha = 0$。C_1 不能等于零，否则拱不侧倾，故 $\sin k\alpha = 0$。

有 $k\alpha = n\pi$，当 $n = 1$ 时，k 最小故 $k_{\min} = \dfrac{\pi}{\alpha}$。

代入式(8.65)，求得
$$\omega = \frac{(\pi^2 - \alpha^2)^2}{\alpha^2(\pi^2 + \lambda\alpha^2)}$$

由 $\omega = \dfrac{q_{cr}R^3}{EI_y}$，并考虑临界轴向压力 $N_{cr} = q_{cr}R$，得

$$N_{cr} = q_{cr}R = \frac{EI_y}{R^2}\omega = \frac{\pi^2 EI_y}{(R\alpha)^2} \cdot \frac{\left[1 - \left(\dfrac{\alpha}{\pi}\right)^2\right]^2}{1 + \lambda\left(\dfrac{\alpha}{\pi}\right)^2} \tag{8.69}$$

式中，$\lambda = \dfrac{EI_y}{GJ_k}$ 为刚度比，$R\alpha = S = $ 拱弧全长，$\dfrac{\left[1 - \left(\dfrac{\alpha}{\pi}\right)^2\right]^2}{1 + \lambda\left(\dfrac{\lambda}{\pi}\right)^2}$ 为拱度影响系数，表示当刚度比及弧长 s 一定时，拱曲度对临界轴向压力的影响。

式(8.69)表明：影响拱侧倾临界轴向压力的主要因素是拱截面侧向抗弯刚度 EI_y；抗扭刚度 GJ_k（由 λ 反映）的影响处于次要位置，因与 $\left(\dfrac{\alpha}{\pi}\right)^2$ 连在一起，而 α 总是小于 π，$\left(\dfrac{\alpha}{\pi}\right)^2$ 远小于 1，从而大大减少 λ 的影响。

将 $C_2 = C_3 = C_4 = 0$ 及 $k = \dfrac{\pi}{\alpha}$ 代入式(8.67)，得拱端铰支时的拱侧倾形式为 $\theta = C_1 \sin\dfrac{\pi\varphi}{\alpha}$，是一个半波的对称扭转变形。

（2）固定拱端

此时边界条件为
$$\varphi = \begin{Bmatrix} 0 \\ \alpha \end{Bmatrix} : \theta = \theta' = 0 \tag{8.70}$$

将边界条件式(8.70)代入式(8.67)，得出拱侧向屈曲方程式：
$$2 + \frac{k_1^2 - k^2}{k_1 k}\sin k\alpha \sinh k_1\alpha - 2\cos k\alpha \cosh k_1\alpha = 0 \tag{8.71}$$

当 α 很小时，$\sinh k_1\alpha \approx k_1\alpha$，$\cosh k_1\alpha \approx 1$。

且 $k_1^2 \ll k^2$［见式(8.65)及式(8.66)］，上式简化为
$$2 - \frac{k^2}{k_1 k}\sin k\alpha \cdot k_1\alpha - 2\cos k\alpha \cdot 1 = 0$$

$$2 - k\alpha\sin k\alpha - 2\cos k\alpha = 0 \tag{8.72}$$

解式(8.72)得 $k_{\min} = \dfrac{2\pi}{\alpha}$，则

$$N_{cr} = q_{cr}R = \frac{\pi^2 EI_y}{\left(R\dfrac{\alpha}{2}\right)^2} \cdot \frac{1 - \left(\dfrac{\alpha}{2\pi}\right)^2}{1 + \lambda\left(\dfrac{\alpha}{2\pi}\right)^2} \tag{8.73}$$

8.7.2　铅垂荷载作用下抛物线拱的侧倾

前面多次指出，铅垂均布荷载作用下的抛物线拱，其曲率及拱轴向力均沿拱轴线变化，使前述侧倾平衡方程带有变系数，只能用数值法求近似解。金尼克曾对承受满布均匀铅垂荷载的固端矩形等截面抛物线拱，按不同的矢跨比 f/l 及刚度比 λ 求得侧倾临界荷载：

$$q_{cr} = k\frac{EI_y}{l^3} \tag{8.74}$$

式中，侧倾稳定系数 k 见表 8.7。

表 8.7　固端抛物线拱侧倾稳定系数 k

$\dfrac{f}{l}$	λ		
	0.7	1.0	1.3
0.1	28.5	28.5	28.0
0.2	41.5	41.0	40.0
0.3	40.0	38.5	36.5

为了比较抛物线拱与圆拱的侧倾临界荷载，将式(8.73)改写成类似式(8.74)的形式：

$$q_{cr} = k'\frac{EI_y}{l^3} \tag{8.75}$$

式中，系数

$$k' = \frac{l^3}{R^3}\frac{4\pi^2}{\alpha^2}\frac{\left[1 - \left(\dfrac{\alpha}{2\pi}\right)^2\right]^2}{\left[1 + \lambda\left(\dfrac{\alpha}{2\pi}\right)^2\right]} \tag{8.76}$$

当 $f/l = 0.2$ 时，k 和 k' 值的对比见表 8.8。

表 8.8　固端抛物线拱与圆拱的侧倾稳定系数的对比

λ	0.7	1.0	1.3
k'	37.9	37.3	35.3
k	41.5	41.0	40.0

由表 8.8 可以看出 k 与 k' 相当接近。f/l 愈小，两者愈接近。因此，用圆拱代替抛物线拱计算侧倾临界荷载，对坦拱是足够精确的。这里是把整个抛物线拱用圆拱来代替。若用几个半径不同的圆弧组成一个拱，以代替抛物线拱来计算其侧倾临界荷载会获得更好的结果，具体情况待计算确定。

前述对比计算中尚有一点要考虑：式(8.73)是根据 α 很小的假定得来，而金尼克的计算式(8.74)并无此假定，故表 8.8 中的对比，似乎共同的基础还不够。

应该指出,抛物线拱侧倾问题的研究,尚不够成熟。考虑拱上结构影响拱桥的侧倾计算问题还有待研究解决。

8.8 按能量法计算单个圆拱的侧倾

计算原理详见第2章,即按

$$\delta(U_i + U_e) = 0$$

式中,U_i,U_e分别为拱从临界随遇平衡状到侧倾状态产生的应变能及外荷载势能。

为了与平衡法的计算结果相比较,下面先计算矩形等截面圆拱,然后计算开口等截面圆拱。

8.8.1 径向均布荷载下矩形等截面圆拱的侧倾

此时,约束扭转刚度$EI_\omega = 0$,不必考虑约束扭转应变能;应变能U_i不能按直杆应变能的计算式计算,这是因为拱侧倾时侧向弯曲与扭转互相耦合,这可以由式(8.58)和式(8.59)看出;另外,由式(8.58)和式(8.59)又可看出,当曲率半径$\rho_0 = \infty$时,M_η与M_ζ相互无关,两者应变能可分开计算,这就产生了式(6.113)。

拱侧倾时的应变能U_i由侧向弯曲和扭转产生,按照结构力学关于杆件应变能的计算原理:

$$\text{侧向弯曲应变能} = \frac{1}{2}\int_s M_\eta \times \text{绕 } y \text{ 轴的转角增量} \tag{8.77a}$$

$$\text{扭转应变能} = \frac{1}{2}\int_s M_\zeta \times \text{绕 } y \text{ 轴的转角增量} \tag{8.77b}$$

将式(8.49)和式(8.50)的分子分别代入式(8.77a)和式(8.77b),然后加起来得

$$U_i = \frac{1}{2}\int_s M_\eta(\mathrm{d}\gamma + \theta\mathrm{d}\varphi) + \frac{1}{2}\int_s M_\zeta(\mathrm{d}\theta - \gamma\mathrm{d}\varphi)$$

上式右边乘以$\dfrac{\mathrm{d}s}{\mathrm{d}s}$,并考虑$\dfrac{\mathrm{d}\gamma + \theta\mathrm{d}\varphi}{\mathrm{d}s} = k_y$,$\dfrac{\mathrm{d}\theta - \gamma\mathrm{d}\varphi}{\mathrm{d}s} = k_z$,得

$$U_i = \frac{1}{2}\int_s M_\eta k_y \mathrm{d}s + \frac{1}{2}\int_s M_\zeta k_z \mathrm{d}s \tag{8.77c}$$

将式(8.60)及式(8.61)代入式(8.77c),并考虑$I_\omega = 0$,同时不计式(8.60)中的负号(因为这里计算应变能,而能量只有增减,无正负之分),得

$$U_i = \frac{EI_y}{2}\int_s (k_y)^2 \mathrm{d}s + \frac{GJ_k}{2}\int_s (k_z)^2 \mathrm{d}s \tag{8.77d}$$

再将式(8.51)及式(8.52)分别代入式(8.77),并考虑$\rho_0 = R$,$\mathrm{d}s = R\mathrm{d}\varphi$,得矩形等截面圆拱侧倾应变能的计算式:

$$\begin{aligned}
U_i &= \frac{EI_y}{2}\int_\alpha \left(\frac{\mathrm{d}^2 u}{R^2 \mathrm{d}\varphi^2} + \frac{\theta}{R}\right)^2 R\mathrm{d}\varphi + \frac{GJ_k}{2}\int_\alpha \left(\frac{\mathrm{d}\theta}{R\mathrm{d}\varphi} - \frac{1}{R^2}\frac{\mathrm{d}u}{\mathrm{d}\varphi}\right)^2 R\mathrm{d}\varphi \\
&= \frac{EI_y}{2R^3}\int_s \left(\frac{\mathrm{d}^2 u}{\mathrm{d}\varphi^2} + R\theta\right)^2 \mathrm{d}\varphi + \frac{GJ_k}{2R^3}\int_\alpha \left(R\frac{\mathrm{d}\theta}{\mathrm{d}\varphi} - \frac{\mathrm{d}u}{\mathrm{d}\varphi}\right)^2 \mathrm{d}\varphi
\end{aligned} \tag{8.78}$$

外荷载势能U_e等于拱侧倾后外荷载q做功的负值。如图8.17所示,径向荷载q做的功为

$$\int_s qv \mathrm{d}s = q \int_s v \mathrm{d}s$$

因为拱侧倾过程中 q 为常数,故这里无系数 $1/2$。

将式(8.55)代入上式,得

$$U_e = -\frac{qR}{2}\int_s \left(\frac{\mathrm{d}u}{\mathrm{d}s}\right)^2 \mathrm{d}s = -\frac{q}{2}\int_\alpha \left(\frac{\mathrm{d}u}{\mathrm{d}\varphi}\right)^2 \mathrm{d}\varphi \qquad (8.79)$$

$$\Pi = U_i + U_e = \frac{EI_y}{2R^3}\int_\alpha \left(\frac{\mathrm{d}^2 u}{\mathrm{d}\varphi^2} + R\theta\right)^2 \mathrm{d}\varphi + \frac{GJ_k}{2R^3}\int_\alpha \left(R\frac{\mathrm{d}\theta}{\mathrm{d}\varphi} - \frac{\mathrm{d}u}{\mathrm{d}\varphi}\right)^2 \mathrm{d}\varphi - \frac{q}{2}\int_\alpha \left(\frac{\mathrm{d}u}{\mathrm{d}\varphi}\right)^2 \mathrm{d}\varphi$$

$$\qquad (8.80)$$

只有假设侧倾位移 u 及 θ 的函数,才能按式(8.80)计算 Π。

设计算两端铰支圆拱侧倾的临界荷载 q_{cr},其几何边界条件为

$$\varphi = \left\{\begin{matrix} 0 \\ \alpha \end{matrix}\right\}, \theta = 0, u = 0 \qquad (8.81)$$

设

$$\left.\begin{matrix} \theta = C_1 \sin\dfrac{\pi\varphi}{\alpha} \\[2mm] u = C_2 \sin\dfrac{\pi\varphi}{\alpha} \end{matrix}\right\} \qquad (8.82)$$

式(8.82)满足上述边界条件式(8.81),按式(2.26)计算 q_{cr} 时,侧倾位移函数只需满足几何边界条件,见 2.6 节。

$$\Pi = \frac{EI_y}{2R^3}\int_\alpha \left[RC_1 - \left(\frac{\pi}{\alpha}\right)^2 C_2\right] \sin^2\frac{\pi\varphi}{\alpha}\mathrm{d}\varphi + \frac{GJ_k}{2R^3}\int_\alpha \left(\frac{\pi}{\alpha}\right)^2 (RC_1 - C_2)2\cos^2\frac{\pi\varphi}{\alpha}\mathrm{d}\varphi -$$

$$\frac{q}{2}\int_\alpha \left(\frac{\pi}{\alpha}\right)^2 C_2^2 \cos^2\frac{\pi\varphi}{\alpha}\mathrm{d}\varphi$$

$$= \frac{EI_y}{2R^3}\frac{\alpha}{2}\left[RC_1 - \left(\frac{\pi}{\alpha}\right)^2 C_2\right]^2 + \frac{GJ_k}{2R^3}(RC_1 - C_2)^2 \frac{\alpha}{2}\left(\frac{\pi}{\alpha}\right)^2 - \frac{q}{2}\frac{\alpha}{2}\left(\frac{\pi}{\alpha}\right)^2 C_2^2 \qquad (8.83)$$

故 Π 为 C_1、C_2 的函数

$$\delta\Pi = \frac{\partial\Pi}{\partial C_1}\delta C_1 + \frac{\partial\Pi}{\partial C_2}\delta C_2$$

代入上式,得

$$\delta\Pi = \frac{\partial\Pi}{\partial C_1}\delta C_1 + \frac{\partial\Pi}{\partial C_2}\delta C_2 = 0$$

因 δC_1、δC_2 是任意的,故必有

$$\frac{\partial\Pi}{\partial C_1} = 0 \qquad \frac{\partial\Pi}{\partial C_2} = 0 \qquad (8.84)$$

将式(8.83)代入式(8.84),得

$$\left.\begin{matrix} R\left[\lambda + \left(\dfrac{\pi}{\alpha}\right)^2\right]C_1 - \left(\dfrac{\pi}{\alpha}\right)^2 (1+\lambda)C_2 = 0 \\[4mm] R(1+\lambda)C_1 + \left\{\dfrac{qR^3}{GJ_k} - \left[1 + \lambda\left(\dfrac{\pi}{\alpha}\right)^2\right]\right\}C_2 = 0 \end{matrix}\right\} \qquad (8.85)$$

由式(8.85)各系数组成的行列式 $\Delta = 0$,得拱侧向屈曲方程:

$$R\left[\lambda + \left(\frac{\pi}{\alpha}\right)^2\right]\left\{\frac{qR^3}{GJ_k} - \left[1 + \lambda\left(\frac{\pi}{\alpha}\right)^2\right]\right\} + R(1+\lambda)^2\left(\frac{\pi}{\alpha}\right)^2 = 0$$

展开上式,得

$$\frac{qR^3}{GJ_k}=\frac{\lambda\left[1-\left(\frac{\pi}{\alpha}\right)^2\right]^2}{\lambda+\left(\frac{\pi}{\alpha}\right)^2}$$

将上式右边的 $\left(\dfrac{\pi}{\alpha}\right)^2$ 提出来,并考虑 $\lambda=\dfrac{EI_y}{GJ_k}$,得

$$qR^3=EI_y\frac{\left[1-\left(\frac{\pi}{\alpha}\right)^2\right]^2}{\lambda+\left(\frac{\pi}{\alpha}\right)^2}=\frac{\left[\left(\frac{\alpha}{\pi}\right)^2-1\right]^2\left(\frac{\pi}{\alpha}\right)^4}{\left[1+\lambda\left(\frac{\alpha}{\pi}\right)^2\right]\left(\frac{\pi}{\alpha}\right)^2}=EI_y\left(\frac{\pi}{\alpha}\right)^2\frac{\left[\left(\frac{\alpha}{\pi}\right)^2-1\right]^2}{1+\lambda\left(\alpha/\pi\right)^2}$$

$$=EI_y\left(\frac{\pi}{\alpha}\right)^2\frac{\left[1-(\alpha/\pi)^2\right]^2}{1+\lambda\left(\alpha/\pi\right)^2}$$

拱侧倾临界荷载

$$q_{cr}=\frac{EI_y}{R^3}\left(\frac{\pi}{\alpha}\right)^2\frac{\left[1-(\alpha/\pi)^2\right]^2}{1+\lambda\left(\alpha/\pi\right)^2} \tag{8.86}$$

与前面按平衡法计算的结果相同,见式(8.73)。

8.8.2 开口薄壁等截面圆拱的侧倾

此时除 $I_\omega\neq 0$ 外,所有计算资料均与 8.8.1 节中相同。通过与 8.8.1 节中相同的计算过程,得出类似于式(8.64)的侧倾弹性平衡方程式

$$-u\frac{\mathrm{d}^6\theta}{\mathrm{d}\varphi^6}+\left(1+\frac{\mu}{\lambda}\right)\frac{\mathrm{d}^4\theta}{\mathrm{d}\varphi^4}+(2+w)\frac{\mathrm{d}^2\theta}{\mathrm{d}\varphi^2}+(1-w\lambda)\theta=0 \tag{8.87}$$

式中,$\mu=\dfrac{EI_\omega}{GJ_kR^2}$。

设拱两端铰支,其几何及力学边界条件为

$$\varphi=\begin{Bmatrix}0\\\alpha\end{Bmatrix}\quad\theta=0\quad(\text{几何条件});\quad\varphi=\begin{Bmatrix}0\\\alpha\end{Bmatrix}\quad\begin{matrix}\theta=0\\\theta'=0\\\theta^{\mathrm{IV}}=0\end{matrix} \tag{8.88}$$

其中,

$$\begin{cases}\theta'=0 & (\text{表示}\ GJ_kk_z'=0)\\\theta^{\mathrm{IV}}=0 & (\text{表示}\ EI_\omega k_z'''=0)\end{cases} \tag{8.88}$$

因为拱两端 $M_\eta=0$,由式(8.60)得 $k_y=0$,有 $u''=u^{\mathrm{IV}}=0$。

因为 $M_\eta=0$,由式(8.59)得 $M_\zeta'=0$;再由式(8.61)得 $GJ_kk_z'-EI_\omega k_z'''=0$,故 $\theta'=\theta^{\mathrm{IV}}=0$。

取拱侧倾扭转角位移函数 $\theta=C\sin\dfrac{\pi\varphi}{\alpha}$,它满足边界条件式(8.88),用伽辽金变分法求解式(8.88),最后求得拱侧倾临界轴向压力为

$$N_{cr}=q_{cr}R=\frac{\pi^2EI_y}{(R\alpha)^2}\frac{\mu R^2\left[\left(\frac{\pi}{\alpha}\right)^2+\frac{1}{\lambda}\right]+\left[1-\left(\frac{\alpha}{\pi}\right)^2\right]}{1+\lambda\left(\frac{\alpha}{\pi}\right)^2} \tag{8.89}$$

习 题

8-1 计算半径为 R 的等截面圆环(EI)在静水压力 q 作用下的临界荷载 q_{cr},并绘制其屈曲

后的轴线变形形状。

8-2 推导拱侧倾计算中的侧向挠曲率 k_y 及扭曲率 k_z。

8-3 现行铁路桥梁设计规范中,主拱面内稳定性可按承受最大水平推力的中心受压杆件进行检算,其计算长度 $l_0 = \pi\sqrt{\dfrac{8f}{KL}}L$,式中 L 为拱的跨度,f 为矢高,K 为平面屈曲稳定系,取值见表 8.5。求:(1)推导该公式;(2)对于变截面拱,如何采用欧拉公式?

8-4 选择以悬链线等截面拱,采用有限元数值分析方法计算其面内、面外稳定性,并分析结果与相应的抛物线拱解析结果进行对比分析。

部分习题答案:

8-1 $q_{cr} = \dfrac{3EI}{R^3}$

9 薄板的屈曲

9.1 引　言

板根据其厚度不同可分为厚板、薄板和薄膜三种。与板面的最小宽度 b 相比，板的厚度 t 相对较大时（$t/b > 1/5 \sim 1/8$），称为厚板。这时横向剪力引起的剪切变形与弯曲变形大小为同阶，因而分析时必须考虑板的剪切变形。当厚度 t 与最小宽度 b 的比值不大时（$1/80 \sim 1/100 < t/b < 1/5 \sim 1/8$），称为薄板。此时横向剪力引起的剪切变形与弯曲变形相比，可略去不计。当板的厚度极薄、一直不具有抗弯刚度时（$t/b < 1/80 \sim 1/100$），称为薄膜，薄膜利用张力即薄膜效应以抵抗横向荷载。限于篇幅，本章仅讨论等厚度薄板的弹性屈曲和屈曲后的强度，假设薄板的材料是各向同性的匀质体，且符合虎克定律。

薄板屈曲问题的解法与压杆屈曲问题类似，其临界荷载可通过求解中性平衡微分方程来获得，也可用能量法、变分法和有限单元法来求解。

图 9.1(a) 为一等厚度薄板，平分厚度 t 的平面与两个板面平行，称为板的中面。取薄板的中面为 xy 平面，z 轴垂直向下。自板中取出一微分体 $\mathrm{d}x\mathrm{d}y\mathrm{d}z$，如图 9.1(b) 所示，微分体各面上作用有正应力和剪应力，正应力的下标和剪应力的第一个下标，表示所作用面的外法线方向，剪应力的第二个下标则表示剪应力的方向。当所取的平行六面体为 $t\mathrm{d}x\mathrm{d}y$ 时，则该六面体四个侧面上的应力组为正应力和剪应力，正应力 σ 的合力为轴力和弯矩，剪应力 τ 的合力为剪力和扭矩。

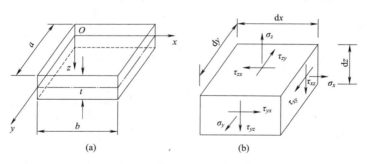

图 9.1　薄板单元及其应力

在计算实际工程的薄板问题时，常采用小挠度理论，其基本假设如下，这些假设已为大多数实验结果所证实。

（1）薄板虽薄，但仍具有一定的抗弯刚度，因而其垂直于中面的挠度 w 远小于其厚度 t。弯曲变形的薄膜效应可略去不计。

（2）如图 9.1 所示，应力分量 σ_z、τ_{zx} 和 τ_{zy} 远小于其余三个分量 σ_x、σ_y、τ_{xy}，因此，它们所引起的应变可以略去不计。

由于略去了垂直于中面方面的正应变 ε_z，因此由 $\varepsilon_z = \dfrac{\partial w}{\partial z} = 0$，得 $w = w(x, y)$。也就是说，

在中面的任一根法线上,薄板整个厚度内的所有各点挠度 w 相同。

由于略去了剪应力 τ_{zx} 和 τ_{zy} 引起的剪应变,可得

$$\gamma_{zx}=\frac{\partial w}{\partial x}+\frac{\partial u}{\partial z}=0 \qquad \gamma_{zy}=\frac{\partial w}{\partial y}+\frac{\partial v}{\partial z}=0$$

即

$$\frac{\partial u}{\partial z}=-\frac{\partial w}{\partial x} \qquad \frac{\partial v}{\partial z}=-\frac{\partial w}{\partial y} \tag{9.1}$$

由于假设 $\varepsilon_z=\gamma_{zx}=\gamma_{zy}=0$,因此弯曲前薄板内垂直于中面的直线段,弯曲后仍保持为没有伸缩的直线,并垂直于弹性曲面。这个假设常称为直线段假设,它与材料力学中梁弯曲的平面假定类似。同时可得薄板弯曲时的物理方程为

$$\left.\begin{aligned} \varepsilon_x &=\frac{1}{E}(\sigma_x-\mu\sigma_y) \\ \varepsilon_y &=\frac{1}{E}(\sigma_y-\mu\sigma_x) \\ \gamma_{xy} &=\frac{2(1+\mu)}{E}\tau_{xy} \end{aligned}\right\} \tag{9.2}$$

或

$$\left.\begin{aligned} \sigma_x &=\frac{E}{1-\mu^2}(\varepsilon_x+\mu\varepsilon_y) \\ \sigma_y &=\frac{E}{1-\mu^2}(\varepsilon_y+\mu\varepsilon_x) \\ \tau_{xy} &=\frac{E}{2(1+\mu)}\gamma_{xy} \end{aligned}\right\} \tag{9.3}$$

式中,μ 为材料泊松比。

可见,薄板的物理方程和弹性力学中的平面应力问题的物理方程是相同的。

(3)薄板弯曲时中面内的各点都没有平行于中面的位移,即

$$u_{\text{ob}}=(u)_{z=0}=0 \qquad v_{\text{ob}}=(v)_{z=0}=0 \tag{9.4}$$

因此 $\qquad (\varepsilon_x)_{z=0}=\frac{\partial u_{\text{ob}}}{\partial y}=0 \qquad (\varepsilon_y)_{z=0}=\frac{\partial v_{\text{ob}}}{\partial y}=0 \qquad (\gamma_{xy})_{z=0}=\frac{\partial v_{\text{ob}}}{\partial x}+\frac{\partial v_{\text{ob}}}{\partial y}=0$

这就是说,薄板弯曲时,中面内的各点都不产生平行于中面的应变,即中面是一个中性层;中面的任意各部分,虽然弯曲成弹性曲面的一部分,但它在 xy 面上的投影形状都保持不变。

根据上述假设,薄板弯曲问题可简化为平面应力问题,它的变形特征可用线性偏微分方程来描述,因此常称为线性理论。

与前面各章所讨论的杆件的屈曲相比,薄板的屈曲较为复杂,主要是由于薄板中的一些物理量如挠度、弯矩和扭矩等将是两个自变量 x 和 y 的函数,需应用偏微分方程来描述。此外,在屈曲特性方面,两者也存在较大的差别,在杆件的屈曲中,临界荷载理论上意味着杆件的破坏荷载;而在薄板中则不然,薄板所受平行于中面的荷载可超过临界荷载很多而不破坏,因此薄板屈曲的临界荷载并不代表它的破坏荷载;在决定薄板的承载能力时,可以不考虑利用其屈曲后的强度。

9.2 薄板屈曲的微分方程式——线性理论

当薄板在中面内承受平行于中面的荷载而屈曲时,为了确定其临界荷载,可应用中性平衡法的概念,在薄板微弯的状态下建立平衡方程式。设等厚度薄板边界所受平行于中面的荷载如图 9.2 所示。p_x 和 p_y 分别代表单位长度上的轴向荷载,p_{xy} 和 p_{yx} 分别代表单位长度上的剪

力荷载,均以图示方向为正值。根据对 z 轴的力矩平衡条件可得 $p_{xy} = p_{yx}$。

在中性平衡状态时,由于板面的微小弯曲,板中任取一个平行六面体 $t\mathrm{d}x\mathrm{d}y$,其侧面上将存在两组内力,一组是中面内力,包括轴力 N_x、N_y 及剪力 N_{xy}、N_{yx},另一组是弯曲内力,包括弯矩、扭矩和横向力。根据小挠度理论的基本假设,在建立平衡方程式时,对这两组内力将分别考虑,然后再予以组合。

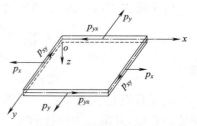

图 9.2　薄板所受平行于
中面的荷载

9.2.1　平衡方程

在微弯状态的板中任取一平行六面体,长度分别为 $\mathrm{d}x$ 和 $\mathrm{d}y$,厚度为 t(板厚),如图 9.3 所示。根据小挠度理论的基本假设(1)和(3),略去薄板弯曲时的薄膜张力,中面不产生应变,同时,由于板很薄,可以假定在中面荷载作用下,板内的应力沿板厚均匀分布且平行于中面。因而平行六面体四个侧面上的中面内力就等于外加荷载,即

$$N_x = p_x \qquad N_y = p_y \qquad N_{xy} = p_{xy} \qquad N_{yx} = p_{yx} \qquad \text{且 } N_{xy} = N_{yx}$$

设 p_x、p_y、$p_{xy} = p_{yx}$ 为常量,由于板处于微弯状态,有挠度 w,而 w 是 x 和 y 的函数,图 9.3 中示出了由此而引起的斜率。

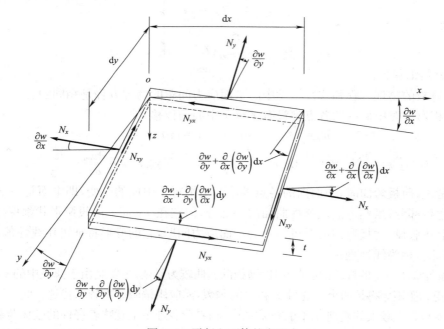

图 9.3　平行六面体的中面力

因为是小挠度理论,各力与水平线的夹角的余弦可取为 1,正弦可近似等于其夹角。略去高阶微量,可知中面力沿 x 和 y 轴的力的代数和恒等于零。

在 z 轴方向,N_x 的分力为

$$N_x \left(\frac{\partial w}{\partial x} + \frac{\partial^2 w}{\partial x^2} \mathrm{d}x \right) \mathrm{d}y - N_x \frac{\partial w}{\partial x} \mathrm{d}y = N_x \frac{\partial^2 w}{\partial x^2} \mathrm{d}x \mathrm{d}y \qquad (9.5a)$$

同理可求得 N_y 和 N_{xy} 在 z 轴方向上的分力,其和为

$$\left(N_y\frac{\partial^2 w}{\partial y^2}+N_{xy}\frac{\partial^2 w}{\partial x\partial y}+N_{yx}\frac{\partial^2 w}{\partial x\partial y}\right)\mathrm{d}x\mathrm{d}y \tag{9.5b}$$

将式(9.5a)和式(9.5b)相加,得平行六面体上中面力在 z 轴方向的分力之和为

$$\left(N_x\frac{\partial^2 w}{\partial x^2}+2N_{xy}\frac{\partial^2 w}{\partial x\partial y}+N_y\frac{\partial^2 w}{\partial y^2}\right)\mathrm{d}x\mathrm{d}y \tag{9.5c}$$

除了上述中面力外,平行六面体 $\mathrm{d}x\mathrm{d}yt$ 上还作用有因板弯曲而引起的力矩、扭矩和剪力,如图 9.4 所示。所有剪力和力矩的正方向如图 9.4 所示。图 9.4 中力矩 M_x、M_y,扭矩 M_{xy}、M_{yx} 和剪力 Q_x、Q_y 都是平行六面体四侧面上单位长度的内力。

在 z 轴方向剪力的合力为

$$\left(\frac{\partial Q_x}{\partial x}+\frac{\partial Q_y}{\partial y}\right)\mathrm{d}x\mathrm{d}y \tag{9.5d}$$

将式(9.5c)和式(9.5d)相加,简化后得沿 z 轴方向力的平衡条件为

$$\frac{\partial Q_x}{\partial x}+\frac{\partial Q_y}{\partial y}+N_x\frac{\partial^2 w}{\partial x^2}+2N_{xy}\frac{\partial^2 w}{\partial x\partial y}+N_y\frac{\partial^2 w}{\partial y^2}=0 \tag{9.5e}$$

对 x 轴的力矩平衡条件为

$$\frac{\partial M_y}{\partial y}\mathrm{d}x\mathrm{d}y+\frac{\partial M_{xy}}{\partial y}\mathrm{d}x\mathrm{d}y-\frac{\partial Q_x}{\partial x}\mathrm{d}x\mathrm{d}y\frac{\mathrm{d}y}{2}-\left(Q_y+\frac{\partial Q_y}{\partial y}\mathrm{d}y\right)\mathrm{d}x\mathrm{d}y=0$$

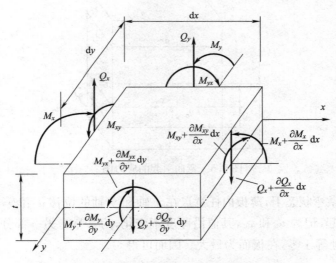

图 9.4 板平行六面体上的弯矩,扭矩和剪力

简化并略去高阶微量后得

$$\frac{\partial M_y}{\partial y}+\frac{\partial M_{xy}}{\partial x}-Q_y=0 \tag{9.5f}$$

同理,对 y 轴的力矩平衡条件为

$$\frac{\partial M_x}{\partial x}+\frac{\partial M_{yx}}{\partial y}-Q_x=0 \tag{9.5g}$$

方程式(9.5e)、式(9.5f)和式(9.5g)是有关薄板弯曲的三个平衡方程式,为了简化,可进一步将这三组式组成一式。

将式(9.5f)对 y 取导数,式(9.5g)对 x 取导数,并考虑 $M_{xy}=M_{yx}$,得

$$\frac{\partial Q_y}{\partial y}=\frac{\partial^2 M_{xy}}{\partial x\partial y}+\frac{\partial^2 M_y}{\partial y^2}$$

$$\frac{\partial Q_x}{\partial x}=\frac{\partial^2 M_x}{\partial x^2}+\frac{\partial^2 M_{xy}}{\partial x\partial y}$$

代入式(9.5e)，即得

$$\frac{\partial^2 M_x}{\partial x^2} + 2\frac{\partial^2 M_{xy}}{\partial x \partial y} + \frac{\partial^2 M_y}{\partial y^2} + N_x\frac{\partial^2 w}{\partial x^2} + 2N_{xy}\frac{\partial^2 w}{\partial x \partial y} + N_y\frac{\partial^2 w}{\partial y^2} = 0 \tag{9.6}$$

方程式(9.6)中包含有四个未知函数：M_x、M_y、M_{xy} 和 w，为了求解此微分方程，还需要补充三个方程，这就需考虑几何条件和物理条件。

9.2.2　力矩—位移方程

下面将建立各个力矩和应力之间的关系，再利用应力和应变之间的物理条件式(9.2)和式(9.3)，由几何条件求出应变和位移之间的关系，最后可得力矩和位移之间的关系，即力矩—位移方程。

在图 9.5 所示的平行六面体 $dxdyt$ 上取一微分体 $dxdydz$，其上作用有正应力 σ 和剪应力 τ，当这些应力仅是由板的弯曲所引起时（即不包括中面力所产生的应力），则平行六面体 $dxdyt$ 侧面上应力的合力矩就是作用在该平行六面体上的各个内力矩。因此可得

$$M_x = \int_{-\frac{t}{2}}^{\frac{t}{2}} \sigma_x z\,dz \qquad M_y = \int_{-\frac{t}{2}}^{\frac{t}{2}} \sigma_y z\,dz \qquad M_{xy} = \int_{-\frac{t}{2}}^{\frac{t}{2}} \tau_{xy} z\,dz \tag{9.7}$$

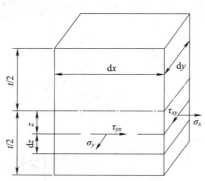

图 9.5　弯曲引起的应力图

在中性平衡的微弯状态下，薄板内任意点在 x 轴和 y 轴的位移 u 和 v，各包含两部分，一部分是由中面力引起，记为 u_0 和 v_0，其值沿厚度不变化，为常量。另一部分是由微弯引起，记为 u_b 和 v_b，在中面处等于零，在板面为最大。因而可得

$$\left.\begin{aligned} u &= u_0 + u_b \\ v &= v_0 + v_b \end{aligned}\right\}$$

下面推导由于弯曲所引起的位移分量 u_b 和 v_b 之间的关系。如图 9.6(a)表示图 9.5 中的微分体 $dxdydz$ 在 xoy 平面内的投影，$abcd$ 为变形前的位置，$a'b'c'd'$ 为变形后的位置，根据应变分量的定义，得

$$\varepsilon_x = \frac{a'b' - ab}{ab} = \frac{\left(dx + u_b + \dfrac{\partial u_b}{\partial x}dx - u_0\right) - dx}{dx} = \frac{\partial u_b}{\partial x} \tag{9.8a}$$

同理，有

$$\varepsilon_y = \frac{\partial v_b}{\partial y} \tag{9.8b}$$

$$\gamma_{xy} = \frac{\partial v_b}{\partial x} + \frac{\partial u_b}{\partial y} \tag{9.8c}$$

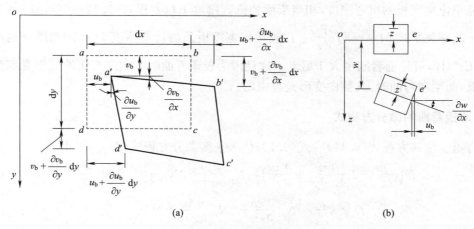

图 9.6 板微分体的弯曲位移

在弯曲时,依据直法线假定,由图9.6(b)可知,离中面为$-z$的e点在弯曲时的位移为

$$u_b = -z \frac{\partial w}{\partial x} \tag{9.8d}$$

同理

$$v_b = -z \frac{\partial w}{\partial y}$$

将式(9.8d)分别代入式(9.8a)、式(9.8b)和式(9.8c)式可得

$$\varepsilon_x = -z \frac{\partial^2 w}{\partial x^2}$$

$$\varepsilon_y = -z \frac{\partial^2 w}{\partial y^2} \tag{9.9}$$

$$\gamma_{xy} = -2z \frac{\partial^2 w}{\partial x \partial y}$$

将式(9.9)代入式(9.2),又得

$$\left.\begin{array}{l} \sigma_x = -\dfrac{Ez}{1-\mu^2}\left(\dfrac{\partial^2 w}{\partial x^2} + \mu \dfrac{\partial^2 w}{\partial y^2}\right) \\[3mm] \sigma_y = -\dfrac{Ez}{1-\mu^2}\left(\dfrac{\partial^2 w}{\partial y^2} + \mu \dfrac{\partial^2 w}{\partial x^2}\right) \\[3mm] \tau_{xy} = -\dfrac{Ez}{1-\mu^2} \dfrac{\partial^2 w}{\partial x \partial y} \end{array}\right\} \tag{9.10}$$

将式(9.10)代入式(9.7),对z积分,并注意$w = w(x,y)$,与z无关,可得三个力矩—位移方程为

$$M_x = -\int \frac{Ez^2}{1-\mu^2}\left(\frac{\partial^2 w}{\partial x^2} + \mu \frac{\partial^2 w}{\partial x^2}\right) dz = -\frac{Et^3}{12(1-\mu^2)}\left(\frac{\partial^2 w}{\partial x^2} + \mu \frac{\partial^2 w}{\partial y^2}\right) = -D\left(\frac{\partial^2 w}{\partial x^2} + \mu \frac{\partial^2 w}{\partial y^2}\right) \tag{9.11}$$

$$M_y = -D\left(\frac{\partial^2 w}{\partial y^2} + \mu \frac{\partial^2 w}{\partial x^2}\right) \tag{9.12}$$

$$M_{xy} = -D(1-\mu) \frac{\partial^2 w}{\partial x \partial y} \tag{9.13}$$

式中

$$D = \frac{Et^3}{12(1-\mu^2)} \tag{9.14}$$

D 是单位宽度板的抗弯刚度,相当于梁的抗弯刚度 EI,方程式(9.11)和(9.12)相当于梁的弯矩—曲率关系式 $M=-EI\dfrac{\mathrm{d}^2 y}{\mathrm{d}x^2}$。比较单位宽度板条的抗弯刚度 D 和同宽度梁的抗弯刚度 $EI=Et^3/12$,可见前者刚度大于后者。这是因为板条弯曲时在宽度方面的变形受到旁边板条的约束,而梁在弯曲时,其侧向变形是自由的。

9.2.3　薄板弯曲的微分方程式

将力矩—位移方程式(9.11)～式(9.13)代入平衡微分方程式(9.6),可得

$$D\left(\frac{\partial^4 w}{\partial x^4}+2\frac{\partial^4 w}{\partial x^2 \partial y^2}+\frac{\partial^4 w}{\partial y^4}\right)=N_x\frac{\partial^2 w}{\partial x^2}+2N_{xy}\frac{\partial^2 w}{\partial x \partial y}+N_y\frac{\partial^2 w}{\partial y^2} \tag{9.15}$$

简写为

$$D\nabla^2\nabla^2 w=N_x\frac{\partial^2 w}{\partial x^2}+2N_{xy}\frac{\partial^2 w}{\partial x \partial y}+N_y\frac{\partial^2 w}{\partial y^2}$$

式中,$\nabla^2=\dfrac{\partial^2}{\partial x^2}+\dfrac{\partial^2}{\partial y^2}$,为拉普拉斯算子。

这就是薄板弹性屈曲的微分方程,它是一个以挠度 w 为未知量的常系数线形偏微分方程。

9.3　单向均匀受压时薄板的临界荷载

图 9.7 为一四边简支的矩形薄板,尺寸为 $a \times b \times t$,在 x 轴方向上承受均布压力 p_x,假设板的支撑条件容许板边在板平面内自由转动,当板受压时不致在板的中面内引起附加荷载。今利用薄板弯曲的微分方程式(9.15)求其临界荷载。

由于已假设中面轴向荷载以受拉为正(图 9.2),所以 $N_x=-p_x$,$N_y=N_{xy}=0$。代入式(9.15)得屈曲方程为

$$D\left(\frac{\partial^4 w}{\partial x^4}+2\frac{\partial^4 w}{\partial x^2 \partial y^2}+\frac{\partial^4 w}{\partial y^4}\right)+p_x\frac{\partial^2 w}{\partial x^2}=0 \tag{9.16a}$$

因沿板的简支边无挠度和无弯矩,故得

当 $x=0$ 和 $x=a$ 时,$w=0$,$\dfrac{\partial^2 w}{\partial x^2}+\mu\dfrac{\partial^2 w}{\partial y^2}=0$

当 $y=0$ 和 $y=b$ 时,$w=0$,$\dfrac{\partial^2 w}{\partial y^2}+\mu\dfrac{\partial^2 w}{\partial x^2}=0$

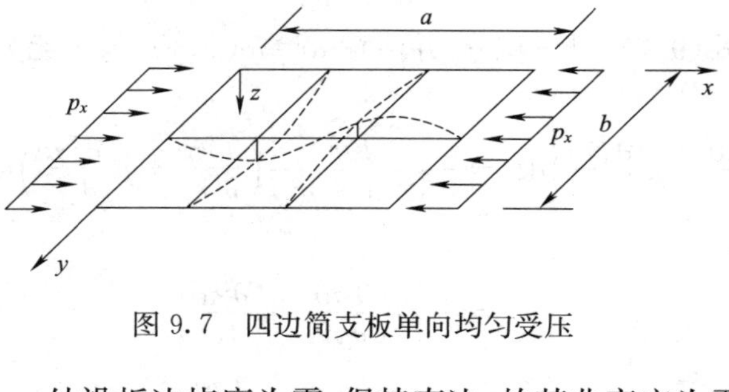

图 9.7　四边简支板单向均匀受压

由于在 $x=0$ 和 $x=a$ 处沿板边挠度为零,保持直边,故其曲率应为零,即

当 $x=0$ 和 $x=a$ 时,$\dfrac{\partial^2 w}{\partial y^2}=0$

同理可得，   当 $y=0$ 和 $y=b$ 时，$\dfrac{\partial^2 w}{\partial x^2}=0$

因此板四边的边界条件可化为

当 $x=0$ 和 $x=a$ 时，$w=0$，$\dfrac{\partial^2 w}{\partial x^2}=0$，$\dfrac{\partial^2 w}{\partial y^2}=0$

$$\text{(9.16b)}$$

当 $y=0$ 和 $y=b$ 时，$w=0$，$\dfrac{\partial^2 w}{\partial y^2}=0$，$\dfrac{\partial^2 w}{\partial x^2}=0$

下面讨论偏微分方程(9.16a)的求解。习惯上偏微分方程常可采用级数求解。今假设偏微分方程(9.16a)的解为下列二重三角级数：

$$w=\sum_{m=1}^{\infty}\sum_{n=1}^{\infty}A_{mn}\sin\frac{m\pi x}{a}\sin\frac{n\pi y}{b}\quad(m,n=1,2,3,\cdots)\tag{9.16c}$$

式中，m 和 n 各为板屈曲时在 x 和 y 方向所形成的半波数目。式(9.16c)所假定的解显然已满足边界条件式(9.16b)，余下的问题是确定此解如何满足偏微分方程式(9.16a)。

对式(9.16c)的 w，求其二阶和四阶偏导数，然后代入偏微分方程式(9.16a)，得

$$\sum_{m=1}^{\infty}\sum_{n=1}^{\infty}A_{mn}\left(\frac{m^4\pi^4}{a^4}+2\frac{m^2n^2\pi^4}{a^2b^2}+\frac{n^4\pi^4}{b^4}-\frac{p_x}{D}\frac{m^2\pi^2}{a^2}\right)\times\sin\frac{m\pi x}{a}\sin\frac{n\pi y}{b}=0\tag{9.16d}$$

此等式左边包含无穷项之和，使式(9.16d)左端恒为零的唯一方法是使每项的系数等于零，即

$$A_{mn}\left[\pi^4\left(\frac{m^2}{a^2}+\frac{n^2}{b^2}\right)^2-\frac{p_x}{D}\frac{m^2\pi^2}{a^2}\right]=0\tag{9.16e}$$

满足式(9.16e)的条件若是 $A_{mn}=0$，则 $w=0$，表明 p_x 可任意取值同板面保持平直，与中性平衡微弯状态的前提不符。因此，$A_{mn}\neq0$，求解临界荷载的条件是对特定的 m 和 n 应使式(9.16e)中的方括号内的算式为零，即

$$p_x=\frac{Da^2\pi^2}{m^2}\left(\frac{m^2}{a^2}+\frac{n^2}{b^2}\right)^2\ \text{或}\ p_x=\frac{Da\pi^2}{b^2}\left(\frac{mb}{a}+\frac{n^2a}{mb}\right)^2\tag{9.16f}$$

临界荷载应是使板保持微弯状态的最小荷载，因而取 $n=1$，即在 y 方向板弯成一个半波，于是临界荷载为

$$p_x=\frac{kD\pi^2}{b^2}\tag{9.17}$$

式中，k 称为薄板的屈曲系数(*Buckling coefficient*)。

$$k=\left(\frac{mb}{a}+\frac{n^2a}{mb}\right)^2\tag{9.18}$$

由此可知，四边简支薄板单向均匀受压时的临界荷载大小取决于板的尺寸比 a/b。

由 $\dfrac{\mathrm{d}k}{\mathrm{d}m}=0$，得

$$2\left(\frac{mb}{a}+\frac{a}{mb}\right)\left(\frac{b}{a}-\frac{a}{bm^2}\right)=0$$

解得，$m=\dfrac{a}{b}$，代入式(9.18)，得 $k_{\min}=4$。

故知最小临界荷载为 $(p_x)_{cr} = 4\dfrac{D\pi^2}{b^2}$ （9.19）

m 是在 x 方向板屈曲后所形成的半波数目，其值必须是整数，例如 $m=1,2,3,\cdots$ 由此可知，产生最小临界荷载 $(p_x)_{cr}=4\dfrac{D\pi^2}{b^2}$ 的板面尺寸必然 a/b 为正整数，即 a 是 b 的整数倍。

若 $a/b=1$，$m=1$，则在 x 方向弯成一个半波；若 $a/b=2$，$m=2$，就弯成两个半波；

当 a 是 b 的整数倍时，薄板屈曲后的节段（$w=0$ 的线）把整块板分成若干个长方形。

若板面尺寸 a/b 不是整数时，式（9.19）无效，其临界荷载应由式（9.17）试算求出：

分别取 $m=1,2,3,\cdots$ 可得 k 关于 a/b 的函数，图 9.8 给出了 k—a/b 的关系曲线，由此可定出 k 值的最小包络线，图中用实线表示。根据包络线和 a/b 值可定出 k、m 值，然后由式（9.17）可算得相应的临界荷载。

由包络线也可看出当 $a/b \leqslant \sqrt{2}$ 时，在 x 方向弯曲成一个半波，当 $\sqrt{2} \leqslant a/b \leqslant \sqrt{6}$ 时，则弯成两个半波，依次类推。当 $a/b \geqslant 4$ 以后，k 值变化不大，接近最小值 $k_{\min}=4$。

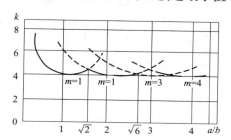

图 9.8　单向均匀受压时的屈曲应力系数 k

由式（9.17）的临界荷载，可求得临界应力为

$$\sigma_{cr} = \frac{kD\pi^2}{b^2}\frac{1}{t} = \frac{k}{12(1-\mu^2)}\frac{\pi^2 E}{(b/t)^2} = C\frac{\pi^2 E}{(b/t)^2}$$ （9.20）

当 $a/b \geqslant 4$ 时，$k=4$，故 $C=\dfrac{k}{12(1-\mu^2)}=$ 常数，说明临界应力将与板的宽厚比 b/t 的平方成反比，而与板的长度无关。而压杆的临界应力为 $\sigma_{cr}=\dfrac{\pi^2 E}{\lambda^2}$，则表明压杆的临界应力与长细比的平方成反比，即与压杆的长度密切相关。做此比较是十分有意义的：若把工字形轴心压杆的腹板看成是四边简支和单向受压的矩形长板，为了提高腹板的屈曲强度，由式（9.20）可知，最有效的办法将是设置纵向加劲肋以减小板的宽度，而不是设置横向加劲肋以减小板的长度。

当板的支承条件不是简支时，根据本节所介绍的方法可同样导出临界荷载如式（9.17）所示，而临界应力如式（9.20）所示，但其屈曲系数 k 不同，见表 9.1。

表 9.1　短边简支的矩形板沿长度方向均匀受压时的屈曲系数 k

情　况	1	2	3	4	5
两长边的支承条件	两边简支	一边简支 一边固定	两边固定	一边简支 一边自由	一边固定 一边自由
k	4.00	5.42	6.97	0.425	1.277

9.4　四边固定正方形板单向受压时的临界荷载——瑞利—里兹法

薄板屈曲问题也可以用能量法求解,因此需先求出薄板在中性平衡状态时的总势能 Π,它包括应变能和外力势能(外力所做功的负值)两部分,即

$$\Pi=U-W$$

式中　U——应变能;

　　　W——外力所做的功。

在求得总势能后,就可应用总势能驻值原理、瑞利—里兹法、伽辽金和有限单元法方法来求解薄板的临界荷载。本节只介绍瑞利—里兹法在薄板屈曲问题中的应用。

对于弯曲的薄板,根据小挠度理论的基本假设,可略去应力 σ_z、τ_{zx} 和 τ_{zy} 引起的应变 ε_z、γ_{zx} 和 γ_{zy}。在线性理论中,薄板应变能可应用材料力学中复杂受力状态下的比能表达式得出,即

$$U=\frac{1}{2}\iiint(\sigma_x\varepsilon_x+\sigma_y\varepsilon_y+\tau_{xy}\gamma_{xy})\mathrm{d}x\mathrm{d}y\mathrm{d}z \qquad (9.21a)$$

式中,$\frac{1}{2}(\sigma_x\varepsilon_x+\sigma_y\varepsilon_y+\tau_{xy}\gamma_{xy})$ 就是材料力学中的比能,即单位体积的应变能。

将应力—应变关系式(9.2)代入式(9.21a)得

$$U=\frac{1}{2E}\iiint\left[\sigma_x^2+\sigma_y^2-2\mu\sigma_x\sigma_y+2(1+\mu)\tau_{xy}^2\right]\mathrm{d}x\mathrm{d}y\mathrm{d}z \qquad (9.21b)$$

再将式(9.10)代入式(9.21b)得

$$U=\frac{E}{2(1-\mu^2)}\int z^2\iint\left[\left(\frac{\partial^2w}{\partial x^2}\right)^2+\left(\frac{\partial^2w}{\partial y^2}\right)^2+2\mu\left(\frac{\partial^2w}{\partial x^2}\right)\left(\frac{\partial^2w}{\partial y^2}\right)+2(1-\mu)\left(\frac{\partial^2w}{\partial x\partial y}\right)^2\right]\mathrm{d}x\mathrm{d}y\mathrm{d}z$$
$$(9.21c)$$

上式沿薄板厚度进行积分并经整理后,得薄板的弯曲应变能公式为

$$U=\frac{E}{2(1-\mu^2)}\int_{-t/2}^{t/2}z^2\,\mathrm{d}z\iint\left[\left(\frac{\partial^2w}{\partial x^2}\right)^2+\left(\frac{\partial^2w}{\partial y^2}\right)^2+2\mu\frac{\partial^2w}{\partial x^2}\frac{\partial^2w}{\partial y^2}+2(1-\mu)\left(\frac{\partial^2w}{\partial x\partial y}\right)^2\right]\mathrm{d}x\mathrm{d}y$$

$$=\frac{D}{2}\iint\left[\left(\frac{\partial^2w}{\partial x^2}\right)^2+\left(\frac{\partial^2w}{\partial y^2}\right)^2+2\mu\frac{\partial^2w}{\partial x^2}\frac{\partial^2w}{\partial y^2}+2(1-\mu)\left(\frac{\partial^2w}{\partial x\partial y}\right)^2\right]\mathrm{d}x\mathrm{d}y \qquad (9.22)$$

为了说明用瑞利—里兹法求薄板屈曲时的临界荷载,现举例如下。

图 9.9 为一四边固定的正方形板,在 x 轴方向均匀受压。所谓固定边,是指沿板边处挠度 $w=0$,斜率 $\frac{\partial w}{\partial x}$ 或 $\frac{\partial w}{\partial y}=0$,也就是边缘处在 z 轴方向不能移动,但是在 xy 平面内是可以自由移动的,用式子表示如下:

$$\text{在 } x=0 \text{ 和 } x=a \text{ 处},w=\frac{\partial w}{\partial x}=0$$

$$\text{在 } y=0 \text{ 和 } y=a \text{ 处},w=\frac{\partial w}{\partial y}=0$$

设　　　　　　$$w=A\left(1-\cos\frac{2\pi x}{a}\right)\left(1-\cos\frac{2\pi y}{a}\right) \qquad (9.23a)$$

此式满足上述边界条件。

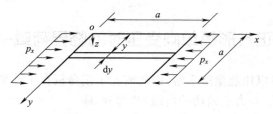

图 9.9　四边固定的正方形薄板单向均匀受压

为用能量法求解，需先求薄板在中性平衡状态时的总势能Π，它包含应变能 U 和荷载的势能$-W$ 两部分。

9.4.1　应变能

应变能可按式(9.22)计算，为此先求 w 的各阶导数：

$$\frac{\partial w}{\partial x} = \frac{2\pi A}{a}\sin\frac{2\pi x}{a}\left(1-\cos\frac{2\pi y}{a}\right)$$

$$\frac{\partial w}{\partial y} = \frac{2\pi A}{a}\left(1-\cos\frac{2\pi x}{a}\right)\sin\frac{2\pi y}{a}$$

$$\frac{\partial^2 w}{\partial x^2} = \frac{4\pi^2 A}{a^2}\cos\frac{2\pi x}{a}\left(1-\cos\frac{2\pi y}{a}\right)$$

$$\frac{\partial^2 w}{\partial y^2} = \frac{4\pi^2 A}{a^2}\left(1-\cos\frac{2\pi x}{a}\right)\cos\frac{2\pi y}{a}$$

$$\frac{\partial^2 w}{\partial x\,\partial y} = \frac{4\pi^2 A}{a^2}\left(\sin\frac{2\pi x}{a}\right)\sin\frac{2\pi y}{a}$$

代入公式(9.22)，得

$$U = \frac{D}{2}\frac{16\pi^4 A^2}{a^4}\iint\limits_{0\ 0}^{a\ a}\left[\cos^2\frac{2\pi x}{a}\left(1-2\cos\frac{2\pi y}{a}+\cos^2\frac{2\pi y}{a}\right)+\cos^2\frac{2\pi y}{a}\ \cdot\right.$$

$$\left(1-2\cos\frac{2\pi x}{a}+\cos^2\frac{2\pi x}{a}\right)+2\mu\left(\cos\frac{2\pi x}{a}-\cos^2\frac{2\pi x}{a}\right)\cdot$$

$$\left.\left(\cos\frac{2\pi y}{a}-\cos^2\frac{2\pi y}{a}\right)+2(1-\mu)\sin^2\frac{2\pi x}{a}\sin^2\frac{2\pi y}{a}\right]\mathrm{d}x\mathrm{d}y \qquad (9.23\mathrm{b})$$

利用下列积分

$$\int_0^a\sin^2\frac{2\pi x}{a}\mathrm{d}x = \frac{a}{2}\qquad\int_0^a\cos^2\frac{2\pi x}{a}\mathrm{d}x = \frac{a}{2}\qquad\int_0^a\cos\frac{2\pi x}{a}\mathrm{d}x = \frac{a}{2}$$

代入(9.23b)式得应变能的表达式为

$$U = \frac{8D\pi^4 A^2}{a^4}\left[\frac{a}{2}\left(a+\frac{a}{2}\right)+\frac{a}{2}\left(a+\frac{a}{2}\right)+2\mu\frac{a^2}{4}+2(1-\mu)\frac{a^2}{4}\right] = \frac{16D\pi^4 A^2}{a^2} \qquad (9.23\mathrm{c})$$

9.4.2　外力的势能

外力的势能等于外力所做功的负值。为了求外力所做的功 W，今考虑一板条，宽度为 $\mathrm{d}y$，如图 9.9 所示，板条承受均布压力 $p_x\mathrm{d}y$，今把此板条看成是一轴心压杆，于是得板条在弯曲时外荷载做功为

$$dW = \frac{p_x \, dy}{2} \int_0^a \left(\frac{\partial w}{\partial x}\right)^2 dx$$

整块板外荷载做功为

$$W = \int_0^a dW = \frac{p_x}{2} \int_0^a \int_0^a \left(\frac{\partial w}{\partial x}\right)^2 dx dy$$

$$= \frac{p_x}{2} \int_0^a \int_0^a \left(\frac{2\pi A}{a}\right)^2 \sin^2 \frac{2\pi x}{a} \left(1 - \cos \frac{2\pi x}{a}\right)^2 dx dy$$

$$= \frac{2\pi^2 A^2 p_x}{a^2} \cdot \frac{a}{2} \int_0^a \left(1 - 2\cos \frac{2\pi y}{a} + \cos^2 \frac{2\pi y}{a}\right) dy$$

$$= \frac{\pi^2 A^2 p_x}{a} \left(a + \frac{a}{2}\right) = \frac{3}{2}\pi^2 A^2 p_x \tag{9.24}$$

9.4.3 总势能

总势能为

$$\Pi = U - W = \frac{16 D\pi^4 A^2}{a^2} - \frac{3}{2}\pi^2 A^2 p_x$$

利用中性平衡的概念和势能驻值原理,由

$$\frac{d\Pi}{dA} = \frac{32 D\pi^4 A}{a^2} - 3\pi^2 A p_x = 0$$

求得临界荷载为

$$(p_x)_{cr} = \frac{32}{3} \frac{D\pi^2}{a^2} = \frac{10.67 D\pi^2}{a^2} \tag{9.25}$$

用无穷级数求出的精确解为

$$(p_x)_{cr} = \frac{10.67 D\pi^2}{a^2}$$

上述能量法的结果是偏大了约 5.9%。

9.5 四边简支正方形板均匀受剪时的临界荷载——伽辽金法

薄板的屈曲不仅发生在板承受轴向压力时,在其他荷载作用下,只要在板中引起压应力的都可能使板屈曲。当板承受剪切时,在剪切荷载作用下,板中将产生斜向压应力(主应力方向),由此也可能使板斜向屈曲。本节以一四边简支的正方形板均匀承受剪力为例(图 9.10),利用伽辽金法求其临界荷载。

简支边的边界条件已见 9.3 节的式(9.16b)。用伽辽金法时,应先假定中性平衡时处在微弯状态下的曲面方程,此方程并满足边界条件,今设

$$w = A_1 \sin \frac{\pi x}{a} \sin \frac{\pi y}{a} + A_2 \sin \frac{2\pi x}{a} \sin \frac{2\pi y}{a} \tag{9.26a}$$

取 $N_{xy} = N_{yx} = p_{xy} = p_{yx}$ 和 $N_x = N_y = 0$,由式(9.15)可知纯剪时薄板屈曲微分方程为

$$\frac{\partial^4 w}{\partial x^4} + 2\frac{\partial^4 w}{\partial x^2 \partial y^2} + \frac{\partial^4 w}{\partial y^4} - \frac{2p_{xy}}{D}\frac{\partial^2 w}{\partial x \partial y} = 0 \tag{9.26b}$$

伽辽金方程为

$$\int_0^a \int_0^a \left(\frac{\partial^4 w}{\partial x^4} + 2\frac{\partial^4 w}{\partial x^2 \partial y^2} + \frac{\partial^4 w}{\partial y^4} - \frac{2p_{xy}}{D}\frac{\partial^2 w}{\partial x \partial y}\right) \sin \frac{\pi x}{a} \sin \frac{\pi y}{a} dx dy = 0$$

$$\int_0^a \int_0^a \left(\frac{\partial^4 w}{\partial x^4} + 2\frac{\partial^4 w}{\partial x^2 \partial y^2} + \frac{\partial^4 w}{\partial y^4} - \frac{2p_{xy}}{D}\frac{\partial^2 w}{\partial x \partial y}\right) \sin \frac{2\pi x}{a} \sin \frac{2\pi y}{a} dx dy = 0$$

由式(9.26a)求 w 的各阶导数如下

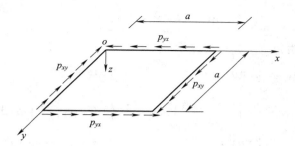

图 9.10　简支正方形板受纯剪

$$\frac{\partial^4 w}{\partial x^4}=\frac{\partial^4 w}{\partial y^4}=\frac{\partial^4 w}{\partial x^2 \partial y^2}=A_1\left(\frac{\pi}{a}\right)^4 \sin\frac{\pi x}{a}\sin\frac{\pi y}{a}+A_2\left(\frac{2\pi}{a}\right)^4 \sin\frac{2\pi x}{a}\sin\frac{2\pi y}{a}$$

$$\frac{\partial^2 w}{\partial x \partial y}=A_1\left(\frac{\pi}{a}\right)^2 \cos\frac{\pi x}{a}\cos\frac{\pi y}{a}+A_2\left(\frac{2\pi}{a}\right)^2 \cos\frac{2\pi x}{a}\cos\frac{2\pi y}{a}$$

代入伽辽金方程得

$$\int_0^a\int_0^a\left(\frac{4A_1\pi^4}{a^4}\sin^2\frac{\pi x}{a}\sin^2\frac{\pi y}{a}+\frac{64\pi^4 A_2}{a^4}\sin\frac{\pi x}{a}\sin\frac{2\pi x}{a}\sin\frac{\pi y}{a}\sin\frac{2\pi y}{a}\right)-\frac{2p_{xy}}{D}\cdot$$

$$\left(A_1\frac{\pi^2}{a^2}\sin\frac{\pi x}{a}\cos\frac{\pi x}{a}\sin\frac{\pi y}{a}\cos\frac{\pi y}{a}+\frac{4\pi^2}{a^2}A_2\sin\frac{\pi x}{a}\cos\frac{2\pi x}{a}\sin\frac{\pi y}{a}\cos\frac{2\pi y}{a}\right)\mathrm{d}x\mathrm{d}y=0$$

$$(9.26c)$$

和　$$\int_0^a\int_0^a\left(\frac{4A_1\pi^4}{a^4}\sin\frac{\pi x}{a}\sin\frac{2\pi x}{a}\sin\frac{\pi y}{a}\sin\frac{2\pi y}{a}+\frac{64\pi^4 A_2}{a^4}\sin^2\frac{2\pi x}{a}\sin^2\frac{2\pi y}{a}\right)-\frac{2p_{xy}}{D}\cdot$$

$$\left(A_1\frac{\pi^2}{a^2}\cos\frac{\pi x}{a}\sin\frac{2\pi x}{a}\cos\frac{\pi y}{a}\sin\frac{2\pi y}{a}+\frac{4\pi^2}{a^2}A_2\sin\frac{2\pi x}{a}\cos\frac{2\pi x}{a}\sin\frac{2\pi y}{a}\cos\frac{2\pi y}{a}\right)\mathrm{d}x\mathrm{d}y=0$$

$$(9.26d)$$

方程式(9.26c)和式(9.26d)中的定积分为

$$\int_0^a \sin^2\frac{m\pi x}{a}\mathrm{d}x=\frac{a}{2}$$

$$\int_0^a \sin\frac{m\pi x}{a}\sin\frac{n\pi x}{a}\mathrm{d}x=\frac{a}{2}\qquad(m\neq n)$$

$$\int_0^a \cos\frac{m\pi x}{a}\sin\frac{m\pi x}{a}\mathrm{d}x=0$$

$$\int_0^a \cos\frac{2\pi x}{a}\sin\frac{\pi x}{a}\mathrm{d}x=-\frac{2a}{3\pi}$$

$$\int_0^a \sin\frac{2\pi x}{a}\cos\frac{\pi x}{a}\mathrm{d}x=\frac{4a}{3\pi}$$

将式(9.26c)和式(9.26d)积分后可化简为

$$\frac{\pi^4}{a^2}A_1-\frac{32p_{xy}}{9D}A_2=0$$

$$-\frac{32p_{xy}}{9D}A_1+\frac{16\pi^4}{a^2}A_2=0$$

$$(9.26e)$$

由系数行列式等于零求临界荷载如下

$$\begin{vmatrix} \dfrac{\pi^4}{a^2} & -\dfrac{32p_{xy}}{9D} \\ -\dfrac{32p_{xy}}{9D} & \dfrac{16\pi^4}{a^2} \end{vmatrix} = \dfrac{16\pi^8}{a^4} - \left(\dfrac{32p_{xy}}{9D}\right)^2 = 0$$

$$(p_{xy})_{cr} = \sqrt{\dfrac{16\pi^8}{a^4}\dfrac{9^2 D^4}{32^2}} = \dfrac{9}{8}\dfrac{\pi^4 D}{a^2} = 11.1\,\dfrac{\pi^2 D}{a^2} \tag{9.26f}$$

本题的较精确解为 $(p_{xy})_{cr} = 9.34\dfrac{\pi^4 D}{a^2}$，用伽辽金法求解结果误差为 $+19\%$。这主要是因为假设的 w 中参数只有两个，有些少。

根据对矩形板的较精确分析，其临界荷载具有与式（9.26f）相似的形式，其临界应力与式（9.20）相似，即

$$(p_{xy})_{cr} = k\,\dfrac{\pi^2 D}{b^2} \qquad \tau_{cr} = \dfrac{\pi^2 E}{12(1-\mu^2)}\left(\dfrac{t}{b}\right)^2 k \tag{9.27}$$

式中，b 为矩形板的短边，t 为板的厚度，屈曲系数 k 为

当四边简支时，
$$k = 5.34 + \dfrac{4.0}{(a/b)^2} \tag{9.28}$$

当四边固定时，
$$k = 8.98 + \dfrac{5.6}{(a/b)^2} \tag{9.29}$$

此处，$a/b > 1.0$。

式（9.20）、式（9.27）和下文的式（9.32）奠定了钢腹板、薄钢板等局部失稳计算和构造措施设计的基础，参见结构设计原理。

9.6　四边简支矩形板在非均布压力下的屈曲

本节讨论简支矩形板（板厚为 t）在轴向压力和弯矩共同作用下的屈曲，如图 9.11 所示。设边缘最大压应力为 σ_1，离板上边缘为 y 处的应力为

$$\sigma = \sigma_1\left(1 - \dfrac{\xi y}{b}\right), \qquad \xi = \dfrac{\sigma_1 - \sigma_2}{\sigma_1} \tag{9.30}$$

当 σ 为压应力时取作正值，因此均匀受压时 $\xi = 0$，纯弯曲时 $\xi = 2$，压弯共同作用时为 $0 < \xi < 2$。

矩形板在单向受压时将屈曲成几个相等的半波并形成与 x 轴垂直的直节线，因此可把每一个半波的板看成是一个四边简支的矩形板，也就是把相邻两节线看成是两简支对边，这样，则在 a 范围内在 x 方向就只出现一个半波，因此可假设

$$w = \sin\dfrac{\pi x}{a}\sum_{i=1}^{\infty} A_i \sin\dfrac{i\pi y}{b} \tag{9.31}$$

此式满足简支边的边界条件 9.3 节式（9.16b）。

今用能量法求解。总势能为 $\Pi = U - W$，则

$$U = \dfrac{D}{2}\int_0^b\int_0^a\left[\left(\dfrac{\partial^2 w}{\partial x^2}\right)^2 + \left(\dfrac{\partial^2 w}{\partial y^2}\right)^2 + 2\mu\dfrac{\partial^2 w}{\partial x^2}\dfrac{\partial^2 w}{\partial y^2} + 2(1-\mu)\left(\dfrac{\partial^2 w}{\partial x \partial y}\right)^2\right]\mathrm{d}x\mathrm{d}y$$

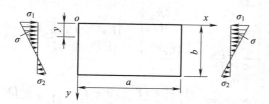

图 9.11　矩形板非均匀受压

$$W = \frac{\sigma_1 t}{2} \int_0^b \int_0^a \left(1 - \frac{\xi y}{b}\right)\left(\frac{\partial w}{\partial x}\right)^2 \mathrm{d}x\mathrm{d}y$$

由式(9.31)求导数如下：

$$\frac{\partial^2 w}{\partial x^2} = -\left(\frac{\pi}{a}\right)^2 \sin\frac{\pi x}{a} \sum_{i=1}^{\infty} A_i \sin\frac{i\pi y}{b}$$

$$\frac{\partial^2 w}{\partial y^2} = -\sin\frac{\pi x}{a} \sum_{i=1}^{\infty} \left(\frac{i\pi}{b}\right)^2 A_i \sin\frac{i\pi y}{b}$$

$$\frac{\partial^2 w}{\partial x\partial y} = \cos\frac{\pi x}{a} \sum_{i=1}^{\infty} \left(\frac{i\pi^2}{ab}\right) A_i \cos\frac{i\pi y}{b}$$

$$\frac{\partial w}{\partial x} = \frac{\pi}{a}\cos\frac{\pi x}{a} \sum_{i=1}^{\infty} A_i \sin\frac{i\pi y}{b}$$

$$\left(\frac{\partial w}{\partial x}\right)^2 = \frac{\pi^2}{a^2}\cos^2\left(\frac{\pi x}{a}\right) \sum_{i=1,j=1}^{\infty} A_i A_j \sin\frac{i\pi y}{b}\sin\frac{j\pi y}{b}$$

将导数代入 U 和 W 式，进行积分，并利用正交函数的特性

$$\int_0^a \sin\frac{i\pi x}{b}\sin\frac{j\pi x}{b}\mathrm{d}x = 0 \qquad (i \neq j)$$

$$\int_0^a \cos\frac{i\pi x}{b}\cos\frac{j\pi x}{b}\mathrm{d}x = 0$$

$$\int_0^a \sin^2\frac{i\pi x}{a}\mathrm{d}x = \frac{a}{2}$$

得

$$U = \frac{\pi^4}{8}Dab \sum_{i=1}^{\infty} A_i{}^2 \left(\frac{1}{a^2} + \frac{i^2}{b^2}\right)^2$$

$$W = \frac{\pi^2}{8}\sigma_1 t \frac{b}{a} \sum_{i=1}^{\infty} A_i^2 - \frac{\sigma_1 t}{4}\xi\frac{\pi^2}{ab}\left[\frac{b^2}{4} \sum_{i=1}^{\infty} A_{i=1}^2 - \frac{8b^2}{\pi^2} \sum_{i=1}^{\infty}\sum_{j=1}^{\infty} \frac{ijA_i A_j}{(i^2 - j^2)^2}\right]$$

式中，$i = 1, 2, 3, \cdots$，而 j 只取使 $(i+j)$ 为奇数时的数值，W 的积分中利用了下述定积分

$$\int_0^b y\sin\frac{i\pi y}{b}\sin\frac{j\pi y}{b}\mathrm{d}y = \begin{cases} \dfrac{b^2}{4} & \text{当 } i = j \text{ 时} \\[2mm] 0 & \text{当 } i+j \text{ 为偶数时} \\[2mm] -\dfrac{4b^2}{\pi^2}\dfrac{ij}{(i^2 - j^2)^2} & \text{当 } i+j \text{ 为奇数时} \end{cases}$$

在求得总势能 Π 后，由 $\frac{\partial \Pi}{\partial A_i} = 0$（$i = 1, 2, 3, \cdots$）可得包含 A_i 的齐次线性方程组，再由系数行列式等于零可得临界应力 $(\sigma_1)_{cr}$。临界应力应具有下列形式：

$$(\sigma_1)_{cr} = k\frac{\pi^2 D}{b^2 t} = k\frac{\pi^2 E}{12(1-\mu^2)}\left(\frac{t}{b}\right)^2 \tag{9.32}$$

铁木辛柯采用了上述方法计算了各种情况下的 k 值。取用三个参数算出了纯弯曲时（$\xi=2$）的 k 值，取用两个参数算出了 $\xi<2$ 时的 k 值，见表 9.2。

表 9.2　非均布压力下简支矩形板的 k 值

ξ	a/b								
	0.4	0.5	0.6	2/3	0.75	0.8	0.9	1.0	1.5
2	29.1	25.6	24.1	<u>23.9</u>	24.1	24.4	25.6	25.6	24.1
4/3	18.7		12.9		11.5	11.2		<u>11.0</u>	<u>11.5</u>
1	15.1		9.7		8.4	8.1		7.8	<u>8.4</u>
4/5	13.3		8.3		7.1	6.9		6.6	<u>7.1</u>
2/3	10.8		7.1		6.1	6.0		5.8	<u>6.1</u>

以 $\xi=2$ 的纯弯曲为例，由表可见在 $\xi=2/3$ 时，k 值最小，因此，一块很长的板在纯弯曲时可屈曲成许多长度为 $2b/3$ 的半波，取钢材的 $E=2.06\times10^5$ N/mm²，$\mu=0.3$，其临界应力为

$$(\sigma_1)_{cr}=\frac{23.9\pi^2\times2.06\times10^5}{12(1-0.3^2)}\left(\frac{t}{b}\right)^2=445\left(\frac{100t}{b}\right)^2 \text{ N/mm}^2$$

此外，还需要注意当 $a/b=0.9\sim1.0$ 时，$k=25.6$；而当 $a/b=0.5$ 时，k 也是 25.6，这说明若板的 $a/b\approx0.95$ 时，有两种屈曲变形的可能性，一种是屈曲成一个半波，另一种是屈曲成两个半波。

在一定的荷载作用下（即 ξ 为定值），屈曲系数 k 随板的长宽比而变化。表 9.2 中在数字下用横线标出了不同 ξ 值时的最小 k 值，可见除纯弯曲外，其余各种 ξ 值时，最小 k 值均发生在 $a/b=1.0$ 时。表中的最小 k 值也可近似地用下列经验公式表示：

$$k_{min}=\xi^3+3\xi^2+4 \tag{9.33}$$

9.7　板的有限变形理论

无论是工程实践经验还是模型试验均表明，薄板加载至临界荷载（屈曲荷载）时并不破坏，这是与柱不同之处，板常常在屈曲后仍有能力抵抗增加的荷载，其承载能力可大大超过其临界荷载，板的这种性能称为屈曲后性能。工程应用中，板的设计可考虑板屈曲后的强度以充分利用其潜力。为了研究板的屈曲后性能，必需应用板的有限变形理论，也称为板的大挠度理论。

当板弯曲时，板的四边受到支承约束而不能相互接近时，板的中面内将产生薄膜应变。当板的挠度 w 相对于板厚来说是微小的情况下，这种薄膜应变可略去不计；但是，当挠度 w 的大小与板厚同阶时，这种薄膜效应不应略去不计，也就是说，必须考虑板中面内各点因挠度引起的平行于中面的位移，因此，也就必须考虑此项中面位移引起的中面应变和中面力。板的有限变形理论与小挠度理论的差别就在于此。

虽然有限变形理论中的挠度与板厚同阶大小，但同板的中面尺寸相比仍然是相对较小，因此假定薄板的挠度远小于中面的尺寸。这样，在板的有限变形理论中，除应考虑薄膜应变外，其他小挠度理论基本仍属有效。

9.7.1　平衡条件

在板弯曲后，平行六面体 $\text{d}x\text{d}yt$ 上作用有两组力：(1)作用于中面的中面力；(2)弯矩、扭矩

和横向剪力。

在采用有限变形理论后,第二组力即弯矩、扭矩和横向剪力性质上并无改变,因此在 9.2 节线性理论中导出的有关这一组力的平衡方程式仍然有效。相反,对第一组力则有较大的变化,在小挠度理论中,外加的中面力是唯一存在的中面力,而在有限变形理论,除外加的中面力外,还存在因薄膜效应而引起的中面力,也就是说,中面力 N_x、N_y 和 N_{xy} 将是 x 和 y 的函数(图 9.12)。

利用小角关系 $\sin\theta \approx \theta$ 和 $\cos\theta \approx 1$,对 x 轴方向取力的平衡条件,得

$$\frac{\partial N_x}{\partial x} + \frac{\partial N_{xy}}{\partial y} = 0 \tag{9.34}$$

对 y 轴方向取力的平衡条件,则

$$\frac{\partial N_y}{\partial y} + \frac{\partial N_{xy}}{\partial x} = 0 \tag{9.35}$$

在 z 轴方向,N_x 的分力之和为

$$-N_x \frac{\partial w}{\partial x}\mathrm{d}y + \left(N_x + \frac{\partial N_x}{\partial x}\mathrm{d}x\right)\left(\frac{\partial w}{\partial x} + \frac{\partial^2 w}{\partial x^2}\mathrm{d}x\right)\mathrm{d}y$$

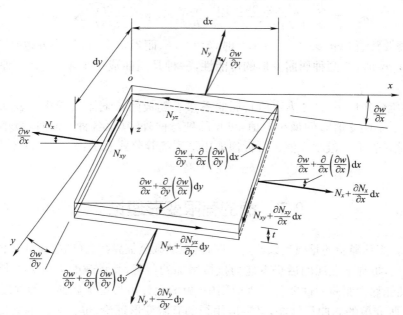

图 9.12 平行六面体上的中面力(有限变形理论)

略去高阶微量后得

$$\left(N_x \frac{\partial^2 w}{\partial x^2} + \frac{\partial N_x}{\partial x}\frac{\partial w}{\partial x}\right)\mathrm{d}x\mathrm{d}y \tag{9.36a}$$

同理,可得 N_y 和 N_{xy} 等在 z 轴方向的分力为

$$\left(N_y \frac{\partial^2 w}{\partial y^2} + \frac{\partial N_y}{\partial y}\frac{\partial w}{\partial y}\right)\mathrm{d}x\mathrm{d}y \tag{9.36b}$$

$$\left(N_{xy} \frac{\partial^2 w}{\partial x \partial y} + \frac{\partial N_{xy}}{\partial x}\frac{\partial w}{\partial y}\right)\mathrm{d}x\mathrm{d}y \tag{9.36c}$$

$$\left(N_{yx} \frac{\partial^2 w}{\partial x \partial y} + \frac{\partial N_{yx}}{\partial y}\frac{\partial w}{\partial x}\right)\mathrm{d}x\mathrm{d}y \tag{9.36d}$$

把式(9.36a)~式(9.36d)相加,并利用式(9.34)和式(9.35),可得平行六面体上所有中

面力在 z 轴方向的分力为

$$\left(N_x\frac{\partial^2 w}{\partial x^2}+2N_{xy}\frac{\partial^2 w}{\partial x\partial y}+N_y\frac{\partial^2 w}{\partial y^2}\right)\mathrm{d}x\mathrm{d}y \tag{9.36e}$$

为了建立 z 轴方向的平衡条件，尚需考虑由于弯曲引起的剪力，由 9.2 节的式（9.5d）、式（9.5f）和式（9.5g），可得剪力在 z 轴方向的合力为

$$\left(\frac{\partial Q_x}{\partial x}+\frac{\partial Q_y}{\partial y}\right)\mathrm{d}x\mathrm{d}y=\left(\frac{\partial^2 M_x}{\partial x^2}+2\frac{\partial^2 M_{xy}}{\partial x\partial y}+\frac{\partial^2 M_x}{\partial y^2}\right)\mathrm{d}x\mathrm{d}y$$

再利用式（9.11）～式（9.13），上式可写成

$$-D\left(\frac{\partial^4 w}{\partial x^4}+2\frac{\partial^2 w}{\partial x^2\partial y^2}+\frac{\partial^2 w}{\partial y^4}\right)\mathrm{d}x\mathrm{d}y \tag{9.36f}$$

由式（9.36e）和式（9.36f）相加可得 z 轴方向的平衡条件为

$$D\left(\frac{\partial^4 w}{\partial x^4}+2\frac{\partial^2 w}{\partial x^2\partial y^2}+\frac{\partial^2 w}{\partial y^4}\right)=N_x\frac{\partial^2 w}{\partial x^2}+2N_x\frac{\partial^2 w}{\partial x\partial y}+N_y\frac{\partial^2 w}{\partial y^2} \tag{9.37}$$

式（9.37）与小挠度理论中的式（9.15）外形相同，但必须注意两者存在本质上的区别。小挠度理论中的中面力 N_x、N_y 和 N_{xy} 是由外加荷载引起，是一个常量，因此式（9.15）是一个常系数偏微分方程，式中只包含一个因变量 w。而有限变形理论中的中面力 N_x、N_y 和 N_{xy}，既包含外加荷载引起的，又包含薄膜力，它们是 x、y 的函数，式（9.37）是一个变系数偏微分方程，式中包含了四个因变量 w、N_x、N_y 和 N_{xy}。

9.7.2　变形协调条件

上面导出的三个平衡条件式（9.34）、式（9.35）和式（9.37）中包含了四个函数 w、N_x、N_y 和 N_{xy}，为了求解这四个函数，必须再建立第四个方程，这就需考虑中面的应变—位移关系。

与 9.2 节中所考虑的相同，板中任意点 (x,y,z) 的 x 和 y 方向的位移分量 u 和 v 包含两部分。

（1）由中面力引起的中面位移 u_0 和 v_0，由于薄膜效应，它们是个变量；

（2）由弯曲引起的位移 u_a 和 v_b。

9.2 节中已导出弯曲应变与弯曲位移的关系，这里将考虑中面应变和中面位移的关系。

图 9.13 中，AB 代表中面中的一个微段 $\mathrm{d}x$，板弯曲变形后，其位置移至 $A'B'$。由于在 x 和 z 方向的位移，微段的长度有了改变。

由于 x 方向 u_0 的影响，其伸长为 $\frac{\partial u_0}{\partial x}\mathrm{d}x$。

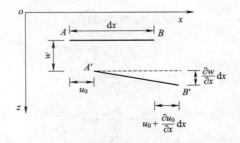

图 9.13　板中面的轴向应变（有限变形理论）

由于 z 方向位移 w 的影响，长度的改变为 $\left[(\mathrm{d}x)^2+\left(\dfrac{\partial w}{\partial x}\mathrm{d}x\right)^2\right]^{1/2}-\mathrm{d}x\approx\dfrac{1}{2}\left(\dfrac{\partial w}{\partial x}\right)^2\mathrm{d}x$，因此在中面 x 方向的正应变为

$$\varepsilon_{x0}=\frac{\partial u_0}{\partial x}+\frac{1}{2}\left(\frac{\partial w}{\partial x}\right)^2 \tag{9.38}$$

同理，可得在中面 y 方向的正应变为 $\varepsilon_{y0}=\dfrac{\partial u_0}{\partial y}+\dfrac{1}{2}\left(\dfrac{\partial w}{\partial y}\right)^2$ $\qquad$ (9.39)

中面的剪应变也包含两部分（图 9.14）：

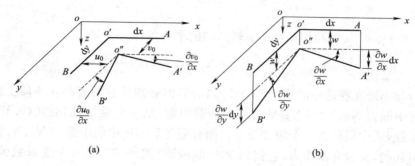

(a) $\qquad\qquad\qquad\qquad\qquad$ (b)

图 9.14　板中面的轴向应变（有限变形理论）

（1）由于 u_0 和 v_0 引起的剪应变[图 9.14(a)]为 $\dfrac{\partial u_0}{\partial y}+\dfrac{\partial v_0}{\partial x}$；

（2）由于 w 引起的剪应变[图 9.14(b)] $\gamma=\angle BO'A-\angle B'O''A'$；而 $\angle BO'A=\pi/2$，故 $\angle B'O'A'=\dfrac{\pi}{2}-\gamma$。

由图中所示的几何关系可知

$$\overline{A'B'}^2=\overline{O'A'}^2+\overline{O'B'}-2\,\overline{O'A'}\,\overline{O'B'}\cos\left(\frac{\pi}{2}-\gamma\right)$$

而

$$\overline{O'A'}^2=(\mathrm{d}x)^2+\left(\frac{\partial w}{\partial x}\mathrm{d}x\right)^2$$

$$\overline{O'B'}^2=(\mathrm{d}y)^2+\left(\frac{\partial w}{\partial y}\mathrm{d}y\right)^2$$

$$\overline{A'B'}^2=(\mathrm{d}x)^2+(\mathrm{d}y)^2+\left(\frac{\partial w}{\partial y}\mathrm{d}y-\frac{\partial w}{\partial x}\mathrm{d}x\right)^2$$

$$\overline{O'A'}\,\overline{O'B'}=\mathrm{d}x\mathrm{d}y$$

$$\cos\left(\frac{\pi}{2}-\gamma\right)=\sin\gamma\approx\gamma$$

因此可解得

$$\gamma=\frac{\partial w}{\partial x}\frac{\partial w}{\partial y}$$

中面总剪应变为

$$\gamma_{xy0}=\frac{\partial u_0}{\partial y}+\frac{\partial v_0}{\partial x}+\frac{\partial w}{\partial x}\frac{\partial w}{\partial y} \tag{9.40}$$

上述导出的式(9.38)～式(9.40)，给出了中面应变和中面位移 u_0、v_0 和挠度 w 之间的关系。利用 $N_x=t\sigma_x$、$N_y=t\sigma_y$ 和 $N_{xy}=t\tau_{xy}$，改写物理方程式(9.2)，可得中面应变和中面力间的关系为

$$\left. \begin{array}{l} \varepsilon_{x0} = \dfrac{1}{Et}(N_x - \mu N_y) \\[3mm] \varepsilon_{y0} = \dfrac{1}{Et}(N_y - \mu N_x) \\[3mm] \gamma_{xy0} = \dfrac{2(1+\mu)}{Et} N_{xy} \end{array} \right\} \tag{9.41}$$

至此，已导出了三个平衡方程式(9.34)、式(9.35)和式(9.37)，三个几何方程式(9.38)～式(9.40)，和三个物理方程式(9.41)，其中包含了九个未知数 N_x、N_y、N_{xy}、ε_{x0}、ε_{y0}、γ_{xy0}、u_0、v_0 和 w，理论上借助这九个方程式就可解出这九个未知数。但为了易于求解，还可设法减少联立求解的方程式数目。对三个几何方程式分别对 x 和 y 取两次导数，经简化后可得变形协调的相容方程式为

$$\frac{\partial^2 \varepsilon_{x0}}{\partial y^2} + \frac{\partial^2 \varepsilon_{y0}}{\partial x^2} - \frac{\partial^2 \gamma_{xy0}}{\partial x \partial y} = \left(\frac{\partial^2 w}{\partial x \partial y}\right)^2 - \frac{\partial^2 w}{\partial x^2}\frac{\partial^2 w}{\partial y^2} \tag{9.42}$$

其次，引进一个应力函数 $F(x,y)$，使

$$N_x = t\frac{\partial^2 F}{\partial y^2} \qquad N_y = t\frac{\partial^2 F}{\partial x^2} \qquad N_{xy} = t\frac{\partial^2 F}{\partial x \partial y} \tag{9.43}$$

式(9.43)完全满足了平衡方程式(9.34)和式(9.35)。将式(9.43)代入式(9.41)，得

$$\left. \begin{array}{l} \varepsilon_{x0} = \dfrac{1}{E}\left(\dfrac{\partial^2 F}{\partial y^2} - \mu \dfrac{\partial^2 F}{\partial x^2}\right) \\[3mm] \varepsilon_{y0} = \dfrac{1}{E}\left(\dfrac{\partial^2 F}{\partial x^2} - \mu \dfrac{\partial^2 F}{\partial y^2}\right) \\[3mm] \gamma_{xy0} = -\dfrac{2(1+\mu)}{E}\dfrac{\partial^2 F}{\partial x \partial y} \end{array} \right\} \tag{9.44}$$

把式(9.44)代入式(9.42)得

$$\frac{\partial^4 F}{\partial x^4} + 2\frac{\partial^4 F}{\partial x^2 \partial y^2} + \frac{\partial^4 F}{\partial y^4} = E\left[\left(\frac{\partial^2 w}{\partial x \partial y}\right)^2 - \frac{\partial^2 w}{\partial x^2}\frac{\partial^2 w}{\partial y^2}\right] \tag{9.45}$$

把式(9.43)代入式(9.37)得

$$\frac{\partial^4 w}{\partial x^4} + 2\frac{\partial^2 w}{\partial x^2 \partial y^2} + \frac{\partial^4 w}{\partial y^4} - \frac{t}{D}\left(\frac{\partial^2 F}{\partial y^2}\frac{\partial^2 w}{\partial x^2} + \frac{\partial^2 F}{\partial x^2}\frac{\partial^2 w}{\partial y^2} - 2\frac{\partial^2 F}{\partial x \partial y}\frac{\partial^2 w}{\partial x \partial y}\right) = 0 \tag{9.46}$$

式(9.45)和式(9.46)两个方程式常称为薄板大挠度微分方程组，其中包含 F 和 w 两个未知数。一旦求出了 F 和 w，就可由式(9.43)求得中面力 N_x、N_y 和 N_{xy}，再由其他方程式求出位移和应变。这个微分方程组就是由卡门(Von karman)先导出，故称为卡门的板大挠度方程，在电子计算机未广泛应用之前，卡门方程几乎是求大挠度板的唯一方程。

9.8　单向受压板的屈曲后性能

板的大挠度微分方程组无法求得精确的闭合解，只能得出近似解和数值解，为了找出各变量间的明确关系，阐明板在屈曲后的性能，本节将采用近似分析方法，以图 9.15 所示的单向受压、四边简支的正方形板为例来说明。

支承的边界条件为

$$\text{当 } x = 0 \text{ 和 } x = a \text{ 时}, w = \frac{\partial^2 w}{\partial x^2} = 0$$

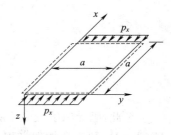

图 9.15 x 方向均匀受压的四边简支正方形板

当 $y=0$ 和 $y=a$ 时，$w=\dfrac{\partial^2 w}{\partial y^2}=0$

对板面内的边界条件做如下假定：

(1)在弯曲时，各边缘保持平直，板的外形保持矩形，如图 9.15 中虚线所示；

(2)沿板的四周，不存在剪力 N_{xy}；

(3)平行于 x 轴的两边（$y=0$，$y=a$），在 y 方向能自由移动。

通过上述假定，非受载边（$y=0$，$y=a$）的约束情况就介于完全固定和完全无约束之间。当完全固定时，板边就不能移动，即 $v=0$。当完全无约束时，板边就不存在任何应力，即 $N_y=0$，而今假定此两边处可以自由移动但板边保持平直，所以板边的 N_y 平均值等于零，而 $N_y \neq 0$。对于受载边（$x=0$，$x=a$），在 x 方向的位移 u 沿 y 轴为常数。

以 σ_{xa} 表示在 $x=0$ 和 $x=a$ 处外加压应力的平均值（以压应力为正），则得

$$\sigma_{xa}=\frac{1}{at}\int_0^a p_x \mathrm{d}y \quad \text{或} \quad p_x=\sigma_{xa}t \tag{9.47a}$$

第一步，对 w 假设做一个适当的函数，今取

$$w=f\sin\frac{\pi x}{a}\sin\frac{\pi y}{a} \tag{9.47b}$$

式中，f 为板中心的挠度。

第二步，求应力函数 $F(x,y)$。将式（9.47b）代入式（9.45）得

$$\frac{\partial^4 F}{\partial x^4}+2\frac{\partial^4 F}{\partial x^2 \partial y^2}+\frac{\partial^4 F}{\partial y^4}=f^2\frac{E\pi^2}{a^4}\left(\cos^2\frac{\pi x}{a}\cos^2\frac{\pi y}{a}-\sin^2\frac{\pi x}{a}\sin^2\frac{\pi y}{a}\right)$$

$$=f^2\frac{E\pi^4}{2a^4}\left(\cos\frac{2\pi x}{a}+\cos\frac{2\pi y}{a}\right) \tag{9.47c}$$

这个偏微分方程的解包含一个通解和一个特解，即 $F=F_c+F_p$。

为了取到通解，使式（9.47c）右边为零，这也就是相当于使 $w=0$。因此，方程的通解 F_c 就相当于在薄板屈曲以前存在于板内的应力分布情况。由于 N_y 和 N_{xy} 都等于零，所以此时板内应力只有 N_x 引起的，根据应力函数 F 的定义式（9.43）可知 $F_c=Ay^2$。因为 $N_x=-\sigma_{xa}t$，故得

$$F_c=-\frac{\sigma_{xa}}{2}y^2$$

由于方程的通解代表了屈曲前板面内的应力分布，所以方程的特解就相当于板屈曲时板面内应力的改变。根据式（9.47c）右边的函数，取特解为

$$F_p=B\cos\frac{2\pi x}{a}+C\cos\frac{2\pi y}{a}$$

把特解代入式（9.47c），使同类项的系数相等，得 $B=C=\dfrac{Ef^2}{32}$，因此得

$$F_p=\frac{Ef^2}{32}\left(\cos\frac{2\pi x}{a}+\cos\frac{2\pi y}{a}\right)$$

于是，式（9.47c）的解为

$$F_p=\frac{Ef^2}{32}\left(\cos\frac{2\pi x}{a}+\cos\frac{2\pi y}{a}\right)-\frac{1}{2}\sigma_{xa}y^2 \tag{9.48}$$

第三步，利用偏微分方程式（9.46）确定 σ_{xa}—f 的关系式。今用伽辽金法求解此方程，伽辽金方程为

$$\int_0^a \int_0^a L(f) \sin\frac{\pi x}{a} \sin\frac{\pi y}{a} \mathrm{d}x\mathrm{d}y = 0 \tag{9.49}$$

式中，$L(f)$是式(9.46)左边的微分方程算式，将式(9.47b)和式(9.48)代入式(9.46)后，得

$$L(f) = \left[\frac{4f\pi^4 D}{a^4} - \frac{Etf^3\pi^4}{8a^3}\left(\cos\frac{2\pi x}{a} + \cos\frac{2\pi y}{a}\right) - \sigma_{xa}tf\frac{\pi^2}{a^2} \right]\sin\frac{\pi x}{a}\sin\frac{\pi y}{a} \tag{9.50}$$

利用定积分
$$\int_0^a \sin^2\frac{\pi x}{a}\mathrm{d}x = \frac{a}{2}.$$

伽辽金方程(9.49)可写作

$$\left(\frac{4f\pi^4 D}{a^4} - \sigma_{xa}tf\frac{\pi^2}{a^2}\right)\frac{a^2}{4} - \frac{Etf^3\pi^4}{8a^4}\frac{a}{2}\left(\int_0^a\cos\frac{2\pi x}{a}\sin^2\frac{\pi x}{a}\mathrm{d}x + \int_0^a\cos\frac{2\pi y}{a}\sin^2\frac{\pi y}{a}\mathrm{d}y\right) = 0$$

再利用下列恒等式和定积分

$$\cos\frac{2\pi x}{a}\sin^2\frac{\pi x}{a} = \frac{1}{2}\left(\cos\frac{2\pi x}{a} - \cos^2\frac{2\pi x}{a}\right)$$

$$\int_0^a\cos^2\frac{2\pi x}{a}\mathrm{d}x = \frac{a}{2} \qquad \int_0^a\cos\frac{2\pi x}{a}\mathrm{d}x = 0$$

可解得外加平均压应力σ_{xx}和板的中心挠度f的关系式为

$$\sigma_{xa} = \frac{4\pi^2 D}{a^2 t} + \frac{\pi^2 E f^2}{8a^2} = \sigma_{cr} + \frac{\pi^2 E f^2}{8a^2} \tag{9.51}$$

式中，$\sigma_{cr} = \dfrac{4\pi^2 D}{a^2 t}$，是弹性屈曲的临界压力。

通过上述近似分析，关于单向受压，四边简支正方形薄板的屈曲后性能可归纳为如下三点：

(1) σ_{xa}—f关系曲线如图9.16所示，可见，当板的荷载到达弹性屈曲临界应力σ_{cr}后，板开始侧向变形，产生挠度。当挠度f很小时，板的抗弯刚度为零，即荷载—挠度曲线的斜率为零；当挠度为有限值时，板的刚度逐渐加大，板能继续承受荷载，这个特点称为屈曲后强度。因此，板的屈曲与柱的屈曲有很大的差别，柱屈曲后理论上意味着破坏，而板屈曲后可继续承受更大的荷载，这个特性极为重要。

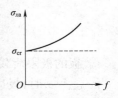

图9.16 屈曲后板的荷载—挠度曲线

(2) 由应力函数F的定义式(9.43)中第一式和式(9.48)得

$$\sigma_x = -\frac{N_x}{t} = -\frac{\partial^2 F}{\partial y^2} = -\frac{\pi^2 E f^2}{8a^2}\cos\frac{2\pi y}{a} + \sigma_{xa}$$

而由式(9.51)得
$$f^2 = \frac{8a^2}{\pi^2 E}(\sigma_{xa} - \sigma_{cr})$$

故
$$\sigma_x = \sigma_{xa} + (\sigma_{xa} - \sigma_{cr})\cos\frac{2\pi y}{a} \tag{9.52}$$

同理，得
$$\sigma_y = (\sigma_{xa} - \sigma_{cr})\cos\frac{2\pi x}{a} \tag{9.53}$$

以上两式表示板在屈曲后的应力分布规律，如图9.17所示。与屈曲前的应力分布相比，存在两个主要差别：屈曲前无y方向的正应力σ_y；屈曲前x方向的正应力σ_x沿板宽方向均匀分布，而屈曲后则边缘附近的正应力σ_x大于板宽度中间的σ_x。屈曲后产生的σ_y在板的长度中间为拉应力，这个拉应力极为重要，就是依靠这个薄膜拉应力才产生屈曲后的强度。

(3) 在x方向，屈曲前各条纤维具有相同的刚度，屈曲后边缘部分的纤维具有较大的刚

度,而中间部分的纤维刚度较差,因此屈曲后继续施加的荷载大部分将由刚度较大的边缘部分来承担,从而引起沿宽度方向的应力不均匀分布。

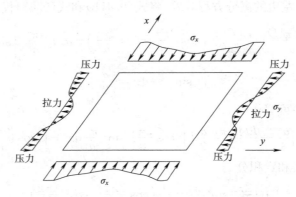

图 9.17　屈曲后的应力分布

根据板屈曲后的性能分析,当薄板受载达到临界荷载时并不破坏,还能够继续增加荷载,从实际工程应用需要出发,上述概念尚不能解决和满足工程设计的指标问题,需进一步明确板在破坏时的荷载,即"极限荷载"。由于薄板大挠度问题带来的几何非线性,再加之材料在弹塑性阶段的非线性,要精确地确定薄板的极限荷载是相当烦琐的,目前简单易行的处理方法主要有如下两种:

一是基于双重非线性的有限元数值分析方法,参见第 11 章。

二是采用试验和理论分析相结合的半经验公式,在这些半经验公式中,引入"板的有效宽度 b_e"概念,其概念见式(9.54),实用计算可参照相关规范执行。

$$b_e = \frac{\int \sigma_x \mathrm{d}x}{\sigma_{x\max}} \tag{9.54}$$

板的极限荷载 P_u 公式为

$$P_u = b_e t \sigma_{x\max} \tag{9.55}$$

当 $\sigma_{x\max} = \sigma_s$ 时,板达到其极限荷载。

习　题

9-1 试求四边简支矩形等厚度薄壁的临界荷载。板在 x 方向承受压力 p_x,薄板厚度为 t,沿 x 方向板长 $a = 2.5b$。设挠度为

$$w = \sum_{m=1}^{\infty} \sum_{n=1}^{\infty} A_{mn} \sin \frac{m\pi x}{a} \sin \frac{n\pi y}{b} \quad (m, n = 1, 2, 3, \cdots)$$

9-2 若布置加劲肋,迫使薄板屈曲变形时,在加劲肋处形成一条节线(即 $w = 0$ 的线)。当加劲肋沿 x 方向全长布置在板的中线上时,题 9-1 中薄板的临界荷载能提高多少倍? 当加劲肋沿 y 方向布置在板的中线上时,板的临界荷载能提供多少倍? 哪种加强方案效果大? 为什么?

9-3 试用瑞利—里兹法计算题 9-1 中薄板的临界荷载,设挠度为

$$w = A_1 \sin \frac{\pi x}{a} \sin \frac{\pi y}{b} + A_2 \sin \frac{2\pi x}{a} \sin \frac{2\pi y}{b}$$

9-4 从板的稳定性出发,列举提高空心薄壁桥墩墩壁稳定性的方法和措施。

9-5 对比单向受压矩形板和轴心受压柱的失稳变形,论证单向受压板的临界应力大小与板长无关。

部分习题答案:

9-1 $(p_x)_{cr} = 4.1344 \dfrac{\pi^2 D}{b^2}$

9-2 沿 x 方向布置加劲肋能提供 3.87 倍;沿 x 方向布置加劲肋能提供 1.02 倍。

9-3 $(p_x)_{cr} = 4.203 \dfrac{\pi^2 D}{b^2}$

10　结构稳定线弹性分析的有限元法

前面各章着重基于线弹性介绍了轴压与压弯杆件、实体与薄壁构件、梁、拱、板和框架等构件或结构稳定概念、解析分析理论和方法，是传统稳定分析理论的主要内容；其中部分兼顾到了材料的弹塑性、近似分析方法和数值法等内容。

当一个结构由众多构件组成时，采用解析分析方法就显得非常困难、烦琐而不便于应用，传统的处理方法是，先对结构开展整体的力学分析，在取出相关的受压构件开展稳定性分析，必要时对结构或构件边界约束进行近似处理，比如第 4 章桁架中的腹杆失稳分析。对大部分复杂结构，局部杆件的承载力或失稳临界力并不能代表整个结构的受力（控制构件除外），对整个结构开展稳定分析更具有必要性和可靠性，在分析、评判结构整体稳定安全性的同时，明确影响结构整体稳定性的薄弱环节和构件，必要时采取相应的工程措施予以强化。

随着计算机技术和数字化的飞速发展，在现代工程分析和设计中，往往采用基于数值分析的有限元法进行结构分析，包括稳定性分析，这已成为常规手段。特别是一些通用有限元软件的开发和应用，使复杂结构的分析变得非常容易实现，工程师应用这些软件分析结构的主要工作是对结构进行离散、模拟以及对计算结果的合理性和正确性进行判断，大大提高了生产力。

有限元是一种近似分析方法，分析精度取决于工程师对结构模拟的合理性、单元本身的精度、材料和变形描述的准确度以及单元网格的粗细程度等，这部分内容请参阅相关有限元专著。

为了方便读者推演梁、板、壳等经典单元或自建单元的位移法有限元列式，本章首先介绍曾庆元院士提出的"形成矩阵的'对号入座'法则"；然后介绍采用有限元进行结构稳定性分析的概念、方法和步骤；最后对梁、板单元的单元刚度矩阵和几何矩阵进行推演。有关更复杂的单元矩阵及列式，可依据形成矩阵的"对号入座法则"进行自行推演。有限元的实例应用，建议读者按本章习题要求进行。

有限元分析结构稳定性同解析法分析一致，也分为线弹性稳定分析和弹塑性稳定分析。考虑材料弹塑性的稳定分析，实质上就是有限元中考虑结构材料和几何的双重非线性分析，即极限承载力分析，在本教材第 11 章中介绍，本章仅介绍稳定的线弹性有限元法。

10.1　形成矩阵的"对号入座"法则

10.1.1　原　　理

一般由力素的平衡形成体系的各种矩阵，计算较烦琐，不太直观。众所周知，能量方程是与平衡方程等价的。曾庆元教授 1981 年在"三跨连续变截面薄壁箱形梁计算的有限元法"中提出按势能驻值原理并在计算中保留位移参数的一阶变分,来形成单元刚度矩阵、总体刚度矩阵及荷载列阵;整个思想概括为"形成矩阵的'对号入座'法则";现说明如下:

设描述结构体系的位移函数中共有 n 个位移参数 $C_i(i=1,2,\cdots,n)$,其弹性总势能 Π,它是 C_i 的函数。由势能驻值原理,Π 的一阶变分等于零,即

$$\delta\Pi = \sum_{i=1}^{n} \frac{\partial\Pi}{\partial C_i}\delta C_i = 0$$

改写为
$$\delta\Pi = \delta C_1\frac{\partial\Pi}{\partial C_1} + \delta C_2\frac{\partial\Pi}{\partial C_2} + \cdots + \delta C_n\frac{\partial\Pi}{\partial C_n} = 0 \tag{10.1}$$

由于位移参数的一阶变分 δC_i 是可以任意选择的微量,不能等于零,要使式(10.1)满足,必须有

$$\left.\begin{array}{l} \delta C_1\dfrac{\partial\Pi}{\partial C_1}=0 \\[2mm] \delta C_2\dfrac{\partial\Pi}{\partial C_2}=0 \\[2mm] \cdots \\[2mm] \delta C_n\dfrac{\partial\Pi}{\partial C_n}=0 \end{array}\right\}$$

由于上式中包含了 $\delta C_i\neq 0$,与之相乘的 $\dfrac{\partial\Pi}{\partial C_i}=0$,即

$$\frac{\partial\Pi}{\partial C_i}=0 \qquad (i=1,2,\cdots,n) \tag{10.2}$$

故式(10.2)亦是 n 个平衡方程;其中的第 i 个方程是体系的第 i 个平衡方程。

这样,在矩阵中,与 δC_i 对应的 $\partial\Pi/\partial C_i=0$ 方程号 i 表示矩阵的第 i 行。

总势能 Π 是位移参数 C_i 的二次式,因此方程 $\partial\Pi/\partial C_i=0$ 包含着位移参数 $C_j(j=1,2,\cdots,n)$,为位移参数 C_j 的一次式,将其改写为代数方程式为

$$k_{i1}\cdot C_1+k_{i2}\cdot C_2+\cdots+k_{ij}\cdot C_j+\cdots+k_{in}\cdot C_n+b_i=0 \qquad (i=1,2,\cdots,n) \tag{10.3}$$

式(10.3)中 k_{ij} 为方程 $\partial\Pi/\partial C_i=0$ 中位移参数 C_j 的系数,b_i 为方程 $\partial\Pi/\partial C_i=0$ 中的常数项,在矩阵中,方程(10.3)中位移参数 C_j 的序号 j 则表示 j 列。因此,式(10.3)中与位移参数 C_j 相乘的系数 k_{ij} 应放在矩阵中第 i 行和第 j 列相交叉的位置上。这就是形成刚度矩阵的"对号入座"法则。

$\partial\Pi/\partial C_i=0$ 中不包含位移参数 C_j 的常数项 b_i,就是荷载列阵中第 i 个元素的负值。这样方程 $\partial\Pi/\partial C_i=0$ 中常数项的负值,应放在荷载列阵中的第 i 行。这就是形成荷载列阵的"对号入座"法则。

将式(10.3)改写为矩阵形式为

$$\begin{bmatrix} k_{11} & k_{12} & \cdots & k_{1j} & \cdots & k_{1n} \\ k_{21} & k_{22} & \cdots & k_{2j} & \cdots & k_{2n} \\ \cdots & \cdots & \cdots & \cdots & \cdots & \cdots \\ k_{i1} & k_{i2} & \cdots & k_{ij} & \cdots & k_{in} \\ \cdots & \cdots & \cdots & \cdots & \cdots & \cdots \\ k_{n1} & k_{n2} & \cdots & k_{nj} & \cdots & k_{nn} \end{bmatrix} \begin{Bmatrix} C_1 \\ C_2 \\ \cdots \\ C_j \\ \cdots \\ C_n \end{Bmatrix} = \begin{Bmatrix} -b_1 \\ -b_2 \\ \cdots \\ -b_i \\ \cdots \\ -b_n \end{Bmatrix} \tag{10.4}$$

按上述刚度矩阵和荷载列阵元素的"对号入座"法，形成式(10.4)中的各元素，即得到描述结构平衡的矩阵形式的方程。式(10.1)～式(10.4)应用于单元，就得出单元矩阵，应用于整个结构，就得出结构总体矩阵。结构中的某些部件，例如桁架桥中的桥门架、横联等，不便将其看作一个单元；有些荷载作用于节点，而不是作用于哪一个单元。对于这些情况，应用组拼单元刚度矩阵得出总体刚度矩阵及组拼单元荷载列阵得出总体荷载列阵的一般做法，就不便处理。将这些部件的应变能及这些荷载的势能计入结构的弹性总势能，应用式(10.3)就可方便地考虑它们的作用。见下述例子。

当采用结构坐标系描述时，不需要坐标变换及荷载向节点的移置，整个有限元计算都是根据式(10.1)有条不紊地完成，相当简便，也特别方便程序编制。下面举几个例子说明式(10.1)及"对号入座"法则的应用。

10.1.2 平面铰接桁架的有限元分析

结构图如图 10.1(a)所示，各杆件编号及各节点假设位移如图 10.1(b)所示，其余资料见图，斜腹杆 $\overline{41}$ 及 $\overline{32}$ 的长度 $l_{\overline{41}} = l_{\overline{32}} = \sqrt{64+36} = 10$，$\cos\theta = \dfrac{4}{5}$，$\sin\theta = \dfrac{3}{5}$，$\theta$ 均取绝对值。

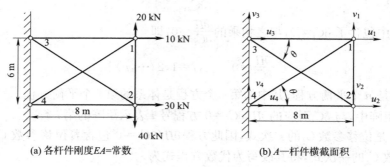

(a) 各杆件刚度 EA=常数   (b) A—杆件横截面积

图 10.1 平面铰接桁架

1. 铰接杆单元刚度矩阵

铰接杆 i、j 两端的位移如图 10.2 所示，两端沿杆轴方向的位移分别为

$$X_i = u_i\cos\theta + v_i\sin\theta$$
$$X_j = u_j\cos\theta + v_j\sin\theta$$

杆件（上斜）应变能 $\quad \overline{U} = \int_V \dfrac{1}{2}\sigma\varepsilon\mathrm{d}v = \dfrac{E}{2}\int_V \varepsilon^2\mathrm{d}v = \dfrac{E}{2}\int_0^l \left(\dfrac{X_j - X_i}{l}\right)^2 A\mathrm{d}s = \dfrac{EA}{2l}(X_j - X_i)^2$

式中，V 为杆件体积，$\varepsilon = \dfrac{X_j - X_i}{l}$。

$\overline{U}$ 的一阶变分为 $\qquad \delta\overline{U} = \dfrac{EA}{l}(X_j - X_i)(\delta X_j - \delta X_i)$

$$X_j - X_i = (-u_i + u_j)\cos\theta + (-v_i + v_j)\sin\theta = [N_1]\{\Delta\}^e \tag{10.5}$$

$$\delta X_j - \delta X_i = [N_1]\{\delta\Delta\}^e \tag{10.6}$$

式中 $\qquad [N_1] = [-\cos\theta \quad -\sin\theta \quad \cos\theta \quad \sin\theta] \tag{10.7}$

$$\{\Delta\}^e = [u_i \quad v_i \quad u_j \quad v_j]^T$$

$$\{\delta\Delta\}^e=[\delta u_i \quad \delta v_i \quad \delta u_j \quad \delta v_j]^T$$

$$\delta \overline{U}=\{\delta\Delta\}^{eT}\frac{EA}{l}[N_1]^T[N_1]\{\Delta\}^e \tag{10.8}$$

同理,图 10.1 中下斜杆(图 10.3)应变能一阶变分式为

$$\delta \overline{U}=\{\delta\Delta\}^{eT}\frac{EA}{l}[N_2]^T[N_2]\{\Delta\}^e \tag{10.9}$$

式中

$$[N_2]=[-\cos\theta \quad \sin\theta \quad \cos\theta \quad -\sin\theta] \tag{10.10}$$

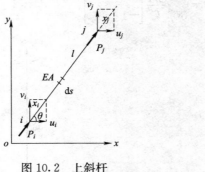

图 10.2 上斜杆　　　　图 10.3 下斜杆

式(10.8)中 $\dfrac{EA}{l}[N_1]^T[N_1]$ 为上斜杆的单元刚度矩阵 $[\overline{K}]^e$,与其相乘的 $\{\delta\Delta\}^{eT}$ 及 $\{\Delta\}^e$ 的"行""列"交叉位置,则表示 $[\overline{K}]^e$ 中对应元素的位置,引入式(10.7)并表出位移参数及其一阶变分的序号,得

$$[\overline{K}]^e=\begin{array}{c}\delta u_i\\\delta v_i\\\delta u_j\\\delta v_j\end{array}\frac{EA}{l}\begin{bmatrix}\cos^2\theta & \cos\theta\sin\theta & -\cos^2\theta & -\cos\theta\sin\theta\\\cos\theta\sin\theta & \sin^2\theta & -\cos\theta\sin\theta & -\sin^2\theta\\-\cos^2\theta & -\cos\theta\sin\theta & \cos^2\theta & \cos\theta\sin\theta\\-\cos\theta\sin\theta & -\sin^2\theta & \cos\theta\sin\theta & \sin^2\theta\end{bmatrix}_{4\times4} \tag{10.11}$$

（顶部列标：$u_i \quad v_i \quad u_j \quad v_j$）

同理得下斜杆单元刚度矩阵:

$$[\overline{K}]^e=\begin{array}{c}\delta u_i\\\delta v_i\\\delta u_j\\\delta v_j\end{array}\frac{EA}{l}\begin{bmatrix}\cos^2\theta & -\cos\theta\sin\theta & -\cos^2\theta & -\cos\theta\sin\theta\\-\cos\theta\sin\theta & \sin^2\theta & \cos\theta\sin\theta & -\sin^2\theta\\-\cos^2\theta & \cos\theta\sin\theta & \cos^2\theta & -\cos\theta\sin\theta\\\cos\theta\sin\theta & -\sin^2\theta & -\cos\theta\sin\theta & \sin^2\theta\end{bmatrix}_{4\times4} \tag{10.12}$$

（顶部列标：$u_i \quad v_i \quad u_j \quad v_j$）

注:矩阵前面的位移变分列仅用于标识刚度矩阵元素的行号,矩阵顶部的位移仅用于标识刚度元素的列号,以便于"对号入座",下同。

水平铰接杆(图 10.4)的应变能 $\overline{U}$ 为

$$\overline{U}=\frac{EA}{2l}(u_j-u_i)^2$$

其一阶变分　$\delta\overline{U}=\dfrac{EA}{l}(u_j-u_i)(\delta u_j-\delta u_i)=\dfrac{EA}{l}(\delta u_j u_j-\delta u_j u_i-\delta u_i u_j+\delta u_i u_i)$

由它直接写出其单元刚度矩阵

$$[\overline{K}]^e = \begin{array}{c} \delta u_i \\ \delta u_j \end{array} \frac{EA}{l} \begin{bmatrix} 1 & -1 \\ -1 & 1 \end{bmatrix}_{2 \times 2} \qquad (10.13)$$

同理得竖杆(图 10.5)单元刚度矩阵

$$[K]^e = \begin{array}{c} \delta v_i \\ \delta v_j \end{array} \frac{EA}{l} \begin{bmatrix} 1 & -1 \\ -1 & 1 \end{bmatrix} \qquad (10.14)$$

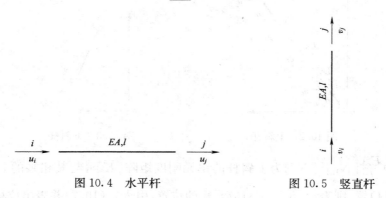

图 10.4　水平杆　　　　　　图 10.5　竖直杆

2. 图 10.1 平面铰接桁架的矩阵分析

取每根杆件为一单元,如图 10.1 所示,该桁架弹性总势能:

$$\Pi = U_{\overline{31}} + U_{\overline{41}} + U_{\overline{32}} + U_{\overline{42}} + U_{\overline{21}} - 20v_1 + 40v_2 - 10u_1 - 30u_2$$

其一阶变分

$$\delta\Pi = \delta U_{\overline{31}} + \delta U_{\overline{41}} + \delta U_{\overline{32}} + \delta U_{\overline{42}} + \delta U_{\overline{21}} - 20\delta v_1 + 40\delta v_2 - 10\delta u_1 - 30\delta u_2$$

$$= \begin{array}{c} \delta u_3 \\ \delta u_1 \end{array} [\overline{K}]^e_{31} \left\{ \begin{array}{c} u_3 \\ u_1 \end{array} \right\} + \begin{array}{c} \delta u_4 \\ \delta v_4 \\ \delta u_1 \\ \delta v_1 \end{array} [\overline{K}]^e_{41} \left\{ \begin{array}{c} u_4 \\ v_4 \\ u_1 \\ v_1 \end{array} \right\} + \begin{array}{c} \delta u_3 \\ \delta v_3 \\ \delta u_2 \\ \delta v_2 \end{array} [\overline{K}]^e_{32} \left\{ \begin{array}{c} u_3 \\ v_3 \\ u_2 \\ v_2 \end{array} \right\} + \begin{array}{c} \delta u_4 \\ \delta u_2 \end{array} [\overline{K}]^e_{42} \left\{ \begin{array}{c} u_4 \\ u_2 \end{array} \right\} +$$

$$\begin{array}{c} \delta v_2 \\ \delta v_1 \end{array} [K]^e_{21} \left\{ \begin{array}{c} v_2 \\ v_1 \end{array} \right\} - \begin{array}{c} \delta u_1 \\ \delta v_1 \\ \delta u_2 \\ \delta v_2 \end{array} \left\{ \begin{array}{c} 10 \\ 20 \\ 30 \\ -40 \end{array} \right\} = 0 \qquad (10.15)$$

将式(10.11)~式(10.14)代入上式并按 δu_1、δv_1、δu_2、δv_2、δu_3、δv_3、δu_4、δv_4 集合,得

$$\{\delta\Delta\}^T [K] \{\Delta\} = \{\delta\Delta\}^T \{P\} \qquad (10.16)$$

式中,$\{\Delta\} = [u_1 \quad v_1 \quad u_2 \quad v_2 \quad u_3 \quad v_3 \quad u_4 \quad v_4]^T$;

$\{\delta\Delta\} = [\delta u_1 \quad \delta v_1 \quad \delta u_2 \quad \delta v_2 \quad \delta u_3 \quad \delta v_3 \quad \delta u_4 \quad \delta v_4]^T$。

总体刚度矩阵为

$$[K] = \begin{matrix} \delta u_1 \\ \delta v_1 \\ \delta u_2 \\ \delta v_2 \\ \delta u_3 \\ \delta v_3 \\ \delta u_4 \\ \delta v_4 \end{matrix} \frac{EA}{3000} \begin{bmatrix} 567 & 144 & 0 & 0 & -375 & 0 & -192 & -144 \\ 144 & 608 & 0 & -500 & 0 & 0 & -144 & -108 \\ 0 & 0 & 567 & -144 & -192 & 144 & -375 & 0 \\ 0 & -500 & -144 & 608 & 144 & -108 & 0 & 0 \\ -375 & 0 & -192 & 144 & 567 & -144 & 0 & 0 \\ 0 & 0 & 144 & -108 & -144 & 108 & 0 & 0 \\ -192 & -144 & -375 & 0 & 0 & 0 & 567 & 144 \\ -144 & -108 & 0 & 0 & 0 & 0 & 144 & 108 \end{bmatrix}_{8\times8}$$

（上方列标记：$u_1 \quad v_1 \quad u_2 \quad v_2 \quad u_3 \quad v_3 \quad u_4 \quad v_4$）

荷载列阵为

$$\{P\} = \begin{bmatrix} 10 & +20 & 30 & -40 & 0 & 0 & 0 & 0 \end{bmatrix}^T$$

（上方列标记：$\delta u_1 \quad \delta v_1 \quad \delta u_2 \quad \delta v_2 \quad \delta u_3 \quad \delta v_3 \quad \delta u_4 \quad \delta v_4$）

由式(10.15)知：$[K] = [\overline{K}]_{31}^e + [K]_{41}^e + [K]_{32}^e + [\overline{K}]_{42}^e + [K]_{21}^e$，即为各单元刚度矩阵的组合,各单元刚度矩阵元素在总体刚度矩阵中的位置由与其相乘的 $\delta\Delta$、Δ(Δ 表示位移参数)的"行""列"交叉位置决定；荷载列阵 $\{P\}$ 由各节点荷载势能的负值形成,其元素位置则由与其相乘的 $\delta\Delta$ 的"行"位确定。$[K]$ 及 $\{P\}$ 左边的各 $\delta\Delta$ 及上边的各 Δ 标志各元素位置。

因 $\delta\Delta \neq 0$,故由式(10.16)得结构矩阵方程:

$$[K]\{\Delta\} = \{P\} \tag{10.17}$$

图 10.1 结构的位移边界条件为 $u_3 = v_3 = u_4 = v_4 = 0$

故修改边界条件后的矩阵方程为

$$[K]_0 \{\Delta\}_0 = \{P\}_0 \tag{10.18}$$

式中,$[K]_0$、$\{\Delta\}_0$、$\{P\}_0$ 分别为修改边界条件后的结构总体刚度矩阵、位移参数列阵及荷载列阵。

$$[K] = \begin{matrix} \delta u_1 \\ \delta v_1 \\ \delta u_2 \\ \delta v_2 \end{matrix} \frac{EA}{3000} \begin{bmatrix} 567 & 144 & 0 & 0 \\ 144 & 608 & 0 & -500 \\ 0 & 0 & 567 & -144 \\ 0 & -500 & -144 & 608 \end{bmatrix}_{4\times4} \tag{10.19}$$

（上方列标记：$u_1 \quad v_1 \quad u_2 \quad v_2$）

$$\{P\}_0 = \begin{matrix} \delta u_1 \\ \delta v_1 \\ \delta u_2 \\ \delta v_2 \end{matrix} \begin{Bmatrix} 10 \\ 20 \\ 30 \\ -40 \end{Bmatrix} \qquad \{\delta\}_0 = \begin{Bmatrix} u_1 \\ v_1 \\ u_2 \\ v_2 \end{Bmatrix}$$

解方程式(10.18),求出节点位移 u_1、v_1、u_2、v_2,再求各杆件的轴线应变 $\varepsilon = \dfrac{X_j - X_i}{l}$,乘以杆件刚度 EA,即得出杆件轴力。

上面是按照一般由单元刚度矩阵形成总体刚度矩阵、由单元荷载列阵形成总荷载列阵(图10.1 结构的单元荷载列阵为 0),再修改边界条件,得出 $[K]_0$ 及 $\{P\}_0$ 的步骤进行编写的,进而导出铰接杆的单元刚度矩阵,以便一般运算。

为了简化计算,对于图 10.1 结构,宜在计算之初就考虑边界条件,则结构弹性总势能为

$$\varPi = U_{\overline{31}} + U_{\overline{41}} + U_{\overline{32}} + U_{\overline{42}} + U_{\overline{21}} - 20v_1 + 40v_2 - 10u_1 - 30u_2$$

对 $\varPi$ 取一阶变分并考虑 $\cos\theta = \dfrac{4}{5}$,$\sin\theta = \dfrac{3}{5}$,得

$$\delta\varPi = \frac{EA}{8}\delta u_1 u_1 + \frac{EA}{10}\left(\frac{4}{5}u_1 + \frac{3}{5}v_1\right)\left(\frac{4}{5}\delta u_1 + \frac{3}{5}\delta v_2\right) + \frac{EA}{10}\left(\frac{4}{5}u_2 - \frac{3}{5}v_2\right)\left(\frac{4}{5}\delta u_2 + \frac{3}{5}\delta v_2\right) +$$

$$\frac{EA}{8}\delta u_2 u_2 + \frac{EA}{6}(v_1\delta v_1 - v_2\delta v_1 - v_1\delta v_2 + v_2\delta v_2) - 20\delta v_1 + 40\delta v_2 - 10\delta u_1 - 30\delta u_2 = 0$$

按 δu_1、δv_1、δu_2、δv_2 集合,应用上述"对号入座"法则整理后,仍得到式(10.18)。

10.1.3 连续梁有限元分析

以图 10.6(a)所示平面连续梁分析来说明,所有资料如图 10.6 所示。该梁只能在竖平面内弯曲变位,假定无轴向伸缩。将梁分为 N 个单元,$N+1$ 个节点、第 n 个单元的计算图式如图 10.6(b)所示,节点 i、j 的竖向变位为 v_i、v_j,向下为正,转角位移为 v_i' 及 v_j',顺时针转者为正。

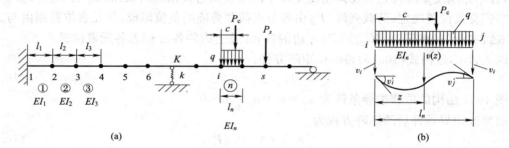

图 10.6　连续梁及梁段

1. 平面梁单元刚度矩阵 $[K]^e$ 及单元荷载列阵 $\{P\}^e$

平面梁有限元分析的目的在于求出各杆件端弯矩,由结构力学中的转角位移方程知,杆端弯矩仅为杆端转角及相对线位移的函数。因此,图 10.6(b)所示平面梁单元的节点位移参数为

$$\{\varDelta\}^e = \begin{Bmatrix} \varDelta_i \\ \varDelta_j \end{Bmatrix} \tag{10.20}$$

式中,$\varDelta_i = \begin{Bmatrix} v_i \\ v_i' \end{Bmatrix}$,$\varDelta_j = \begin{Bmatrix} v_j \\ v_j' \end{Bmatrix}$,$v' = \dfrac{\mathrm{d}v}{\mathrm{d}z}$。

单元内位移函数 $v(z)$ 须用此四个节点位移参数表示,故设

$$v(z) = a_0 + a_1 z + a_2 z^2 + a_3 z^3 \tag{10.21}$$

单元几何边界条件:　　$z=0, v(0)=v_i ; v'(0)=v_i'$

$$z=l_n, v(l_n)=v_j ; v'(l_n)=v_j'$$

式(10.21)代入上述边界条件,得出

$$v(z) = [N]\{\varDelta\}^e \tag{10.22}$$

式中　　　　　　　　　$[N] = [N_1 \quad N_2 \quad N_3 \quad N_4] \tag{10.23}$

$$N_1 = 1 - 3\left(\frac{z}{l_n}\right)^2 + 2\left(\frac{z}{l_n}\right)^3 \qquad N_2 = z - 2\frac{z^2}{l_n} + \frac{z^3}{l_n^2}$$

$$N_3 = 3\left(\frac{z}{l_n}\right)^2 - 2\left(\frac{z}{l_n}\right)^3 \qquad N_4 = -\frac{z^2}{l_n} + \frac{z^3}{l_n^2}$$

单元弯曲应变能
$$U_n = \int_0^{l_n} \frac{M\,\mathrm{d}\theta}{2} = \int_0^{l_n} \frac{EI_n v''}{2}\frac{\mathrm{d}(v')}{\mathrm{d}z}\mathrm{d}z = \frac{EI_n}{2}\int_0^{l_n} (v'')^2\mathrm{d}z$$

单元外荷载势能
$$V_n = -\int_0^{l_n} qv\,\mathrm{d}z - P_c v(c)$$

单元弹性总势能
$$\Pi = U_n + V_n = \frac{EI_n}{2}\int_0^{l_n} (v'')^2\mathrm{d}z - \int_0^{l_n} qv\,\mathrm{d}z - P_c v(c)$$

其一阶变分为
$$\delta\Pi = EI_n \int_0^{l_n} v''\delta v''\mathrm{d}z - \int_0^{l_n} q\delta v\,\mathrm{d}z - P_c\delta v(c) = 0$$

将式(10.22)、式(10.23)代入上式并考虑

$$v'' = [N'']\{\Delta\}^e$$

$$\delta v = [N]\{\delta\Delta\}^e$$

$$\delta v'' = [N'']\{\delta\Delta\}^e$$

$$\delta v(c) = [N]_{z=c}\{\delta\Delta\}^e$$

$$\int_0^{l_n} q[N]\{\delta\Delta\}^e\mathrm{d}z = \{\delta\Delta\}^{eT}\int_0^{l_n} q[N]^T\mathrm{d}z$$

$$P_c\delta v(c) = [P_c][N]_{z=C}\{\delta\Delta\}^e = \{\delta\Delta\}^{eT}P_c[N]_{z=C}^T$$

得出

$$\{\delta\Delta\}^{eT}EI_n\int_0^{l_n} [N'']^T[N'']\mathrm{d}z\,\{\Delta\}^e = \{\delta\Delta\}^{eT}\left(\int_0^{l_n} q[N]^T\mathrm{d}z + P_c[N]_{z=C}^T\right) \quad (10.24)$$

因$\{\delta\Delta\}^{eT} \neq 0$,故

$$[K]^e\{\Delta\}^e = \{P\}^e \tag{10.25}$$

式中,单元刚度矩阵
$$[K]^e = EI_n\int_0^{l_n} [N'']^T[N'']\mathrm{d}z \tag{10.26}$$

单元荷载列阵
$$\{P\}^e = \int_0^{l_n} q[N]^T\mathrm{d}z + P_c[N]_{z=C}^T \tag{10.27}$$

式(10.24)中$\{\delta\Delta\}^{eT}$与$\{\Delta\}^e$的"行"与"列"交叉位置表示$[K]^e$中对应元素在单元刚度矩阵中的位置,$\{\delta\Delta\}^{eT}$则表示$\{P\}^e$中对应元素的"行"位置。

考虑$\int_0^{l_n} [N'']^T[N'']\mathrm{d}z = \int_0^{l_n} [N_1'' \quad N_2'' \quad N_3'' \quad N_4'']^T[N_1'' \quad N_2'' \quad N_3'' \quad N_4'']\mathrm{d}z$,并将式(10.23)代入式(10.26)和式(10.27),积分后,得出

$$[K]^e = \begin{array}{c}\delta v_i \\ \delta v_i' \\ \delta v_j \\ \delta v_j'\end{array}\frac{EI_n}{l_n}\begin{bmatrix} \dfrac{12}{l_n^2} & \dfrac{6}{l_n} & -\dfrac{12}{l_n^2} & \dfrac{6}{l_n} \\[2mm] \dfrac{6}{l_n} & 4 & -\dfrac{6}{l_n} & 2 \\[2mm] -\dfrac{12}{l_n^2} & -\dfrac{6}{l_n} & \dfrac{12}{l_n^2} & -\dfrac{6}{l_n} \\[2mm] \dfrac{6}{l_n} & 2 & -\dfrac{6}{l_n} & 4 \end{bmatrix}_{4\times4} \tag{10.28}$$

$$[P]^e = \begin{matrix} \delta v_i \\ \delta v_i' \\ \delta v_j \\ \delta v_j' \end{matrix} \begin{bmatrix} \dfrac{ql_n}{2} + (N_1)_{z=C}P_c \\[2mm] \dfrac{ql_n^2}{12} + (N_2)_{z=C}P_c \\[2mm] \dfrac{ql_n}{2} + (N_3)_{z=C}P_c \\[2mm] -\dfrac{ql_n^2}{12} + (N_4)_{z=C}P_c \end{bmatrix} \tag{10.29}$$

2. 图 10.6(a)连续梁有限元分析

结构弹性应变能：$U = \sum\limits_{n=1}^{N} U_n + \dfrac{1}{2}kv_k^2 = \sum\limits_{n=1}^{N} \dfrac{EI_n}{2}\int_0^{l_n}(v'')^2\,\mathrm{d}z + \dfrac{1}{2}kv_k^2$

式中，k 为中间支承弹簧常数，v_k 为节点 k 的竖向变位。

结构外荷载势能：$V = \sum\limits_{n=1}^{N} V_n - P_s v_s = -\int_0^{l_n} qv\,\mathrm{d}z - P_c v(c) - P_s v_s$

式中，v_s 为节点 s 的竖向变位。

结构弹性总势能

$$\begin{aligned}
\Pi &= \sum_{n=1}^{N} U_n + \frac{1}{2}kv_k^2 + \sum_{n=1}^{N} V_n - P_s v_s \\
&= \sum_{n=1}^{N} \frac{EI_n}{2}\int_0^{l_n}(v'')^2\,\mathrm{d}z + \frac{1}{2}kv_k^2 - \int_0^{l_n} qv\,\mathrm{d}z - P_c v(c) - P_s v_s \\
\delta\Pi &= \sum_{n=1}^{N} \delta U_n + kv_k\delta v_k + \sum_{n=1}^{N} \delta V_n - P_s\delta v_s \\
&= \sum_{n=1}^{N} \{\delta\Delta\}^{eT}[K]^e\{\Delta\}^e + kv_k\delta v_k - \sum_{n=1}^{N}\{\delta\Delta\}^{eT}\{P\}^e - P_s\delta v_s = 0
\end{aligned} \tag{10.30}$$

按结构各节位移参数的一阶变分集合，得

$$\{\delta\Delta\}^T[K]\{\Delta\} = \{\delta\Delta\}^T\{P\} \tag{10.31}$$

结构刚度矩阵$[K] = \sum\limits_{n=1}^{N}[K]^e + k(v_k, \delta v_k)$

式中 $\tag{10.32}$

结构荷载列阵$\{P\} = \sum\limits_{n=1}^{N}\{P\}^e + P_s(\delta v_s)$

$\{\Delta\}$、$\{\delta\Delta\}$ 为结构位移参数列阵及其一阶变分。

式(10.32)中的 $k(v_k, \delta v_k)$ 表示 k 应加入总体刚度矩阵的第 k 个主元数，$P_s(\delta v_s)$ 则表示 P_s 加到总荷载列阵的第 s 个元素内。这些都是根据前述"对号入座"法则，由式(10.31)看出，因 $\{\delta\Delta\}^T \neq 0$，故

$$[K]\{\Delta\} = \{P\} \tag{10.33}$$

式(10.33)即为结构平衡矩阵方程。

[例 10.1]求图 10.7 连续梁的总体刚度矩阵及总体荷载列阵，计算资料如图 10.7 所示。

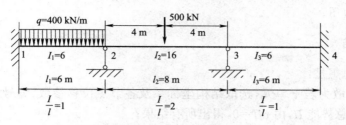

图 10.7 连续梁

解: 每跨为一个单元，每单元只有两个节点位移参数 v'_i 及 v'_j，由式 (10.28) 得

$$[K]^{\text{e}}_{12} = \frac{\delta v'_1}{\delta v'_2}\begin{bmatrix} 4 & 2 \\ 2 & 4 \end{bmatrix} \qquad [K]^{\text{e}}_{23} = \frac{\delta v'_2}{\delta v'_3}\, 2\begin{bmatrix} 4 & 2 \\ 2 & 4 \end{bmatrix} \qquad [K]^{\text{e}}_{34} = \frac{\delta v'_3}{\delta v'_4}\begin{bmatrix} 4 & 2 \\ 2 & 4 \end{bmatrix}$$

总体刚度矩阵为

$$[K] = [K]^{\text{e}}_{12} + [K]^{\text{e}}_{23} + [K]^{\text{e}}_{34} = \begin{matrix}\delta v'_1 \\ \delta v'_2 \\ \delta v'_3 \\ \delta v'_4\end{matrix}\begin{bmatrix} 4 & 2 & 0 & 0 \\ 2 & 4+8 & 4 & 0 \\ 0 & 4 & 8+4 & 2 \\ 0 & 0 & 2 & 4 \end{bmatrix}$$

由式 (10.29) 得

$$\{P\}^{\text{e}}_{12} = \begin{matrix}\delta v'_1 \\ \delta v'_2\end{matrix}\, 400\begin{Bmatrix} \dfrac{6^2}{12} \\ -\dfrac{6^2}{12} \end{Bmatrix} = \begin{matrix}\delta v'_1 \\ \delta v'_2\end{matrix}\begin{Bmatrix} 1200 \\ -1200 \end{Bmatrix}$$

$$\{P\}^{\text{e}}_{23} = \begin{matrix}\delta v'_2 \\ \delta v'_3\end{matrix}\, P_{\text{c}}\begin{Bmatrix} N_2 \\ N_4 \end{Bmatrix}_{z=\frac{l_2}{2}} = \begin{matrix}\delta v'_2 \\ \delta v'_3\end{matrix}\, 500\begin{Bmatrix} 1 \\ -1 \end{Bmatrix}$$

$$\{P\}^{\text{e}}_{34} = \begin{matrix}\delta v'_3 \\ \delta v'_4\end{matrix}\begin{Bmatrix} 0 \\ 0 \end{Bmatrix}$$

总体荷载列阵 $\{P\} = \{P\}^{\text{e}}_{12} + \{P\}^{\text{e}}_{23} + \{P\}^{\text{e}}_{34} = \begin{matrix}\delta v'_1 \\ \delta v'_2 \\ \delta v'_3 \\ \delta v'_4\end{matrix}\begin{Bmatrix} 1200 \\ -700 \\ -500 \\ 0 \end{Bmatrix}$

几何边界条件为 $\qquad v'_1 = v'_4 = 0$

修改边界条件后的总体刚度矩阵及总体荷载列阵为

$$[K]^0 = \begin{matrix}\delta v'_2 \\ \delta v'_3\end{matrix}\begin{bmatrix} 12 & 4 \\ 4 & 12 \end{bmatrix}_{2\times2}, \quad \{P\}^0 = \begin{matrix}\delta v'_2 \\ \delta v'_3\end{matrix}\begin{Bmatrix} -700 \\ -500 \end{Bmatrix}$$

结构平衡矩阵方程为 $\begin{bmatrix} 12 & 4 \\ 4 & 12 \end{bmatrix}\begin{Bmatrix} v'_2 \\ v'_3 \end{Bmatrix} = \begin{Bmatrix} -700 \\ -500 \end{Bmatrix}$

解出 v'_2、v'_3，代入转角位移方程，即求出连续梁各杆端弯矩，再求出各杆端剪力，最后绘出

梁的弯矩图和剪力图。

10.1.4 小 结

本节的基本思想是：

（1）将结构离散为若干单元，选取结构坐标系及各节点位移参数、编号，假定单元位移模式，计算结构弹性总势能 Π，由 $\delta\Pi = 0$，得出所有结果；

（2）由单元应变能 U_n 的一阶变分 δU_n 形成单元刚度矩阵，由单元外荷载势能 V_n 的一阶变分的负值 $-\delta V_n$ 形成单元荷载列阵；

（3）组拼各单元刚度矩阵并加入不属于任一单元的部件应变能的一阶变分项，得出总体刚度矩阵；组拼各单元荷载并加入仅属于节点的外荷载势能一阶变分的负值，即形成结构荷载列阵；

（4）矩阵各元素的位置均按"对号入座"法则确定；

（5）"对号入座"法则的根本思想是：位移参数一阶变分的序号表示"行"位，位移参数序号表示"列"位，"行"与"列"相交点决定刚度矩阵元素的位置。

以上基于能量变分形成矩阵的"对号入座"法则，具有非常强的程序性、规则性和适用性，方便构造有限元列式和编程实现，特别是基于一些数学软件编程时。

10.2 压杆计算分枝点失稳的有限单元法

利用上节原理，很容易导出结构分枝点失稳的屈曲方程如下。

将压杆分为 N 个单元（图 10.8），第 n 个单元 ij 的受力及变位如图 10.8 所示。

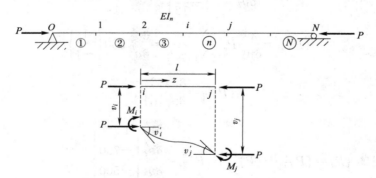

图 10.8　压杆计算分枝点失稳的有限单元

单元弯曲应变能
$$U_n = \frac{EI_n}{2}\int_0^l (v'')^2 \mathrm{d}z$$

由 2.4 节知，单元外荷载势能 $V_n = -P\int_0^l \frac{1}{2}\left(\frac{\mathrm{d}v}{\mathrm{d}z}\right)^2 \mathrm{d}z$

单元中端弯矩 M_i、M_j 在相邻单元中做的功相互抵消，故不考虑。

整个压杆总势能 $\Pi = \sum_{n=1}^N (U_n + V_n) = \sum_{n=1}^N \left[\frac{EI_n}{2}\int_0^l (v'')^2 \mathrm{d}z - \frac{P}{2}\int_0^l (v')^2 \mathrm{d}z \right]$

式中，轴力以压为正。

由总势能 $\varPi$ 的一阶变分等于零,得

$$\delta\varPi = \sum_{n=1}^{N} \left(EI_n \int_0^l v'' \delta v'' \mathrm{d}z - P \int_0^l v' \delta v' \mathrm{d}z \right) = 0 \qquad (10.34)$$

由式(10.22)知 $\qquad v' = [N']\{\Delta\}^e , v'' = [N'']\{\Delta\}^e$

又由导函数的变分等于变分的导函数,得

$$\delta v' = (\delta v)' = ([N]\{\delta\Delta\}^e)' = [N']\{\delta\Delta\}^e$$

$$\delta v'' = (\delta v)'' = ([N]\{\delta\Delta\}^e)'' = [N'']\{\delta\Delta\}^e$$

将上面各式代入式(10.34)并注意矩阵相乘规则,得

$$\sum_{n=1}^{N} \left(EI_n \int_0^l \delta v'' v'' \mathrm{d}z - P \int_0^l \delta v' v' \mathrm{d}z \right)$$

$$= \sum_{n=1}^{N} \left[EI_n \int_0^l ([N'']\{\delta\Delta\}^e)^{\mathrm{T}} [N'']\{\Delta\}^e \mathrm{d}z - P \int_0^l ([N']\{\delta\Delta\}^e)^{\mathrm{T}} [N']\{\Delta\}^e \mathrm{d}z \right]$$

$$= \sum_{n=1}^{N} \{\delta\Delta\}^{e\mathrm{T}} \left(EI_n \int_0^l [N'']^{\mathrm{T}} [N''] \mathrm{d}z - P \int_0^l [N']^{\mathrm{T}} [N'] \mathrm{d}z \right) \{\Delta\}^e$$

$$= \{\delta\Delta\}^{\mathrm{T}} \left(\sum_{n=1}^{N} [K_E]^e + \sum_{n=1}^{N} [K_G]^e \right) \{\Delta\} \qquad (10.35)$$

$$= \{\delta\Delta\}^{\mathrm{T}} ([K_E] + [K_G]) \{\Delta\} = 0$$

式中, $\{\delta\Delta\}^{\mathrm{T}} = [\delta v_0 \quad \delta v_0' \quad \delta v_1 \quad \delta v_1' \quad \delta v_2 \quad \delta v_2' \cdots \delta v_N \quad \delta v_N']$,为压杆各节点位移参数(图 10.8)的一阶变分行阵;

$\{\Delta\} = [v_0 \quad v_0' \quad v_1 \quad v_1' \quad v_2 \quad v_2' \cdots v_N \quad v_N']^{\mathrm{T}}$,为压杆各节点位移参数列阵;

$[K_E]^e = EI_n \int_0^l [N'']^{\mathrm{T}} [N''] \mathrm{d}Z$,为单元弹性刚度矩阵;

$[K_G]^e = -P \int_0^l [N']^{\mathrm{T}} [N'] \mathrm{d}Z$,为单元几何刚度矩阵,亦称为初应力刚度矩阵;

$[K_E] = \sum_{n=1}^{N} [K_E]^e$,为压杆弹性刚度矩阵;

$[K_G] = \sum_{n=1}^{N} [K_G]^e$,为压杆几何刚度矩阵;

将式(10.23)代入上述积分式,积分得

$$[K_E]^e = EI_n \int_0^l [N'']^{\mathrm{T}} [N''] \mathrm{d}Z = \frac{EI_n}{l} \begin{array}{c} \delta v_i \\ \delta v_i' \\ \delta v_j \\ \delta v_j' \end{array} \begin{bmatrix} \dfrac{12}{l^2} & \dfrac{6}{l} & -\dfrac{12}{l^2} & \dfrac{6}{l} \\[2mm] \dfrac{6}{l} & 4 & -\dfrac{6}{l} & 2 \\[2mm] -\dfrac{12}{l^2} & -\dfrac{6}{l} & \dfrac{12}{l} & -\dfrac{6}{l} \\[2mm] \dfrac{6}{l} & 2 & -\dfrac{6}{l} & 4 \end{bmatrix}_{4\times4} \qquad (10.36)$$

列标题: $v_i \quad v_i' \quad v_j \quad v_j'$

$$[K_G]^e = -P \int_0^l [N']^T [N'] dz = \begin{array}{c} \delta v_i \\ \delta v_i' \\ \delta v_j \\ \delta v_j' \end{array} -P \begin{array}{cccc} v_i & v_i' & v_j & v_j' \end{array} \begin{bmatrix} \dfrac{12}{10l} & \dfrac{1}{10} & -\dfrac{12}{10l} & \dfrac{1}{10} \\ \dfrac{1}{10} & \dfrac{2l}{15} & -\dfrac{1}{10} & -\dfrac{l}{30} \\ -\dfrac{12}{10l} & -\dfrac{1}{10} & \dfrac{12}{10l} & -\dfrac{1}{10} \\ \dfrac{1}{10} & -\dfrac{l}{30} & -\dfrac{1}{10} & \dfrac{2l}{15} \end{bmatrix}_{4\times4} \tag{10.37}$$

由于各位移参数的一阶变分是任意选择的微量 $\{\delta\Delta\}^T = 0$，故式(10.35)要满足，必须有

$$([K_E] + [K_G])\{\Delta\} = 0 \tag{10.38}$$

式(10.38)表示一组线性齐次方程，它有非平凡解的条件是其系数行列式等于零，由此得屈曲方程

$$|[K_E] + [K_G]| = 0 \tag{10.39}$$

[例题 10-2]用有限元法求轴向弹性压杆的临界力。

解：将压杆分为两个单元如图 10.9，按式(10.36)和式(10.37)组拼压杆弹性刚度矩阵 $[K_E]$ 及压杆几何刚度矩阵 $[K_G]$ 如下：

图 10.9 两梁单元结构

$$[K_E] = \begin{array}{c} \delta v_1 \\ \delta v_1' \\ \delta v_2 \\ \delta v_2' \\ \delta v_3 \\ \delta v_3' \end{array} \dfrac{EI}{l} \begin{array}{cccccc} v_1 & v_1' & v_2 & v_2' & v_3 & v_3' \end{array} \begin{bmatrix} \dfrac{12}{l^2} & \dfrac{6}{l} & -\dfrac{12}{l^2} & \dfrac{6}{l} & 0 & 0 \\ \dfrac{6}{l} & 4 & -\dfrac{6}{l} & 2 & 0 & 0 \\ -\dfrac{12}{l^2} & -\dfrac{6}{l} & \dfrac{24}{l^2} & 0 & -\dfrac{12}{l^2} & \dfrac{6}{l} \\ \dfrac{6}{l} & 2 & 0 & 8 & -\dfrac{6}{l} & 2 \\ 0 & 0 & -\dfrac{12}{l^2} & -\dfrac{6}{l} & \dfrac{12}{l^2} & -\dfrac{6}{l} \\ 0 & 0 & \dfrac{6}{l} & 2 & -\dfrac{6}{l} & 4 \end{bmatrix}_{6\times6} \tag{10.40}$$

$$[K_{\mathrm{G}}]=
\begin{array}{c}
\\
\delta v_1 \\
\delta v_1' \\
\delta v_2 \\
\delta v_2' \\
\delta v_3 \\
\delta v_3'
\end{array}
-P
\begin{bmatrix}
\dfrac{12}{10l} & \dfrac{1}{10} & -\dfrac{12}{10l} & \dfrac{1}{10} & 0 & 0 \\[2mm]
\dfrac{1}{10} & \dfrac{2l}{15} & -\dfrac{1}{10} & -\dfrac{l}{30} & 0 & 0 \\[2mm]
-\dfrac{12}{10l} & -\dfrac{1}{10} & \dfrac{24}{10l} & 0 & -\dfrac{12}{10l} & \dfrac{1}{10} \\[2mm]
\dfrac{1}{10} & -\dfrac{l}{30} & 0 & \dfrac{4l}{15} & -\dfrac{1}{10} & -\dfrac{l}{30} \\[2mm]
0 & 0 & -\dfrac{12}{10l} & -\dfrac{1}{10} & \dfrac{12}{10l} & -\dfrac{1}{10} \\[2mm]
0 & 0 & \dfrac{1}{10} & -\dfrac{l}{30} & -\dfrac{1}{10} & \dfrac{2l}{15}
\end{bmatrix}_{6\times6}
\tag{10.41}$$

其中表头为 $v_1 \quad v_1' \quad v_2 \quad v_2' \quad v_3 \quad v_3'$

下面考虑压杆两种边界条件。

（1）两端固定。此时 $v_1=v_1'=v_3=v_3'=0$；另外，压杆变形对称于跨中点，故 $v_2'=0$，这样，划去$[K_{\mathrm{E}}]$及$[K_{\mathrm{G}}]$中的第 1、2、4、5、6 行和列，再代入式（10.39），得出压杆屈曲方程

$$\frac{24EI}{l^3}-\frac{24P}{10l}=0$$

解得临界力 $P_{\mathrm{cr}}=\dfrac{10EI}{l^2}=\dfrac{10EI}{(L/2)^2}=\dfrac{40EI}{L^2}$，精确解为 $P_{\mathrm{cr}}=\dfrac{39.44EI}{L^2}$。

（2）两端铰支。此时 $v_1=v_3=0$，由于压杆变位对称于跨中点，故 $v_2'=0$。同样划去$[K_{\mathrm{E}}]$及$[K_{\mathrm{G}}]$中第 1、4、5 行和列，得修改边界条件后的$[K_{\mathrm{E}}]_1$及$[K_{\mathrm{G}}]_1$为

$$[K_{\mathrm{E}}]_1=
\begin{array}{c}
\delta v_1' \\
\delta v_2 \\
\delta v_3'
\end{array}
\frac{EI}{l}
\begin{bmatrix}
4 & -\dfrac{6}{l} & 0 \\[2mm]
-\dfrac{6}{l} & \dfrac{24}{l^2} & \dfrac{6}{l} \\[2mm]
0 & \dfrac{6}{l} & 4
\end{bmatrix}
\qquad
[K_{\mathrm{G}}]_1=
\begin{array}{c}
\delta v_1' \\
\delta v_2 \\
\delta v_3'
\end{array}
-P
\begin{bmatrix}
\dfrac{2l}{15} & -\dfrac{1}{10} & 0 \\[2mm]
-\dfrac{1}{10} & \dfrac{24}{10l} & \dfrac{1}{10} \\[2mm]
0 & \dfrac{1}{10} & \dfrac{2l}{15}
\end{bmatrix}
\tag{10.42}$$

其中表头为 $v_1' \quad v_2 \quad v_3'$

再考虑压杆两端截面转角对称，$v_1'=-v_3'$。于是以-1分别乘式（10.42）中第三行和第三列后，再分别加到式（10.42）中第一行和第一列。这样，得出再次修改后的$[K_{\mathrm{E}}]_2$及$[K_{\mathrm{G}}]_2$：

$$[K_{\mathrm{E}}]_2=
\begin{array}{c}
\delta v_1' \\
\delta v_2
\end{array}
\frac{EI}{l}
\begin{bmatrix}
8 & -\dfrac{12}{l} \\[2mm]
-\dfrac{12}{l} & \dfrac{24}{l^2}
\end{bmatrix}
\qquad
[K_{\mathrm{G}}]_2=
\begin{array}{c}
\delta v_1' \\
\delta v_2
\end{array}
-P
\begin{bmatrix}
\dfrac{4l}{15} & -\dfrac{2}{10} \\[2mm]
-\dfrac{2}{10} & \dfrac{24}{10l}
\end{bmatrix}
\tag{10.43}$$

其中表头为 $v_1' \quad v_2$

将式（10.43）代入式（10.39），得压杆屈曲方程：

$$\begin{vmatrix}
\dfrac{8EI}{l}-\dfrac{4l}{15}P & -\dfrac{12EI}{l^2}+\dfrac{2P}{10} \\[3mm]
-\dfrac{12EI}{l^2}+\dfrac{2P}{10} & \dfrac{24EI}{l^3}-\dfrac{24P}{10l}
\end{vmatrix}=0
\tag{10.44}$$

以 $\dfrac{l}{2EI}$ 乘以式（10.44），并令 $\lambda=\dfrac{Pl^2}{5EI}$，得

$$\begin{vmatrix} 4-\dfrac{4}{3}\lambda & -\dfrac{6}{l}+\dfrac{\lambda}{2l} \\[2mm] -\dfrac{6}{l}+\dfrac{\lambda}{2l} & \dfrac{12}{l^2}-\dfrac{6\lambda}{l^2} \end{vmatrix}=0$$

展开后得压杆屈曲方程 $7.5\lambda^2-52\lambda+24=0$，其最小根 $\lambda=0.49$，所以 $\dfrac{Pl^2}{5EI}=0.49$，由此得

压杆临界力 $P_{cr}=\dfrac{2.45EI}{l^2}=\dfrac{9.8EI}{L^2}$，精确解为 $\dfrac{9.87EI}{L^2}$。

此例说明，按有限元法计算的分枝点失稳临界力与精确解很接近。对此例来说，计算不如解微分方程简便。然而，对于变截面压杆、框架结构柱的分枝点失稳临界力的计算，有限元法比解微分方程方便得多。

10.3　线弹性稳定分析的有限元法

上节介绍了中心压杆的有限元法，它不能用于压弯结构的分析，为了将有限元法应用于各种结构，本节介绍有限元法用于线弹性稳定分析的一般方法。至于不同单元或构件的相关刚度矩阵如何形成，将在 10.4 节和 10.5 节中分别以梁和板单元为举例说明，同理，也可得出薄壁梁等单元的相关刚度矩阵。

10.3.1　平衡方程

按照有限元原理，考虑轴力引起的二次内力后，结构平衡方程的矩阵形式为

$$([K_E]+[K_G])\{U\}=\{P\} \tag{10.45}$$

式中　$[K_E]$——弹性刚度矩阵；

　　　$[K_G]$——几何刚度矩阵，由于它与单元的轴力有关，又称为初始应力刚度矩阵；

　　　$\{U\}$——位移向量；

　　　$\{P\}$——荷载向量。

式(10.45)是关于位移 $\{U\}$ 的几何非线性方程，由于 $[K_G]$ 与单元的轴力有关，而在进行结构分析前，并不知道各个单元的轴力，因此，开始时 $[K_G]$ 是未知的，计算中可采用迭代法求解，即先不计几何刚度进行分析，求出各单元的轴力，用这些轴力形成 $[K_G]$，然后用式(10.45)求解 $\{U\}$，并重新求得轴力，再进行迭代计算，如此不断迭代，可以求得正确的内力和位移。

当几何非线性不明显时，有限元计算中一般的处理方法是，先不计几何刚度影响求解 $[K_E]\{U\}=\{P\}$，然后，直接形成 $[K_G]$ 进行稳定分析，不再进行迭代求解，这就是线弹性稳定问题有限元求解方法。

10.3.2　稳定特征方程

按照式(10.45)求得荷载 $\{P\}$ 作用下的位移 $\{U\}$，如果荷载不断增加，则结构位移增大。由于 $[K_G]$ 与荷载大小有关，因而这时结构的力与位移的关系不再是线性的，如果 $\{P\}$ 到达 $\lambda_{cr}\{P\}$ 时，结构呈现随遇平衡状态，这是所求的临界荷载点。

设荷载 $\{P\}$ 增加 λ 倍，则几何刚度矩阵也增加 λ 倍[参见式(10.37)]，结构处于平衡，因而有

$$([K_\mathrm{E}]+\lambda[K_\mathrm{G}])\{U\}=\lambda\{P\} \tag{10.46}$$

如果 λ 足够大，使得结构达到随遇平衡状态，依据随遇平衡的概念，即当荷载 $\{P\}$ 不增加而 $\{U\}$ 发生变化，变为 $\{U\}+\{\Delta U\}$，上述平衡方程仍能满足，则

$$([K_\mathrm{E}]+\lambda[K_\mathrm{G}])(\{U\}+\{\Delta U\})=\lambda\{P\} \tag{10.47}$$

同时满足式(10.46)和式(10.47)的条件是

$$([K_\mathrm{E}]+\lambda[K_\mathrm{G}])\{\Delta U\}=0 \tag{10.48}$$

方程式(10.48)有非零解的条件是

$$|[K_\mathrm{E}]+\lambda[K_\mathrm{G}]|=0 \tag{10.49}$$

式(10.49)是计算稳定的特征方程，如果方程的阶数为 n 阶，理论上存在 n 个特征值 λ_1、λ_2、$\cdots$、λ_n。但是在工程问题中只有最小的特征值才有工程意义。

若作用的荷载 $\{P\}$ 为使用荷载，$\lambda_\mathrm{cr}\{P\}$ 为临界荷载，最小特征值 λ_cr 称为结构的稳定安全系数，需要注意结构的稳定安全系数与荷载有关，不同的荷载工况，其值大小不同。

若作用的荷载 $\{P\}$ 为单位力向量，最小特征值 λ_cr 变为临界荷载。

对于式(10.48)还可这样解释：就是存在某个 λ 和相应的 $\{U\}$，使得位移增量所产生的力为 0，也就是说这时的结构总体刚度矩阵 $([K_\mathrm{E}]+\lambda[K_\mathrm{G}])$ 为奇异，其行列式为零，结构失去了抵抗能力，因而进入失稳状态。

10.3.3　最小特征值求解

大型结构稳定性的计算通常都是由计算机来完成，图 10.10 给出了程序的主要流程图。

框①的荷载可以包括自重及其他荷载，所选择的荷载应根据工程的设计的要求来确定。由于所求得的临界荷载是它们的倍数，必须注意 λ_cr 与荷载工况的对应关系。当然，对简单结构的单位荷载向量除外。

框②的总体刚度矩阵是由单元刚度阵拼装组成，视单元类型的不同而不同，必要时，应进行单元坐标向结构总体坐标的转换。

① 输入结构信息，荷载信息

② 计算、拼装总刚度矩阵 $[K_\mathrm{E}]$ 及荷载阵 $\{P\}$

③ 求解 $[K_\mathrm{E}]\{U\}=\{P\}$ 和单元内力

④ 计算并拼装 $[K_\mathrm{G}]$

⑤ 求解特征方程 $|[K_\mathrm{E}]+\lambda[K_\mathrm{G}]|=0$，得 λ

⑥ 将 λ 回代，求解失稳模态

图 10.10　有限元计算的流程图

框③实质上是进行一次使用荷载下的线弹性分析，用其轴力结果计算几何刚度矩阵 $[K_\mathrm{G}]$。有限元数值分析中，不仅对受压杆件计算几何刚度矩阵，对受拉杆也会计入几何刚度矩阵，其效应系指通常所指的拉力刚度矩阵。

框④$[K_G]$的拼装与框②$[K_E]$的拼装相似。

框⑤计算特征值 λ,特征值的计算方法很多,参见数值分析方法。对于稳定问题,常常只需要求出最小特征值 λ_{min},这时逆迭代方法是最简便而又有效的。

将式(10.48)改写为
$$\frac{1}{\lambda}[K_E]\{U\} = -[K_G]\{U\} \tag{10.50}$$

所谓逆迭代是按下列迭代格式求解:
$$\frac{1}{\lambda}[K_E]\{U\}^{i+1} = -[K_G]\{U\}^i \tag{10.51}$$

如果将初设的初始特征向量 $\{U\}^0$ 代入式(10.51)的右端,可以解 $\frac{1}{\lambda}\{U\}^1$,将 $\{U\}^1$ 再代入右端,又可解出 $\frac{1}{\lambda}\{U\}^2$,如此不断迭代求得 λ 和 $\{U\}$。$\{U\}^i$ 可以采用首项元素归一化的向量,再代入右端后,所解得的向量在提出因子使首项归一的 $\{U\}^{i+1}$,这样提取的因子就是 $1/\lambda$,不难证明,采用这种迭代格式,所得到的 λ 就是最小特征值 λ_{min}。

框⑥计算失稳模态值,上述归一化后的位移向量,即为与特征值 λ 对应的失稳模态。对临界荷载而言,高阶特征值是没有意义的,但是对一些复杂结构,可利用第2、3等高阶失稳模态观察出影响结构稳定性的其他薄弱构件,基于此,高阶特征值和失稳模态也有一定的工程作用。

10.4 平面梁单元刚度矩阵

图10.11表示平面梁结构坐标系,i、j 分别为梁单元的两个节点。每个节点有三个变位自由度,即节点垂直位移 v,水平位移 w 和节点转角 θ,两个节点的全部位移可用式(10.52)表示。

$$\{\delta\}^e = \left\{ \begin{matrix} \delta_i \\ \delta_j \end{matrix} \right\} \qquad \{\delta_i\} = \left\{ \begin{matrix} v_i \\ w_i \\ \theta_i \end{matrix} \right\} \qquad \{\delta_j\} = \left\{ \begin{matrix} v_j \\ w_j \\ \theta_j \end{matrix} \right\} \tag{10.52}$$

如果用沿着梁单元方向布置的局部坐标系(单元坐标系)来表示,则位移为

$$\{\bar{\delta}\}^e = \left\{ \begin{matrix} \bar{\delta_i} \\ \bar{\delta_j} \end{matrix} \right\} \qquad \{\bar{\delta_i}\} = \left\{ \begin{matrix} \bar{v_i} \\ \bar{w_i} \\ \bar{\theta_i} \end{matrix} \right\} \qquad \{\bar{\delta_j}\} = \left\{ \begin{matrix} \bar{v_j} \\ \bar{w_j} \\ \bar{\theta_j} \end{matrix} \right\} \tag{10.53}$$

以下将用局部坐标系来表达梁单元力与位移的关系,然后不难把它们转到结构坐标系上来。

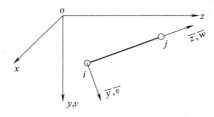

图 10.11 平面梁单元的坐标系

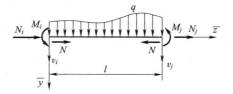

图 10.12 梁单元的受力情况

图10.12是梁单元的受力情况,梁上除横向荷载 q 作用之外,还有轴向力 N 作用于梁内,此时的节点荷载记为

$$\{\overline{F}\}^e = \left\{\frac{\overline{F_i}}{\overline{F_j}}\right\} \qquad \{\overline{F_i}\} = \left\{\begin{matrix} V_i \\ N_i \\ M_i \end{matrix}\right\} \qquad \{\overline{F_j}\} = \left\{\begin{matrix} V_j \\ N_j \\ M_j \end{matrix}\right\} \tag{10.54}$$

用最小势能原理,可以求出节点荷载与节点变位及与外荷载之间的关系。

不考虑剪应变的作用,梁内任一点的正应变应为

$$\varepsilon_z = \frac{\partial w}{\partial z} - \frac{\partial^2 v}{\partial z^2}y + \frac{1}{2}\left(\frac{\partial v}{\partial z}\right)^2 \tag{10.55}$$

式中,第一项是由轴向力引起的应变,w 为纵向位移;第二项是由弯矩引起的应变,它与所在点到截面形心的距离 y 有关;第三项是梁的弯曲变形所引起的应变,反映了弯曲变形与轴向变形的耦连关系,在通常的结构分析时,略去了这一项,但是在稳定计算中,正是这一项反映了结构不稳定的因素,因而必须计入。下面给出第三项的由来:

设变形前 dx 微段在变形后的长度 $\overline{dx}$

$$\overline{dx} = \sqrt{(dx)^2 + \left(\frac{dv}{dx}dx\right)^2} = dx\sqrt{1 + \left(\frac{dv}{dx}\right)^2} = dx\left[1 + \frac{1}{2}\left(\frac{dv}{dx}\right)^2 + \cdots\right]$$

略去高阶影响后,得对应的应变为

$$\frac{\overline{dx} - dx}{dx} \approx \frac{1}{2}\left(\frac{dv}{dx}\right)^2$$

梁的应变能由下式给出

$$U = \frac{E}{2}\int \varepsilon_z^2 dv \tag{10.56}$$

将式(10.55)代入并展开,得

$$U = \frac{E}{2}\int_0^l \int_A \left[\left(\frac{\partial w}{\partial z}\right)^2 + \left(\frac{\partial^2 v}{\partial z^2}\right)^2 y^2 + \frac{1}{4}\left(\frac{\partial v}{\partial z}\right)^4 - 2\frac{\partial w}{\partial z}\frac{\partial^2 v}{\partial z^2}y - \frac{\partial^2 v}{\partial z^2}\left(\frac{\partial v}{\partial z}\right)^2 y + \frac{\partial w}{\partial z}\left(\frac{\partial v}{\partial z}\right)^2\right]dAdz$$

略去高阶项 $\frac{1}{4}\left(\frac{\partial v}{\partial z}\right)^4$,并注意到 $\int y dA = 0$ 及 $\int y^2 dA = I$,则

$$U = \frac{EA}{2}\int_0^l \left(\frac{\partial w}{\partial z}\right)^2 dz + \frac{EI}{2}\int_0^l \left(\frac{\partial^2 v}{\partial z^2}\right)^2 dz + \frac{EA}{2}\int_0^l \frac{\partial w}{\partial z}\left(\frac{\partial v}{\partial z}\right)^2 dz$$

对于所讨论的梁单元,上式第三项中 $EA\frac{\partial w}{\partial z}$ 等于轴向力 N(拉为正),于是

$$U = \frac{EA}{2}\int_0^l \left(\frac{\partial w}{\partial z}\right)^2 dz + \frac{EI}{2}\int_0^l \left(\frac{\partial^2 v}{\partial z^2}\right)^2 dz + \frac{N}{2}\int_0^l \left(\frac{\partial v}{\partial z}\right)^2 dz \tag{10.57}$$

用广义应变 $\{\varepsilon\}$ 符号来表示上式,则有

$$U = \frac{1}{2}\int_0^l \{\varepsilon\}^T[D]\{\varepsilon\}dz \tag{10.58}$$

其中

$$\{\varepsilon\} = \left\{\begin{matrix} \dfrac{\partial w}{\partial z} \\[2mm] \dfrac{\partial^2 v}{\partial z^2} \\[2mm] \dfrac{\partial v}{\partial z} \end{matrix}\right\} = \begin{bmatrix} 0 & \dfrac{\partial}{\partial z} \\[2mm] \dfrac{\partial^2}{\partial z^2} & 0 \\[2mm] \dfrac{\partial}{\partial z} & 0 \end{bmatrix}\left\{\begin{matrix} v \\ w \end{matrix}\right\} \tag{10.59}$$

$$[D] = \begin{bmatrix} EA & 0 & 0 \\ 0 & EI & 0 \\ 0 & 0 & N \end{bmatrix} \tag{10.60}$$

把梁单元内的位移$\{v, w\}^{\mathrm{T}}$记为$\{f\}$，并记微分算子矩阵：

$$[L] = \begin{bmatrix} 0 & \dfrac{\partial}{\partial z} \\[2mm] \dfrac{\partial^2}{\partial z^2} & 0 \\[2mm] \dfrac{\partial}{\partial z} & 0 \end{bmatrix} \tag{10.61}$$

于是
$$\{\varepsilon\} = [L]\{f\} \tag{10.62}$$

$\{f\}$是梁单元中任一点的位移，它与节点位移和梁上荷载有关。在有限元分析中，近似采用假定的形函数$[N]$将梁单元内位移与节点联系起来，即令

$$\{f\} = [N]\{\bar{\delta}\}^e = \begin{bmatrix} N_3 & 0 & N_4 & N_5 & 0 & N_6 \\ 0 & N_1 & 0 & 0 & N_2 & 0 \end{bmatrix} \tag{10.63}$$

式中，$N_1 = 1 - z/l$；

$N_2 = z/l$；

$N_3 = 1 - 3(z/l)^2 + 2(z/l)^3$；

$N_4 = [-z/l + 2(z/l)^2 - (z/l)^3]l$；

$N_5 = 3(z/l)^2 - 2(z/l)^3$；

$N_6 = [(z/l)^2 - (z/l)^3]l$；

其中，l是梁单元的长度，z是点距i节点的距离。

将式(10.63)代入式(10.62)，得

$$\{\varepsilon\} = [L]\{f\} = [L][N]\{\bar{\delta}\}^e = [B]\{\bar{\delta}\}^e \tag{10.64}$$

其中
$$[B] = [L][N] \tag{10.65}$$

$[B]$称为应变矩阵

将式(10.62)代入式(10.58)，得梁的应变能为

$$U = \frac{1}{2}\{\bar{\delta}\}^{e\mathrm{T}} \int_0^l [B]^{\mathrm{T}}[D][B]\,\mathrm{d}z\, \{\bar{\delta}\}^e$$

由外荷载引起的势能为
$$V_q = -\int_0^l \{f\}^{\mathrm{T}}\{q\}\,\mathrm{d}z = -\{\bar{\delta}\}^{e\mathrm{T}} \int_0^l [N]^{\mathrm{T}}\{q\}\,\mathrm{d}z$$

在节点处，节点力产生的势能为
$$V_F = -\{\bar{\delta}\}^{e\mathrm{T}}\{\bar{F}\}^e$$

于是，梁单元的总势能为

$$\Pi = U + \overline{V_q} + \overline{V_F} = \frac{1}{2}\{\bar{\delta}\}^{e\mathrm{T}} \int_0^l [B]^{\mathrm{T}}[D][B]\,\mathrm{d}z\, \{\bar{\delta}\}^e - \{\bar{\delta}\}^{e\mathrm{T}} \int_0^l [N]^{\mathrm{T}}\{q\}\,\mathrm{d}z - \{\bar{\delta}\}^{e\mathrm{T}}\{\bar{F}\}^e$$

$$\tag{10.66}$$

由势能驻值原理
$$\frac{\partial \Pi}{\partial \{\bar{\delta}\}^e} = 0 \tag{10.67}$$

可求得梁单元上节点力与节点位移及荷载的关系，即

$$\{\bar{F}\}^e = \int_0^l [B]^{\mathrm{T}}[D][B]\,\mathrm{d}z\, \{\bar{\delta}\}^e - \int_0^l [N]^{\mathrm{T}}\{q\}\,\mathrm{d}z = [\bar{K}]\{\bar{\delta}\}^e + \{\bar{F}\}_q^e \tag{10.68}$$

式中,第一项是节点位移$\{\bar{\delta}\}^e$所引起的等效节点力。

其中,
$$[\overline{K}] = \int_0^l [B]^T [D] [B] dz \qquad (10.69)$$

$[\overline{K}]$反映了梁单元的刚度情况。

令
$$\{\overline{F}\}_q^e = -\int_0^l [N]^T \{q\} dl \qquad (10.70)$$

$\{\overline{F}\}_q^e$是荷载引起的节点力。

对于所讨论的平面梁单元(图 10.12)情况,以下将列出刚度矩阵的算式。

将式(10.63)代入式(10.65)得

$$[B] = \begin{bmatrix} 0 & N_1' & 0 & 0 & N_2' & 0 \\ N_3'' & 0 & N_4'' & N_5'' & 0 & N_6'' \\ N_3' & 0 & N_4' & N_5' & 0 & N_6' \end{bmatrix} \qquad (10.71)$$

将式(10.71)及式(10.60)代入式(10.69),并完成积分,得

$$[\overline{K}] = [\overline{K_E}] + [\overline{K_G}]$$

其中
$$[\overline{K_E}] = \frac{E}{l} \begin{bmatrix} \dfrac{12I}{l^2} & 0 & -\dfrac{6I}{l} & -\dfrac{12I}{l^2} & 0 & -\dfrac{6I}{l} \\ 0 & A & 0 & 0 & -A & 0 \\ -\dfrac{6I}{l} & 0 & 4I & \dfrac{6I}{l} & 0 & 2I \\ -\dfrac{12I}{l^2} & 0 & \dfrac{6I}{l} & \dfrac{12I}{l^2} & 0 & \dfrac{6I}{l} \\ 0 & -A & 0 & 0 & A & 0 \\ -\dfrac{6I}{l} & 0 & 2I & \dfrac{6I}{l} & 0 & 4I \end{bmatrix} \qquad (10.72)$$

$[\overline{K_E}]$是由式(10.71)中前二行以及式(10.60)中前二行列的元素相乘并积分后求得,它反映了梁单元截面刚度 EA 及 EI 的影响,通常称为单元弹性刚度矩阵。

由式(10.71)的第三行以及式(10.60)的第三列元素相乘及积分后得的矩阵是$[\overline{K_G}]$。

$$[\overline{K_G}] = \frac{N}{l} \begin{bmatrix} \dfrac{6}{5} & 0 & -\dfrac{l}{10} & -\dfrac{6}{5} & 0 & -\dfrac{l}{10} \\ 0 & 0 & 0 & 0 & 0 & 0 \\ -\dfrac{l}{10} & 0 & \dfrac{2}{15}l^2 & \dfrac{l}{10} & 0 & -\dfrac{l^2}{30} \\ -\dfrac{6}{5} & 0 & \dfrac{l}{10} & \dfrac{6}{5} & 0 & \dfrac{l}{10} \\ 0 & 0 & 0 & 0 & 0 & 0 \\ -\dfrac{l}{10} & 0 & -\dfrac{l^2}{30} & \dfrac{l}{10} & 0 & \dfrac{2}{15}l^2 \end{bmatrix} \qquad (10.73)$$

$[\overline{K_G}]$矩阵与截面刚度特性 A、I 无关,只与梁单元的几何长度与位置有关,故称为单元几何刚度矩阵。$[\overline{K_G}]$还与初始轴力 N 有关,所以也有许多著作中称其为初始应力刚度矩阵。不难看出,几何刚度矩阵使单元刚度发生了变化,是由于轴力在梁弯曲时所产生的效应所致,当轴力是拉力时,梁的刚度变大,常称为拉力刚度;当轴力是压力时,梁的刚度变小;故当轴力较大时有较重要的意义。

以上所讨论的刚度矩阵是在局部坐标系里推演的,对于结构坐标系还要做一些转换。

由几何关系容易得出用局部坐标系表达的节点位移 $\{\bar{\delta}\}^e$ 与用总结构坐标系表达的位移 $\{\bar{\delta}\}^e$ 之间的关系。

$$\{\bar{\delta}\}^e = [R]\{\delta\}^e \tag{10.74}$$

式中,

$$[R] = \begin{bmatrix} \cos\alpha & \sin\alpha & 0 & 0 & 0 & 0 \\ -\sin\alpha & \cos\alpha & 0 & 0 & 0 & 0 \\ 0 & 0 & 1 & 0 & 0 & 0 \\ 0 & 0 & 0 & \cos\alpha & \sin\alpha & 0 \\ 0 & 0 & 0 & -\sin\alpha & \cos\alpha & 0 \\ 0 & 0 & 0 & 0 & 0 & 1 \end{bmatrix}$$

$[R]$ 是坐标转换矩阵。

产生节点位移时,节点力所做的功,与所用的坐标系统无关,于是

$$\{\delta\}^{eT}\{F\}^e = \{\bar{\delta}\}^{eT}\{\bar{F}\}^e$$

把式(10.74)代入上式,得 $\{\delta\}^{eT}\{F\}^e = \{\delta\}^{eT}[R]^T\{\bar{F}\}^e$

有

$$\{F\}^e = [R]^T\{\bar{F}\}^e \tag{10.75}$$

此即节点力得转换式。

将式(10.68)代入式(10.75),得按结构坐标系表示的等效节点力:

$$\{F\}^e = [R]^T[\bar{K}]\{\bar{\delta}\}^e + [R]^T\{\bar{F}\}^e_q \tag{10.76}$$

其中第一项是节点变位引起的等效节点力

$$\{F\}^e_d = [R]^T[\bar{K}]\{\bar{\delta}\}^e$$

将式(10.74)代入,得 $\{F\}^e_d = [R]^T[\bar{K}][R]\{\delta\}^e = [K]\{\delta\}^e \tag{10.77}$

式中,

$$[K] = [R]^T[\bar{K}][R] \tag{10.78}$$

$[K]$ 是用结构坐标系表达的单元刚度矩阵。

在每一个节点处各等效节点力的和应该与作用在节点上的外力平衡,即

$$\{F_N\} + \sum\{F\}^e = 0$$

或

$$[K]\{U\} = \{P\} \tag{10.79}$$

其中,$\{P\} = -\{F_N\} - \sum\{F\}^e_q$ 是结构上的荷载;

$\{U\}$ 是结构的全部节点位移;

$[K] = \sum_{i=1}^{m}[K]_i$ 是把 m 个单元刚度矩阵增广后叠加所得到的刚度矩阵,称总体刚度矩阵。不难看出总体刚度矩阵也由两部分组成:

$$[K] = [K_E] + [K_G]$$

代入式(10.79)即得式(10.45)矩阵形式的平衡方程。

10.5 板单元的几何刚度矩阵

板单元(图10.13)的弹性刚度矩阵具体表达式可查阅有关有限元专著,本节仅介绍稳定

分析中的几何刚度矩阵形成的方法。

由于板中面内的位移 u、v 而产生的应变为

$$\varepsilon_x^{\mathrm{I}} = \frac{\partial u}{\partial x} \qquad \varepsilon_y^{\mathrm{I}} = \frac{\partial v}{\partial y} \qquad \gamma_{xy}^{\mathrm{I}} = \frac{\partial u}{\partial y} + \frac{\partial v}{\partial x}$$

由于板的弯曲而产生的应变为

$$\varepsilon_x^{\mathrm{II}} = -z\frac{\partial^2 w}{\partial x^2} \qquad \varepsilon_y^{\mathrm{II}} = -z\frac{\partial^2 w}{\partial y^2} \qquad \gamma_{xy}^{\mathrm{II}} = -2z\frac{\partial^2 w}{\partial x\,\partial y}$$

在薄板中，挠度 w 在板中面内引起的附加应变为

$$\varepsilon_x^{\mathrm{III}} = \frac{1}{2}\left(\frac{\partial w}{\partial x}\right)^2 \qquad \varepsilon_y^{\mathrm{III}} = \frac{1}{2}\left(\frac{\partial w}{\partial y}\right)^2 \qquad \gamma_{xy}^{\mathrm{III}} = \frac{\partial w}{\partial x}\frac{\partial w}{\partial y}$$

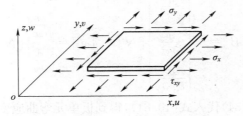

图 10.13　板单元

把以上各项叠加起来，得到薄板的应变—位移关系如下：

$$\varepsilon_x = \frac{\partial u}{\partial x} - z\frac{\partial^2 w}{\partial x^2} + \frac{1}{2}\left(\frac{\partial w}{\partial x}\right)^2$$

$$\varepsilon_y = \frac{\partial v}{\partial y} - z\frac{\partial^2 w}{\partial y^2} + \frac{1}{2}\left(\frac{\partial w}{\partial y}\right)^2 \tag{10.80}$$

$$\gamma_{xy} = \frac{\partial u}{\partial y} + \frac{\partial v}{\partial x} - 2z\frac{\partial^2 w}{\partial x\partial y} + \frac{\partial w}{\partial x}\frac{\partial w}{\partial y}$$

按照类似于上节的推导，可得到各向同性薄板的弯曲应变能如下：

$$U_{\mathrm{b}}^{\mathrm{e}} = \frac{D}{2}\int_A\left[\left(\frac{\partial^2 w}{\partial x^2}\right)^2 + \left(\frac{\partial^2 w}{\partial y^2}\right)^2 + 2\mu\frac{\partial^2 w}{\partial x^2}\frac{\partial^2 w}{\partial y^2} + 2(1-\mu)\left(\frac{\partial^2 w}{\partial x\partial y}\right)^2\right]\mathrm{d}A +$$

$$\frac{1}{2}\int_A\left[\sigma_x t\left(\frac{\partial w}{\partial x}\right)^2 + \sigma_y t\left(\frac{\partial w}{\partial y}\right)^2 + 2\tau_{xy} t\frac{\partial w}{\partial x}\frac{\partial w}{\partial y}\right]\mathrm{d}A \tag{10.81}$$

式中，t 为板的厚度；$\sigma_x t$、$\sigma_y t$、$\tau_{xy} t$ 为板中面内力；$D = \dfrac{Et^3}{12(1-\mu^2)}$。

式 (10.81) 右端第二大项代表由于板中面内初始应力 σ_x、σ_y、τ_{xy} 而产生的应变能，可用矩阵表示如下：

$$\frac{1}{2}\int_A\left\{\begin{matrix}\dfrac{\partial w}{\partial x}\\[1mm]\dfrac{\partial w}{\partial y}\end{matrix}\right\}^{\mathrm{T}}\left[\begin{matrix}\sigma_x & \tau_{xy}\\ \tau_{xy} & \sigma_y\end{matrix}\right]\left\{\begin{matrix}\dfrac{\partial w}{\partial x}\\[1mm]\dfrac{\partial w}{\partial y}\end{matrix}\right\}t\,\mathrm{d}A$$

用形函数 $[N]$ 及板单元节点弯曲位移 $\{\delta_{\mathrm{b}}^{\mathrm{e}}\}$ 表示板的挠度如下：

$$w = [N]\{\delta_{\mathrm{b}}^{\mathrm{e}}\} \tag{10.82}$$

记
$$\{\psi\} = \left\{ \begin{array}{c} -\dfrac{\partial^2 w}{\partial x^2} \\[2mm] -\dfrac{\partial^2 w}{\partial y^2} \\[2mm] -2\dfrac{\partial^2 w}{\partial x \partial y} \end{array} \right\} = [B]\{\delta_b^e\} \tag{10.83}$$

$$\left\{ \begin{array}{c} \dfrac{\partial w}{\partial x} \\[2mm] \dfrac{\partial w}{\partial y} \end{array} \right\} = [g]\{\delta_b^e\} \tag{10.84}$$

其中
$$[B] = -\left\{ \begin{array}{c} \dfrac{\partial^2}{\partial x^2} \\[2mm] \dfrac{\partial^2}{\partial y^2} \\[2mm] \dfrac{\partial^2}{\partial x \partial y} \end{array} \right\}[N], \quad [g] = \left\{ \begin{array}{c} \dfrac{\partial}{\partial x} \\[2mm] \dfrac{\partial}{\partial y} \end{array} \right\}[N] \tag{10.85}$$

把式(10.83)和式(10.84)代入式(10.81)，得到板单元弯曲应变能如下：

$$U_b^e = \frac{1}{2}\{\delta_b^e\}^T[K_E]\{\delta_b^e\} + \frac{1}{2}\{\delta_b^e\}^T[K_G]\{\delta_b^e\} \tag{10.86}$$

其中，
$$[K_E] = \int_A [B]^T[D][B]\,\mathrm{d}A \tag{10.87}$$

$$[K_G] = \int_A [g]^T\begin{bmatrix} \sigma_x & \tau_{xy} \\ \tau_{xy} & \sigma_y \end{bmatrix}[g]t\,\mathrm{d}A \tag{10.88}$$

$$[D] = D\begin{bmatrix} 1 & \mu & 0 \\ \mu & 1 & 0 \\ 0 & 0 & \dfrac{1-\mu}{2} \end{bmatrix}$$

式中，$[K_E]$为通常的薄板弯曲刚度矩阵；$[K_G]$为薄板的几何刚度矩阵。

根据式(10.81)可知，几何刚度矩阵也可以表示如下：

$$[K_G] = \sigma_x[K_{Gx}] + \sigma_y[K_{Gy}] + \tau_{xy}[K_{Gxy}] \tag{10.89}$$

其中
$$\left. \begin{array}{l} [K_{Gx}] = t\displaystyle\int_A \left[\dfrac{\partial N}{\partial x}\right]^T\left[\dfrac{\partial N}{\partial x}\right]\mathrm{d}A \\[3mm] [K_{Gy}] = t\displaystyle\int_A \left[\dfrac{\partial N}{\partial y}\right]^T\left[\dfrac{\partial N}{\partial y}\right]\mathrm{d}A \\[3mm] [K_{Gxy}] = 2t\displaystyle\int_A \left[\dfrac{\partial N}{\partial x}\right]^T\left[\dfrac{\partial N}{\partial y}\right]\mathrm{d}A \end{array} \right\} \tag{10.90}$$

由式(10.88)可见，板单元的几何刚度矩阵与材料物理常数无关，它不但适用于各向同性板，也适用于各向异性板。

习　题

10-1 采用通用有限元程序，计算一自选结构稳定性问题，完成以下计算内容：

(1)线弹性稳定安全系数和失稳模态，并自证其正确性。

(2)考虑几何非线性的稳定分析,给出 P—Δ 曲线,并进行分析。

10-2 用数学软件和对号入座法则,编程实现12自由度空间梁单元、板单元的刚度矩阵和和几何矩阵。

10-3 为什么用能量法和有限元法计算得到的临界荷载高于精确值?

10-4 有预应力结构(考虑初始几何刚度/考虑应力刚化)的屈曲分析如何进行?

10-5 采用有限元计算图 10.14 所示结构在分别为:(1)$P_1 = P/10$(主梁受压)、(2)$P_1 = 0$;(3)$P_1 = -P/10$(主梁受拉)作用下面内失稳的临界荷载并分析荷载 P_1 对立柱影响规律。主梁和立柱横桥向宽度为 1.6 m、截面高度 0.8 m,弹性模量 $E = 32.5$ GPa,单位荷载 $P = 1$ N。

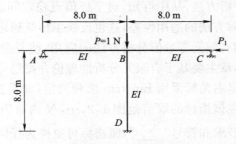

图 10.14 无侧移刚架

部分习题答案:

10-5(1)$P_{cr} = 1.019\ 14E \times 10^9$ N;(2)$P_{cr} = 1.064\ 11E \times 10^9$ N;(3)$P_{cr} = 1.096\ 75E \times 10^9$ N

11　结构稳定极限承载力分析的有限元法

在第 1 章中介绍了第二类稳定问题即极值点稳定问题的概念,第 3、4 章中针对简单构件的弹塑性问题介绍了几种分析方法,从中可知,对于极值点稳定问题,基于解析法的计算方法不仅求解过程复杂,而且求解方法的适用性差,这也反映了传统稳定理论解析计算极值点失稳方面的不足。计算机技术和有限元等数值分析方法的应用,使复杂桥梁等结构工程的极值稳定分析得以方便地实现。本章主要基于有限元分析性理论介绍稳定极限承载力分析方法。

为简化书写,本章物理量右角标采用 Einstein 求和约定:如果在表达式中,一个指标重复出现一次,则表示要把该项在该指标的取值范围 $1,2,\cdots,N$ 内遍历求和,该指标称为哑指标,又称求和指标,用哑指标代替求和符号"$\sum$",哑指标可更换为任何其他字符,结果不变。如,

$$a_1 x_1 + a_2 x_2 + \cdots + a_N x_N = a_i x_i, \quad a_{ij} x_i x_j = \sum_{i=1}^{N} \sum_{j=1}^{N} a_{ij} x_i x_j.$$

而表达式中不重复出现的右角标为自由指标,它不代表求和,仅代表具体的取值。

本章遵循的符号约定为:黑斜体的符号表示矢量、矩阵或张量,如 $u = \{u\}$,$K = [K]$,矢量、矩阵或张量的分量采用对应的不加粗符号加右上、下角标表示,如 u_i、K_{ij} 分别表示矢量 u 和矩阵 K 的分量(元素),坐标的角标取值均为 $1 \sim 3$。

本章部分内容还涉及张量分析和连续介质力学,必要时可参考相关文献专著。

11.1　结构非线性与承载力分析概述

11.1.1　结构的非线性分析

基于第 10 章的有限元数值法分析结构的平衡,可建立平衡方程:

$$Ku = P \tag{11.1}$$

若结构分析中,不考虑变形过程对结构内力的影响,而基于变形前开展分析,同时也不考虑材料本构关系的非线性,则有限元列式(11.1)中的刚度矩阵 K 是不变的,此为线性问题;相反刚度矩阵 K 随变形或加载历程是变化的,即为非线性问题,包含如下几类:

1. 几何非线性

所谓几何非线性,系指结构变形历程对内力影响较大,结构分析必须基于变形后的结构展开,类似于式(10.55)的应变计算式中,需考虑位移导数的二次项,导致式(10.65)应变矩阵 B 与位移 u 呈非线性,刚度矩阵 $K = K(u)$ 随结构位移变化而变化,平衡方程表现为

$$K(u)u = P \tag{11.2}$$

此为几何非线性问题。需要指出的是,第 10 章有限元法分析结构稳定的方法中,虽然平衡方程是基于变形后得出,即考虑了几何刚度的影响,但它最终基于"随遇平衡"转换为特征方程和特征值问题,这与传统的线弹性稳定解析分析理论的概念完全一致,同时也未考虑材料非

线性影响和迭代分析,以此进行稳定性分析,属于线弹性稳定分析范畴,不属于几何非线性。

2. 材料非线性

材料非线性是指结构在荷载作用下的应力应变关系 $\sigma=\sigma(\varepsilon)$ 不再是线性变化,而是呈现非线性特征;此时的材料处于弹塑性或塑性工作状态,变形模量不再是常数,而是随应力变化的函数。刚度矩阵 K 与材料应力应变的变化关系有关,或者说与加载历程有关,平衡方程表现为

$$K(\sigma,\varepsilon)u=P \tag{11.3}$$

此为材料非线性问题,其中材料本构关系、屈服准则、流动准则、强化准则和破坏准则等均是其重要的理论问题。

材料本构系指材料的应力应变关系,最常见的本构为一维应力应变关系,而材料非线性中需要处理的是复杂应力空间上或多维的应力应变关系,一般通过一维应力应变关系结合如下准则得出,或直接通过试验得到。屈服准则定义了材料进入塑性的应力状态,即应力状态满足什么条件时材料进入屈服。较为常用的屈服准则有:Mises 屈服准则、Tresca 屈服准则、Hill 屈服准则、Drucker—Prager 屈服准则等。流动准则是用来确定材料处于屈服状态时塑性变形增量的方向,即塑性变形增量各分量之间按什么比例变化。强化准则定义的是材料进入塑性变形后的后继屈服面的变化,即在随后的加载或卸载时,材料何时再次进入屈服状态。强度准则可归纳为三种类型:各向同性强化准则、随动强化准则和混合强化准则。破坏准则则是衡量材料进入破坏的条件。

3. 双重非线性

平衡方程(11.1)中的刚度矩阵 K 不仅与结构位移历程相关,还与材料应力应变关系有关,此为几何和材料双重非线性问题,平衡方程表现为

$$K[u,(\sigma,\varepsilon)]u=P \tag{11.4}$$

式(11.2)～式(11.4)均有一个显著的特征——平衡方程为非线性方程组,求解该非线性方程组后所得到的荷载—位移曲线均表现出明显的非线性。应用中常常以此荷载—位移曲线评价结构承载能力。

非线性分析中,若仅考虑几何非线性问题,它属于变形问题,包括小变形分析和大变形分析。其分析目的就是要考虑变形后位形对内力的影响。

材料非线性问题归结为强度问题,应用于结构的承载能力分析,用于评价结构的安全性。

对某些结构,需同时考虑几何和材料的非线性,即所谓的双重非线性分析,它是基于变形后位形开展结构的极限承载力分析的。

11.1.2　结构稳定极限承载力分析

极限承载力常常通过计算获取的荷载—位移曲线并寻找其极值点,以该极值点对应的荷载水平作为计算结果值,并以此评价结构的安全性,通常采用安全系数 K 来表示,定义如下:

$$K=\frac{P_u}{P_0} \tag{11.5}$$

式中,P_0 为使用阶段结构的全部荷载;P_u 为结构的极限承载力。

而稳定极限承载力分析中,基于“稳定问题是变形问题”的基本概念,稳定分析必须是基于变形后的分析,因此它必须考虑变形对承载力的影响,同时,准确地分析承载力,应考虑材料弹塑性的影响,即同时考虑几何非线性和材料非线性。因此,结构的稳定极限承载力与材料强

度、应力应变关系、结构刚度及几何尺寸、荷载形式和加载路径等因素有关。

对工程结构开展极限承载能力分析,依据具体结构受力特征或几何非线性的影响,可以计入或不计几何非线性影响;也可以涵盖受拉结构和受压结构等,仅当采用双重非线性且应用于受压结构时,它才属于结构稳定极限承载力分析(稳定的第二类极值问题)。而对于仅考虑材料非线性的结构极限承载力问题,不能归结为稳定极限承载力分析,从这个概念上,极限承载力分析的范畴更大。

实际工程中,由于结构不可避免地存在初始偏心、初始弯曲和残余应力等初始缺陷,因此工程中存在的稳定问题大多属于第二类稳定问题,此类问题的极值点也常被称为稳定极限承载力,针对该类稳定问题的分析常被称为稳定极限承载力分析。由图 1.9 可知,考虑实际缺陷、有限位移和非弹性等特性后,结构稳定极限承载力 $P_u = P_{max}$ 相比线弹性分析的理想构件失稳(欧拉)临界力 P_E 和仅考虑几何非线性及偏心影响的承载力都出现了大幅下降。基于线弹性分析得出的 P_E 有时会出现 P_E 对应的构件应力比材料的极限强度还要大的失真情形,对此,工程中往往采用较大的安全系数的方法来处理,工程应用中其安全系数 K 往往大于 4.0;而基于结构稳定极限承载力分析时,按式(11.5)计算所获取的安全系数一般满足 2.0 即可。

一般而言,结构稳定极限承载力问题只能以数值方法(如数值积分法、有限差分法和有限单元法等)进行求解。本章后续各节将简要介绍结构材料和几何非线性有限元分析的基本概念、方法和非线性代数方程组求解步骤,最后通过两个简单算例展示结构稳定极限承载力分析过程。

11.2　非线性方程求解

如前所述,结构几何非线性和材料非线性有限元分析最终归结为求解一个非线性代数方程组。与线性方程相比,求解非线性方程是一个隐式过程。对此非线性求解问题,其求解策略就是将非线性方程线性化为系列线性方程。非线性平衡方程式(11.2)～式(11.4),均可统一改写为如式(11.6)表示的非线性方程组:

$$\boldsymbol{\Psi}(\boldsymbol{u}) = \boldsymbol{F}(\boldsymbol{u}) - \boldsymbol{P} = 0 \tag{11.6}$$

式中,$\boldsymbol{F}(\boldsymbol{u}) = \boldsymbol{K}(\boldsymbol{u}, \boldsymbol{\sigma}, \boldsymbol{\varepsilon}) \boldsymbol{u}$,$\boldsymbol{u}$ 和 $\boldsymbol{P}$ 分别表示位移列向量和荷载引起的等效节点力列向量。

将式(11.6)线性化最典型的方法是利用泰勒级数构造其对应的线性方程。设非线性方程组 $\boldsymbol{\Psi}(\boldsymbol{u}) = 0$ 经 i 次迭代已得到其近似解 $\boldsymbol{u}^i$,需计算第 $i+1$ 次迭代的解 $\boldsymbol{u}^{i+1}$,将 $\boldsymbol{\Psi}(\boldsymbol{u})$ 在 $\boldsymbol{u}^i$ 附近按泰勒公式展开并仅取线性项,得

$$\boldsymbol{\Psi}(\boldsymbol{u}^{i+1}) = \boldsymbol{\Psi}(\boldsymbol{u}^i) + \left. \frac{\partial \boldsymbol{\Psi}}{\partial \boldsymbol{u}} \right|_i \Delta \boldsymbol{u} = 0 \tag{11.7}$$

式中,$\dfrac{\partial \boldsymbol{\Psi}}{\partial \boldsymbol{u}} = \boldsymbol{K}_T(\boldsymbol{u})$,为结构的切线刚度。

求解式(11.7)后,可得

$$\boldsymbol{u}^{i+1} = \boldsymbol{u}^i + \Delta \boldsymbol{u} \tag{11.8}$$

依据求解方程式(11.7)的切线刚度、迭代算法的不同,构造了全量问题的迭代法、荷载增量法和混合法等不同的求解方法。

11.2.1　全量问题的迭代法

所谓"全量"问题,系指非线性平衡方程式(11.7)中 $\boldsymbol{u}$ 代表未知的节点位移列向量,而

$F(u)$ 和 P 分别表示位移和荷载引起的等效节点力列向量。对于全量问题常用迭代法求解,常用的有直接迭代法、牛顿法和修正牛顿法等。下面简要介绍后两者。

牛顿法(Newton—Raphson 迭代法,简称 N—R 法),又称切线刚度迭代法,按式(11.7)对非线性方程线性化,再按式(11.8)进行修正,反复迭代直至满足精度要求,其迭代过程示意如图 11.1 所示。图中 B 点为结构在荷载 P 作用下的真实平衡状态。迭代过程从初始状态 O 开始,这时结构的刚度即为 O 点的切线 OA_1 方向,第一步计算得到 A_1,由 A_1 状态的位移反算得到结构内力 B_1,荷载 P 与内力 B_1 没有达到平衡,需要继续迭代;这时用 A_1 状态的位移重新计算结构切线刚度,即为 B_1 点的切线 B_1A_2 方向,并用不平衡内力 A_1B_1 进行加载,经过第二步计算得到 A_2,同样由 A_2 状态的位移反算得到结构内力 B_2,若不平衡内力 A_2B_2 仍相差较大,则继续迭代,直至不平衡内力满足精度要求为止。经过多次迭代后,结构在荷载 P 作用下的最终状态会接近真实状态 B,非线性平衡方程得到有效求解。

Newton—Raphson 法的每次迭代计算,都要重新形成切线刚度矩阵,因而对于多自由度的工程结构,具有一定的计算工作量,但由于是沿切线方向逼近精确解,故收敛较快。

还有一种修正的 Newton—Raphson 迭代法,也称常刚度迭代法,迭代过程如图 11.2 所示。该法的优点是每次迭代时切线刚度矩阵始终不变,一般为取 $K_T^{(0)}$,可省去每次重新形成切线刚度矩阵时的计算工作量。很明显,修正的 Newton—Raphson 迭代法计算过程简便,但收敛较慢,迭代次数增加,其结果可能导致计算总量增加。

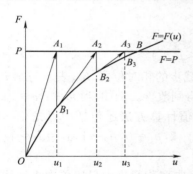 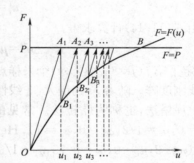

图 11.1　Newton—Raphson 迭代法　　　　图 11.2　修正的 Newton—Raphson 迭代法

对于结构工程的多变量即多自由度问题,该方法收敛性差,且对于与变形历史有关的材料非线性问题,其适用性也差。

11.2.2　荷载增量法

对于某些非线性方程,利用 Newton—Raphson 迭代法可能并不收敛,此时可用荷载增量法(又称增量单步法)进行求解。

将整个荷载分成若干份,逐次施加于结构上,在每一个荷载增量作用过程中将结构作为线性结构处理,最后将由每段荷载增量引起的位移累加起来,即可得到结构的总体位移。在每个荷载步内,非线性特征已显著弱化,可用等效线性特性描述典型加载步内的非线性过程,这样一个非线性方程组求解问题就转变成求解分段(步)线性方程,可以利用较成熟线性方程求解技术解决大型复杂结构非线性分析。因此,增量方法因适宜描述结构位移、应变和应力发展且为非线性方程求解提供方便而广泛应用于工程结构非线性分析中。荷载增量法迭代过程如图 11.3 所示。

增量单步法的基本思路与求解线性和非线性微分方程的龙格—库塔法（Runge—Kutta methods）一致。假定第 i 荷载步的累积位移 $\boldsymbol{u}^i$ 和第 $i-1$ 荷载步的累积位移 $\boldsymbol{u}^{i-1}$ 用式（11.9）进行联系。

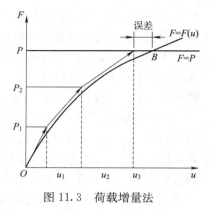

图 11.3　荷载增量法

$$\boldsymbol{u}^i=\boldsymbol{u}^{i-1}+\Delta\boldsymbol{u}^i \tag{11.9}$$

而第 i 荷载步的增量位移 $\Delta\boldsymbol{u}^i$ 可通过求解下列线性方程组得到

$$\boldsymbol{K}_{\mathrm{T}}^i\Delta\boldsymbol{u}^i=\Delta\boldsymbol{P}^i \tag{11.10}$$

其中，

$$\Delta\boldsymbol{P}^i=\lambda^i\boldsymbol{P}_{\mathrm{ref}} \tag{11.11}$$

式中，λ^i 为第 i 荷载步的荷载增量系数，$\boldsymbol{P}_{\mathrm{ref}}$ 为荷载矢量，$\boldsymbol{K}_{\mathrm{T}}^i$ 表示第 i 荷载步的刚度代表值，一般由式（11.12）给出。

$$\boldsymbol{K}_{\mathrm{T}}^i=\sum_{j=1}^m\alpha_j\boldsymbol{K}_{\mathrm{T}j}^i \tag{11.12}$$

式中，α_j 表示与 $\boldsymbol{K}_{\mathrm{T}j}^i$ 关联的加权系数，m 表示总采样点数，它决定了增量单步算法阶数，$\boldsymbol{K}_{\mathrm{T}j}^i$ 表示与第 i 荷载步第 $j(j=1,2,\cdots,m)$ 个采样点对应的切线刚度阵，它由第 j 个采样点的累加位移 $\boldsymbol{u}_j^i$ 得到，而 $\boldsymbol{u}_j^i$ 由式（11.13）给出。

$$\boldsymbol{u}_j^i=\boldsymbol{u}^{i-1}+\Delta\boldsymbol{u}_j^i \tag{11.13}$$

其中 $\Delta\boldsymbol{u}_j^i$ 由式（11.14）计算求得。

$$\boldsymbol{K}_{\mathrm{T}1}^i\Delta\boldsymbol{u}_j^i=\mu_j\Delta\boldsymbol{P}^i,\qquad 0<\mu_j\leqslant1 \tag{11.14}$$

式中，μ_j 给定了第 $j(j=1,2,\cdots,m)$ 个采样点在当前荷载步的相对位置，$\boldsymbol{K}_{\mathrm{T}1}^i$ 表示与第 i 荷载步的初始切线刚度阵。随着 m 的增大，非线性分析精度得到改善。例如，当 $m=1,\alpha=1$ 时，得到一阶龙格—库塔法，也称为欧拉法。常见的刚度代表值计算方法还包括中点龙格—库塔法（$m=2,\mu_1=0,\mu_2=1/2,\alpha_1=0,\alpha_2=1$），Heun 方法（$m=2,\mu_1=0,\mu_2=1,\alpha_1=\alpha_2=1/2$）以及 Ralston 法（$m=2,\mu_1=0,\mu_2=0.75,\alpha_1=1/3,\alpha_2=2/3$）。

荷载增量法的主要优势在于列式简单、计算高效（典型荷载步内只用单次求解线性方程组）。对于弱非线性分析，采用中点龙格—库塔法能较准确地得到荷载步内增量位移。但是，它的主要缺点体现在计算误差累积，表现在随着荷载步数的增加，根据增量位移算得的单元累积内力无法与外荷载保持平衡，荷载—位移曲线逐渐偏离正确解（计算结果出现"漂移"）。减小漂移误差可以减小荷载步长，从而导致计算总步数显著增加，影响非线性分析效率。采用增量—迭代技术则能有效改善计算误差累积问题。

11.2.3　混合法

混合法，又称增量—迭代法，对于某些结构，应用 Newton—Raphson 迭代法不一定收敛，而单独使用荷载增量法又存在精度问题。为了解决这个问题，自然想到将 Newton—Raphson 迭代法和荷载增量法结合起来使用，这便引入了混合法的概念。其基本思路是：将荷载分成若干增量，采用逐次加载法（增量法），但在每一级增量的计算中又采用 Newton—Raphson 迭代法。该法的迭代过程如图 11.4

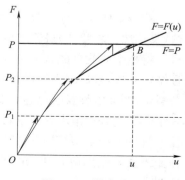

图 11.4　混合法

所示。

混合法与荷载增量法的最显著不同在于将典型荷载步再次细分为若干迭代步,通过迭代分析,确保结构在增量步末尾满足整体平衡要求。第 i 荷载步第 j 迭代步内位移增量由式(11.15)确定。

$$\boldsymbol{K}_{j-1}^{i}\Delta\boldsymbol{u}_{j}^{i}=\Delta\boldsymbol{P}^{i}+\boldsymbol{R}_{j-1}^{i}=\lambda_{j}^{i}\boldsymbol{P}_{\text{ref}}+\boldsymbol{R}_{j-1}^{i} \tag{11.15}$$

式中,$\boldsymbol{K}_{j-1}^{i}$ 为根据第 j 迭代步的初始变形和内力状态确定的切线刚度,$\Delta\boldsymbol{P}^{i}$ 表示第 j 迭代步所施加的外荷载增量,$\boldsymbol{R}_{j-1}^{i}$ 表示第 $j-1$ 迭代步末尾未平衡的节点荷载,λ_{j}^{i} 表示第 i 荷载步第 j 迭代部增量荷载因子。第 j 迭代步的增量位移 $\Delta\boldsymbol{u}_{j}^{i}$ 可以表示为

$$\Delta\boldsymbol{u}_{j}^{i}=\lambda_{j}^{i}\Delta\boldsymbol{u}_{j\text{p}}^{i}+\Delta\boldsymbol{u}_{j\text{r}}^{i} \tag{11.16}$$

其中,

$$\boldsymbol{K}_{j-1}^{i}\Delta\boldsymbol{u}_{j\text{p}}^{i}=\boldsymbol{P}_{\text{ref}}$$
$$\boldsymbol{K}_{j-1}^{i}\Delta\boldsymbol{u}_{j\text{r}}^{i}=\boldsymbol{R}_{j-1}^{i} \tag{11.17}$$

下面简要介绍 $\Delta\boldsymbol{u}_{j}^{i}$ 的计算过程。

(1)首次迭代($j=1$)时,由式(11.28)确定增量荷载因子 λ_{1}^{i},假定本次荷载步初始状态结构保持平衡,即 $\boldsymbol{R}_{0}^{i}=0$。因此,首次迭代后的增量位移 $\Delta\boldsymbol{u}_{1}^{i}$ 为

$$\Delta\boldsymbol{u}_{1}^{i}=\lambda_{1}^{i}\ (\boldsymbol{K}_{0}^{i})^{-1}\boldsymbol{P}_{\text{ref}}+(\boldsymbol{K}_{0}^{i})^{-1}\boldsymbol{R}_{0}^{i}=\lambda_{1}^{i}\ (\boldsymbol{K}_{0}^{i})^{-1}\boldsymbol{P}_{\text{ref}} \tag{11.18}$$

式中,$\boldsymbol{K}_{0}^{i}$ 表示首次迭代步结构初始切线刚度阵。

(2)基于迭代步增量位移,更新结构切线刚度阵 $\boldsymbol{K}_{j-1}^{i}(j>1)$ 和不平衡节点荷载 $\boldsymbol{R}_{j-1}^{i}(j>1)$。采用下文详细介绍的方法,确定后续迭代步($j>1$)的增量荷载因子 λ_{j}^{i}。进一步由式(11.16)和式(11.17)确定后续迭代步($j>1$)的增量位移 $\Delta\boldsymbol{u}_{j}^{i}$。

常见的确定各迭代步增量荷载因子的方法包括:荷载控制法(Load control method)、位移控制法(Displacement control method)、功控制法(Work control method),弧长法(Arc—length method)等。

(1)荷载控制法

该方法也称为牛顿—拉弗逊法(Newton—Raphson 法),主要描述结构加载过程中的非线性行为。如图 11.5 所示,典型荷载步的增量荷载在首次迭代时全部施加到结构上。后续迭代步内,外荷载保持恒定,因此有

$$\lambda_{j}^{i}=0, \quad j\geqslant 2 \tag{11.19}$$

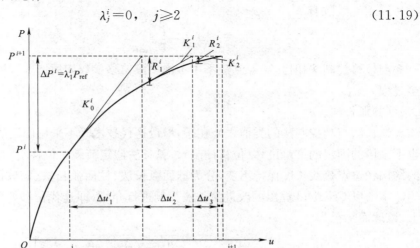

图 11.5　基于荷载控制的迭代计算(Newton—Raphson)

荷载控制法的最大问题是无法描述结构在靠近失稳临界状态时的力学行为。由于典型荷载步内增量荷载无法进行调整，一般通过逐步减小增量荷载，逼近结构失稳临界荷载。尽管如此，由于失稳临界状态附近结构刚度趋向奇异，即使施加较小的荷载增量，也将出现增量位移显著增大而导致非线性分析发散的问题。

（2）位移控制法

该方法首先选定描述结构变形的关键位移参数，可以是某自由度的位移。与荷载控制法不同的是，典型荷载步内该关键位移参数增量在首次迭代时全部施加到结构上，并确定首次迭代的增量荷载因子 λ_1^i，即

$$\lambda_1^i = \frac{\Delta u^i}{\Delta u_{1\mathrm{p}}^i} \tag{11.20}$$

式中，Δu^i 为第 i 荷载步关键位移参数的增量，它是事先确定的；$\Delta u_{1\mathrm{p}}^i$ 为 $\Delta u_{1\mathrm{p}}^i$ 中关键位移参数的增量位移。

在后续迭代步中，由于该关键位移参数的迭代位移为零，即式（11.16）等号左端位移为零，故有

$$\lambda_j^i = -\frac{\Delta u_{j\mathrm{r}}^i}{\Delta u_{j\mathrm{p}}^i}, \quad j \geqslant 2 \tag{11.21}$$

式中，$\Delta u_{j\mathrm{r}}^i$ 和 $\Delta u_{j\mathrm{p}}^i$ 分别表示 $\Delta u_{j\mathrm{r}}^i$ 和 $\Delta u_{j\mathrm{p}}^i$ 中关键位移参数的增量位移。

由式（11.20）和式（11.21）可知，外荷载在结构非线性平衡路径求解过程中可以发生变化，能适应失稳临界状态和屈后变形的识别。但是，位移控制法需要提前指定结构关键位移参数并确定其变化历程，这对于某些复杂结构来说非常困难。

（3）功控制法

顾名思义，功控制法使用的迭代增量荷载约束条件与荷载控制法（只与增量荷载相关）和位移控制法［见式（11.21）］，只与增量位移相关不同，它与荷载参考值以及增量位移相关。首次迭代的增量荷载因子 λ_1^i 仍由式（11.28）确定。在后续迭代步中，令外荷载 $\Delta \boldsymbol{P}^i$ 做功为零，即有

$$\lambda_j^i \boldsymbol{P}_{\mathrm{ref}}^{\mathrm{T}} \Delta \boldsymbol{u}_j^i = \lambda_j^i \boldsymbol{P}_{\mathrm{ref}}^{\mathrm{T}} (\lambda_j^i \Delta \boldsymbol{u}_{j\mathrm{p}}^i + \Delta \boldsymbol{u}_{j\mathrm{r}}^i) = 0, \quad j \geqslant 2 \tag{11.22}$$

因 $\lambda_j^i \neq 0$，故有

$$\lambda_j^i = -\frac{\boldsymbol{P}_{\mathrm{ref}}^{\mathrm{T}} \Delta \boldsymbol{u}_{j\mathrm{r}}^i}{\boldsymbol{P}_{\mathrm{ref}}^{\mathrm{T}} \Delta \boldsymbol{u}_{j\mathrm{p}}^i}, \quad j \geqslant 2 \tag{11.23}$$

与位移控制法相比，功控制法不用考虑关键位移参数如何选取，且能追踪结构极值点失稳全过程。

（4）弧长法

弧长法与功控制法的类似之处在于，增量迭代技术既不采用固定的增量荷载（荷载控制），也不采用的固定的增量位移（位移控制）。弧长法假定荷载—位移空间内联系相邻增量步对应的结构状态点弧线长度保持不变，分为球面弧长法、柱面弧长法、椭球面弧长法及其改进形式等。本书以 Crisfield 提出的改进弧长法为例进行介绍，即迭代位移始终位于固定半径的球面上，该球面半径为

$$\mathrm{d}s = \sqrt{\Delta \boldsymbol{u}_j^{i\,\mathrm{T}} \Delta \boldsymbol{u}_j^i} = \sqrt{\Delta \boldsymbol{u}_1^{i\,\mathrm{T}} \Delta \boldsymbol{u}_1^i}, \quad j \geqslant 1 \tag{11.24}$$

将式（11.16）代入式（11.24）后得

$$(\lambda_j^i \Delta \pmb{u}_{jp}^i + \Delta \pmb{u}_{jr}^i)^{\mathrm{T}} (\lambda_j^i \Delta \pmb{u}_{jp}^i + \Delta \pmb{u}_{jr}^i) = \lambda_j^{i\,2} \Delta \pmb{u}_{jp}^{i\mathrm{T}} \Delta \pmb{u}_{jp}^i + 2\lambda_j^i \Delta \pmb{u}_{jp}^{i\mathrm{T}} \Delta \pmb{u}_{jr}^i + \Delta \pmb{u}_{jr}^{i\mathrm{T}} \Delta \pmb{u}_{jr}^i = \mathrm{d}s^2, \quad j \geqslant 2$$

$$(11.25)$$

通过求解式(11.25)表示的一元二次方程,可得后续迭代步内增量荷载因子的两个根,通过保留使得迭代位移与第 $i-1$ 荷载步增量位移具有较小交角的根,得到满足结构非线性平衡路径追踪需要的增量荷载因子。弧长法相比前三种方法具有更宽广的适应面,不但能描述极值点失稳前后结构受力状态,而且可以追踪包含跳跃—回溯(snap—back)和跳跃—通过(snap—through)特点的平衡路径。

11.2.4　合理增量步长 λ_1^i

工程结构的非线性分析中最为常用的方法是荷载增量法或混合法,而运用增量方法的首要问题是合理选择荷载增量步长。步长过大,对于单步法而言,很难选择等效线性刚度准确描述非线性荷载—变位关系,引起增量步内计算误差累积而导致"漂移"(drift—off error);对于迭代法,则容易引起迭代过程发散。反之,过小的加载步长会显著降低非线性分析效率。

合理增量步长的确定应能反映非线性程度变化,例如当荷载较小时,结构非线性特性未明显体现,可以采用较大步长进行分析。随着非线性程度的提高,步长应当尽量减小。不同结构物的非线性程度不同,同一结构物的非线性程度也随着加载过程而变,所以按非线性程度来选择步长才是合理的。已有文献提出了结构非线性程度度量的两类指标,分别是本步刚度参数(Current stiffness parameter)和广义刚度参数(Generalized stiffness parameter)。下面以本步刚度参数为例,说明合理步长如何确定。

第 i 增量步的本步刚度参数 S_i 定义为

$$S_i = \frac{\bar{\pmb{u}}_1^{1\mathrm{T}} \pmb{P}_{\mathrm{ref}}}{\bar{\pmb{u}}_i^{1\mathrm{T}} \pmb{P}_{\mathrm{ref}}} \tag{11.26}$$

其中 $$\pmb{K}_1^0 \bar{\pmb{u}}_1^1 = \pmb{P}_{\mathrm{ref}} \qquad \pmb{K}_i^0 \bar{\pmb{u}}_i^1 = \pmb{P}_{\mathrm{ref}} \tag{11.27}$$

式中,$\pmb{K}_1^0$ 和 $\pmb{K}_i^0$ 分别表示首个荷载步和第 i 荷载步内结构特征刚度(或迭代初始刚度),$\pmb{P}_{\mathrm{ref}}$ 表示荷载参考值,在比例加载条件下,该参考值乘以增量荷载因子得到当前荷载步的增量荷载,即 $\Delta \pmb{P}^i = \lambda_1^i \pmb{P}_{\mathrm{ref}}$。不难发现,$S_1 = 1$。对于刚度硬化体系(例如初始以弯曲抵抗外荷载的梁产生大位移后,其膜力刚度显著增强),随着荷载步不断累积,结构增量位移与首个荷载步位移相比显著减小,因此 $S_1 > 1$。对于软化体系(考虑塑性区扩展,有效受力区域减小),则有 $S_1 < 1$。

第 i 荷载步的增量荷载因子 λ_1^i 与初始增量荷载因子 λ_1^1 之间的关系为

$$\lambda_1^i = \pm \lambda_1^1 |S_i|^\gamma \tag{11.28}$$

式中,λ_1^1 需要提前指定,一般选取峰值荷载的 $10\% \sim 20\%$。指数 γ 一般在 $0.5 \sim 1$ 之间取值。增量荷载的正负号则由结构加、卸载状态而确定(加载取"+",卸载取"−")。

进一步提出的广义刚度参数,它既能根据非线性程度自动调整荷载增量步长,也能根据广义刚度参数的正负号,判断平衡路径追踪方向。

11.2.5　收敛准则

通过上述方法确定结构迭代位移 $\Delta \pmb{u}_j^i$ 后,需进一步明确由累积迭代位移算得的结构内力增量是否与外荷载增量平衡?即判断迭代过程是否收敛。根据迭代收敛依据是否与增量位移直接相关,迭代收敛准则分为位移收敛准则、不平衡力收敛准则和内力功收敛准则。本书将介

▶▶

绍前两类准则。

设结构非线性分析的迭代位移增量序列向量为 $\Delta \boldsymbol{u}_j^i (j=1,2,\cdots,n)$，迭代不平衡力序列向量为 $\boldsymbol{R}_j^i (j=1,2,\cdots,n)$，则迭代收敛准则可表示为

$$\lim_{j \to \infty} \| \Delta \boldsymbol{u}_j^i \| = 0$$
$$\lim_{j \to \infty} \| \boldsymbol{R}_j^i \| = 0 \tag{11.29}$$

式中，$\| \cdot \|$ 表示向量的范数，分为绝对范数（L_1 范数）、欧式范数（L_2 范数）和最大值范数（L_∞ 范数）。迭代位移和不平衡力范数定义分别由下述式子给出

（1）迭代位移和不平衡力绝对范数

$$\| \Delta \boldsymbol{u}_j^i \|_1 = \frac{1}{N} \sum_{k=1}^N | \Delta \boldsymbol{u}_{kj}^i |$$
$$\| \boldsymbol{R}_j^i \|_1 = \frac{1}{N} \sum_{k=1}^N | r_{kj}^i | \tag{11.30}$$

（2）迭代位移和不平衡力欧式范数

$$\| \Delta \boldsymbol{u}_j^i \|_2 = \sqrt{\frac{1}{N} \sum_{k=1}^N \Delta u_{kj}^{i2}}$$
$$\| \boldsymbol{R}_j^i \|_2 = \sqrt{\frac{1}{N} \sum_{k=1}^N r_{kj}^{i2}} \tag{11.31}$$

（3）迭代位移和不平衡力最大值范数

$$\| \Delta \boldsymbol{u}_j^i \|_\infty = \max_{1 \leqslant k \leqslant N} | \Delta u_{kj}^i |$$
$$\| \boldsymbol{R}_j^i \|_\infty = \max_{1 \leqslant k \leqslant N} | r_{kj}^i | \tag{11.32}$$

式中，N 表示结构总自由度数，Δu_{kj}^i 表示 Δu_j^i 中第 k 个增量位移分量，r_{kj}^i 表示 $\boldsymbol{R}_j^i$ 中第 k 个不平衡力分量。

由于式（11.29）不便于实际应用，一般按如下不等式判断结构增量—迭代分析是否收敛。

（4）位移收敛判别准则

$$\frac{\| \Delta \boldsymbol{u}_j^i \|}{\| \nabla \boldsymbol{u}_j^i \|} \leqslant \xi \tag{11.33}$$

（5）不平衡力收敛判别准则

$$\frac{\| \boldsymbol{R}_j^i \|}{\| \Delta \boldsymbol{P}^i \|} \leqslant \xi \tag{11.34}$$

式中，$\| \nabla \boldsymbol{u}_j^i \|$ 表示当前荷载步累积位移向量范数，$\| \Delta \boldsymbol{P}^i \|$ 表示当前荷载步增量荷载向量范数。ξ 表示足够小的容许误差，一般根据非线性分析精度需要，取 $10^{-4} \sim 10^{-2}$。

11.3　几何非线性分析有限元方法

结构几何非线性问题与小变形假定下线性分析最突出的差异在于前者必须考虑结构变形过程对受力性能的影响，即其结构的平衡方程必须建立在变形后的几何位形（也称构形）上。采用合理手段描述结构变形后的几何位置对结构几何非线性分析至关重要。

11.3.1　物体的变形与描述

考虑一连续体在某种外力作用下变形,选定一个固定的空间坐标系之后,变形的物体中每一个质点的空间位置可以用一组坐标表示。

1. 物质描述

图 11.6 采用直角笛卡尔坐标系描述物体的变形,设在初始时刻($t=0$),物体位于 C_0 位形,其中的质点 P 的坐标为 $^0x_i(i=1,2,3)$,其相邻质点 Q 的坐标用坐标 $^0x_i+\mathrm{d}^0x_i$ 表示,其中的上标表示不同时刻的位形。

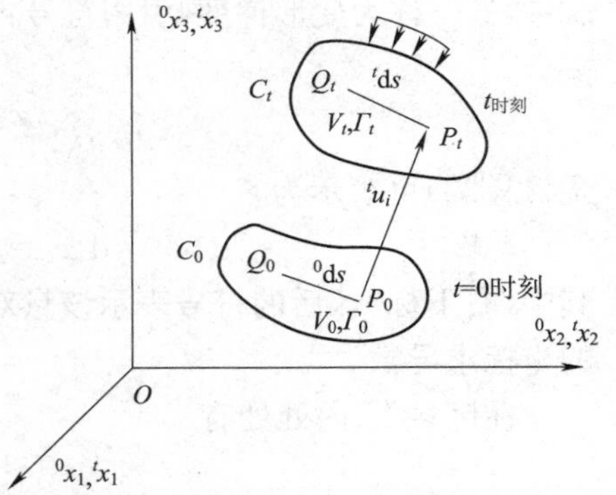

在外力的作用下,在某个时刻 $t>0$,物体运动并变形到新的位形,如图 11.6 中的 C_t 位形。用 $^tx_i(i=1,2,3)$ 和 $^tx_i+\mathrm{d}^tx_i$ 分别表示质点 P 和 Q 对应于 C_t 位形中的坐标和位置,并设从 C_0 位形到 C_t 位形的变形量为 ^tu_i。可以将物体位形的变化看作从 ^0x_i 到 ^tx_i 的一种数学上的变换。对于某固定的时刻 t,这种变换可表示为如下方程式:

$$^tx_i={}^tx_i(^0x_1,{}^0x_2,{}^0x_3) \qquad (11.35)$$

图 11.6　笛卡尔坐标系物体的运动与变形

对于一个指定的时刻 t,关于组成物体所有质点的这样一个完全的刻画,称为物体在时刻 t 的构形,称为现时构形。在度量物体的运动和变形时需要选定一个特定的构形作为基准,称为参考构形。在式(11.35)中取 $t=0$ 时刻坐标 ^0x_i 作为物体中质点的标记,即取初始构形作为参考构形,当然还可以取其他时刻的构形为参考构形,这种借助于运动和变形的物体基准状态的位置来考察运动和变形的方法称为物质描述或 Lagrange 描述,^0x_i 称为物质坐标或 Lagrange 坐标,它是嵌固在物体上随物体一起运动和变形的坐标,所以又称拖带坐标或随体坐标,无论物体怎样运动和变形,同一质点的物质坐标值是始终保持不变的。所以每组物质坐标值 $^0x_i(i=1,2,3)$ 定义了一个运动或变形中的质点,式(11.35)表示了初始构形(也是参考构形)的质点 ^0x_i 在 t 时刻构形(现时构形)的坐标位置。

在结构分析中,Lagrange 描述是应用最普遍的,因为它可以追踪物质点变形历程,从而能精确地描述依赖于加载历史的材料力学特性。

结构的几何非线性问题常采用两种参考位形,构成两种不同描述格式:一种为 Lagrange 格式,它始终用初始位形为参考位形来考察物体的位形变化;另一种为更新 Lagrange 格式,它用每一荷载增量或时间步长的起始位形作为参考位形,在整个分析过程中对参考位形需要不断地进行更新,具体在 11.3.4 节中表述。

2. 空间描述

式(11.35)的逆变换为

$$^0x_i={}^0x_i(^tx_1,{}^tx_2,{}^tx_3) \qquad (11.36)$$

用式(11.36)式描述物体的变形和运动,时刻 t 的构形中的空间坐标 $^tx_i(i=1,2,3)$ 为独立自变量,这种用空间坐标作为独立变量描述物体的变形,则称为空间描述或者 Euler 描述。^tx_i 称为空间坐标或 Euler 坐标,它是固定在空间中的参考坐标,不随质点运动和时间参数而变化,是一种物体运动的静止背景。质点的运动或变形在 Euler 坐标系中的表现为:同一质点在不同时刻占有不同的空间点位,质点的 Euler 坐标值随时间参数 t 或变形而变化,而不同时刻

t 同一 Euler 坐标点 $^t x_i$ 将流过不同质点,在流体力学中常用该描述。

　　考虑到物体的运动和变形是单值连续的,因此描述运动和变形的映射是式(11.35)和式(11.36),具有一一对应的关系,故有

$$\mathrm{d}\,^0 x_i = \left(\frac{\partial\,^0 x_i}{\partial\,^t x_j} \right) \mathrm{d}\,^t x_j \qquad \mathrm{d}\,^t x_i = \left(\frac{\partial\,^t x_i}{\partial\,^0 x_j} \right) \mathrm{d}\,^0 x_j \quad (i, j = 1, 2, 3) \tag{11.37}$$

式中,$\dfrac{\partial\,^t x_i}{\partial\,^0 x_j}$ 称为变形梯度,引用符号:

$$^0_t x_{i,j} = \frac{\partial\,^0 x_i}{\partial\,^t x_j} \qquad ^t_0 x_{i,j} = \frac{\partial\,^t x_i}{\partial\,^0 x_j} \tag{11.38}$$

式(11.37)可表示为

$$\mathrm{d}\,^0 x_i = {}^0_t x_{i,j}\, \mathrm{d}\,^t x_j \qquad \mathrm{d}\,^t x_i = {}^t_0 x_{i,j}\, \mathrm{d}\,^0 x_j \tag{11.39}$$

其中,右下标“,”后的符号表示该量对之求偏导数的坐标号。左下标表示该量对什么时刻位形的坐标求导数。

　　在区域 V_0 内处处有

$$\boldsymbol{J} = |\,^t_0 x_{i,j}\,| = \begin{vmatrix} \dfrac{\partial\,^t x_1}{\partial\,^0 x_1} & \dfrac{\partial\,^t x_1}{\partial\,^0 x_2} & \dfrac{\partial\,^t x_1}{\partial\,^0 x_3} \\[2mm] \dfrac{\partial\,^t x_2}{\partial\,^0 x_1} & \dfrac{\partial\,^t x_2}{\partial\,^0 x_2} & \dfrac{\partial\,^t x_2}{\partial\,^0 x_3} \\[2mm] \dfrac{\partial\,^t x_3}{\partial\,^0 x_1} & \dfrac{\partial\,^t x_3}{\partial\,^0 x_2} & \dfrac{\partial\,^t x_3}{\partial\,^0 x_1} \end{vmatrix} > 0 \tag{11.40}$$

$\boldsymbol{J}$ 称为雅克比行列式,改写为张量形式

$$\boldsymbol{J} = |\,^t_0 x_{l,m}\,| = e_{ijk}\,^t_0 x_{i,1}\,^t_0 x_{j,2}\,^t_0 x_{k,3} \tag{11.41}$$

其中
$$e_{ijk} = \begin{cases} 0 & (i = j \text{ 或 } j = k \text{ 或 } k = i) \\ 1 & (i, j, k = 1, 2, 3 \text{ 或 } 2, 3, 1 \text{ 或 } 3, 1, 2) \\ -1 & (i, j, k = 3, 2, 1 \text{ 或 } 2, 1, 3 \text{ 或 } 1, 3, 2) \end{cases} \tag{11.42}$$

e_{ijk} 称为 Ricci 置换符号。

　　微元变形前后的体积之间的关系有

$$\mathrm{d}\,^0 V = \mathrm{d}\,^0 x_1\, \mathrm{d}\,^0 x_2\, \mathrm{d}\,^0 x_3 = e_{ijk}\,^0_t x_{i,1}\,^0_t x_{j,2}\,^0_t x_{k,2}\, \mathrm{d}\,^t x_1\,^t \mathrm{d} x_2\,^t \mathrm{d} x_3$$
$$= J\, \mathrm{d}\,^t x_1\,^t \mathrm{d} x_2\,^t \mathrm{d} x_3 = J\, \mathrm{d}\,^t V \tag{11.43}$$

11.3.2　应变的度量

　　利用前一小节的描述,可将 P、Q 两点在时刻 0 和时刻 t 的距离 $^0 \mathrm{d} s$ 和 $^t \mathrm{d} s$ 表示为

$$(^0 \mathrm{d} s)^2 = \mathrm{d}\,^0 x_i\, \mathrm{d}\,^0 x_i = {}^0_t x_{i,m}\,^0_t x_{i,n}\, \mathrm{d}\,^t x_m\, \mathrm{d}\,^t x_n \tag{11.44}$$

$$(^t \mathrm{d} s)^2 = \mathrm{d}\,^t x_i\, \mathrm{d}\,^t x_i = {}^t_0 x_{i,m}\,^t_0 x_{i,n}\, \mathrm{d}\,^0 x_m\, \mathrm{d}\,^0 x_n \tag{11.45}$$

下面研究变形前后此线段长度的变化,即变形的度量,对此有两种表示,即

$$(^t \mathrm{d} s)^2 - (^0 \mathrm{d} s)^2 = {}^t_0 x_{k,i}\,^t_0 x_{k,j}\, \mathrm{d}\,^0 x_i\, \mathrm{d}\,^0 x_j - \mathrm{d}\,^0 x_i\, \mathrm{d}\,^0 x_i$$
$$= (^t_0 x_{k,i}\,^t_0 x_{k,j} - \delta_{ij})\, \mathrm{d}\,^0 x_i\, \mathrm{d}\,^0 x_j$$
$$= 2 \cdot {}^t_0 E_{ij}\, \mathrm{d}\,^0 x_i\, \mathrm{d}\,^0 x_j \tag{11.46}$$

或
$$(^t \mathrm{d} s)^2 - (^0 \mathrm{d} s)^2 = \mathrm{d}\,^t x_i\, \mathrm{d}\,^t x_i - {}^0_t x_{k,i}\,^0_t x_{k,j}\, \mathrm{d}\,^t x_i\, \mathrm{d}\,^t x_j$$
$$= (\delta_{ij} - {}^0_t x_{k,i}\,^0_t x_{k,j})\, \mathrm{d}\,^t x_i\, \mathrm{d}\,^t x_j$$

$$= 2\, {}_t^t e_{ij}\, \mathrm{d}^t x_i\, \mathrm{d}^t x_j \tag{11.47}$$

式中，δ_{ij} 称为 Kronecker 符号，其取值为

$$\delta_{ij} = \begin{cases} 1 & (i=j) \\ 0 & (i \neq j) \end{cases} \tag{11.48}$$

式(11.46)和式(11.47)分别定义了两种应变张量，即

$${}_0^t E_{ij} = \frac{1}{2}\left({}_0^t x_{k,i}\, {}_0^t x_{k,j} - \delta_{ij} \right) \tag{11.49}$$

$${}_t^t e_{ij} = \frac{1}{2}\left(\delta_{ij} - {}_t^0 x_{k,i}\, {}_t^0 x_{k,j} \right) \tag{11.50}$$

${}_0^t E_{ij}$ 称为 Green—Lagrange 应变张量，或简称为 Green（格林）应变张量，它是用变形前坐标表示的，即它是 Lagrange 坐标的函数。${}_t^t e_{ij}$ 称为 Almansi（阿尔曼西）应变张量，它是用变形后的坐标表示的，它是 Euler 坐标的函数。${}_0^t E_{ij}$、${}_t^t e_{ij}$ 的左上标表示的是现实构形，左下标为表示用什么时刻构形的坐标表示的，仍为求导运算的自变量对应的位形，下同。

这两种应变张量之间的关系可以利用式(11.37)从式(11.46)和式(11.47)导出：

$${}_t^t e_{ij} = {}_t^0 x_{k,i}\, {}_t^0 x_{k,j}\, {}_0^t E_{ij} \tag{11.51}$$

$${}_0^t E_{ij} = {}_0^t x_{k,i}\, {}_0^t x_{k,j}\, {}_t^t e_{ij} \tag{11.52}$$

为得到应变和位移关系，引入位移场

$${}^t u_i = {}^t x_i - {}^0 x_i \tag{11.53}$$

${}^t u_i$ 表示物体中一点从变形前（时刻 0）位形到变形后（时刻 t）位形的位移，它可以表示为 Lagrange 坐标的函数，也可以表示为 Euler 坐标的函数。从式(11.53)可得

$${}_0^t x_{i,j} = \delta_{ij} + {}_0^t u_{i,j} \tag{11.54}$$

和

$${}_t^0 x_{i,j} = \delta_{ij} - {}_t^t u_{i,j} \tag{11.55}$$

将其回代式(11.51)和式(11.52)，可得到

$${}_0^t E_{ij} = \frac{1}{2}\left({}_0^t u_{i,j} + {}_0^t u_{j,i} + {}_0^t u_{k,i}\, {}_0^t u_{k,j} \right) \tag{11.56}$$

$${}_t^t e_{ij} = \frac{1}{2}\left({}_t^t u_{i,j} + {}_t^t u_{j,i} - {}_t^t u_{k,i}\, {}_t^t u_{k,j} \right) \tag{11.57}$$

式(11.56)和式(11.57)分别为用位移表述的 Green 应变张量和 Almansi 应变张量。

二阶应变张量，它描述了 P 点附近微分线元长度平方的变化。由于线元伸缩和线元变形前后转向都是以 P 点为中心邻域正应变和角应变的直接体现，因此应变能完全描述连续体变形状态。

当位移很小，即 ${}_0^t u_{i,j} \ll 1$、${}_t^t u_{i,j} \ll 1$ 时，式(11.56)和式(11.57)中位移梯度的乘积项与线性项相比可以被略去，微商运算不需要区分质点在现时构形中的坐标 ${}^t x_i$ 和在初始构形中的坐标 ${}^0 x_i$，这时 Green 应变张量 ${}_0^t E_{ij}$ 和 Almansi 应变张量 ${}_t^t e_{ij}$ 都简化为小位移下的小应变张量 ε_{ij}，也称线应变张量，即

$$\varepsilon_{ij} = {}_0^t E_{ij} = {}_t^t e_{ij} = \frac{1}{2}\left({}_0^t u_{i,j} + {}_0^t u_{j,i} \right) = \frac{1}{2}\left({}_t^t u_{i,j} + {}_t^t u_{j,i} \right) \tag{11.58}$$

这也是式(11.56)和式(11.57)中需要引入"1/2"因子的原因。

结构几何非线性分析中，一般采用 Green—Lagrangian（格林）应变 E_{ij}。

11.3.3 应力的度量

在大变形问题中，是用从变形后的物体内截取的微元体来建立平衡方程和与之等效的虚

功方程的。因此首先在从变形后的物体内截取的微元体面上的面力和微元面积定义应力张量,称为 Cauchy 应力张量,用 σ_{ij} 表示,有的称其为 Euler 应力张量,该应力张量具有明确的物理意义,代表真实的应力。但是,在分析过程中,必须建立应变与应力之间的联系,如应变是用变形前的 Green 应变张量,则需要定义与之对应的即关于变形前位形的应变张量,等等。

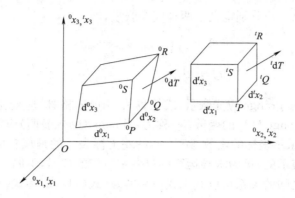

图 11.7　应力的度量

设变形后位形上微元体中 $^tP'Q'R'S$ 面上的应力为 $^t\mathrm{d}T/^t\mathrm{d}A$,与其对应的变形前的 $^0P^0Q^0R^0S$ 面上的应力为 $^0\mathrm{d}T/^0\mathrm{d}A$,如图 11.7 所示,其中 $\mathrm{d}T$ 为作用与微元体表面 $\mathrm{d}A$ 微元的内力,以左上标"0""t"表示初始构形和现时构形。对于变形前、后 $\mathrm{d}A$ 微元上的内力之间的关系,有两种规定:

(1)Lagrange 规定:物体在变形前面积微元 $^0\mathrm{d}A$ 上的内力分量和变形后面积微元 $^t\mathrm{d}A$ 上的内力分量相等,即

$$^0\mathrm{d}T_i^{(\mathrm{L})} = {}^t\mathrm{d}T_i \tag{11.59}$$

式中:右上标"(L)"表示 Lagrange 规定,以区别下文中 Kirchhoff 规定。

(2)Kirchhoff(克希霍夫)规定:物体在变形前、后面积微元 $^0\mathrm{d}A$ 和 $^t\mathrm{d}A$ 上的内力分量之间的关系,服从现时构形与初始构形之间相同的坐标变换(映射)关系,即

$$^0\mathrm{d}T_i^{(\mathrm{K})} = {}^0_t x_{i,j}\, {}^t\mathrm{d}T_i \tag{11.60}$$

据此,下文将考虑如下应力张量:

1. Cauchy 应力张量 σ_{ij}

Cauchy 应力(有的称其为 Euler 应力)基于变形后现时构形上的内力 $^t\mathrm{d}T_i$ 和面积微元 $^t\mathrm{d}A$ 定义,即

$$^t\sigma_i^{(n)} = \lim_{\Delta A \to 0} \frac{^t\Delta T}{^t\Delta A} = \frac{^t\mathrm{d}T}{^t\mathrm{d}A} \tag{11.61}$$

它是变形后位形的应力矢量,由 Cauchy 定理:任何截面上的应力矢量是过该截面坐标平面法线分矢量的现象齐次式,有

$$^t\sigma_i^{(n)} = {}^t\sigma_i^{(1)}\, n_1 + {}^t\sigma_i^{(2)}\, n_2 + {}^t\sigma_i^{(3)}\, n_3 \tag{11.62}$$

改写为应力分量 $^t\sigma_{ij}$ 表达

$$^t\sigma_i^{(j)} = {}^t\sigma_{ji}\, n_j \tag{11.63}$$

或

$$^t\sigma_i^{(n)} = {}^t\sigma_{ji}\, n_j \tag{11.64}$$

式中,$^t\sigma_i^{(k)}(k=1,2,3)$ 表示作用的 $\mathrm{d}A_k$ 面上的应力矢量,$n_k(k=1,2,3)$ 表示斜面 $\mathrm{d}A$ 的外法线单位矢量 $\boldsymbol{n}$ 的分量。

应力分量${}^t\sigma_{ij}$，与变形后位形上的内力和微元面积应具有如下关系：

$$ {}^t\mathrm{d}T = {}^t\sigma_{ji} \, {}^tn_j \, {}^t\mathrm{d}A \tag{11.65} $$

式中，${}^tn_j$ 为微元面积 ${}^t\mathrm{d}A$ 上法线的方向余弦，亦称为外法线单位矢量的分量。

此外，由微元体的关于力矩的平衡条件，还可证明 Cauchy 应力张量 ${}^t\sigma_{ij}$ 是对称的，即

$$ {}^t\sigma_{ji} = {}^t\sigma_{ij} \tag{11.66} $$

类似于 Cauchy 应力张量 ${}^t\sigma_{ij}$ 式（11.65）的表述，基于变形前的位形及其面积微元 ${}^0\mathrm{d}A$，结合上述的微元面积上内力的两种规定，可定义如下两种应力张量。

2. 第一类 Piola—Kirchhoff 应力张量 τ_{ij}

利用 Lagrange 规定，有

$$ {}^0\mathrm{d}T_i^{(L)} = {}^t_0\tau_{ji} \, {}^0n_j \, {}^0\mathrm{d}A = {}^t\mathrm{d}T^i \tag{11.67} $$

${}^t_0\tau_{ij}$ 称为第一类 Piola—Kirchhoff 应力张量，也称为 Lagrange 应力张量。左上标"t"表示应力张量属于变形后时刻 t，左下标"0"表示此量是在变形前时刻 0 位形度量的。

3. 第二类 Piola—Kirchhoff 应力张量 S_{ij}

若用 Kirchhoff（克希霍夫）规定，则有

$$ {}^0\mathrm{d}T_i^{(K)} = {}^t_0S_{ji} \, {}^0n_j \, {}^0\mathrm{d}A = {}^0_tx_{i,j} \, {}^t\mathrm{d}T_j \tag{11.68} $$

${}^t_0S_{ij}$ 称为第二类 Piola—Kirchhoff 应力张量，也称为 Kirchhoff 应力张量。

4. 各类应力之间的关系

${}^t\sigma_{ij}$、${}^t_0\tau_{ij}$、${}^t_0S_{ij}$ 这些应力张量之间的关系，由于涉及物体变形前、后的位形，故需根据两种位形之间的已知关系来建立，显然，两种位形除存在形状的映射关系外，还保持质量守恒，现按此思路建立不同位形各种应力张量之间的关系。

首先在物体变形后的位形内取两条线元，为便于区分，分别用常用的变数符号 d、δ 表示，即 $\mathrm{d}^tx_i({}^tx_1,{}^tx_2,{}^tx_3)$ 和 $\delta^tx_i({}^tx_1,{}^tx_2,{}^tx_3)$，以该两条线元为边构成的平行四边形面积微元的矢量 ${}^t\mathrm{d}A$ 的分量 ${}^tn_i \cdot {}^t\mathrm{d}A$，可借助 Ricci 置换符号表示为

$$ {}^tn_i \, {}^t\mathrm{d}A = e_{ijk} \, \mathrm{d}^tx_j \, \mathrm{d}^tx_k \tag{11.69} $$

类似地，对应的线元在变形前分别为 $\mathrm{d}^0x_i({}^0x_1,{}^0x_2,{}^0x_3)$ 和 $\delta^0x_i({}^0x_1,{}^0x_2,{}^0x_3)$，由其构成的平行四边形面积微元 ${}^0\mathrm{d}A$ 的分量 ${}^0n_i \, {}^0\mathrm{d}A$，并引入坐标变换关系式（11.37）有

$$ {}^0n_i \, {}^0\mathrm{d}A = e_{ijk} \, \mathrm{d}^0x_j \, \mathrm{d}^0x_k = e_{ijk} \, {}^0_tx_{j,\alpha} \, {}^0_tx_{k,\beta} \, \mathrm{d}^tx_\alpha \, \mathrm{d}^tx_\beta \tag{11.70} $$

上式两端乘以 ${}^0_tx_{i,r}$，并利用行列式的定义式（11.41），有

$$ e_{ijk} \, {}^0_tx_{i,r} \, {}^0_tx_{j,\alpha} \, {}^0_tx_{k,\beta} = e_{\gamma\alpha\beta} \, |{}^0_tx_{i,m}| \tag{11.71} $$

或

$$ e_{ijk} \, {}^0_tx_{i,1} \, {}^0_tx_{j,2} \, {}^0_tx_{k,3} = |{}^0_tx_{i,m}| \tag{11.72} $$

设物体变形前、后位形的材料密度分别为 ${}^0\rho$、${}^t\rho$，根据质量守恒定义，则有

$$ \int_{{}^tV} {}^t\rho \, \mathrm{d}^tV = \int_{{}^0V} {}^0\rho \, \mathrm{d}^0V = \int_{{}^tV} {}^0\rho \, |{}^0_tx_{i,m}| \, \mathrm{d}^tV = \int_{{}^tV} {}^0\rho J \, \mathrm{d}^tV \tag{11.73} $$

即

$$ J = |{}^0_tx_{i,m}| = \frac{{}^t\rho}{{}^0\rho} \tag{11.74} $$

式（11.70）两端乘以 ${}^0_tx_{i,r}$ 后，有

$$ {}^0_tx_{i,r} \, {}^0n_i \, {}^0\mathrm{d}A = e_{ijk} \, {}^0_tx_{i,r} \, {}^0_tx_{j,\alpha} \, {}^0_tx_{k,\beta} \, \mathrm{d}^tx_\alpha \, \mathrm{d}^tx_\beta = \frac{{}^t\rho}{{}^0\rho} e_{\gamma\alpha\beta} \, \mathrm{d}^tx_\alpha \, \mathrm{d}^tx_\beta = \frac{{}^t\rho}{{}^0\rho} \, {}^tn_\gamma \, {}^t\mathrm{d}A \tag{11.75} $$

利用上式,式(11.65)可改写为

$$^t\mathrm{d}T_i = {}^t\sigma_{ji}\frac{{}^0\rho}{{}^t\rho}\,{}^0_tx_{k,j}\,{}^0n_k\,{}^0\mathrm{d}A \tag{11.76}$$

将上式代入式(11.67)有

$$^t\mathrm{d}T_i = {}^t_0\tau_{ji}\,{}^0n_j\,{}^0\mathrm{d}A = {}^t\sigma_{ji}\frac{{}^0\rho}{{}^t\rho}\,{}^0_tx_{k,j}\,{}^0n_k\,{}^0\mathrm{d}A \tag{11.77}$$

由此,即可得出 Cauchy 应力 $^t\sigma_{ji}$ 和 Lagrange 应力张量 $^t_0\tau_{ji}$ 之间的关系为

$$^t_0\tau_{ji} = \frac{{}^0\rho}{{}^t\rho}\,{}^0_tx_{j,r}\,{}^t\sigma_{ri} \tag{11.78}$$

显然,Lagrange 应力张量 $^t_0\tau_{ji}$ 是不对称的,其转置被称为名义应力。它不适用于应力应变关系,因为应变张量总是对称的。

将式(11.76)、式(11.77)代入(11.68),有

$$^0_tx_{i,j}\,{}^t\mathrm{d}T_j = {}^0_tx_{i,\alpha}\,{}^t\sigma_{\beta\alpha}\frac{{}^0\rho}{{}^t\rho}\,{}^0_tx_{i,\beta}\,{}^0n_i\,{}^0\mathrm{d}A = {}^t_0S_{ji}\,{}^0n_j\,{}^0\mathrm{d}A \tag{11.79}$$

由此,可建立 Kirchhoff 应力张量 $^t_0S_{ji}$ 和 Cauchy 应力 $^t\sigma_{ji}$ 之间的关系为

$$^t_0S_{ji} = \frac{{}^0\rho}{{}^t\rho}\,{}^0_tx_{i,\alpha}\,{}^0_tx_{i,\beta}\,{}^t\sigma_{\beta\alpha} \tag{11.80}$$

Kirchhoff 应力张量 $^t_0S_{ji}$ 是对称的,更实用于应力应变关系。

从以上关系式可以看出,在小变形情况下,$^0_tx_{i,j}=\delta_{ij}$,$^0\rho/^t\rho\approx1$,这是忽略 $^t_0\tau_{ji}$ 和 $^t_0S_{ji}$ 的之间的差异,它们都退化为工程应力 σ_{ij}。

还应指出,按 Kirchhoff 规定,联系变形前后面积微元 $^0\mathrm{d}A$ 和 $^t\mathrm{d}A$ 上的作用力 $^0\mathrm{d}T_i$ 和 $^t\mathrm{d}T_i$ 的关系式(11.68),与联系变形前后线段微元 d^0x_i 和 d^tx_i 的关系式(11.37)是相同的,因为物体发生刚体转动时,参考于时刻 0 位形的 d^0x_i、n_j、$^0\mathrm{d}A$ 不发生变化。因此 $^0\mathrm{d}T_i$ 以及通过式(11.80)定义 Kirchhoff 应力张量 $^t_0S_{ji}$ 也不随刚体转动而变化,这就是说 $^t_0S_{ji}$ 和 $^t_0\varepsilon_{ji}$ 一样是客观张量。它们构成描述材料本构关系的一个适当的匹配。

后面的能量计算中,还需用到应力应变度量中的能量共轭关系,分别为:

(1)Cauchy 应力 σ_{ij} 与关于现时构形定义的 Almansi 应变张量 e_{ij} 在能量上共轭;

(2)第一类 Piola—Kirchhoff 应力 τ_{ij} 与关于初始构形定义的位移梯度 $^0_0u_{i,j}$ 在能量上共轭;

(3)第二类 Piola—Kirchhoff 应力 S_{ij} 与关于初始构形定义的 Green—Lagrangian 应变 E_{ij} 在能量上共轭。

11.3.4　几何非线性问题的拉格朗日列式法

考虑一个连续变形体,变形体初始状态(时刻 $t=0$)的位形为 C_0,在三维空间所占的区域为 Ω_0,建立如图 11.8 所示空间直角坐标系 $O^0x_1\,^0x_2\,^0x_3$ 描述其质点坐标。连续变形中时刻 t 和 $t+\Delta t$ 的位形分别为 C_1 和 C_2,对应的三维空间所占的区域分别为 Ω_1 和 Ω_2,为简化描述,用左上标"0""1""2"分别表示标识 $t=0$、t 和 $t+\Delta t$ 的位形 C_0、C_1 和 C_2,并取左下标表示参照构形,当上、下标所指构形相同时,一般省去下标,当表示相邻状态物理量的增量时,则省去上标。

1. 虚位移原理

在小变形分析范围内,常用虚功原理来描述 C_0 状态下物体的平衡。当结构大位移引起的

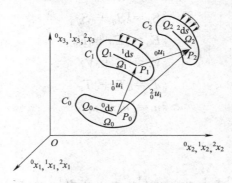

图 11.8　三维连续体有限变形示意图

非线性效应不可忽略时，一般有限元迭代计算中是已知 t 时刻的位形，推求 $t+\Delta t$ 的位形 C_2，结构平衡条件应建立在变形后构形 C_2 上。由于变形前后所形成区域 Ω_2 和 Ω_0 发生明显变化，根据连续介质力学理论应力和应变能量共轭对的概念，变形后区域 Ω_2 积聚的内力虚功可用以 C_2 为参考态的 Cauchy（柯西）应力与 Almansi（阿尔曼西）应变关系表示，也可用以 C_0 为参考态的第二类 Piela—Kirchhoff（第二类皮埃拉—克西霍夫）应力与 Green—Lagrangian 应变关系表示。假定结构在 Ω_2 内承受已知体力 $V_i(V_1, V_2, V_3)$，在表面 Γ 内承受已知面力 $T_i(T_1, T_2, T_3)$，C_2 下结构虚功方程（虚位移原理）应是

$$\int_{V_2} {}_2^2\sigma_{ij} \ \delta\,{}_2^2e_{ij} \ \mathrm{d}V = \int_{V_0} {}_0^2S_{ij} \ \delta\,{}_0^2E_{ij} \ \mathrm{d}V = \delta W \tag{11.81}$$

式中，物理量左上标表示当前研究的构形，左下标表示参照构形。W 为 $t+\Delta t$ 的外力虚功，按式（11.82）计算。

$$\delta W = \int_{V_0} {}_0^2V_i \ \delta\,{}_0^2u_i \ \mathrm{d}V + \int_{\Gamma_0} {}_0^2T_i \ \delta\,{}_0^2u_i \ \mathrm{d}S \tag{11.82}$$

由于多数工程结构属于保守系统，即不考虑荷载作用点及方向随变形而变化，则外力虚功 W 的积分域可取为初始状态的体积 V_0 及表面积 Γ_0。${}_2^2\sigma_{ij}$ 和 ${}_2^2e_{ij}$ 表示互为能量共轭对的 Cauchy 应力与 Almansi 应变张量，由于 C_2 构形是一个未知状态，且不能像小变形问题那样近似为 C_0 构形，因此，按照以已知构形 C_0 为参考的第二类 Piola—Kirchhoff 应力 ${}_0^2S_{ij}$ 与 Green—Lagrangian 应变 ${}_0^2E_{ij}$ 计算内力虚功受到重视。

为了避免在确定结构变形历程任意状态都从初始状态开始计算所带来的不便和求解效率低等问题，结构大变形问题都是通过增量法求解。增量法的基本思路是从一已知状态（t 时刻）的位置坐标 ${}^1x_i$、应变 ${}^1E_{ij}$ 及应力 ${}^1S_{ij}$ 出发，确定当前状态（$t+\Delta t$）的位置坐标、应变和应力。在下一步加载中，又以刚确定的状态为已知状态，进而求得新的变形状态，直至求出与加载历程对应的整个变形过程。在增量法中，基本的未知量不是各状态的状态量，而是它们的增量。三维虚功增量方程（11.81）就是确定增量的基本方程。增量法根据所选描述已知状态的参考态不同而分为完全的拉格朗日列式（Total Lagrangian formulation）与更新的拉格朗日列式（Updated Lagrangian formulation），下面简要介绍与不同列式对应的增量方程。

2. 基于全拉格朗日列式（T. L）的有限元法

在确定 C_2 构形下结构状态量前，假设已知与 C_2 构形相近的 C_1 构形下结构状态量（位移 ${}_0^1u_i$、应变 ${}_0^1E_{ij}$ 及应力 ${}_0^1S_{ij}$），它们均以 C_0 构形为参考态。因此，不难得到

$$\begin{aligned}
{}_0^2 S_{ij} &= {}_0^1 S_{ij} + {}_0 S_{ij} \\
{}_0^2 E_{ij} &= {}_0^1 E_{ij} + {}_0 E_{ij} \\
{}_0^2 V_i &= {}_0^1 V_i + {}_0 V_i \\
{}_0^2 T_i &= {}_0^1 T_i + {}_0 T_i \\
{}_0^2 u_i &= {}_0^1 u_i + {}_0 u_i
\end{aligned} \tag{11.83}$$

按式（11.56）应有

$$
{}_0^2 E_{ij} = {}_0^1 E_{ij} + {}_0 E_{ij}
$$

$$
= \frac{1}{2}\left[({}_0^1 u_i + {}_0 u_i)_{,j} + ({}_0^1 u_j + {}_0 u_j)_{,i} + ({}_0^1 u_k + {}_0 u_k)_{,i}({}_0^1 u_k + {}_0 u_k)_{,j} \right]
$$

$$
= \frac{1}{2}({}_0^1 u_{i,j} + {}_0^1 u_{j,i} + {}_0^1 u_{k,i}\,{}_0^1 u_{k,j}) + \frac{1}{2}({}_0^1 u_{k,i}\,{}_0 u_{k,j} + {}_0^1 u_{k,j}\,{}_0 u_{k,i} + {}_0 u_{i,j} + {}_0 u_{j,i} + {}_0 u_{k,i}\,{}_0 u_{k,j}) \tag{11.84}
$$

由于
$$
{}_0^1 E_{ij} = \frac{1}{2}({}_0^1 u_{i,j} + {}_0^1 u_{j,i} + {}_0^1 u_{k,i}\,{}_0^1 u_{k,j}) \tag{11.85}
$$

则 Green—Lagrangian 应变增量 ${}_0 E_{ij}$ 为

$$
{}_0 E_{ij} = \frac{1}{2}({}_0^1 u_{k,i}\,{}_0 u_{k,j} + {}_0^1 u_{k,j}\,{}_0 u_{k,i} + {}_0 u_{i,j} + {}_0 u_{j,i} + {}_0 u_{k,i}\,{}_0 u_{k,j}) \tag{11.86}
$$

令
$$
{}_0 \varepsilon_{ij}^l = \frac{1}{2}({}_0 u_{i,j} + {}_0 u_{j,i})
$$

$$
{}_0 e_{ij}^l = \frac{1}{2}({}_0^1 u_{k,i}\,{}_0 u_{k,j} + {}_0^1 u_{k,j}\,{}_0 u_{k,i}) \tag{11.87}
$$

$$
{}_0 \varepsilon_{ij}^{nl} = \frac{1}{2}\,{}_0 u_{k,i}\,{}_0 u_{k,j}
$$

则有
$$
{}_0 E_{ij} = {}_0 \varepsilon_{ij}^l + {}_0 e_{ij}^l + {}_0 \varepsilon_{ij}^{nl} \tag{11.88}
$$

由于任意构形下第二类 Piola—Kirchhoff 应力与 Green—Lagrangian 应变互为能量共轭对，出于简化讨论的目的，暂时引入弹性本构关系，且考虑为小应变分析，则有

$$\begin{aligned}
{}_0^2 S_{ij} &= C_{ijkl}\,{}_0^2 E_{ij} \\
{}_0^1 S_{ij} &= C_{ijkl}\,{}_0^1 E_{ij} \\
{}_0 S_{ij} &= C_{ijkl}\,{}_0 E_{ij}
\end{aligned} \tag{11.89}$$

式中，C_{ijkl}（$i,j,k,l = 1,2,3$）表示材料弹性本构，称为弹性张量。由于 C_1 构形下的状态量为已知，应变 ${}_0^1 E_{ij}$ 和位移 ${}_0^1 u_i$ 的变分为零，于是

$$\begin{aligned}
\delta\,{}_0^2 E_{ij} &= \delta\,{}_0 E_{ij} \\
\delta\,{}_0^2 u_i &= \delta\,{}_0 u_i
\end{aligned} \tag{11.90}$$

将式（11.83）、式（11.86）、式（11.87）、式（11.89）和式（11.90）代入式（11.81）可得

$$
\int_{V_0} ({}_0^1 S_{ij} + {}_0 S_{ij})\,\delta({}_0 \varepsilon_{ij}^l + {}_0 e_{ij}^l + {}_0 \varepsilon_{ij}^{nl})\,\mathrm{d}V = \int_{V_0} ({}_0^1 V_i + {}_0 V_i)\,\delta\,{}_0 u_i\,\mathrm{d}V + \int_{\Gamma_0} ({}_0^1 T_i + {}_0 T_i)\,\delta\,{}_0 u_i\,\mathrm{d}S \tag{11.91}
$$

考虑到 C_1 构形下的小变形虚功方程

$$
\int_{V_0} {}_0^1 S_{ij}\,\delta({}_0 \varepsilon_{ij}^l + {}_0 e_{ij}^l)\,\mathrm{d}V = \int_{V_0} {}_0^1 V_i\,\delta\,{}_0 u_i\,\mathrm{d}V + \int_{\Gamma_0} {}_0^1 T_i\,\delta\,{}_0 u_i\,\mathrm{d}S \tag{11.92}
$$

将式（11.92）代入式（11.91）可得

$$\int_{V_0} C_{ijkl} \, ({}_0\varepsilon_{kl}^l + {}_0 e_{kl}^l + {}_0\varepsilon_{kl}^{nl}) \delta ({}_0\varepsilon_{ij}^l + {}_0 e_{ij}^l + {}_0\varepsilon_{ij}^{nl}) \, \mathrm{d}V + \int_{V_0} {}_0^1 S_{ij} \, \delta {}_0\varepsilon_{ij}^{nl} \, \mathrm{d}V =$$

$$\int_{V_0} {}_0 V_i \, \delta {}_0 u_i \, \mathrm{d}V + \int_{\Gamma_0} {}_0 T_i \, \delta {}_0 u_i \, \mathrm{d}S \tag{11.93}$$

正如一般有限元法那样,运用合适单元网格离散连续结构,则单元内部从 C_1 构形到 C_2 构形任意物质点位移为

$${}_0 \boldsymbol{u} = \{ {}_0 u_i \} = \boldsymbol{N} \Delta \boldsymbol{u} \tag{11.94}$$

式中,$\boldsymbol{N}$ 表示单元位移形函数,$\Delta \boldsymbol{u}$ 表示单元节点位移增量。将式(11.94)代入(11.87)得

$${}_0\varepsilon_{ij}^l + {}_0 e_{kl}^l = \boldsymbol{B}_0^l \Delta \boldsymbol{u}$$

$${}_0\varepsilon_{kl}^{nl} = \boldsymbol{B}_0^{nl} \Delta \boldsymbol{u} \tag{11.95}$$

式中,$\boldsymbol{B}_0^l$ 仅为 C_0 构形下物质点位置坐标的函数,与 $\Delta \boldsymbol{u}$ 无关。而 $\boldsymbol{B}_0^{nl}$ 则是物质点位置坐标和 $\Delta \boldsymbol{u}$ 的函数。将式(11.94)、(11.95)代入式(11.93)得

$$(\boldsymbol{K}_0 + \boldsymbol{K}_l + \boldsymbol{K}_\sigma) \Delta \boldsymbol{u} = \Delta \boldsymbol{P} \tag{11.96}$$

其中,

$$\boldsymbol{K}_0 = \int_{V_0} \boldsymbol{B}_0^{l\mathrm{T}} [C_{ijkl}] \boldsymbol{B}_0^l \, \mathrm{d}V = \int_{V_0} \boldsymbol{B}_0^{l\mathrm{T}} \, \boldsymbol{D} \, \boldsymbol{B}_0^l \, \mathrm{d}V$$

$$\boldsymbol{K}_l = \int_{V_0} \boldsymbol{B}_0^{l\mathrm{T}} \boldsymbol{D} \boldsymbol{B}_0^{nl} \, \mathrm{d}V + \int_{V_0} \boldsymbol{B}_0^{nl\,\mathrm{T}} \boldsymbol{D} \boldsymbol{B}_0^l \, \mathrm{d}V + \int_{V_0} \boldsymbol{B}_0^{nl\,\mathrm{T}} \boldsymbol{D} \boldsymbol{B}_0^{nl} \, \mathrm{d}V$$

$$\boldsymbol{K}_\sigma = \int_{V_0} \frac{\partial \boldsymbol{N}^{\mathrm{T}}}{\partial {}^0\boldsymbol{x}} [{}_0^1 S_{ij}] \frac{\partial \boldsymbol{N}}{\partial {}^0\boldsymbol{x}} \mathrm{d}V = \int_{V_0} \frac{\partial \boldsymbol{N}^{\mathrm{T}}}{\partial {}^0\boldsymbol{x}} \boldsymbol{S} \frac{\partial \boldsymbol{N}}{\partial {}^0\boldsymbol{x}} \mathrm{d}V$$

$$\Delta \boldsymbol{P} = \int_{V_0} \boldsymbol{N}_0^{\mathrm{T}} \, V_i \, \mathrm{d}V + \int_{\Gamma_0} \boldsymbol{N}_0^{\mathrm{T}} \, T_i \, \mathrm{d}S \tag{11.97}$$

式(11.96)就是增量形式的 T.L 列式的平衡方程。它表示了荷载增量与位移增量之间的关系。$\boldsymbol{K}_0$ 表示小变形刚度矩阵,与 $\Delta \boldsymbol{u}$ 无关。$\boldsymbol{K}_l$ 称为初位移刚度阵或大位移刚度阵,表示由大位移引起的结构刚度变化,是 $\Delta \boldsymbol{u}$ 的一阶与二阶函数。为了确保位移和转动较大时非线性分析精度,$\Delta \boldsymbol{u}$ 的高阶函数应当保留。$\boldsymbol{K}_\sigma$ 称为初应力或几何刚度矩阵,表示在大变形情况下初应力对结构刚度影响。当应力为拉应力时能提高结构的刚度,反之(应力为负值时),则减小结构的刚度。

3. 基于更新格朗日列式(U. L)的有限元法

在建立 C_2 构形下结构平衡方程时,如果选择的参考态不是初始状态,而是前一个已知的 C_1 构形下平衡状态,则式(11.83)可改写为

$${}_1^2 S_{ij} = {}_1^1 S_{ij} \, (= {}_1^1 \sigma_{ij}) + {}_1 S_{ij}$$

$${}_1^2 E_{ij} = {}_1^1 E_{ij} \, (= 0) + {}_1 E_{ij}$$

$${}_1^2 V_i = {}_1^1 V_i + {}_1 V_i \tag{11.98}$$

$${}_1^2 T_i = {}_1^1 T_i + {}_1 T_i$$

$${}_1^2 u_i = {}_1^1 u_i \, (= 0) + {}_1 u_i$$

同时,Green—Lagrangian 应变可以简化为

$${}_1 E_{ij} = {}_1\varepsilon_{ij}^l + {}_1\varepsilon_{ij}^{nl} = \frac{1}{2} ({}_1 u_{i,j} + {}_1 u_{j,i} + {}_1 u_{k,i} \, {}_1 u_{k,j}) \tag{11.99}$$

与式(11.88)相比,式(11.99)中没有出现与 C_1 构形下结构累积位移有关的项 e_{ij}^l。仍然假定结构材料满足弹性关系,则不难得到

$$_1S_{ij} = C_{ijkl} \, _1E_{ij} \tag{11.100}$$

将式(11.98)~式(11.100)代入式(11.91)得

$$\int_{V_1} (_1^1\sigma_{ij} + _1S_{ij}) \delta(_1\varepsilon_{ij}^l + _1\varepsilon_{ij}^{nl}) \mathrm{d}V = \int_{V_1} (_1^1V_i + _1V_i) \delta_1 u_i \mathrm{d}V + \int_{\Gamma_1} (_1^1T_i + _1T_i) \delta_1 u_i \mathrm{d}S \tag{11.101}$$

考虑到 C_1 构形下的小变形虚功方程

$$\int_{V_1} {}_1^1\sigma_{ij} \; \delta_1\varepsilon_{ij}^l \; \mathrm{d}V = \int_{V_1} {}_1^1V_i \; \delta_1 u_i \; \mathrm{d}V + \int_{\Gamma_1} {}_1^1T \; \delta_1 u_i \; \mathrm{d}S \tag{11.102}$$

则描述 C_2 构形下结构平衡条件的虚功增量方程为

$$\int_{V_1} C_{ijkl} \; _1\varepsilon_{kl}^l \; \delta_1\varepsilon_{ij}^l \; \mathrm{d}V + \int_{V_1} {}^1\sigma_{ij} \; \delta_1\varepsilon_{ij}^{nl} \; \mathrm{d}V + \int_{V_1} C_{ijkl} (_1\varepsilon_{ij}^l + _1\varepsilon_{kl}^{nl}) \delta_1\varepsilon_{ij}^l \; \mathrm{d}V +$$

$$\int_{V_1} C_{ijkl} \; _1\varepsilon_{kl}^{nl} \; \delta_1\varepsilon_{ij}^{nl} \; \mathrm{d}V = \int_{V_1} {}_1V_i \; \delta_1 u_i \; \mathrm{d}V + \int_{\Gamma_1} {}_1T_i \; \delta_1 u_i \; \mathrm{d}S \tag{11.103}$$

考虑到如下结构有限元位移和应变模型

$$_1\boldsymbol{u} = \{_1 u_i\} = \boldsymbol{N} \Delta \boldsymbol{u}$$

$$_1\varepsilon_{ij}^l = \boldsymbol{B}_1^l \Delta \boldsymbol{u} \tag{11.104}$$

$$_1\varepsilon_{kl}^{nl} = \boldsymbol{B}_1^{nl} \Delta \boldsymbol{u}$$

则得到求解有限元节点位移的非线性方程

$$(\boldsymbol{K}_0 + \boldsymbol{K}_l^* + \boldsymbol{K}_\sigma) \Delta \boldsymbol{u} = \Delta \boldsymbol{P} \tag{11.105}$$

其中,

$$\boldsymbol{K}_0 = \int_{V_1} \boldsymbol{B}_1^{lT} \boldsymbol{D} \boldsymbol{B}_1^l \mathrm{d}V$$

$$\boldsymbol{K}_l^* = \int_{V_1} \boldsymbol{B}_1^{lT} \boldsymbol{D} \boldsymbol{B}_1^{nl} \mathrm{d}V + \int_{V_1} \boldsymbol{B}_1^{nlT} \boldsymbol{D} \boldsymbol{B}_1^l \mathrm{d}V + \int_{V_1} \boldsymbol{B}_1^{nlT} \boldsymbol{D} \boldsymbol{B}_1^{nl} \mathrm{d}V$$

$$\boldsymbol{K}_\sigma = \int_{V_1} \frac{\partial \boldsymbol{N}}{\partial^1 \boldsymbol{x}}^{\mathrm{T}} [{}^1\sigma_{ij}] \frac{\partial \boldsymbol{N}}{\partial^1 \boldsymbol{x}} \mathrm{d}V = \int_{V_1} \frac{\partial \boldsymbol{N}}{\partial^1 \boldsymbol{x}}^{\mathrm{T}} \boldsymbol{\sigma} \frac{\partial \boldsymbol{N}}{\partial^1 \boldsymbol{x}} \mathrm{d}V \tag{11.106}$$

$$\Delta \boldsymbol{P} = \int_{V_1} \boldsymbol{N}^{\mathrm{T}} \, _1V_i \; \mathrm{d}V + \int_{\Gamma_1} \boldsymbol{N}^{\mathrm{T}} \, _1T_i \; \mathrm{d}S$$

当增量位移较小时,包含 $\Delta \boldsymbol{u}$ 高阶微量的刚度阵 $\boldsymbol{K}_l^*$ 可以略去,式(11.105)可改写为

$$(\boldsymbol{K}_0 + \boldsymbol{K}_\sigma) \mathrm{d}\boldsymbol{u} = \boldsymbol{K}_{\mathrm{T}} \mathrm{d}\boldsymbol{u} = \mathrm{d}\boldsymbol{P} \tag{11.107}$$

将等号左端两个矩阵的和用 $\boldsymbol{K}_{\mathrm{T}}$ 表示,称之为切线刚度阵,它表示了荷载与位移微增量之间关系。$\boldsymbol{K}_0$ 表示小变形刚度矩阵,与 $\Delta \boldsymbol{u}$ 无关。$\boldsymbol{K}_\sigma$ 称为初应力或几何刚度矩阵,它表示 C_1 构形下真实应力(Cauchy 应力)由于位移增量而产生的对结构刚度的影响。$\boldsymbol{K}_0$ 和 $\boldsymbol{K}_\sigma$ 与本书前面章节所介绍的经典弹性屈曲理论或全拉格朗日列式法中对应的刚度阵表达式相似,重要区别在于当前积分是在 C_1 构形下物体域中进行,而前者是在初始构形下物体域上进行积分。因此,更新的拉格朗日列式中 $\boldsymbol{K}_0$ 与 $\boldsymbol{K}_\sigma$ 的表达式可以通过替换本书前面章节所给弹性刚度和几何刚度阵中初始状态量为 C_1 构形状态得到。

与 T.L 法相比,U.L 法每一荷载步的参考态都要改变,包括了结构物质点位置坐标和积

分域改变。对于任意有限位移问题,使用两种列式都能得到正确的结果。但随着具体问题不同,两种方法可能各有方便之处,例如梁单元弹塑性有限位移分析时使用 U.L 法较为方便。

值得注意的是,近年来在结构几何非线性问题中获得广泛应用的共旋法(Co-rotatioal formulation)本质上仍属于更新的拉格朗日列式,只是将典型增量步内结构平衡条件建立在拖带坐标系(Convected coordinate system)下,相邻荷载步的拖带坐标系可通过单元刚体运动而不断更新。

11.3.5　几何非线性有限元方程迭代求解法

与线性方程求解不同,几何非线性有限元方程必须通过迭代过程寻找满足平衡和应变相容条件的变形构形。掌握迭代求解方法对提高迭代效率,得到具有良好精度的结果具有决定成败的意义。为了帮助读者更好地理解几何非线性有限元方程求解的特点及难点,下文给出典型增量荷载下结构位移和应力迭代求解的主要步骤。

(1)结构当前状态初始化。为结构当前状态的节点位移和单元积分点应力设置初始值。特别需要注意的是,初始状态应力分布必须满足平衡条件,否则会产生人为的初始不平衡力。同时,还需计算初始状态的单元节点等效内力向量。

(2)读入第 i 荷载步荷载增量信息,计算本加载步内荷载增量 $\Delta \boldsymbol{P}^i$。为了避免迭代舍入误差引入虚假节点荷载,通常不由式(11.93)和式(11.103)通过外荷载增量直接计算 $\Delta \boldsymbol{P}^i$,而是按式(11.108)计算。

$$\Delta \boldsymbol{P}^i = \lambda^i \int_V \boldsymbol{N}^T \, {}^2V_i \, \mathrm{d}V + \lambda^i \int_\Gamma \boldsymbol{N}^T \, {}^2T_i \, \mathrm{d}S - \left(\int_{V_1} \boldsymbol{B}_1^{lT} \, {}^1\boldsymbol{\sigma} \, \mathrm{d}V - \int_{V_0} \boldsymbol{B}_0^{lT} \, \boldsymbol{\sigma}_0 \, \mathrm{d}V \right)$$

(11.108)

式中,括号内表示前一荷载步等效节点内力与初始应力的等效节点内力之差。λ^i 为该荷载步的增量荷载因子。

(3)对全部单元循环。由三维数值积分计算单元切线刚度矩阵,集合单元切线刚度矩阵,形成当前已知变形位置的结构整体切线刚度矩阵 $\boldsymbol{K}_T^i$。

(4)求解第 i 荷载步第 j 次迭代计算的结构增量平衡方程 $\boldsymbol{K}_T^i \Delta \boldsymbol{u}_j^i = \Delta \boldsymbol{R}_j^i$(计算方法见第 6 步,初次迭代时 $\Delta \boldsymbol{R}_j^i = \Delta \boldsymbol{P}^i$),得到迭代位移增量 $\Delta \boldsymbol{u}_j^i$,将 $\Delta \boldsymbol{u}_j^i$ 加到前次迭代中累积起来的节点位移 $\Delta \boldsymbol{u}$ 中,得到节点位移新的近似值。

(5)对全部单元循环。由更新的节点位移 $\Delta \boldsymbol{u}$,计算单元积分点上的 Cauchy 应力增量 $\Delta \boldsymbol{\sigma} = \{\Delta \boldsymbol{\sigma}_{ij}\}$ 以及累积应力 ${}^2\boldsymbol{\sigma} = {}^1\boldsymbol{\sigma} + \Delta \boldsymbol{\sigma}$,计算与单元 Cauchy 应力增量对应的节点内力 $\Delta \boldsymbol{P}_r^i$。

$$\Delta \boldsymbol{P}_r^i = \int_V \boldsymbol{B}^{lT} \, \Delta \boldsymbol{\sigma} \, \mathrm{d}V$$

(11.109)

(6)计算单元节点不平衡力 $\Delta \boldsymbol{R}_j^i = \Delta \boldsymbol{P}^i - \Delta \boldsymbol{P}_r^i$ 及其相对范数 $\| \boldsymbol{\psi} \|$:

$$\| \boldsymbol{\psi} \| = \frac{| \Delta \boldsymbol{P}^i - \Delta \boldsymbol{P}_r^i |}{| \Delta \boldsymbol{P}^i |}$$

(11.110)

同时,检查 $\| \boldsymbol{\psi} \|$ 是否小于给定的小量 ε,如成立,则认为迭代收敛,转到下一个荷载步,即转至第 2 步,否则回到第 3 步,继续进行本步内下一次平衡迭代,直到节点不平衡力为较小量而可以忽略为止。

11.4　材料非线性分析有限元方法

上节在开展结构大位移分析时假定结构材料处于弹性工作阶段。当结构构件在系列增量荷载作用下产生的累积应变达到线弹性极限应变后,应力与应变关系进入非线性阶段,即描述应力与应变关系的本构矩阵 $\boldsymbol{D}=[C_{ijkl}]$ 不再保持恒定,而成为应变或者应力的函数。因此,由式(11.97)和式(11.106)可知,小变形刚度矩阵也是变形的函数。这些变化,都是由材料特性随应变发生变化而引起,这就构成了经典的"材料非线性问题"。

在材料非线性问题中,研究的重点是应力和应变之间的关系,也称为本构关系。在单向受力状态下,本构关系可以很容易地通过材料试验确定,无论是趋向于各向同性、匀质的钢材还是具有较大离散性的混凝土,均能通过材料试验数据,拟合出单轴拉伸/压缩本构关系数学模型。但是在复杂应力状态下,材料应力—应变关系的全部信息一方面已较难通过试验获取,另外已有文献建立了种类繁多的多参数本构关系模型,这些模型仅在特定加载条件下与试验结果吻合良好,特别是对于混凝土材料,目前还不存在适用于所有加载工况的本构关系模型。因此,本节主要介绍较成熟的结构材料非线性分析本构关系、刚度矩阵推导及有限元方法。

11.4.1 非线性弹性本构关系

非线性弹性是最简单的材料非线性问题,其主要适用于结构材料卸载后残余变形较小的情形。譬如混凝土受拉时呈现明显脆性特性,可采用线弹性—开裂和非线性弹性—开裂本构模型。为了反映材料随应力增加刚度降低,非线性弹性数学模型包括用割线应力—应变关系表示的材料特性全量表达式,以及用切线应力—应变关系表示的材料特性增量表达式,而后者可以描述非单调加载和非比例加载现象。为了简化讨论,下面以应力—应变关系全量模型为例进行说明,即材料的应力—应变关系可以表示为

$$^1\sigma_{ij}=C_{ijkl}(^1\varepsilon_{ij})^1\varepsilon_{ij}\Rightarrow\boldsymbol{\sigma}=\boldsymbol{D}(\boldsymbol{\varepsilon})\boldsymbol{\varepsilon} \tag{11.111}$$

与完全弹性本构相比,$\boldsymbol{D}$ 不再保持恒定,而成为累积应变及位移的函数。$\boldsymbol{D}(\boldsymbol{\varepsilon})$ 的表达式可简单地将线弹性本构模型中弹性模量以及泊松比用与当前应力及应变状态相关的割线模量和割线泊松比代替而得到。

11.4.2 弹塑性本构关系

弹塑性分析是结构材料非线性分析中最常见问题。它的最大特点是,对于具有明显塑性变形特征的普通钢材以及处于受压状态的混凝土材料,如果在弹性极限以后的应力—应变曲线段上任意一点卸载至零(图11.9),只有一部分应变得到恢复 ε^e_{ij},剩下另一部分应变 ε^p_{ij} 无法恢复。因此,ε^e_{ij} 称为弹性应变,ε^p_{ij} 称为塑性应变。常用的弹塑性本构关系模型包括:理想弹塑性模型和弹性—应变强化塑性模型。

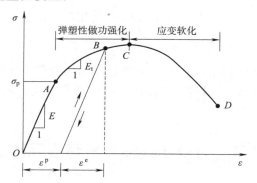

图 11.9 具有明显塑性材料的单轴应力—应变关系曲线

传统的塑性力学包括弹塑性形变理论(全量理论)和塑性流动理论(增量理论)。形变理论仅适用于简单加载。塑性流动理论与试验资料能良好符合,获得广泛应用。

增量塑性流动理论需要解决三个基本问题:即屈服条件(破坏准则)、流动法则和硬化法则。结构材料屈服条件问题与材料强度理论发展紧密联系。强度理论的核心是通过建立与应力或应变状态相关的数学关系式度量材料是否失效(比如屈服、丧失承载能力、开裂等)? 这些数学关系式通常在主应力空间表现为材料的强度曲面或破坏曲面,一般表示为

$$f(^1\sigma_{ij}, K) = 0 \tag{11.112}$$

式中,K 为硬化参数。

当应力状态 σ_{ij} 满足式(11.112)时,材料产生屈服。古典强度理论包括单参数模型,例如最大主应力理论、最大应变理论、Tresca 屈服准则和 Mises 屈服准则;双参数模型,例如 Mohr—Column 准则、Drucker—Prager 强度准则。古典强度理论对金属类延展性材料,能与试验资料良好符合,但对混凝土这类拉、压性能存在较大差异的材料,古典强度理论存在一定的局限性。为了提升强度理论对混凝土复合材料整体适应性,又提出了三参数模型(如 Bresler—Pister 准则、Willam—Warnke 准则)、四参数准则(例如 Ottosen 准则、Hsieh—Ting—Chen 准则)以及 Willam—Warnke 五参数准则。

如果 $f < 0$,表示材料处于弹性状态。反之,当材料达到首次屈服,则总应变为弹性应变 ε_{ij}^e 和塑性应变 ε_{ij}^p 之和,总应变增量也是弹性应变增量 $d\varepsilon_{ij}^e$ 和塑性应变增量 $d\varepsilon_{ij}^p$ 之和,即

$$d\varepsilon_{ij} = d\varepsilon_{ij}^e + d\varepsilon_{ij}^p \tag{11.113}$$

其中,弹性应变增量与应力增量之间仍然服从虎克定律,即

$$d\sigma_{ij} = C_{ijkl}\, d\varepsilon_{kl}^e = C_{ijkl}\, (d\varepsilon_{kl} - d\varepsilon_{kl}^p) \tag{11.114}$$

式(11.114)成立的前提是材料处于"加载"状态。如果是理想弹塑性材料,则塑性变形没有限度。尽管塑性流动继续产生,但是应力状态必须始终保持在屈服曲面上。因此,理想弹塑性材料加载条件是

$$df = f(\sigma_{ij} + d\sigma_{ij}) - f(\sigma_{ij}) = \frac{\partial f}{\partial \sigma_{ij}} d\sigma_{ij} = 0 \tag{11.115}$$

对于硬化材料而言,当 $d\sigma_{ij}$ 的方向是由屈服面指向屈服面以外,应力增量 $d\sigma_{ij}$ 会进一步产生塑性和弹性应变,导致初始屈服面发生变化,产生次生屈服面。因此,对于初始屈服面而言,加载条件应为

$$\frac{\partial f}{\partial \sigma_{ij}} d\sigma_{ij} > 0 \tag{11.116}$$

如果 $d\sigma_{ij}$ 的方向是由屈服面指向屈服面以内的方向,属于卸载情况,即

$$df = \frac{\partial f}{\partial \sigma_{ij}} d\sigma_{ij} < 0 \tag{11.117}$$

此时,$d\sigma_{ij}$ 只能引起弹性应变,即

$$d\sigma_{ij} = C_{ijkl}\, d\varepsilon_{kl} \tag{11.118}$$

通过式(11.114)由应变增量确定弹塑性应力增量,必须找出塑性应变增量。根据塑性理论相关联流动法则,屈服面上任意一点 σ_{ij} 的塑性应变增量与屈服面正交,也即是说塑性流动方向与屈服面正交,即

$$d\varepsilon_{ij}^p = d\lambda\, \frac{\partial f}{\partial \sigma_{ij}} \tag{11.119}$$

式中,$d\lambda$ 为待定参数。将式(11.114)、式(11.119)代入式(11.113)得

$$\mathrm{d}\varepsilon_{ij} = C_{ijkl}^{-1}\,\mathrm{d}\sigma_{kl} + \mathrm{d}\lambda\,\frac{\partial f}{\partial \sigma_{ij}} \Rightarrow \mathrm{d}\boldsymbol{\varepsilon} = \boldsymbol{D}^{-1}\mathrm{d}\boldsymbol{\sigma} + \mathrm{d}\lambda\left\{\frac{\partial f}{\partial \boldsymbol{\sigma}}\right\} \tag{11.120}$$

取考虑应变强化效应屈服函数的全微分

$$\mathrm{d}f = \frac{\partial f}{\partial \sigma_{ij}}\mathrm{d}\sigma_{ij} + \frac{\partial f}{\partial K}\mathrm{d}K = \left\{\frac{\partial f}{\partial \boldsymbol{\sigma}}\right\}^{\mathrm{T}}\mathrm{d}\boldsymbol{\sigma} + \frac{\partial f}{\partial K}\mathrm{d}K \tag{11.121}$$

令

$$h = -\frac{1}{\mathrm{d}\lambda}\frac{\partial f}{\partial K}\mathrm{d}K \tag{11.122}$$

则有

$$-\left\{\frac{\partial f}{\partial \boldsymbol{\sigma}}\right\}^{\mathrm{T}}\mathrm{d}\boldsymbol{\sigma} + h\mathrm{d}\lambda = 0 \tag{11.123}$$

用 $\left\{\dfrac{\partial f}{\partial \boldsymbol{\sigma}}\right\}^{\mathrm{T}}\boldsymbol{D}$ 前乘式(11.120)得

$$\left\{\frac{\partial f}{\partial \boldsymbol{\sigma}}\right\}^{\mathrm{T}}\boldsymbol{D}\mathrm{d}\boldsymbol{\varepsilon} = \left(h + \left\{\frac{\partial f}{\partial \boldsymbol{\sigma}}\right\}^{\mathrm{T}}\boldsymbol{D}\left\{\frac{\partial f}{\partial \boldsymbol{\sigma}}\right\}\right)\mathrm{d}\lambda \tag{11.124}$$

由此可得 $\mathrm{d}\lambda$

$$\mathrm{d}\lambda = \frac{\left\{\dfrac{\partial f}{\partial \boldsymbol{\sigma}}\right\}^{\mathrm{T}}\boldsymbol{D}\mathrm{d}\boldsymbol{\varepsilon}}{h + \left\{\dfrac{\partial f}{\partial \boldsymbol{\sigma}}\right\}^{\mathrm{T}}\boldsymbol{D}\left\{\dfrac{\partial f}{\partial \boldsymbol{\sigma}}\right\}} \tag{11.125}$$

用 $\boldsymbol{D}^{-1}$ 前乘式(11.120)得

$$\mathrm{d}\sigma_{ij} = C_{ijkl}\,\mathrm{d}\varepsilon_{kl} - C_{ijkl}\frac{\partial f}{\partial \sigma_{kl}}\mathrm{d}\lambda \Rightarrow \mathrm{d}\boldsymbol{\sigma} = \boldsymbol{D}\mathrm{d}\boldsymbol{\varepsilon} - \boldsymbol{D}\left\{\frac{\partial f}{\partial \boldsymbol{\sigma}}\right\}\mathrm{d}\lambda \tag{11.126}$$

将式(11.125)代入式(11.126),即可得到塑性增量理论的弹塑性本构关系:

$$\mathrm{d}\sigma_{ij} = D_{ijkl}\,\mathrm{d}\varepsilon_{kl} \Rightarrow \mathrm{d}\boldsymbol{\sigma} = \boldsymbol{D}_{\mathrm{ep}}\mathrm{d}\boldsymbol{\varepsilon} \tag{11.127}$$

式中, $\boldsymbol{D}_{\mathrm{ep}}$ 为弹塑性本构关系矩阵通式。

$$\dot{\boldsymbol{D}}_{\mathrm{ep}} = \boldsymbol{D} - \frac{\boldsymbol{D}\left\{\dfrac{\partial f}{\partial \boldsymbol{\sigma}}\right\}\left\{\dfrac{\partial f}{\partial \boldsymbol{\sigma}}\right\}^{\mathrm{T}}\boldsymbol{D}}{h + \left\{\dfrac{\partial f}{\partial \boldsymbol{\sigma}}\right\}^{\mathrm{T}}\boldsymbol{D}\left\{\dfrac{\partial f}{\partial \boldsymbol{\sigma}}\right\}} \tag{11.128}$$

不难发现 $\boldsymbol{D}_{\mathrm{ep}}$ 为对称、正定矩阵。硬化参数 K 将视所采用硬化模型(包括等向硬化模型、随动硬化模型和混合硬化模型)而决定。由于 $\boldsymbol{D}_{\mathrm{ep}}$ 与当前应力状态有关,如何确定弹塑性应力增量成为解决材料非线性问题的关键。

11.4.3 弹塑性应力增量的数值计算

本节着重考虑如何根据给定的应变增量 $\Delta\boldsymbol{\varepsilon}$ 确定对应的应力增量 $\Delta\boldsymbol{\sigma}$。计算过程可以分成如下四个基本内容:

1. 确定弹性试算应力 $\boldsymbol{\sigma}_{\mathrm{e}}$

假定在给定应变增量 $\Delta\boldsymbol{\varepsilon}$ 下,材料"保持"完全弹性,则有弹性应力 $\boldsymbol{\sigma}_{\mathrm{e}}$:

$$\boldsymbol{\sigma}_{\mathrm{e}} = \boldsymbol{\sigma}_0 + \boldsymbol{D}\Delta\boldsymbol{\varepsilon} \tag{11.129}$$

式中, $\boldsymbol{\sigma}_0$ 表示初始应力。用试算应力进行检验,判断其在应力空间内是否超过初始屈服面。如果没有超过,即

$$f(\boldsymbol{\sigma}_{\mathrm{e}}, K) < 0 \tag{11.130}$$

则说明在弹性应力作用下,材料仍为弹性状态,则实际应力增量 $\Delta\boldsymbol{\sigma}$ 为

$$\Delta\boldsymbol{\sigma} = \boldsymbol{\sigma}_{\mathrm{e}} - \boldsymbol{\sigma}_0 = \boldsymbol{D}\Delta\boldsymbol{\varepsilon} \tag{11.131}$$

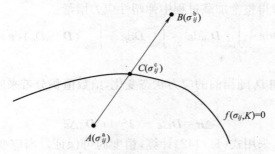

图 11.10　由弹性状态向塑性状态的过渡

2. 确定标定系数 m(Scaling factor)

如果试算弹性应力超过了初始屈服面,则材料已处于塑性状态。如图 11.10 所示,施加应变增量前,材料应力状态 $\boldsymbol{\sigma}_0$ 在应力空间已到达 A 点,假定 $\boldsymbol{\sigma}_0$ 满足式(11.132):

$$f(\boldsymbol{\sigma}_0, K) < 0 \tag{11.132}$$

说明材料处于弹性状态。试算弹性应力状态 $\boldsymbol{\sigma}_e$ 在应力空间已到达 B 点。加载路径 AB 与屈服面的交点为 C,对应的应力状态为 $\boldsymbol{\sigma}_c$。因此,加载过程分为弹性部分,相应于应力路径 AC,塑性部分,它相应于应力路径 CB,表示超过屈服面以后的特征。在比例加载条件下,$\boldsymbol{\sigma}_c$ 可以表示为

$$\boldsymbol{\sigma}_c = \boldsymbol{\sigma}_0 + m\boldsymbol{D}\Delta\boldsymbol{\varepsilon} \tag{11.133}$$

式中,系数 m 的物理含义是路径 AB 中,屈服面以内部分 AC 所占的比例。因 $\boldsymbol{\sigma}_c$ 在应力空间内恰位于初始屈服面上,故有

$$f(\boldsymbol{\sigma}_0 + m\boldsymbol{D}\Delta\boldsymbol{\varepsilon}, K) = 0 \tag{11.134}$$

理论上说,由式(11.134)可以解出系数 m,但是实际上,屈服函数表达式一般较复杂,只有一些很简单的屈服函数才能解出 m。文献上提出了一种简单近似方法求 m,即

$$m^* = \frac{|f(\boldsymbol{\sigma}_0, K)|}{|f(\boldsymbol{\sigma}_e, K) - f(\boldsymbol{\sigma}_0, K)|} \tag{11.135}$$

由于上式的近似性,把式(11.135)代入式(11.134)后,屈服函数并不为零,而等于 f_r,即

$$f(\boldsymbol{\sigma}_0 + m^*\boldsymbol{D}\Delta\boldsymbol{\varepsilon}, K) = f_r \neq 0 \tag{11.136}$$

忽略 m 近似性所引起材料硬化参数变化,即

$$\mathrm{d}f = \left\{\frac{\partial f}{\partial \boldsymbol{\sigma}}\right\}^{\mathrm{T}} \mathrm{d}\boldsymbol{\sigma} = f_r \tag{11.137}$$

假设

$$\mathrm{d}\boldsymbol{\sigma} = \Delta m \boldsymbol{D}\Delta\boldsymbol{\varepsilon} \tag{11.138}$$

联立式(11.137)和(11.138)得

$$\Delta m = \frac{f_r}{\left\{\dfrac{\partial f}{\partial \boldsymbol{\sigma}}\right\}^{\mathrm{T}} \boldsymbol{D}\Delta\boldsymbol{\varepsilon}} \tag{11.139}$$

这样,就可以得到对式(11.135)的修正公式

$$m = m^* - \Delta m = m^* - \frac{f_r}{\left\{\dfrac{\partial f}{\partial \boldsymbol{\sigma}}\right\}^{\mathrm{T}}\Bigg|_{\sigma = \sigma_0 + m^* \boldsymbol{D}\Delta} \boldsymbol{D}\Delta\boldsymbol{\varepsilon}} \tag{11.140}$$

3. 计算弹塑性应力增量

根据式(11.128),可得整个加载过程中弹塑性应力增量:

$$\Delta \boldsymbol{\sigma} = \int_0^{\Delta \varepsilon} \boldsymbol{D} \mathrm{d}\boldsymbol{\varepsilon} = \int_0^{m\Delta\varepsilon} \boldsymbol{D} \mathrm{d}\boldsymbol{\varepsilon} + \int_{m\Delta\varepsilon}^{\Delta\varepsilon} \boldsymbol{D}_{\mathrm{ep}} \mathrm{d}\boldsymbol{\varepsilon} = \int_0^{m\Delta\varepsilon} \boldsymbol{D} \mathrm{d}\boldsymbol{\varepsilon} + \int_{m\Delta\varepsilon}^{\Delta\varepsilon} (\boldsymbol{D} - \boldsymbol{D}_{\mathrm{p}}) \mathrm{d}\boldsymbol{\varepsilon} = \int_0^{\Delta\varepsilon} \boldsymbol{D} \mathrm{d}\boldsymbol{\varepsilon} - \int_{m\Delta\varepsilon}^{\Delta\varepsilon} \boldsymbol{D}_{\mathrm{p}} \mathrm{d}\boldsymbol{\varepsilon}$$

$$(11.141)$$

式(11.141)中 $\boldsymbol{D}_{\mathrm{ep}}$ 和 $\boldsymbol{D}_{\mathrm{p}}$ 随当前的应力状态变化,给数值积分带来麻烦,可采用如下简单近似方法:

$$\Delta \boldsymbol{\sigma} = \boldsymbol{D} \Delta \boldsymbol{\varepsilon} - (1-m) \boldsymbol{D}_{\mathrm{p}} \Delta \boldsymbol{\varepsilon} \qquad (11.142)$$

如果应变增量较小,采用式(11.142)计算,精度尚可保证。当应变增量较大,则需要把塑性应变增量 $(1-m)\Delta \boldsymbol{\varepsilon}$ 进一步细分,比如分为 n 个相等间隔,仍应用式(11.142)计算每个小间隔的应力,而 $\boldsymbol{D}_{\mathrm{p}}$ 在每个小间隔末采用当前算得应力进行修正。因此,施加应变增量后材料应力状态为

$$\boldsymbol{\sigma} = \boldsymbol{\sigma}_0 + \Delta \boldsymbol{\sigma} = \boldsymbol{\sigma}_0 + \boldsymbol{D} \Delta \boldsymbol{\varepsilon} - (1-m) \boldsymbol{D}_{\mathrm{p}} \Delta \boldsymbol{\varepsilon} \qquad (11.143)$$

在确定 m 和更新 $\boldsymbol{D}_{\mathrm{p}}$ 的过程中,不可避免存在偏差,导致式(11.143)算得的应力状态 $\boldsymbol{\sigma}$ 与屈服面存在偏差,即

$$f(\boldsymbol{\sigma}, K) = f_{\mathrm{u}} \neq 0 \qquad (11.144)$$

这种偏差在增量分析过程中还会累积。因此,必须对算出的应力进行修正。假定应力修正量 $\delta\boldsymbol{\sigma}$ 沿着屈服面法向方向,则

$$\delta\boldsymbol{\sigma} = a \left\{ \frac{\partial f}{\partial \boldsymbol{\sigma}} \right\} \qquad (11.145)$$

式中,a 为待定常数。考虑到

$$f(\boldsymbol{\sigma} - \delta\boldsymbol{\sigma}, K) = f(\boldsymbol{\sigma}, K) - \left\{ \frac{\partial f}{\partial \boldsymbol{\sigma}} \right\}^{\mathrm{T}} \delta\boldsymbol{\sigma} = 0 \qquad (11.146)$$

将式(11.145)代入式(11.146)得

$$a = \frac{f_{\mathrm{u}}}{\left\{ \dfrac{\partial f}{\partial \boldsymbol{\sigma}} \right\}^{\mathrm{T}} \left\{ \dfrac{\partial f}{\partial \boldsymbol{\sigma}} \right\}} \qquad (11.147)$$

再把 a 代入式(11.145)后,得到修正后的应力状态 $\boldsymbol{\sigma} - \delta\boldsymbol{\sigma}$。上述修正过程需重复进行,直至 f_{u} 足够小为止。

11.4.4　材料非线性有限元平衡方程

在塑性增量理论中,讨论仍限于小变形情况。于是,结构单元的几何关系是线性的,则式(11.97)和式(11.106)表示的结构刚度仅留存小变形刚度矩阵。因此,结构弹塑性有限元平衡方程为

$$\boldsymbol{K}_{\mathrm{T}} \Delta \boldsymbol{u} = \Delta \boldsymbol{P} \qquad (11.148)$$

式中,

$$\boldsymbol{K}_{\mathrm{T}} = \boldsymbol{K}_0 = \int_V \boldsymbol{B}^{l\mathrm{T}} \boldsymbol{D}(\boldsymbol{\sigma}) \boldsymbol{B}^l \mathrm{d}V \qquad (11.149)$$

对于仍处于完全弹性工作状态的结构单元,上式采用弹性本构 $\boldsymbol{D}$ 进行积分。如果单元完全进入塑性,或者存在弹性和塑性分区,由于单元内部各点所处的应力状态不同,本构关系 $\boldsymbol{D}(\boldsymbol{\sigma})$ 也是变化的,要采用数值积分。

11.4.5　材料非线性有限元分析的变刚度迭代法

下文给出典型增量荷载下结构位移和应力求解的变刚度迭代法主要步骤。

（1）结构当前状态初始化。为了考虑非弹性/弹塑性变形开展，为当前状态的单元积分点应力 $\boldsymbol{\sigma}^{i-1}$（第 $i-1$ 荷载步后累积应力）、硬化参数（控制屈服面）以及塑性应变设置初始值。

（2）读入荷载增量信息，计算第 i 荷载步的荷载增量 $\Delta\boldsymbol{P}^i$（扣除与初应力或初应变对应的等效外荷载）。

（3）对全部单元循环，基于当前状态下应力水平，由三维数值积分计算单元弹塑性刚度矩阵，集合单元切线刚度矩阵，形成当前状态下结构弹塑性切线刚度矩阵 $\boldsymbol{K}_{Tj}^i$。

（4）求解第 i 荷载步、第 j 次迭代结构增量平衡方程 $\boldsymbol{K}_{Tj}^i\Delta\boldsymbol{u}_j^i=\Delta\boldsymbol{R}_j^i$（计算方法见第 6 步，初次迭代时 $\Delta\boldsymbol{R}_j^i=\Delta\boldsymbol{P}^i$），得到迭代位移增量 $\Delta\boldsymbol{u}_j^i$，将 $\Delta\boldsymbol{u}_j^i$ 加到前 $j-1$ 次迭代中累积起来的节点位移 $\nabla\boldsymbol{u}_{j-1}$ 中，得到节点位移增量新的近似值 $\nabla\boldsymbol{u}_j=\nabla\boldsymbol{u}_{j-1}+\Delta\boldsymbol{u}_j^i$，由此求得单元各积分点的应变增量 $\Delta\boldsymbol{\varepsilon}_j=\nabla\boldsymbol{\varepsilon}_j-\nabla\boldsymbol{\varepsilon}_{j-1}$，其中 $\nabla\boldsymbol{\varepsilon}_j$ 和 $\nabla\boldsymbol{\varepsilon}_{j-1}$ 分别为第 $j-1$ 次和第 j 次迭代后第 i 荷载步的总应变增量。累计计算总位移 $\boldsymbol{u}_j^i=\boldsymbol{u}^{i-1}+\Delta\boldsymbol{u}_j^i$。

（5）对全部单元循环，按照 11.3.3 节方法，由应变增量 $\Delta\boldsymbol{\varepsilon}_j^i$ 确定应力增量 $\Delta\boldsymbol{\sigma}_j$。如果新的应变增量使原有的塑性应变继续增加，除计算弹塑性应力增量外，更新次生屈服面，并计算累积塑性应变增量 $\mathrm{d}\boldsymbol{\varepsilon}^p$。更新单元积分点上的应力增量 $\Delta\boldsymbol{\sigma}_j^i=\Delta\boldsymbol{\sigma}_{j-1}^i+\Delta\boldsymbol{\sigma}_j$ 以及当前状态下应力水平 $\boldsymbol{\sigma}_j^i=\boldsymbol{\sigma}^{i-1}+\Delta\boldsymbol{\sigma}_j^i$，计算节点恢复力增量 $\Delta\boldsymbol{P}_r^i$：

$$\Delta\boldsymbol{P}_{rj}^i=\int_{V_0}\boldsymbol{B}_0^{i\,\mathrm{T}}\ \Delta\boldsymbol{\sigma}_j^i\ \mathrm{d}V \tag{11.150}$$

（6）计算单元节点不平衡力 $\Delta\boldsymbol{R}_j^i=\Delta\boldsymbol{P}^i-\Delta\boldsymbol{P}_r^i$ 及其相对范数 $\|\boldsymbol{\psi}\|$：

$$\|\boldsymbol{\psi}\|=\frac{|\Delta\boldsymbol{P}^i-\Delta\boldsymbol{P}_r^i|}{|\Delta\boldsymbol{P}^i|} \tag{11.151}$$

同时，检查 $\|\boldsymbol{\psi}\|$ 是否小于给定的小量 ε，如成立，则认为迭代收敛，转到下一个荷载步，即第 2 步，否则回到第 3 步，继续进行本荷载步内的下一次平衡迭代，直到节点不平衡力为较小量而可以忽略为止。

11.5 梁单元的弹塑性有限元分析

具体到一个节点 6 个自由度等的空间梁单元，当进行材料性能进入塑性阶段后，基于平截面变形的梁截面应力分布不再是线性变化的，导致其截面刚度变化，不再能用 EI 这种常量方式来表述，甚至难以显示表达。正由于这类描述自身的特殊性，当用梁单元进行稳定承载力分析时，不得不构造出其他的方法来处理梁单元的应用问题，如构造分层或分块的变刚度梁单元、塑性铰单元等。

11.5.1 分块分段变刚度法

该方法是对结构的离散仍然是基于梁单元，但是，梁单元内部则进一步对截面进行分层或分块，以便于结合材料的本构关系、通过分层或分块计算截面的应力—应力历程及其截面刚度等，依据全过程的求解策略，其计算方法可分为如下两类：

1. 特殊的梁单元法

如构造 3D 线性有效应变梁元和 3D 二次有效应变梁元，如 ANSYS 软件中 BEAM188 单元，其特点是实现将梁端的截面进行分层或分块，并定义截面的积分面积、积分点等，当材料为非弹性时,在积分点上进行截面应力和截面刚度等计算。

2. 数值积分法

对梁单元中各分块面积的中心点计算其的应力应变值,采用分步加载的方式,通过数值积分运算推求其极限承载能力。具体计算方法见4.8节。

11.5.2　塑性铰法

塑性铰法是用塑性铰来修正杆件进入塑性区后的结构刚度的近似方法。塑性铰法同样可以考虑截面分块刚度的折减,但为了简化计算,常将单元作为线弹性,把塑性变形集中在单元两端塑性铰处。

塑性铰法的基本思路是:在 Δt 步长内,计算结构每一构件两端的弯矩增量 ΔM_i 和 ΔM_j,判别每一构件两端弯矩与极限弯矩的关系,从而去调整每一构件单元刚度矩阵,形成新的总体刚度矩阵:当杆两端均未形成塑性铰时,仍用弹性单元刚度矩阵;当单元的 i 端弯矩超过极限弯矩而出现塑性铰时,对后期荷载,用 i 端为铰,j 端为固结的单元刚度矩阵,反之亦然;当单元的 i 和 j 端弯矩都超过极限弯矩而出现塑性铰时,对后期荷载用 i 和 j 都为铰的单元刚度矩阵。

如果在加载过程中塑性铰中的弯矩发生卸载,则塑性铰消失,这一点在计算中必须注意。

塑性铰法可方便地模拟结构在不断增加的荷载作用下相继出现塑性铰,以至成为机构而破坏的过程,适用于极限荷载计算,其具体计算过程为:

(1)确定成桥状态的内力与构形。

(2)以成桥状态为初态,用单位计算荷载向量 $\{P\}$ 进行结构分析。根据计算结果和极限弯矩,估算第一个塑性铰出现时的荷载增量倍数 $\overline{\lambda_1}$,以 $\{\Delta P_1\} = \overline{\lambda}\{P\}$ 作用于结构,按全非线性进行结构分析,迭代形成第一个塑性铰和实际的荷载增量倍数 λ_1。

(3)检验结构是否成为机构,若是,给出极限荷载,计算结束。否则,估算出现下一个塑性铰时的荷载增量倍数 $\overline{\lambda_i}$。

(4)以上次计算结束时的结构状态为初态,以 $\{\Delta P_i\} = \overline{\lambda_i}\{P\}$ 作用于结构,按全非线性进行结构分析,迭代形成第 i 个塑性铰和实际的荷载增量倍数 λ_i。

(5)重复(3)、(4)步的计算,直至第 n 个塑性铰出现时结构成为机构。此时,结构的极限荷载为

$$\{P_u\} = \sum_{i=1}^{n} \lambda_i \{P\} \tag{11.152}$$

11.6　稳定极限承载力分析的应用

11.6.1　考虑初始几何缺陷的简支梁非线性弯扭屈曲分析

如图 11.11 所示,等截面简支梁承受跨中面内集中荷载作用。简支梁的跨度为 $L = 12$ m,截面形式为 H600 mm×300 mm×6 mm×8 mm,截面几何特性参数包括:$A = 8.3 \times 10^{-3}$ m^2,$I_y = 5.2 \times 10^{-4}$ m^4,$I_z = 3.6 \times 10^{-5}$ m^4,$J = 1.44 \times 10^{-7}$ m^4,$I_\omega = 3.16 \times 10^{-6}$ m^6,简支梁所用钢材参数如下:弹性模量 $E = 2.06 \times 10^{11}$ N/m^2,泊松比 $\mu = 0.3$,屈服强度 $\sigma_y = 2.35 \times 10^8$ N/m^2,考虑钢梁本构关系模型为理想弹塑性。假设初始几何缺陷为位于 oxy 平面的半个正弦波 $v_0(x)$,由

式(11.153)给出。

$$v_0 = \frac{L}{10\ 000} \sin \frac{\pi x}{L}$$ (11.153)

要求分别计算材料为完全弹性以及考虑塑性发展的荷载—面外位移关系曲线,从而确定结构稳定极限承载力。

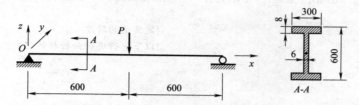

图 11.11　承受跨中面内集中荷载的简支梁(mm)

采用大型商用有限元分析软件 ANSYS 建立简支梁有限元模型,综合考虑计算精度、双重非线性分析收敛性能以及计算效率要求,沿梁长方向均匀划分 40 个 BEAM188 单元,单元节点具有 7 个自由度,便于准确模拟简支梁的约束扭转性能。图 11.12(a)给出了二阶弹性和弹塑性简支梁荷载—面外挠曲关系。理想简支梁弹性弯扭屈曲临界荷载为 P_{cr} 由式(11.154)给出。

$$P_{cr} = \frac{37.9}{L^2} \sqrt{EI_z GJ}$$ (11.154)

不难发现,完全弹性二阶分析给出的简支梁面外弯扭屈曲荷载与式(11.154)计算的完全重合。二阶弹塑性分析计算得到简支梁稳定极限承载力为 $P_u = 1.017 P_{cr}$,略大于弹性弯扭屈曲临界荷载,说明该梁在弹性阶段即发生失稳。

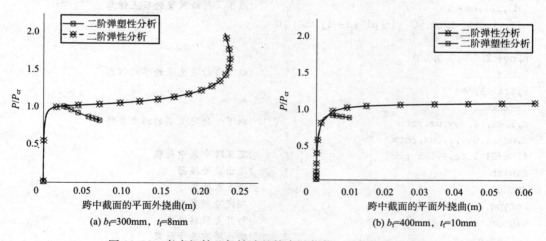

(a) b_f=300mm,　t_f=8mm　　　　　(b) b_f=400mm,　t_f=10mm

图 11.12　考虑初始几何缺陷的简支梁荷载—面外挠曲关系曲线

当增加工字形截面翼缘宽度($b_f = 400$ mm)和厚度($t_f = 10$ mm),从而提高简支梁侧向弯扭刚度,完全弹性屈曲临界荷载提高到

$$P_{cr} = \frac{43.27}{L^2} \sqrt{EI_z GJ}$$ (11.155)

如图 11.12(b)所示,二阶弹塑性分析计算得到简支梁稳定极限承载力为 $P_u = 0.9 P_{cr}$,达到失稳极限前受力最大的跨中截面已部分屈服。非线性分析的结果小于弹性分析的。

为了便于读者应用 ANSYS 软件计算结构稳定极限承载力，下文附上算例分析的完整命令流，该命令流已在 ANSYS Multiphysics V14.0 环境下调试通过。

```
/FILNAME,beam                              !新建分析项目
/config,nres,200                           !设置分析终止条件
/prep7                                     !进入前处理器
/title," Large displacement analysis of an elasto - plastic beam with geometric
imperfections"
L= 12.0                                    !定义梁的跨度
v0= L/10000                                !以下 8 行进行分析初始化
pi= 3.1415926
E= 2.06e11
mu= 0.3
G= E/(2* (1+ mu))
Iz= 3.6e- 5
J= 1.44e- 7
pcr= 37.9/(L* L) * sqrt(E* Iz* G* J)
ET,1,BEAM188                               !以下 3 行定义梁单元信息
keyopt,1,1,1
ne= 40
mp,ex,1,E                                  !以下 5 行定义材料模型参数
mp,prxy,1,mu
TB,BISO,1,1,2
TBTEMP,0
TBDATA,1,2.35e8,0.0
sectype,1,beam,I,,0                        !以下 2 行定义梁的截面参数
secdata,0.3,0.3,0.6,0.008,0.008,0.006
* do,i,1,ne+ 1                             !以下 4 行输入梁的节点信息
n,i,(i- 1) * L/ne,v0* sin(pi* (i- 1) /ne) ,0
* enddo
n,ne+ 2,0.0,0.0,1.0
* do,i,1,ne                                !以下 3 行定义梁的单元信息
e,i,i+ 1,ne+ 2
* enddo
d,1,ux,,,,,uy,uz,rotx                      !以下 2 行定义梁的约束条件
d,ne+ 1,uy,,,,,uz,rotx
f,ne/2+ 1,fz,- 1.5* pcr                     !定义跨中集中荷载
finish                                     !退出前处理器
/solu                                      !进入求解器
antype,0                                   !指定分析类型
nlgeom,on                                  !打开大位移选项
outres,all,all                             !输出所有子步结果
nsubst,200                                 !指定预期子步数
arclen,on                                  !打开弧长法
solve                                      !开始追踪平衡路径
finish                                     !退出求解器
/post26                                    !进入时间历程后处理器
nsol,2,ne/2+ 1,u,y                          !指定位移变量
prod,4,1,,,,,,1.5* pcr                      !以下 2 行定义荷载变量
prod,5,4,,,,,,1.0/pcr
```

```
/axlab,x,v                        !指定绘图横坐标标签
/axlab,y,P/Pcr                    !指定绘图纵坐标标签
xvar,2!指定横坐标表示的变量
plvar,5                           !指定纵坐标表示的变量
```

11.6.2 平面框架的双重非线性分析

考虑图 11.13 所示单层框架,柱子与基础铰接,承受面内垂向和横向集中荷载。框架柱和横梁均采用宽翼缘 H 形截面,柱截面几何特性参数为,$A_c = 8.58 \times 10^{-3}$ m^2,$I_{yc} = 1.03 \times 10^{-4}$ m^4,梁截面几何特性参数为,$A_b = 1.6 \times 10^{-2}$ m^2,$I_{yb} = 1.19 \times 10^{-3}$ m^4。框架材料参数如下:弹性模量 $E = 2.0 \times 10^{11}$ N/m^2,泊松比 $\mu = 0.3$,屈服强度 $\sigma_y = 2.48 \times 10^8$ N/m^2,材料本构关系模型仍为理想弹塑性。分别计算材料为完全弹性以及考虑塑性发展的荷载—横梁侧移关系曲线,从而确定结构稳定极限承载力。

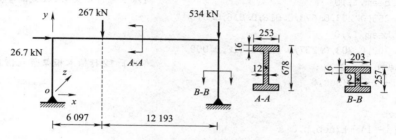

图 11.13 承受面内集中荷载的框架(mm)

在 ANSYS 建立的框架有限元模型中,柱采用 2 个 BEAM188 单元,横梁采用 3 个 BEAM188 单元离散。假定作用在框架上集中荷载按比例加载,荷载因子为 λ,首先按照线弹性二阶屈曲分析确定小变形条件下有侧移框架面内屈曲临界荷载因子 $\lambda_{cr} = 2.3$,当细化有限元网格后,框架面内屈曲临界荷载因子收敛到 $\lambda_{cr} = 2.15$,说明前述网格规模具有可接受精度。图 11.14 给出了二阶弹性和弹塑性框架荷载—横梁侧移关系,考虑大位移效应的线弹性和弹塑性面内稳定极限荷载因子分别为 $\lambda_{eu} = 1.37$,$\lambda_{pu} = 0.8$,可知上述框架面内失稳极限荷载均显著低于线弹性屈曲分析结果。

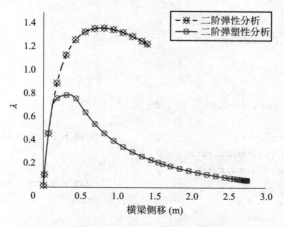

图 11.14 平面框架荷载—横梁侧移关系曲线

本例包括结构线性屈曲分析、二阶弹性和弹塑性分析。下面将给出线性屈曲分析
ANSYS 命令流,二阶弹性和弹塑性分析可按照前节算例所附命令流进行数值模拟。

```
/FILNAME,frame                                        !新建分析项目
/prep7                                                !进入前处理器
/title," In- plane buckling analysis of a elastic frame"
h= 7. 32                                              !以下 2 行定义框架基本尺寸
L= 18. 29
ET,1,BEAM188                                          !以下 4 行输入框架单元基本信息
keyopt,1,1,1
nec= 2
neb= 3
mp,ex,1,2. 0e11                                       !以下 5 行定义材料模型参数
mp,prxy,1,0. 3
sectype,1,beam,I,,0                                   !以下 4 行定义梁、柱截面参数
secdata,0. 253,0. 253,0. 678,0. 016,0. 016,0. 012
sectype,2,beam,I,,0
secdata,0. 203,0. 203,0. 257,0. 016,0. 016,0. 009
* do,i,1,nec+ 1                                       !以下 12 行输入框架节点信息
n,i,0. 0,(i- 1) * h/nec,0
* enddo
* do,i,1,neb+ 1
n,nec+ i,(i- 1) * L/neb,h,0
* enddo
* do,i,1,nec+ 1
n,nec+ neb+ i,L,h- (i- 1) * h/nec,0
* enddo
n,2* nec+ neb+ 2,- 12. 0,0. 0,0. 0                    !以下 3 行输入单元方向节点信息
n,2* nec+ neb+ 3,0. 0,30. 0* 12,0. 0
n,2* nec+ neb+ 4,62. 0* 12,0. 0,0. 0
secnum,2                                              !以下 12 行定义框架单元信息
* do,i,1,nec
e,i,i+ 1,2* nec+ neb+ 2
* enddo
secnum,1
* do,i,1,neb
e,nec+ i,nec+ i+ 1,2* nec+ neb+ 3
* enddo
secnum,2
* do,i,1,nec
e,nec+ neb+ i,nec+ neb+ i+ 1,2* nec+ neb+ 4
* enddo
d,1,ux,,,,,uy,uz,rotx,roty                            !以下 3 行定义框架约束条件
d,2* nec+ neb+ 1,ux,,,,,uy,uz,rotx,roty
d,2,uz,,,2* nec+ neb,1,rotx,roty
f,nec+ 1,fx,2. 67e4                                   !以下 3 行定义框架集中荷载
f,nec+ neb/3+ 1,fy,- 2. 67e5
f,nec+ neb+ 1,fy,- 5. 34e5
finish                                                !退出前处理器
/solu                                                 !进入求解器
antype,buckle                                         !指定分析类型
```

```
bucopt,lanb,1                                     !设置屈曲模态提取方法和提取数
mxpand,1,,,1                                       !设置屈曲模态扩展数
solve                                             !进行屈曲分析
finish                                            !退出求解器
/post1                                            !进入通用后处理器
set,first                                         !读入首阶屈曲荷载结果
pldisp,2                                          !显示屈曲前后结构轮廓线
finish                                            !退出通用后处理器
```

习　题

11-1 自选一带有受压构件的工程结构和分析软件,按相关文献或软件中提供的材料本构模型,开展相关稳定分析,要求:

(1)按线弹性稳定问题计算其稳定安全系数和失稳模态。

(2)不考虑材料的非线性,按增量法计算其在使用荷载下的几何非线性影响。

(3)计算结构稳定的稳定极限承载力。

11-2 针对 4 节点块体等参单元和相关形函数,推导几何非线性有限元的 UL 列式。

11-3 基于弹性张量 C_{ijkl},推导各向同性弹性体的弹性常数。

参 考 文 献

[1] 李国豪. 桥梁结构稳定与振动[M]. 北京:中国铁道出版社,2003.

[2] TIMOSHENKO S P, GERE J M. Theory of Elastic Stabity[M]. New York:McGraw-Hill,1961.

[3] 李国豪. 桁梁扭转理论[M]. 北京:人民交通出版社,1975.

[4] 毕尔格麦斯特,斯托依普. 稳定理论(上册)[M]. 戴天民,译. 北京:中国工业出版社,1964 .

[5] 柏拉希. 金属结构的屈曲强度[M]. 同济大学钢木结构教研室,译. 北京:科学技术出版社,1965.

[6] ALEXANDER CHAJES. Principles Structural Stability theory[M]. New York:1974.

[7] 鲍洛金. 弹性体系的动力稳定性[M]. 林砚田,等译. 北京:高等教育出版社,1960.

[8] 钱冬生. 钢压杆的承载力[M]. 北京:人民铁道出版社,1980.

[9] 西安冶金建筑学院钢木结构教研室. T形截面钢偏心压杆在弯矩作用平面外的稳定问题[J]. 西安冶金建
筑学院学报,1978,3.

[10] 陈铁云,陈伯真. 开口薄壁杆件的弯曲、扭转与稳定性[M]. 北京:国防工业出版社,1965.

[11] 曾庆元. 拱桥侧倾稳定计算的有限元法[J]. 长沙铁道学院学报,1982(2).

[12] 约翰斯顿. 金属结构稳定设计准则解说[M]. 董其震,等译. 北京:中国铁道出版社,1981.

[13] 钱令希. 超静定结构学[M]. 上海:上海科学技术出版社,1958.

[14] 毕尔格麦斯特,斯托依普. 稳定理论(下卷)[M]. 王生传,等译. 北京:中国建筑工业出版社,1974.

[15] 金尼克. 纵向弯曲与扭转[M]. 谢怡权,译. 上海:上海科学技术出版社,1955.

[16] TIMOSHENKO S P, YOUNGD H. Theory of Structures[M]. New York:McGraw-Hill,1945.

[17] 普洛柯费耶夫,斯密尔诺夫. 结构理论:第三卷[M]. 唐山铁道学院桥隧系结构力学教研组,译. 北京:高
等教育出版社,1955.

[18] 斯密尔诺夫. 结构的振动和稳定性[M]. 林志文,译. 北京:科学出版社,1963.

[19] 吴恒立. 拱式体系的稳定计算[M]. 北京:人民交通出版社,1979.

[20] 吕烈武,沈世钊,沈祖炎,等. 钢结构构件稳定理论[M]. 北京:中国建筑工业出版社,1983.

[21] 陈克济. 钢筋混凝土拱桥面内承载力的非线性分析[J]. 桥梁建设,1983(1).

[22] 胡海昌. 弹性力学的变分原理及其应用[M]. 北京:科学出版社,1981.

[23] 陈骥. 钢结构稳定理论与设计[M]. 6版. 北京:科学出版社,2014.

[24] 刘光栋,罗汉泉. 杆系结构稳定[M]. 北京:人民交通出版社,1988.

[25] 李存权. 结构稳定和稳定次内力[M]. 北京:人民交通出版社,2000.

[26] 任伟新,曾庆元. 钢压杆稳定极限承载力分析[M]. 北京:中国铁道出版社,1994.

[27] 夏志斌. 结构稳定理论[M]. 北京:高等教育出版社,1988.

[28] 项海帆,刘光栋. 拱结构的稳定与振动[M]. 北京:人民交通出版社,1991.

[29] 陶丘德. 结构力学能量原理[M]. 李世昌,译. 北京:人民交通出版社,1984.

[30] 曲庆璋,章权,季求知,等. 弹性板理论[M]. 北京:人民交通出版社,2000.

[31] 笹川和郎. 结构的弹塑性稳定内力[M]. 王松涛,魏钢,译. 北京:中国建筑工业出版社,1992.

[32] 文颖. 结构稳定承载力分析的力素增量方法[D]. 长沙:中南大学,2010.

[33] 铁摩辛柯. 材料力学[M]. 汪一麟,译. 北京:科学出版社,1964.

[34] 李廉锟. 结构力学[M]. 北京:人民教育出版社,1979.

[35] 中华人民共和国交通运输部. 公路钢筋混凝土及预应力混凝土桥涵设计规范:JTG 3362—2018[S]. 北
京:人民交通出版社股份有限公司. 2018.

[36] 国家铁路局. 铁路桥梁钢结构设计规范:TB 10091—2017[S]. 北京:中国铁道出版社,2017.

[37] 中华人民共和国住房和城乡建设部. 钢结构设计标准:GB 50017—2017[S]. 北京:中国建筑工业出版
社,2018.

[38] 中华人民共和国住房和城乡建设部. 冷弯薄壁型钢结构技术规范：GB 50018—2002[S]. 北京：中国计划出版社出版，2003.

[39] 童根树. 钢结构的平面外稳定[M]. 北京：中国建筑工业出版社，2013.

[40] 曾庆元. 三跨连续变截面薄壁双室箱形梁计算的有限元法[J]. 长沙铁道学院学报，1981(2).

[41] 沈祖炎，陈以一，陈扬骥，等. 钢结构基本原理[M]. 3 版. 北京：中国建筑工业出版社，2019.

[42] 陈绍蕃，顾强. 钢结构(上册)：钢结构基础[M]. 4 版. 北京：中国建筑工业出版社，2019.

[43] 重庆交通大学，同济大学，长安大学. 桥梁结构有限元分析[M]. 北京：人民交通出版社股份有限公司，2018.

[44] 陈政清，杨孟刚. 梁杆索结构几何非线性有限元：理论、数值实现与应用[M]. 北京：人民交通出版社，2013.

[45] 贺拴海. 桥梁结构理论与计算方法[M]. 2 版. 北京：人民交通出版社股份有限公司，2017.

[46] 何君毅，林祥都. 工程结构非线性问题的数值解法[M]. 北京：国防工业出版社，1994.

[47] 华孝良，徐光辉. 桥梁结构非线性分析[M]. 北京：人民交通出版社，1997.

[48] 丁皓江，何福保，谢贻权. 弹性和塑性力学中的有限单元法[M]. 北京：机械工业出版社，1992.

[49] 过镇海. 混凝土的强度和本构关系[M]. 北京：中国建筑工业出版社，2004.

[50] 董哲仁. 钢筋混凝土非线性有限元法原理与应用[M]. 北京：中国水利水电出版社，2002.

[51] CHEN W F. Plasticity in Reinforced Concrete[M]. New York：J. Ross Publishing，2007.

[52] CHEN W F，HAN D J. Plasticity for Structural Engineers[M]. New York：J. Ross Publishing，2007.

[53] 王勖成. 有限单元法[M]. 北京：清华大学出版社，2003.

[54] 朱伯芳. 有限单元法原理与应用[M]. 4 版. 北京：中国水利水电出版社，2018.

[55] MCGUIRE W，GALLAGHER R H，ZIEMIAN R D. Matrix Structural Analysis，2nd Edition[M]. New York：John Wiley & Sons，Inc.，2000.

[56] RAMM E. Strategies for tracing the nonlinear response near limit points[C]// WUNDERLICH W，STEIN E，BATHE K J，et al. Nonlinear Finite Element Analysis in Structural Mechanics. Berlin，Heidelberg：Springer，1981：63-89.

[57] YANG Y B，SHIEH M S. Solution method for nonlinear problems with multiple critical points[J]. AIAA Journal，1990，28(12)：2110-2116.

[58] CRISFIELD M A. Nonlinear Finite Element Analysis of Solids and Structures. Volume 1：Essentials[M]. New York：John Wiley & Sons，Inc.，1991.

[59] BATHE K J. Finite Element Procedures，2nd Edition[M]. New York：Prentice Hall，Pearson Education Inc，2014.

[60] 田红旗. 轨道车辆结构分析基础[M]. 长沙：中南大学出版社，2009.

[61] 殷有泉. 非线性有限元基础[M]. 北京：北京大学出版社，2007.